# 中国工程建设标准化发展研究报告
# （2022）

住房和城乡建设部标准定额研究所　编著

中国建筑工业出版社

**图书在版编目（CIP）数据**

中国工程建设标准化发展研究报告. 2022 / 住房和城乡建设部标准定额研究所编著. — 北京 ：中国建筑工业出版社，2023.3

ISBN 978-7-112-28527-3

Ⅰ. ①中… Ⅱ. ①住… Ⅲ. ①建筑工程—标准化—研究报告—中国—2022 Ⅳ. ①TU—65

中国国家版本馆 CIP 数据核字（2023）第 047882 号

责任编辑：石枫华　郑　琳
责任校对：张惠雯

**中国工程建设标准化发展研究报告（2022）**
住房和城乡建设部标准定额研究所　编著
*
中国建筑工业出版社出版、发行（北京海淀三里河路 9 号）
各地新华书店、建筑书店经销
北京红光制版公司制版
北京建筑工业印刷厂印刷
*
开本：787 毫米×1092 毫米　1/16　印张：18¾　字数：463 千字
2023 年 3 月第一版　　2023 年 3 月第一次印刷
定价：**98.00** 元
ISBN 978-7-112-28527-3
（40824）

# 报告编写委员会成员名单

**主 任 委 员：**姚天玮

**副主任委员：**胡传海　施　鹏　李大伟

**编 制 组 长：**毛　凯　赵　霞

**编制组成员：**倪知之　刘　彬　毕敏娜　韩　松　刘越斐

展　磊　孙　智　张惠锋　周京京　武一奇

马　悦　姚　涛　杨申武　程小珂　张　宏

曲　径　刘　燕　周静雯　沈　毅　谢　犁

姜燕清　郭玉婷　葛春玉　林　冉　荣世立

刘丽林　汪　蓓　杜宝强　周丽波　张祥彤

闫　平　李永玲　董　辉　缪　晡　吴玉霞

白同宇　杨旭辉　师　生　吴晓宇　张林钊

顾　彬　王凤英　郭　宝　姚　远　徐艳彬

张成龙　蔡雨亭　郭　丽　董理论　罗　娜

李红玉　康增斌　袁庆华　郑玉洁　刘　威

廖德毅　赵雨佳　郭虹燕　谭新来　黄显德

孙俪铭　马雅丽　姜　波　张　弛　罗　琤

黎　艳　李长缨　荣雅静

# 前 言

2021 年是国家"十四五"规划开局之年。党和国家高度重视标准化工作，将标准化作为国家战略之一积极推进。这一年，中共中央和国务院陆续发布了《国家标准化发展纲要》《关于推动城乡建设绿色发展的意见》《关于完整准确全面贯彻新发展理念做好碳达峰碳中和工作的意见》《2030 年前碳达峰行动方案》，分别对推进标准化发展、推动我国经济社会全面绿色转型发展作出了战略部署，也为工程建设标准化发展提供重要机遇。

《中国工程建设标准化发展研究报告》是以中国工程建设标准化发展的数据、事件以及相关研究成果为基础，系统全面地反映工程建设标准化的发展历程、现状及分析未来发展趋势的系列年度报告，旨在推动中国工程建设标准化发展，为宏观管理和决策提供支持。

本年度报告共六章。第一章结合数据分析了国家工程建设标准数量情况和工程建设国家标准发展现状。第二章从工程建设行业标准数量、机构建设与管理制度、行业标准编制、行业标准国际化、信息化建设等方面，介绍了截至 2021 年底中国部分行业工程建设标准化发展状况。第三章从工程建设地方标准数量、管理机构与管理制度、地方标准编制、地方标准研究与改革、地方标准国际化、信息化建设等方面，介绍了截至 2021 年底中国部分地方工程建设标准化发展状况。第四章从社团基本情况、工程建设团体标准数量、团体标准国际化、工作问题及解决措施、改革与发展建议等方面，介绍了截至 2021 年底中国部分团体工程建设标准化发展状况。第五章介绍了强制性工程建设规范中通用规范的专题研究情况，并选取部分工程建设标准实施情况进行分析。第六章摘录了《国家标准化发展纲要》，介绍了工程建设标准化改革发展与创新、推进强制性工程建设规范实施，以及 2021 年工程建设标准开展的重点工作，提出了下一步工作思路。

在此，对所有支持和帮助本项研究的领导、专家、学者及有关人员表示诚挚的谢意。

本报告由赵霞、倪知之、毛凯统稿，由于时间和资料所限，报告中难免有疏忽或不妥之处，衷心希望读者提出宝贵意见，以便在今后的报告中不断改进和完善。

本报告编委会

# 目　　录


第一章　国家工程建设标准化发展状况…… 1

一、工程建设标准数量情况 …… 1

二、工程建设国家标准现状 …… 2

第二章　行业工程建设标准化发展状况 …… 21

一、工程建设行业标准现状 …… 21

二、工程建设行业标准化管理情况…… 30

三、工程建设行业标准编制情况 …… 34

四、工程建设行业标准研究与改革…… 39

五、行业工程建设标准国际化情况…… 64

六、行业工程建设标准信息化建设情况 …… 70

第三章　地方工程建设标准化发展状况 …… 72

一、工程建设地方标准现状 …… 72

二、工程建设地方标准管理情况 …… 83

三、工程建设地方标准编制工作情况…… 88

四、工程建设地方标准研究与改革 …… 105

五、地方工程建设标准国际化情况 …… 137

六、地方工程建设标准信息化建设 …… 138

第四章　团体工程建设标准化发展状况…… 141

一、部分社团基本情况…… 141

二、工程建设团体标准数量情况 …… 148

三、工程建设团体标准信息公开情况 …… 150

四、工程建设团体标准国际化情况 …… 151

五、团体工程建设标准化工作问题及解决措施、改革与发展建议 …… 152

第五章　工程建设标准化研究…… 157

一、强制性工程建设规范专题研究 …… 157

二、工程建设标准实施情况调研分析 …… 170

**第六章　工程建设标准化发展与展望**······ 181
一、中共中央、国务院印发《国家标准化发展纲要》 ······ 181
二、工程建设标准化改革发展与创新 ······ 187
三、推进强制性工程建设规范实施 ······ 191
四、住房和城乡建设部 2021 年开展的工程建设标准化重点工作和下一步工作思路 ······ 194

**附录**······ 197
附录一　2021 年工程建设标准化大事记 ······ 197
附录二　2021 年发布的工程建设国家标准 ······ 200
附录三　2021 年发布的工程建设行业标准 ······ 203
附录四　2021 年发布的工程建设地方标准 ······ 229

# 第一章

# 国家工程建设标准化发展状况

## 一、工程建设标准数量情况

截至 2021 年底，中国现行工程建设标准共有 10830 项。其中，工程建设国家标准 1384 项，工程建设行业标准 3858 项，工程建设地方标准 5588 项。

2017～2021 年工程建设国家标准、行业标准、地方标准的数量与发展趋势如表 1-1 和图 1-1 所示。

**2017～2021 年工程建设国家标准、行业标准、地方标准的数量　　表 1-1**

| 年度 | 国家标准 | | 行业标准 | | 地方标准 | | 总数（项） |
|---|---|---|---|---|---|---|---|
| | 数量（项） | 比例（%） | 数量（项） | 比例（%） | 数量（项） | 比例（%） | |
| 2017 | 1218 | 13.82 | 3858 | 43.78 | 3737 | 42.40 | 8813 |
| 2018 | 1252 | 13.64 | 3832 | 41.74 | 4097 | 44.62 | 9181 |
| 2019 | 1324 | 13.35 | 4000 | 40.34 | 4592 | 46.31 | 9916 |
| 2020 | 1346 | 12.87 | 4086 | 39.08 | 5024 | 48.05 | 10456 |
| 2021 | 1384 | 12.78 | 3858 | 35.62 | 5588 | 51.60 | 10830 |

注：表格中数据统计以批准发布日期为准。

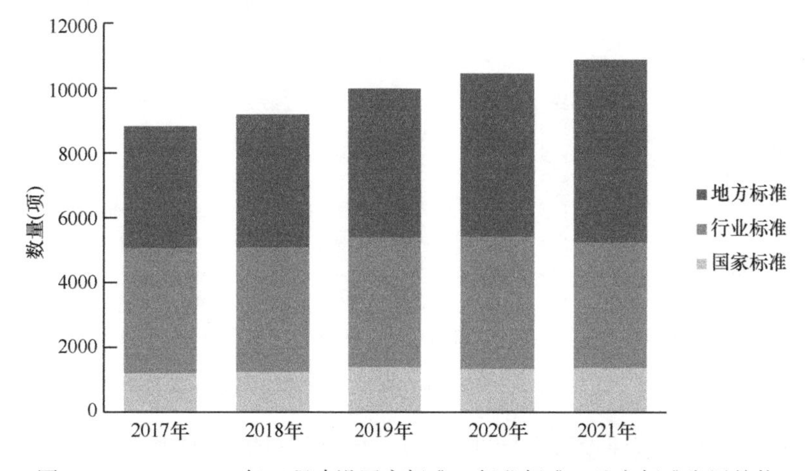


图 1-1　2017～2021 年工程建设国家标准、行业标准、地方标准发展趋势

## 二、工程建设国家标准现状

### (一)强制性工程建设规范和工程建设国家标准计划情况

2012～2021 年，住房和城乡建设部每年下达强制性工程建设规范和工程建设国家标准编制计划数量如图 1-2 所示。自 2017 年起，强制性工程建设规范研编工作开始列入住房和城乡建设部年度制修订工作计划。2021 年，住房和城乡建设部下达了 102 项强制性工程建设规范和工程建设国家标准编制工作计划，其中，国家工程建设规范研编 81 项、工程建设国家标准 21 项。除此之外，还下达了工程建设行业标准局部修订项目 5 项，工程建设标准翻译项目（中译英）27 项，国际标准编制项目 1 项。

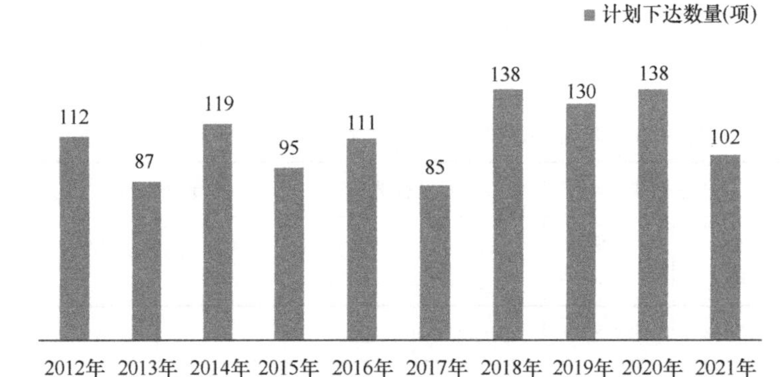


图 1-2　2012～2021 年强制性工程建设规范和工程建设国家标准编制计划数量

### (二)工程建设国家标准批准发布情况

2012～2021 年，住房和城乡建设部批准发布的工程建设国家标准数量如图 1-3 所示。

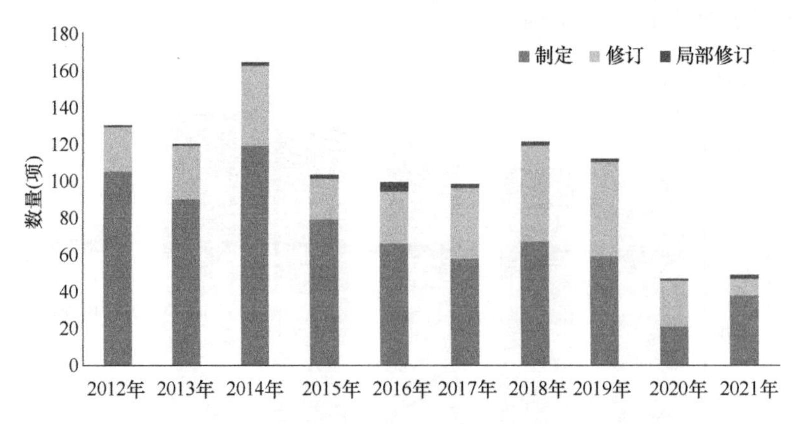


图 1-3　2012～2021 年批准发布的工程建设国家标准数量

2021 年批准发布工程建设国家标准 49 项，行业分布情况如表 1-2 所示，其中发布数量最多的行业是城乡建设。

**2021 年发布的工程建设国家标准行业分布情况　　　　表 1-2**

| 序号 | 行业 | 制定（项） | 修订（项） | 总数（项） |
|---|---|---|---|---|
| 1 | 城乡建设 | 31 | 3 | 34 |
| 2 | 石油化工工程 | 0 | 1 | 1 |
| 3 | 冶金工程 | 0 | 1 | 1 |
| 4 | 有色金属工程 | 2 | 0 | 2 |
| 5 | 电子工程 | 0 | 2 | 2 |
| 6 | 煤炭工程 | 0 | 1 | 1 |
| 7 | 电力工程 | 1 | 0 | 1 |
| 8 | 国内贸易 | 1 | 1 | 2 |
| 9 | 应急管理（消防） | 2 | 1 | 3 |
| 10 | 通信工程 | 1 | 1 | 2 |
| 总计 | | 38 | 11 | 49 |

注：1 数据统计以住房和城乡建设部公告为准；
　　2 修订包括全面修订和局部修订。

## （三）现行工程建设国家标准数量情况

截至 2021 年底，现行工程建设国家标准行业分布情况如图 1-4 所示。从图 1-4 可以看出，现行工程建设国家标准涉及的 32 个行业中，城乡建设领域的国家标准数量最多，共有 396 项，占工程建设国家标准总数的 28.6%。其次是冶金工程的国家标准 131 项，占比 9.5%。

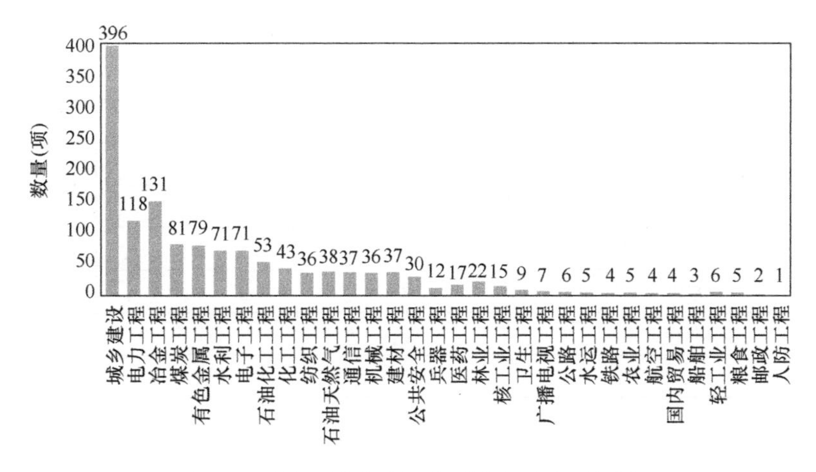


图 1-4　现行工程建设国家标准行业分布情况

## （四）强制性工程建设规范编制情况

自 2016 年起，住房和城乡建设部下达了城乡建设、石油天然气工程、石油化工工程、化工工程、水利工程、有色金属工程、冶金工程、建材工程、电子工程、医药工程、农业工程、煤炭工程、兵器工程、电力工程、纺织工程、广播电视工程、海洋工程、机械工程、交通运输工程（水运）、粮食工程、林业工程、民航工程、民政工程、轻工业工程、体育工程、通信工程、卫生工程、文化工程、邮政工程、教育工程、人防工程、测绘工程、科技工程共33个工程建设领域强制性标准体系研编计划。

工程建设规范的起草分为研编和正式编制两个阶段，根据住房和城乡建设部每年下达的《工程建设规范和标准编制及相关工作计划》，表1-3和表1-4分别统计了各行业强制性工程建设规范研编和编制计划数量情况。截至2021年底，已批准发布《燃气工程项目规范》等22项城乡建设领域强制性工程建设规范；电子工程、石油化工工程、化工工程、水利工程、冶金工程、有色金属工程、纺织工程、通信工程、邮政工程、广播电视工程、石油工程、煤炭工程、电力工程等行业已完成本行业的强制性工程建设规范的研编阶段工作，并正式开展强制性工程建设规范的编制工作。

**强制性工程建设规范研编计划数量情况（截至2021年底）** **表1-3**

| 序号 | 行业 | 项目规范（项） | 通用规范（项） | 合计（项） |
|---|---|---|---|---|
| 1 | 城乡建设 | 13 | 25 | 38 |
| 2 | 石油天然气工程 | 6 | 2 | 8 |
| 3 | 石油化工工程 | 4 | 2 | 6 |
| 4 | 化工工程 | 4 | 3 | 7 |
| 5 | 水利工程 | 3 | 1 | 4 |
| 6 | 有色金属工程 | 7 | 3 | 10 |
| 7 | 冶金工程 | 9 | 6 | 15 |
| 8 | 建材工程 | 6 | 0 | 6 |
| 9 | 电子工程 | 6 | 5 | 11 |
| 10 | 医药工程 | 3 | 2 | 5 |
| 11 | 农业工程 | 8 | 0 | 8 |
| 12 | 煤炭工程 | 5 | 5 | 10 |
| 13 | 兵器工程 | 4 | 3 | 7 |
| 14 | 电力工程 | 8 | 3 | 11 |
| 15 | 纺织工程 | 6 | 0 | 6 |
| 16 | 广播电视工程 | 2 | 0 | 2 |
| 17 | 海洋工程 | 0 | 2 | 2 |
| 18 | 机械工程 | 0 | 1 | 1 |
| 19 | 交通运输工程（水运） | 0 | 5 | 5 |
| 20 | 粮食工程 | 3 | 1 | 4 |
| 21 | 林业工程 | 8 | 1 | 9 |
| 22 | 民航工程 | 1 | 0 | 1 |
| 23 | 民政工程 | 2 | 0 | 2 |
| 24 | 轻工业工程 | 11 | 2 | 13 |
| 25 | 体育工程 | 1 | 0 | 1 |
| 26 | 通信工程 | 3 | 0 | 3 |

续表

| 序号 | 行业 | 项目规范（项） | 通用规范（项） | 合计（项） |
|---|---|---|---|---|
| 27 | 卫生工程 | 2 | 0 | 2 |
| 28 | 文化工程 | 1 | 0 | 1 |
| 29 | 邮政工程 | 2 | 0 | 2 |
| 30 | 教育工程 | 4 | 0 | 4 |
| 31 | 人防工程 | 0 | 1 | 1 |
| 32 | 测绘工程 | 0 | 1 | 1 |
| 33 | 科技工程 | 1 | 0 | 1 |
| 合计 | | 133 | 74 | 207 |

**强制性工程建设规范编制计划数量情况（截至 2021 年底）　　表 1-4**

| 序号 | 行业 | 项目规范（项） | 通用规范（项） | 合计（项） |
|---|---|---|---|---|
| 1 | 城乡建设 | 13 | 26 | 39 |
| 2 | 石油天然气工程 | 5 | 2 | 7 |
| 3 | 石油化工工程 | 4 | 0 | 4 |
| 4 | 化工工程 | 4 | 3 | 7 |
| 5 | 有色金属工程 | 7 | 3 | 10 |
| 6 | 冶金工程 | 6 | 6 | 12 |
| 7 | 电子工程 | 6 | 5 | 11 |
| 8 | 煤炭工程 | 5 | 4 | 9 |
| 9 | 电力工程 | 7 | 3 | 10 |
| 10 | 纺织工程 | 5 | 0 | 5 |
| 11 | 广播电视工程 | 2 | 0 | 2 |
| 12 | 机械工程 | 0 | 1 | 1 |
| 13 | 林业工程 | 4 | 0 | 4 |
| 14 | 民政工程 | 1 | 0 | 1 |
| 15 | 轻工业工程 | 11 | 1 | 12 |
| 16 | 通信工程 | 3 | 0 | 3 |
| 17 | 邮政工程 | 2 | 0 | 2 |
| 合计 | | 85 | 54 | 139 |

**1. 城乡建设**

根据国家标准化工作改革要求，按照住房和城乡建设部强制性工程建设规范编制工作的总体部署，城乡建设领域深入开展强制性工程建设规范的编制工作，截至 2021 年底，已批准发布《燃气工程项目规范》等 22 项城乡建设领域强制性工程建设规范，工作情况详见表 1-5。

**城乡建设领域强制性工程建设规范工作情况（截至 2021 年底）** **表 1-5**

| 序号 | 规范名称 | 规范类型（通用规范/项目规范） | 立项时间 | 工作进度 |
|---|---|---|---|---|
| 1 | 燃气工程项目规范 | 项目规范 | 2019 | 发布 |
| 2 | 供热工程项目规范 | 项目规范 | 2019 | 发布 |
| 3 | 城市道路交通工程项目规范 | 项目规范 | 2019 | 发布 |
| 4 | 园林绿化工程项目规范 | 项目规范 | 2019 | 发布 |
| 5 | 市容环卫工程项目规范 | 项目规范 | 2019 | 发布 |
| 6 | 生活垃圾处理处置工程项目规范 | 项目规范 | 2019 | 发布 |
| 7 | 工程勘察通用规范 | 通用规范 | 2019 | 发布 |
| 8 | 工程测量通用规范 | 通用规范 | 2019 | 发布 |
| 9 | 建筑与市政地基基础通用规范 | 通用规范 | 2019 | 发布 |
| 10 | 工程结构通用规范 | 通用规范 | 2019 | 发布 |
| 11 | 混凝土结构通用规范 | 通用规范 | 2019 | 发布 |
| 12 | 砌体结构通用规范 | 通用规范 | 2019 | 发布 |
| 13 | 钢结构通用规范 | 通用规范 | 2019 | 发布 |
| 14 | 木结构通用规范 | 通用规范 | 2019 | 发布 |
| 15 | 组合结构通用规范 | 通用规范 | 2019 | 发布 |
| 16 | 建筑环境通用规范 | 通用规范 | 2019 | 发布 |
| 17 | 建筑节能与可再生能源利用通用规范 | 通用规范 | 2019 | 发布 |
| 18 | 建筑给水排水与节水通用规范 | 通用规范 | 2019 | 发布 |
| 19 | 建筑与市政工程抗震通用规范 | 通用规范 | 2019 | 发布 |
| 20 | 建筑与市政工程无障碍通用规范 | 通用规范 | 2019 | 发布 |
| 21 | 既有建筑鉴定与加固通用规范 | 通用规范 | 2019 | 发布 |
| 22 | 既有建筑维护与改造通用规范 | 通用规范 | 2019 | 发布 |
| 23 | 城市给水工程项目规范 | 项目规范 | 2019 | 报批 |
| 24 | 城乡排水工程项目规范 | 项目规范 | 2019 | 报批 |
| 25 | 住宅项目规范 | 项目规范 | 2019 | 报批 |
| 26 | 宿舍、旅馆建筑项目规范 | 项目规范 | 2019 | 报批 |
| 27 | 特殊设施项目规范 | 项目规范 | 2019 | 报批 |
| 28 | 历史保护地保护利用项目规范 | 项目规范 | 2019 | 报批 |
| 29 | 民用建筑通用规范 | 通用规范 | 2019 | 报批 |
| 30 | 建筑电气与智能化通用规范 | 通用规范 | 2019 | 报批 |
| 31 | 市政管道通用规范 | 通用规范 | 2019 | 报批 |
| 32 | 施工脚手架通用规范 | 通用规范 | 2019 | 报批 |
| 33 | 安全防范工程通用规范 | 通用规范 | 2019 | 报批 |
| 34 | 建筑与市政工程施工质量控制通用规范 | 通用规范 | 2019 | 报批 |
| 35 | 城市道路交通工程项目规范 | 项目规范 | 2019 | 报批 |

续表

| 序号 | 规范名称 | 规范类型（通用规范/项目规范） | 立项时间 | 工作进度 |
|---|---|---|---|---|
| 36 | 建筑与市政施工现场安全卫生与职业健康通用规范 | 通用规范 | 2019 | 报批 |
| 37 | 建筑和市政工程防水通用规范 | 通用规范 | 2019 | 报批 |
| 38 | 建筑防火通用规范 | 通用规范 | 2019 | 报批 |
| 39 | 消防设施通用规范 | 通用规范 | 2019 | 报批 |
| 40 | 城市机动车停放维修服务设施项目规范 | 项目规范 | 2020 | 研编阶段 |
| 41 | 城市地下空间利用协调通用规范 | 通用规范 | 2020 | 研编阶段 |
| 42 | 可燃物储罐、装置及堆场防火通用规范 | 通用规范 | 2020 | 研编阶段 |

**2. 石油天然气工程**

石油天然气工程强制性工程建设规范研编项目共 8 项，其中，通用规范 2 项，项目规范 6 项。《输气管道工程项目规范》等 7 项强制性工程建设规范列入正式编制计划，详见表 1-6。

**石油天然气工程强制性工程建设规范工作情况（截至 2021 年底）　　表 1-6**

| 序号 | 规范名称 | 规范类型（通用规范/项目规范） | 研编阶段 | | 编制阶段 | |
|---|---|---|---|---|---|---|
| | | | 立项时间 | 工作进度（启动、中期评估、验收） | 立项时间 | 工作进度（启动、征求意见、审查、报批、发布） |
| 1 | 输气管道工程项目规范 | 项目规范 | 2018 | 验收 | 2021 | 征求意见 |
| 2 | 输油管道工程项目规范 | 项目规范 | 2018 | 验收 | 2021 | 征求意见 |
| 3 | 油田地面工程项目规范 | 项目规范 | 2018 | 验收 | 2021 | 征求意见 |
| 4 | 气田地面工程项目规范 | 项目规范 | 2018 | 验收 | 2021 | 征求意见 |
| 5 | 气田天然气处理厂项目规范 | 项目规范 | 2018 | 验收 | — | — |
| 6 | 液化天然气工程项目规范 | 项目规范 | 2018 | 验收 | 2021 | 征求意见 |
| 7 | 石油天然气设备与管道腐蚀控制和隔热通用规范 | 通用规范 | 2018 | 验收 | 2021 | 征求意见 |
| 8 | 管道穿越和跨越通用规范 | 通用规范 | 2018 | 验收 | 2021 | 征求意见 |

**3. 石油化工工程**

石油化工工程强制性工程建设规范研编项目共 6 项。其中，根据验收评审意见，《炼油化工辅助设施通用规范》《工业企业电气设备抗震通用规范》合并为《炼油化工工程项目规范》。《炼油化工工程项目规范》等 4 项强制性工程建设规范已列入正式编制计划，详见表 1-7。

石油化工工程强制性工程建设规范工作情况（截至2021年底） 表1-7

| 序号 | 规范名称 | 规范类型（通用规范/项目规范） | 研编阶段 | | 编制阶段 | |
|---|---|---|---|---|---|---|
| | | | 立项时间 | 工作进度（启动、中期评估、验收） | 立项时间 | 工作进度（启动、征求意见、审查、报批、发布） |
| 1 | 炼油化工工程项目规范 | 项目规范 | 2018 | 验收 | 2021 | 征求意见 |
| 2 | 加油加气站项目规范 | 项目规范 | 2018 | 验收 | 2021 | 征求意见 |
| 3 | 石油库项目规范 | 项目规范 | 2018 | 验收 | 2021 | 征求意见 |
| 4 | 地下水封洞库项目规范 | 项目规范 | 2018 | 验收 | 2021 | 征求意见 |
| 5 | 炼油化工辅助设施通用规范 | 通用规范 | 2018 | 合并 | — | — |
| 6 | 工业电气设备抗震通用规范 | 通用规范 | 2018 | 合并 | — | — |

**4. 化工工程**

化工工程强制性工程建设规范研编项目共7项，均已列入正式编制计划，其中，通用规范3项，项目规范4项，详见表1-8。

化工工程强制性工程建设规范工作情况（截至2021年底） 表1-8

| 序号 | 规范名称 | 规范类型（通用规范/项目规范） | 研编阶段 | | 编制阶段 | |
|---|---|---|---|---|---|---|
| | | | 立项时间 | 工作进度（启动、中期评估、验收） | 立项时间 | 工作进度（启动、征求意见、审查、报批、发布） |
| 1 | 无机化工工程项目规范 | 项目规范 | 2017 | 验收 | 2021 | 准备阶段 |
| 2 | 有机化工工程项目规范 | 项目规范 | 2017 | 验收 | 2021 | 准备阶段 |
| 3 | 精细化工工程项目规范 | 项目规范 | 2017 | 验收 | 2021 | 准备阶段 |
| 4 | 化工矿山工程项目规范 | 项目规范 | 2017 | 验收 | 2021 | 准备阶段 |
| 5 | 低温环境混凝土应用通用规范 | 通用规范 | 2017 | 验收 | 2021 | 启动 |
| 6 | 爆炸性环境电气工程通用规范 | 通用规范 | 2017 | 验收 | 2021 | 准备阶段 |
| 7 | 厂区工业设备和管道工程通用规范 | 通用规范 | 2017 | 验收 | 2021 | 准备阶段 |

**5. 水利工程**

水利工程强制性工程建设规范研编项目共4项，其中通用规范1项，项目规范3项。其中《农村水利工程项目规范》在研编过程中，经过研究和论证，拆分为《农业灌溉与排水工程项目规范》和《农村供水工程项目规范》，详见表1-9。

水利工程强制性工程建设规范工作情况（截至 2021 年底）　　表 1-9

| 序号 | 规范名称 | 规范类型（通用规范/项目规范） | 研编阶段 | | 编制阶段 | |
|---|---|---|---|---|---|---|
| | | | 立项时间 | 工作进度（启动、中期评估、验收） | 立项时间 | 工作进度（启动、征求意见、审查、报批、发布） |
| 1 | 水利工程专用机械及水工金属结构通用规范 | 通用规范 | 2018 | 中期评估 | — | — |
| 2 | 防洪治涝工程项目规范 | 项目规范 | 2018 | 中期评估 | — | — |
| 3 | 水土保持工程项目规范 | 项目规范 | 2018 | 中期评估 | — | — |
| 4 | 农业灌溉与排水工程项目规范 | 项目规范 | 2018 | 中期评估 | — | — |
| 5 | 农村供水工程项目规范 | 项目规范 | 2020 | 启动 | — | — |

### 6. 有色金属工程

有色金属工程强制性工程建设规范研编项目共 10 项，均已列入正式编制计划，其中，通用规范 3 项，项目规范 7 项，详见表 1-10。

有色金属工程强制性工程建设规范工作情况（截至 2021 年底）　　表 1-10

| 序号 | 规范名称 | 规范类型（通用规范/项目规范） | 研编阶段 | | 编制阶段 | |
|---|---|---|---|---|---|---|
| | | | 立项时间 | 工作进度（启动、中期评估、验收） | 立项时间 | 工作进度（启动、征求意见、审查、报批、发布） |
| 1 | 金属非金属矿山工程通用规范 | 通用规范 | 2018 | 验收 | 2021 | 征求意见 |
| 2 | 有色金属矿山工程项目规范 | 项目规范 | 2018 | 验收 | 2021 | 征求意见 |
| 3 | 重有色金属冶炼工程项目规范 | 项目规范 | 2018 | 验收 | 2021 | 征求意见 |
| 4 | 有色轻金属冶炼工程项目规范 | 项目规范 | 2018 | 验收 | 2021 | 征求意见 |
| 5 | 稀有金属及贵金属冶炼工程项目规范 | 项目规范 | 2018 | 验收 | 2021 | 征求意见 |
| 6 | 硅材料工程项目规范 | 项目规范 | 2018 | 验收 | 2021 | 征求意见 |
| 7 | 有色金属加工工程项目规范 | 项目规范 | 2018 | 验收 | 2021 | 征求意见 |
| 8 | 索道工程项目规范 | 项目规范 | 2018 | 验收 | 2021 | 征求意见 |
| 9 | 建筑防护与防腐通用规范 | 通用规范 | 2018 | 验收 | 2021 | 征求意见 |
| 10 | 工业建筑供暖通风与空气调节通用规范 | 通用规范 | 2018 | 验收 | 2021 | 征求意见 |

### 7. 冶金工程

冶金工程强制性工程建设规范研编项目共15项，其中，通用规范6项，项目规范9项。《冶金矿山工程项目规范》等12项列入正式编制计划，详见表1-11。

**冶金工程强制性工程建设规范工作情况（截至2021年底）　　表1-11**

| 序号 | 规范名称 | 规范类型（通用规范/项目规范） | 研编阶段 | | 编制阶段 | |
|---|---|---|---|---|---|---|
| | | | 立项时间 | 工作进度（启动、中期评估、验收） | 立项时间 | 工作进度（启动、征求意见、审查、报批、发布） |
| 1 | 冶金矿山工程项目规范 | 项目规范 | 2018 | 验收 | 2021 | 征求意见 |
| 2 | 原料场项目规范 | 项目规范 | 2018 | 验收 | 2021 | 征求意见 |
| 3 | 焦化工程项目规范 | 项目规范 | 2018 | 验收 | 2021 | 征求意见 |
| 4 | 烧结和球团工程项目规范 | 项目规范 | 2018 | 验收 | 2021 | 征求意见 |
| 5 | 钢铁冶炼工程项目规范 | 项目规范 | 2018 | 验收 | 2021 | 征求意见 |
| 6 | 轧钢工程项目规范 | 项目规范 | 2018 | 验收 | 2021 | 征求意见 |
| 7 | 钢铁工业资源综合利用通用规范 | 通用规范 | 2018 | 验收 | 2021 | 征求意见 |
| 8 | 钢铁企业综合污水处理通用规范 | 通用规范 | 2018 | 验收 | 2021 | 征求意见 |
| 9 | 钢铁渣处理与综合利用通用规范 | 通用规范 | 2018 | 验收 | 2021 | 征求意见 |
| 10 | 钢铁煤气储存输配通用规范 | 通用规范 | 2018 | 验收 | 2021 | 征求意见 |
| 11 | 工业气体制备通用规范 | 通用规范 | 2018 | 验收 | 2021 | 征求意见 |
| 12 | 工业给排水通用规范 | 通用规范 | 2018 | 验收 | 2021 | 征求意见 |
| 13 | 铁矿球团工程项目规范 | 项目规范 | 2019 | 中期评估 | — | — |
| 14 | 铁合金工程项目规范 | 项目规范 | 2019 | 中期评估 | — | — |
| 15 | 热轧工程项目规范 | 项目规范 | 2019 | 中期评估 | — | — |

### 8. 建材工程

建材工程强制性工程建设规范研编项目共6项，均为项目规范，详见表1-12。

**建材工程强制性工程建设规范工作情况（截至2021年底）　　表1-12**

| 序号 | 规范名称 | 规范类型（通用规范/项目规范） | 研编阶段 | | 编制阶段 | |
|---|---|---|---|---|---|---|
| | | | 立项时间 | 工作进度（启动、中期评估、验收） | 立项时间 | 工作进度（启动、征求意见、审查、报批、发布） |
| 1 | 建材工厂项目规范 | 项目规范 | 2018 | 验收 | — | — |
| 2 | 建材矿山工程项目规范 | 项目规范 | 2018 | 验收 | — | — |
| 3 | 水泥窑协同处置项目规范 | 项目规范 | 2018 | 验收 | — | — |

续表

| 序号 | 规范名称 | 规范类型（通用规范/项目规范） | 研编阶段 | | 编制阶段 | |
|---|---|---|---|---|---|---|
| | | | 立项时间 | 工作进度（启动、中期评估、验收） | 立项时间 | 工作进度（启动、征求意见、审查、报批、发布） |
| 4 | 平板玻璃工厂项目规范 | 项目规范 | 2020 | 验收 | — | — |
| 5 | 建筑废弃物再生工厂项目规范 | 项目规范 | 2020 | 验收 | — | — |
| 6 | 玻纤及岩、矿棉工厂项目规范 | 项目规范 | 2020 | 验收 | — | — |

**9. 电子工程**

电子工程强制性工程建设规范研编项目共11项，其中，通用规范5项，项目规范6项。《工程防静电通用规范》等10项强制性工程建设规范列入正式编制计划，详见表1-13。

**电子工程强制性工程建设规范工作情况（截至2021年底）　　表1-13**

| 序号 | 规范名称 | 规范类型（通用规范/项目规范） | 研编阶段 | | 编制阶段 | |
|---|---|---|---|---|---|---|
| | | | 立项时间 | 工作进度（启动、中期评估、验收） | 立项时间 | 工作进度（启动、征求意见、审查、报批、发布） |
| 1 | 工程防静电通用规范 | 通用规范 | 2018 | 验收 | 2021 | 征求意见 |
| 2 | 工程防辐射通用规范 | 通用规范 | 2018 | 验收 | 2021 | 征求意见 |
| 3 | 工业纯水系统通用规范 | 通用规范 | 2018 | 验收 | 2021 | 征求意见 |
| 4 | 工业洁净室通用规范 | 通用规范 | 2018 | 验收 | 2021 | 征求意见 |
| 5 | 电子工厂特种气体和化学品配送设施通用规范 | 通用规范 | 2018 | 验收 | 2021 | 征求意见 |
| 6 | 电子元器件厂项目规范 | 项目规范 | 2018 | 验收 | 2021 | 征求意见 |
| 7 | 电子材料厂项目规范 | 项目规范 | 2018 | 验收 | 2021 | 征求意见 |
| 8 | 废弃电器电子产品处理工程项目规范 | 项目规范 | 2018 | 验收 | 2021 | 征求意见 |
| 9 | 电池生产与处置工程项目规范 | 项目规范 | 2018 | 验收 | 2021 | 征求意见 |
| 10 | 数据中心项目规范 | 项目规范 | 2018 | 验收 | 2021 | 征求意见 |
| 11 | 印制电路板厂项目规范 | 项目规范 | 2020 | 验收 | 2020 | — |

**10. 医药工程**

医药工程强制性工程建设规范研编项目共5项，其中，通用规范2项，项目规范3项，详见表1-14。

医药工程强制性工程建设规范工作情况(截至2021年底)　　表1-14

| 序号 | 规范名称 | 规范类型(通用规范/项目规范) | 研编阶段 | | 编制阶段 | |
|---|---|---|---|---|---|---|
| | | | 立项时间 | 工作进度(启动、中期评估、验收) | 立项时间 | 工作进度(启动、征求意见、审查、报批、发布) |
| 1 | 医药生产用水系统通用规范 | 通用规范 | 2018 | 验收 | — | — |
| 2 | 医药生产用气系统通用规范 | 通用规范 | 2018 | 验收 | | — |
| 3 | 医药生产工程项目规范 | 项目规范 | 2018 | 启动 | — | — |
| 4 | 医药研发工程项目规范 | 项目规范 | 2018 | 启动 | — | — |
| 5 | 医药仓储工程项目规范 | 项目规范 | 2018 | 中期评估 | — | — |

**11. 农业工程**

农业工程强制性工程建设规范研编项目共8项，均为项目规范，详见表1-15。

农业工程强制性工程建设规范工作情况(截至2021年底)　　表1-15

| 序号 | 规范名称 | 规范类型(通用规范/项目规范) | 研编阶段 | | 编制阶段 | |
|---|---|---|---|---|---|---|
| | | | 立项时间 | 工作进度(启动、中期评估、验收) | 立项时间 | 工作进度(启动、征求意见、审查、报批、发布) |
| 1 | 畜牧工程项目规范 | 项目规范 | 2018 | 中期评估 | — | — |
| 2 | 设施园艺工程项目规范 | 项目规范 | 2018 | 中期评估 | — | — |
| 3 | 渔业工程项目规范 | 项目规范 | 2018 | 中期评估 | — | — |
| 4 | 农产品产后处理工程项目规范 | 项目规范 | 2018 | 验收 | — | — |
| 5 | 农田工程项目规范 | 项目规范 | 2018 | 终止 | — | — |
| 6 | 农业废弃物处理与资源化利用工程项目规范 | 项目规范 | 2018 | 验收 | — | — |
| 7 | 水产品产后处理工程项目规范 | 项目规范 | 2020 | 启动 | — | — |
| 8 | 畜产品产后处理工程项目规范 | 项目规范 | 2020 | 中期评估 | — | — |

**12. 煤炭工程**

煤炭工程强制性工程建设规范研编项目共10项，其中，通用规范5项，项目规范5项。《煤炭工业矿井工程项目规范》等9项强制性工程建设规范列入正式编制计划，详见表1-16。

煤炭工程强制性工程建设规范工作情况（截至2021年底）　　表1-16

| 序号 | 规范名称 | 规范类型（通用规范/项目规范） | 研编阶段 | | 编制阶段 | |
|---|---|---|---|---|---|---|
| | | | 立项时间 | 工作进度（启动、中期评估、验收） | 立项时间 | 工作进度（启动、征求意见、审查、报批、发布） |
| 1 | 煤炭工业矿井工程项目规范 | 项目规范 | 2018 | 验收 | 2021 | 启动 |
| 2 | 煤炭工业露天矿工程项目规范 | 项目规范 | 2018 | 验收 | 2021 | 启动 |
| 3 | 煤炭工业洗选加工工程项目规范 | 项目规范 | 2018 | 验收 | 2021 | 启动 |
| 4 | 煤炭工业矿区辅助附属设施工程项目规范 | 项目规范 | 2018 | 验收 | 2021 | 启动 |
| 5 | 瓦斯抽采与综合利用工程项目规范 | 项目规范 | 2018 | 验收 | 2021 | 启动 |
| 6 | 煤炭工业矿区总体规划通用规范 | 通用规范 | 2018 | 验收 | 2021 | 启动 |
| 7 | 煤炭工业安全工程通用规范 | 通用规范 | 2018 | 验收 | — | — |
| 8 | 矿山特种结构通用规范 | 通用规范 | 2018 | 验收 | 2021 | 启动 |
| 9 | 矿山供配电通用规范 | 通用规范 | 2018 | 验收 | 2021 | 启动 |
| 10 | 矿山工程地质勘察与测量通用规范 | 通用规范 | 2018 | 验收 | 2021 | 启动 |

**13. 兵器工程**

兵器工程强制性工程建设规范研编项目共7项，其中，通用规范3项，项目规范4项，详见表1-17。

兵器工程强制性工程建设规范工作情况（截至2021年底）　　表1-17

| 序号 | 规范名称 | 规范类型（通用规范/项目规范） | 研编阶段 | | 编制阶段 | |
|---|---|---|---|---|---|---|
| | | | 立项时间 | 工作进度（启动、中期评估、验收） | 立项时间 | 工作进度（启动、征求意见、审查、报批、发布） |
| 1 | 火炸药及其制品工程项目规范 | 项目规范 | 2018 | 验收 | — | — |
| 2 | 兵器工业试验场、靶场工程项目规范 | 项目规范 | 2018 | 验收 | — | — |
| 3 | 弹药、引信及火工品工程项目规范 | 项目规范 | 2019 | 验收 | — | — |

续表

| 序号 | 规范名称 | 规范类型（通用规范/项目规范） | 研编阶段 | | 编制阶段 | |
|---|---|---|---|---|---|---|
| | | | 立项时间 | 工作进度（启动、中期评估、验收） | 立项时间 | 工作进度（启动、征求意见、审查、报批、发布） |
| 4 | 火炸药及其制品仓库项目规范 | 项目规范 | 2019 | 验收 | — | — |
| 5 | 火炸药及其制品危险等级划分通用规范 | 通用规范 | 2019 | 验收 | — | — |
| 6 | 火炸药及其制品建设工程建筑结构通用规范 | 通用规范 | 2019 | 验收 | — | — |
| 7 | 火炸药及其制品建设工程建筑防火通用规范 | 通用规范 | 2019 | 验收 | — | — |

**14. 电力工程**

电力工程强制性工程建设规范研编项目共11项，其中，通用规范3项，项目规范8项。《火力发电工程项目规范》等10项强制性工程建设规范列入正式编制计划，详见表1-18。

**电力工程强制性工程建设规范工作情况（截至2021年底）** **表1-18**

| 序号 | 规范名称 | 规范类型（通用规范/项目规范） | 研编阶段 | | 编制阶段 | |
|---|---|---|---|---|---|---|
| | | | 立项时间 | 工作进度（启动、中期评估、验收） | 立项时间 | 工作进度（启动、征求意见、审查、报批、发布） |
| 1 | 火力发电工程项目规范 | 项目规范 | 2018 | 验收 | 2021 | 征求意见 |
| 2 | 变电工程项目规范 | 项目规范 | 2018 | 验收 | 2021 | 征求意见 |
| 3 | 输电工程项目规范 | 项目规范 | 2018 | 验收 | 2021 | 征求意见 |
| 4 | 配电工程项目规范 | 项目规范 | 2018 | 验收 | 2021 | 征求意见 |
| 5 | 核电工程常规岛项目规范 | 项目规范 | 2018 | 验收 | 2021 | 征求意见 |
| 6 | 风力发电工程项目规范 | 项目规范 | 2018 | 验收 | 2021 | 征求意见 |
| 7 | 太阳能发电工程项目规范 | 项目规范 | 2018 | 验收 | 2021 | 征求意见 |
| 8 | 电力接地通用规范 | 通用规范 | 2018 | 验收 | 2021 | 征求意见 |
| 9 | 电力工程电气装置施工安装及验收通用规范 | 通用规范 | 2018 | 验收 | 2021 | 征求意见 |
| 10 | 电力系统规划通用规范 | 通用规范 | 2018 | 验收 | 2021 | 征求意见 |
| 11 | 电动汽车充换电设施项目规范 | 项目规范 | 2020 | 中期评估 | — | — |

**15. 纺织工程**

纺织工程强制性工程建设规范研编项目共6项，均为项目规范。《化纤工程项目规范》

等5项强制性工程建设规范列入正式编制计划，详见表1-19。

**纺织工程强制性工程建设规范工作情况（截至2021年底）　　表1-19**

| 序号 | 规范名称 | 规范类型（通用规范/项目规范） | 研编阶段 | | 编制阶段 | |
|---|---|---|---|---|---|---|
| | | | 立项时间 | 工作进度（启动、中期评估、验收） | 立项时间 | 工作进度（启动、征求意见、审查、报批、发布） |
| 1 | 化纤工程项目规范 | 项目规范 | 2018 | 验收 | 2021 | 征求意见 |
| 2 | 产业用纺织品工程项目规范 | 项目规范 | 2018 | 验收 | 2021 | 征求意见 |
| 3 | 纺织工程项目规范 | 项目规范 | 2018 | 验收 | 2021 | 征求意见 |
| 4 | 染整工程项目规范 | 项目规范 | 2018 | 验收 | 2021 | 征求意见 |
| 5 | 服装及家用纺织品工程项目规范 | 项目规范 | 2018 | 验收 | 2021 | 征求意见 |
| 6 | 化纤原料生产工程项目规范 | 项目规范 | 2018 | 拆分 | — | — |

**16. 广播电视工程**

广播电视工程强制性工程建设规范研编项目共2项，均为项目规范，均已列入正式编制计划，详见表1-20。

**广播电视工程强制性工程建设规范工作情况（截至2021年底）　　表1-20**

| 序号 | 规范名称 | 规范类型（通用规范/项目规范） | 研编阶段 | | 编制阶段 | |
|---|---|---|---|---|---|---|
| | | | 立项时间 | 工作进度（启动、中期评估、验收） | 立项时间 | 工作进度（启动、征求意见、审查、报批、发布） |
| 1 | 广播电视传输覆盖网络工程项目规范 | 项目规范 | 2018 | 验收 | 2021 | 征求意见 |
| 2 | 广播电视制播工程项目规范 | 项目规范 | 2018 | 验收 | 2021 | 征求意见 |

**17. 海洋工程**

海洋工程强制性工程建设规范研编项目共2项，均为通用规范，详见表1-21。

**海洋工程强制性工程建设规范工作情况（截至2021年底）　　表1-21**

| 序号 | 规范名称 | 规范类型（通用规范/项目规范） | 研编阶段 | | 编制阶段 | |
|---|---|---|---|---|---|---|
| | | | 立项时间 | 工作进度（启动、中期评估、验收） | 立项时间 | 工作进度（启动、征求意见、审查、报批、发布） |
| 1 | 海洋工程勘察通用规范 | 通用规范 | 2018 | 中期评估 | — | — |
| 2 | 海洋工程测量通用规范 | 通用规范 | 2018 | 中期评估 | — | — |

**18. 机械工程**

机械工程强制性工程建设规范研编项目为《工程振动控制通用规范》，2018 年列入研编计划，目前研编阶段工作进度为中期评估。

**19. 交用运输工程 （水运）**

交通运输工程（水运）强制性工程建设规范研编项目共 5 项，均为通用规范，详见表 1-22。

**交通运输工程（水运）强制性工程建设规范工作情况（截至 2021 年底）　　表 1-22**

| 序号 | 规范名称 | 规范类型（通用规范/项目规范） | 研编阶段 | | 编制阶段 | |
|---|---|---|---|---|---|---|
| | | | 立项时间 | 工作进度（启动、中期评估、验收） | 立项时间 | 工作进度（启动、征求意见、审查、报批、发布） |
| 1 | 港口与航道规划通用规范 | 通用规范 | 2018 | 启动 | — | — |
| 2 | 内河通航通用规范 | 通用规范 | 2018 | 启动 | — | — |
| 3 | 通航海轮水域通航通用规范 | 通用规范 | 2018 | 启动 | — | — |
| 4 | 港口工程可靠性设计通用规范 | 通用规范 | 2018 | 启动 | — | — |
| 5 | 通航建筑物可靠性设计通用规范 | 通用规范 | 2018 | 启动 | — | — |

**20. 粮食工程**

粮食工程强制性工程建设规范研编项目共 4 项，其中，通用规范 1 项，项目规范 3 项，详见表 1-23。

**粮食工程强制性工程建设规范工作情况（截至 2021 年底）　　表 1-23**

| 序号 | 规范名称 | 规范类型（通用规范/项目规范） | 研编阶段 | | 编制阶段 | |
|---|---|---|---|---|---|---|
| | | | 立项时间 | 工作进度（启动、中期评估、验收） | 立项时间 | 工作进度（启动、征求意见、审查、报批、发布） |
| 1 | 粮食仓库项目规范 | 项目规范 | 2018 | 中期评估 | — | — |
| 2 | 粮食加工厂项目规范 | 项目规范 | 2018 | 启动 | — | — |
| 3 | 食用植物油脂加工厂项目规范 | 项目规范 | 2018 | 启动 | — | — |
| 4 | 粮食烘干设施通用规范 | 通用规范 | 2018 | 启动 | — | — |

**21. 林业工程**

林业工程强制性工程建设规范研编项目共 9 项，其中，通用规范 1 项，项目规范 8 项，详见表 1-24。

林业工程建设强制性工程建设规范工作情况（截至 2021 年底）　　表 1-24

| 序号 | 规范名称 | 规范类型（通用规范/项目规范） | 研编阶段 | | 编制阶段 | |
|---|---|---|---|---|---|---|
| | | | 立项时间 | 工作进度（启动、中期评估、验收） | 立项时间 | 工作进度（启动、征求意见、审查、报批、发布） |
| 1 | 森林培育与利用设施项目规范 | 项目规范 | 2018 | 验收 | — | — |
| 2 | 林产工业工程项目规范 | 项目规范 | 2018 | 验收 | — | — |
| 3 | 森林防火工程项目规范 | 项目规范 | 2018 | 验收 | — | — |
| 4 | 自然保护区项目规范 | 项目规范 | 2018 | 验收 | — | — |
| 5 | 湿地保护工程项目规范 | 项目规范 | 2018 | 验收 | — | — |
| 6 | 生态修复工程通用规范 | 通用规范 | 2018 | 验收 | — | — |
| 7 | 国家公园项目规范 | 项目规范 | 2020 | 启动 | — | — |
| 8 | 野生动植物保护设施项目规范 | 项目规范 | 2020 | 启动 | — | — |
| 9 | 林（草）业有害生物防控工程项目规范 | 项目规范 | 2020 | 启动 | — | — |

**22. 民航工程**

民航工程强制性工程建设规范研编项目为《民用航空工程项目规范》，2018 年列入研编计划，目前研编阶段工作进度为中期评估。

**23. 民政工程**

民政工程强制性工程建设规范研编项目共 2 项，均为项目规范，详见表 1-25。

民政工程强制性工程建设规范工作情况（截至 2021 年底）　　表 1-25

| 序号 | 规范名称 | 规范类型（通用规范/项目规范） | 研编阶段 | | 编制阶段 | |
|---|---|---|---|---|---|---|
| | | | 立项时间 | 工作进度（启动、中期评估、验收） | 立项时间 | 工作进度（启动、征求意见、审查、报批、发布） |
| 1 | 殡葬建筑和设施项目规范 | 项目规范 | 2018 | 验收 | — | — |
| 2 | 综合社会福利院项目规范 | 项目规范 | 2020 | 启动 | — | — |

**24. 轻工业工程**

轻工业工程强制性工程建设规范研编项目共 13 项，其中，通用规范 2 项，项目规范 11 项，《轻工业工程术语标准》列入正式编制计划，详见表 1-26。

轻工业工程强制性工程建设规范工作情况（截至 2021 年底）　　表 1-26

| 序号 | 规范名称 | 规范类型（通用规范/项目规范） | 研编阶段 | | 编制阶段 | |
|---|---|---|---|---|---|---|
| | | | 立项时间 | 工作进度（启动、中期评估、验收） | 立项时间 | 工作进度（启动、征求意见、审查、报批、发布） |
| 1 | 制浆造纸工程项目规范 | 项目规范 | 2018 | 验收 | — | — |
| 2 | 生物发酵工程项目规范 | 项目规范 | 2018 | 验收 | — | — |

续表

| 序号 | 规范名称 | 规范类型（通用规范/项目规范） | 研编阶段 | | 编制阶段 | |
|---|---|---|---|---|---|---|
| | | | 立项时间 | 工作进度（启动、中期评估、验收） | 立项时间 | 工作进度（启动、征求意见、审查、报批、发布） |
| 3 | 日用品工程项目规范 | 项目规范 | 2018 | 验收 | — | — |
| 4 | 食品工程通用规范 | 通用规范 | 2018 | 验收 | — | — |
| 5 | 轻工业工程术语标准 | 通用规范 | — | — | 2019 | 征求意见 |
| 6 | 特殊食品工程项目规范 | 项目规范 | 2020 | 验收 | — | — |
| 7 | 快销预制食品项目规范 | 项目规范 | 2020 | 验收 | — | — |
| 8 | 食品添加剂工程项目规范 | 项目规范 | 2020 | 验收 | — | — |
| 9 | 家用电器工程项目规范 | 项目规范 | 2020 | 验收 | — | — |
| 10 | 制盐工程项目规范 | 项目规范 | 2020 | 验收 | — | — |
| 11 | 皮革毛皮工程项目规范 | 项目规范 | 2020 | 验收 | — | — |
| 12 | 制糖工程项目规范 | 项目规范 | 2020 | 验收 | — | — |
| 13 | 日用化工工程项目规范 | 项目规范 | 2020 | 验收 | — | — |

**25. 体育工程**

体育工程强制性工程建设规范研编项目为《体育建筑项目规范》，2018 年列入研编计划，目前研编阶段工作进度为中期评估。

**26. 通信工程**

通信工程强制性工程建设规范研编项目共 3 项，均为项目规范，详见表 1-27。

**通信工程强制性工程建设规范工作情况（截至 2021 年底） 表 1-27**

| 序号 | 规范名称 | 规范类型（通用规范/项目规范） | 研编阶段 | | 编制阶段 | |
|---|---|---|---|---|---|---|
| | | | 立项时间 | 工作进度（启动、中期评估、验收） | 立项时间 | 工作进度（启动、征求意见、审查、报批、发布） |
| 1 | 信息通信网络工程项目规范 | 项目规范 | 2018 | 验收 | 2021 | 征求意见 |
| 2 | 信息通信管线工程项目规范 | 项目规范 | 2018 | 验收 | 2021 | 征求意见 |
| 3 | 信息通信局站及配套工程项目规范 | 项目规范 | 2018 | 验收 | 2021 | 征求意见 |

**27. 卫生工程**

卫生工程强制性工程建设规范研编项目共 2 项，均为项目规范，详见表 1-28。

**卫生工程强制性工程建设规范工作情况（截至 2021 年底） 表 1-28**

| 序号 | 规范名称 | 规范类型（通用规范/项目规范） | 研编阶段 | | 编制阶段 | |
|---|---|---|---|---|---|---|
| | | | 立项时间 | 工作进度（启动、中期评估、验收） | 立项时间 | 工作进度（启动、征求意见、审查、报批、发布） |
| 1 | 医疗建筑项目规范 | 项目规范 | 2018 | 中期评估 | — | — |
| 2 | 专业公共卫生机构建筑项目规范 | 项目规范 | 2018 | 中期评估 | — | — |

**28. 文化工程**

文化工程强制性工程建设规范研编项目为《公共文化设施项目规范》，2018 年列入研编计划，研编阶段工作进度为验收。

**29. 邮政工程**

邮政工程强制性工程建设规范研编项目共 2 项，均为项目规范，均已列入正式编制计划，详见表 1-29。

**邮政工程强制性工程建设规范工作情况（截至 2021 年底）　　表 1-29**

| 序号 | 规范名称 | 规范类型（通用规范/项目规范） | 研编阶段 | | 编制阶段 | |
|---|---|---|---|---|---|---|
| | | | 立项时间 | 工作进度（启动、中期评估、验收） | 立项时间 | 工作进度（启动、征求意见、审查、报批、发布） |
| 1 | 邮政与快递营业场所项目规范 | 项目规范 | 2018 | 验收 | 2021 | 征求意见 |
| 2 | 邮政与快递处理场所项目规范 | 项目规范 | 2018 | 验收 | 2021 | 征求意见 |

**30. 教育工程**

教育工程强制性工程建设规范研编项目共 4 项，均为项目规范，详见表 1-30。

**教育工程强制性工程建设规范工作情况（截至 2021 年底）　　表 1-30**

| 序号 | 规范名称 | 规范类型（通用规范/项目规范） | 研编阶段 | | 编制阶段 | |
|---|---|---|---|---|---|---|
| | | | 立项时间 | 工作进度（启动、中期评估、验收） | 立项时间 | 工作进度（启动、征求意见、审查、报批、发布） |
| 1 | 幼儿园项目规范 | 项目规范 | 2020 | 中期评估 | — | — |
| 2 | 中小学校项目规范 | 项目规范 | 2020 | 中期评估 | — | — |
| 3 | 中等职业学校项目规范 | 项目规范 | 2020 | 启动 | — | — |
| 4 | 特殊教育学校项目规范 | 项目规范 | 2020 | 启动 | — | — |

**31. 人防工程**

人防工程强制性工程建设规范研编项目为《人民防空设施通用规范》，2020 年列入研编计划，目前研编阶段工作进度为启动。

**32. 测绘工程**

测绘工程强制性工程建设规范研编项目为《精密工程测量通用规范》，2018 年列入研编计划，目前研编阶段工作进度为中期评估。

**33. 科技工程**

科技工程强制性工程建设规范有《科技馆项目规范》1 项，2020 年列入研编计划，目前研编阶段工作进度为启动。

### （五）工程建设国家标准复审情况

按照国务院《深化标准化工作改革方案》（国发〔2015〕13 号）要求，落实《关于深化工程建设标准化工作改革的意见》工作部署，2021 年住房和城乡建设部继续开展工程建设国家标准复审专项工作，各部门、行业结合行政监管和技术管理需求，开展标准审查、协调、调研、技术咨询等工作，对现行工程建设国家标准进行梳理并复审，提出整合、精简、转化建议。部分行业国家标准复审结果见表 1-31。

**2021 年工程建设国家标准复审情况** **表 1-31**

| 行业 | 复审数量 | 继续有效 | 修订 | 废止 | 转化 |
|---|---|---|---|---|---|
| 城乡建设 | 251 | 208 | 42 | 1 | 0 |
| 石油天然气工程 | 2 | 0 | 2 | 0 | 0 |
| 石油化工工程 | 18 | 15 | 3 | 0 | 0 |
| 化工工程 | 13 | 6 | 7 | 0 | 0 |
| 水利工程 | 13 | 7 | 4 | 2 | 0 |
| 有色金属工程 | 77 | 62 | 15<br>(含局部修订 4 项) | 0 | 0 |
| 冶金工程 | 58 | 46 | 12 | 0 | 0 |
| 建材工程 | 35 | 27 | 8 | 0 | 0 |
| 电子工程 | 69 | 47 | 21 | 1 | 0 |
| 医药工程 | 13 | 13 | 0 | 0 | 0 |
| 煤炭工程 | 80 | 53 | 25 | 1 | 1 |
| 兵器工程 | 12 | 11 | 1 | 0 | 0 |
| 电力工程 | 116 | 81 | 32<br>(含局部修订 1 项) | 3 | 0 |
| 纺织工程 | 36 | 33 | 3 | 0 | 0 |
| 广播电视工程 | 6 | 3 | 3 | 0 | 0 |
| 公路工程 | 6 | 0 | 5 | 0 | 1<br>(转行业标准) |
| 核工业工程 | 8 | 5 | 3 | 0 | 0 |
| 合计 | 813 | 617 | 186 | 8 | 2 |

# 第二章

# 行业工程建设标准化发展状况

## 一、工程建设行业标准现状

### （一）工程建设行业标准数量总体现状

据不完全统计，2021 年部分行业共发布工程建设行业标准 282 项，其中制定 176 项，修订 106 项，详见表 2-1。

**2021 年部分行业发布的工程建设行业标准数量　　表 2-1**

| 序号 | 行业 | 制定（项） | 修订（项） | 总数（项） |
|---|---|---|---|---|
| 1 | 城镇建设 | 2 | 3 | 5 |
| 2 | 建筑工程 | 3 | 2 | 5 |
| 3 | 石油天然气工程 | 6 | 10 | 16 |
| 4 | 石油化工工程 | 1 | 9 | 10 |
| 5 | 化工工程 | 3 | 4 | 7 |
| 6 | 水利工程 | 4 | 9 | 13 |
| 7 | 有色金属工程 | 0 | 2 | 2 |
| 8 | 电力工程 | 137 | 57 | 194 |
| 9 | 广播电视工程 | 0 | 3 | 3 |
| 10 | 铁路工程 | 7 | 5 | 12 |
| 11 | 兵器工程 | 1 | 0 | 1 |
| 12 | 交通运输工程（公路） | 12 | 2 | 14 |
| 总计 | | 176 | 106 | 282 |

注：修订包括全面修订和局部修订。

截至 2021 年底，各行业现行工程建设行业标准 3858 项，数量情况见图 2-1。建筑工程现行工程建设行业标准数量最多，电力工程次之，医药工程没有行业标准。

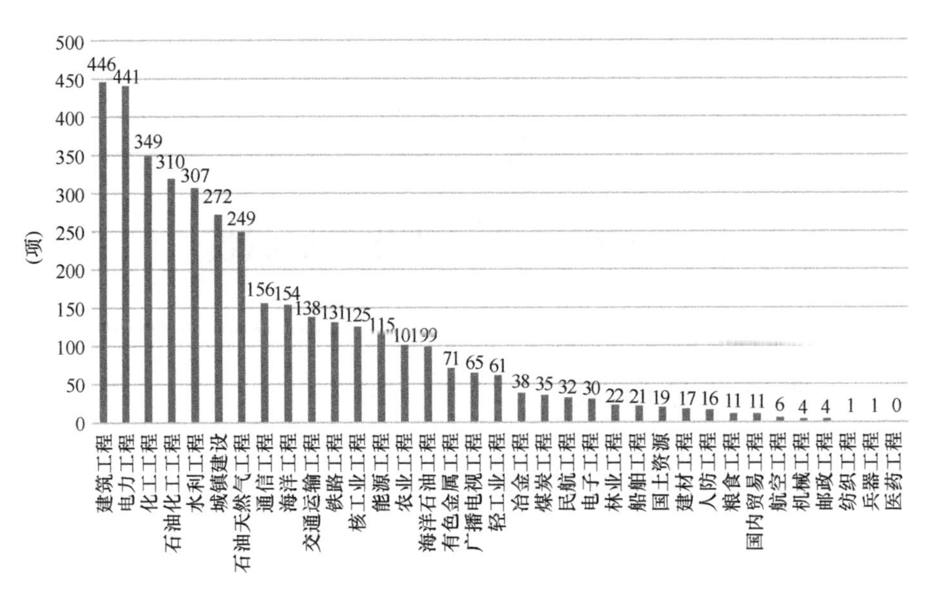


图 2-1　各行业现行工程建设行业标准数量

## (二) 工程建设行业标准数量具体情况

### 1. 城镇建设和建筑工程

(1) 工程标准

按照行业标准精简整合的改革思路，住房和城乡建设部放缓城镇建设和建筑工程行业标准计划数量（表 2-2），每年批准发布的行业标准数量逐步减少（表 2-3）。2021 年批准发布城镇建设和建筑工程行业标准 10 项，按专业划分情况见表 2-4。

**2017～2021 年城乡建设领域行业标准下达计划数量**　　**表 2-2**

| 计划年度 | 制定（项） | 修订（项） | 总数（项） |
|---|---|---|---|
| 2017 | 5 | 3 | 8 |
| 2018 | 0 | 0 | 0 |
| 2019 | 13 | 10 | 23 |
| 2020 | 0 | 30 | 30 |
| 2021 | 0 | 5 | 5 |

**2017～2021 年批准发布的城乡建设领域行业标准数量**　　**表 2-3**

| 发布年度 | 城镇建设 | | 建筑工程 | | 总数（项） |
|---|---|---|---|---|---|
| | 制定（项） | 修订（项） | 制定（项） | 修订（项） | |
| 2017 | 23 | 8 | 13 | 6 | 50 |
| 2018 | 15 | 4 | 34 | 6 | 59 |
| 2019 | 13 | 4 | 31 | 10 | 58 |
| 2020 | 7 | 5 | 5 | 2 | 19 |
| 2021 | 2 | 3 | 3 | 2 | 10 |

**2021年批准发布的城乡建设领域行业标准（按专业统计）　　表2-4**

| 序号 | 专业分类 | 数量（项） | 序号 | 专业分类 | 数量（项） |
|---|---|---|---|---|---|
| 1 | 建筑施工安全 | 1 | 11 | 建筑给水排水 | 0 |
| 2 | 城乡规划 | 0 | 12 | 建筑环境与节能 | 0 |
| 3 | 道路与桥梁 | 0 | 13 | 建筑结构 | 1 |
| 4 | 建筑地基基础 | 0 | 14 | 建筑设计 | 1 |
| 5 | 风景园林 | 1 | 15 | 工程勘察与测量 | 1 |
| 6 | 建筑工程质量 | 1 | 16 | 燃气 | 0 |
| 7 | 建筑制品与构配件 | 0 | 17 | 市容环境卫生 | 3 |
| 8 | 城市轨道交通 | 1 | 18 | 市政给水排水 | 0 |
| 9 | 建筑维护加固与房地产 | 0 | 19 | 供热 | 0 |
| 10 | 建筑电气 | 0 | 20 | 信息技术应用 | 0 |
| 合计 | 10 | | | | |

（2）产品标准

城镇建设、建筑工程产品标准是建设领域标准化的重要组成，在工程建设中具有重要地位。截至2021年底，城镇建设和建筑工程现行标准共1306项。其中，国家标准377项，行业标准929项；行业标准中，城镇建设422项，建筑工程507项；推荐性标准1290项，强制性标准16项。具体数据见表2-5和图2-2。

**城镇建设和建筑工程各专业现行产品标准情况（截至2021年底）　　表2-5**

| 序号 | 专业 | 国家标准（项） | | 行业标准（项） | | 总数（项） |
|---|---|---|---|---|---|---|
| | | 强制性 | 推荐性 | 强制性 | 推荐性 | |
| 1 | 城市轨道交通 | 0 | 30 | 0 | 32 | 62 |
| 2 | 城镇道路与桥梁 | 0 | 6 | 0 | 24 | 30 |
| 3 | 市政给水排水 | 2 | 40 | 0 | 98 | 140 |
| 4 | 建筑给水排水 | 0 | 1 | 1 | 124 | 126 |
| 5 | 城镇燃气 | 10 | 32 | 0 | 54 | 96 |
| 6 | 城镇供热 | 0 | 24 | 0 | 14 | 38 |
| 7 | 市容环境卫生 | 0 | 15 | 0 | 42 | 57 |
| 8 | 风景园林 | 0 | 2 | 0 | 9 | 11 |
| 9 | 建筑工程质量 | 0 | 0 | 0 | 15 | 15 |
| 10 | 建筑制品与构配件 | 0 | 27 | 0 | 269 | 296 |
| 11 | 建筑结构 | 0 | 9 | 0 | 64 | 73 |
| 12 | 建筑环境与节能 | 0 | 50 | 0 | 56 | 106 |
| 13 | 信息技术及智慧城市 | 0 | 33 | 0 | 31 | 64 |
| 14 | 建筑工程勘察与测量 | 0 | 0 | 0 | 11 | 11 |
| 15 | 建筑地基基础 | 0 | 0 | 0 | 4 | 4 |
| 16 | 建筑施工安全 | 3 | 0 | 0 | 65 | 68 |
| 17 | 建筑维护加固与房地产 | 0 | 0 | 0 | 7 | 7 |
| 18 | 建筑电气 | 0 | 0 | 0 | 9 | 9 |
| 19 | 建筑幕墙门窗 | 0 | 68 | 0 | 0 | 68 |
| 20 | 混凝土 | 0 | 25 | 0 | 0 | 25 |
| 合计 | | 15 | 362 | 1 | 928 | 1306 |

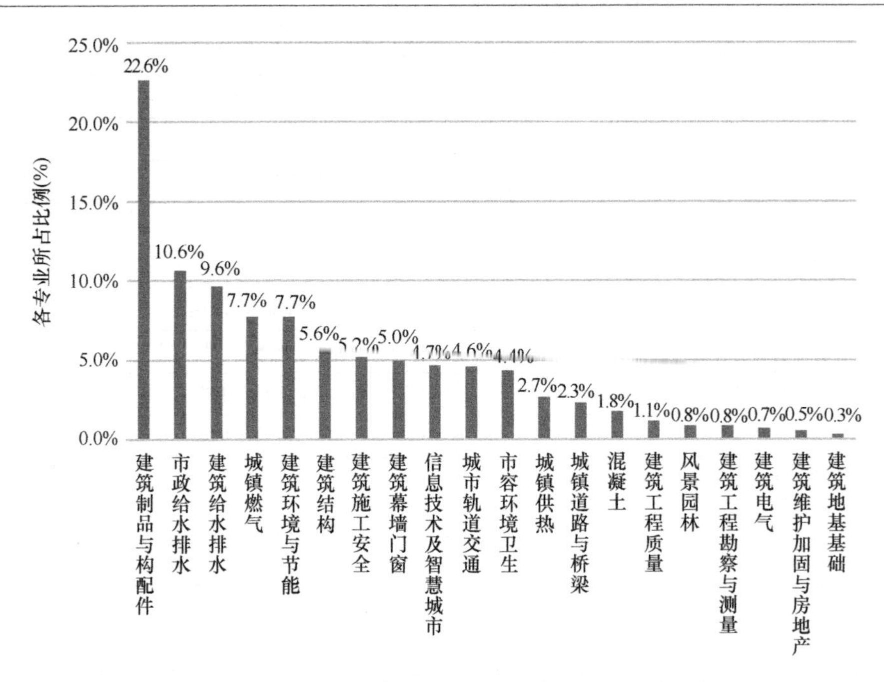


图 2-2　城镇建设和建筑工程各专业产品标准所占比例

2021 年共批准发布工程建设产品标准 36 项，其中，国家标准 29 项，行业标准 7 项。2017～2021 年城镇建设和建筑工程各专业产品标准发布情况见表 2-6。

**2017～2021 年城镇建设和建筑工程各专业产品标准发布情况　　表 2-6**

| 序号 | 专业 | 2017 年（项） | 2018 年（项） | 2019 年（项） | 2020 年（项） | 2021 年（项） |
|---|---|---|---|---|---|---|
| 1 | 城市轨道交通 | 0 | 1 | 6 | 5 | 3 |
| 2 | 城镇道路与桥梁 | 0 | 3 | 0 | 0 | 1 |
| 3 | 市政给水排水 | 4 | 12 | 9 | 2 | 1 |
| 4 | 建筑给水排水 | 5 | 9 | 0 | 1 | 1 |
| 5 | 城镇燃气 | 2 | 5 | 5 | 10 | 1 |
| 6 | 城镇供热 | 0 | 3 | 4 | 5 | 4 |
| 7 | 市容环境卫生 | 3 | 2 | 2 | 1 | 3 |
| 8 | 风景园林 | 3 | 2 | 0 | 1 | 0 |
| 9 | 建筑工程质量 | 0 | 0 | 1 | 0 | 0 |
| 10 | 建筑制品与构配件 | 33 | 20 | 8 | 2 | 2 |
| 11 | 建筑结构 | 1 | 4 | 4 | 0 | 1 |
| 12 | 建筑环境与节能 | 0 | 8 | 2 | 7 | 8 |
| 13 | 信息技术与智慧城市 | 2 | 3 | 4 | 6 | 1 |
| 14 | 建筑工程勘察与测量 | 0 | 10 | 0 | 0 | 0 |
| 15 | 建筑地基基础 | 1 | 2 | 0 | 0 | 0 |
| 16 | 建筑施工安全 | 4 | 0 | 1 | 0 | 0 |
| 17 | 建筑维护加固与房地产 | 0 | 0 | 2 | 0 | 0 |
| 18 | 建筑电气 | 1 | 0 | 0 | 0 | 0 |
| 19 | 建筑幕墙门窗 | 8 | 0 | 6 | 10 | 8 |
| 20 | 混凝土 | 1 | 1 | 4 | 4 | 2 |
| 合计 | | 68 | 85 | 58 | 54 | 36 |

**2. 石油天然气工程**

2021年立项工程建设行业标准24项，其中制定6项，修订17项，外文翻译1项。批准发布工程建设行业标准16项，其中，设计专业10项，施工专业4项，防腐专业2项。截至2021年底，石油天然气工程现行工程建设行业标准249项。按专业分布数量见表2-7。

**石油天然气工程建设行业标准数量　　表2-7**

| 序号 | 专业类别 | 现行（项） | 2021年批准发布（项） |
|---|---|---|---|
| 1 | 设计 | 104 | 10 |
| 2 | 施工 | 75 | 4 |
| 3 | 防腐 | 70 | 2 |
| 合计 | | 249 | 16 |

**3. 石油化工工程**

2021年立项工程建设行业标准43项（含英文版4项）。批准发布工程建设行业标准10项。截至2021年底，石油化工工程现行工程建设行业标准310项。按专业分布数量见表2-8。

**石油化工工程建设行业标准数量　　表2-8**

| 序号 | 专业类别 | 现行（项） | 2021年批准发布（项） |
|---|---|---|---|
| 1 | 综合 | 38 | 3 |
| 2 | 工艺 | 10 | 0 |
| 3 | 静设备 | 27 | 0 |
| 4 | 工业炉 | 28 | 0 |
| 5 | 机械 | 26 | 0 |
| 6 | 总图 | 16 | 0 |
| 7 | 管道 | 42 | 1 |
| 8 | 自控 | 21 | 1 |
| 9 | 电气 | 16 | 2 |
| 10 | 储运 | 15 | 0 |
| 11 | 粉体 | 5 | 1 |
| 12 | 给水排水 | 6 | 1 |
| 13 | 消防 | 1 | 0 |
| 14 | 环保 | 5 | 0 |
| 15 | 安全 | 9 | 1 |
| 16 | 抗震 | 7 | 0 |
| 17 | 土建 | 38 | 0 |
| 18 | 信息 | 0 | 0 |
| 合计 | | 310 | 10 |

**4. 化工工程**

2021年，化工行业工程建设标准立项重点是全文强制性国家标准和不能满足使用要求的行业标准修订，以及急需的专业标准向团体标准发展，进一步探索国家标准翻译成英文版本，共立项工程建设行业标准 4 项，其中，建筑结构专业 1 项，橡胶加工专业 2 项，工程项目管理专业 1 项，均为修订。2012～2021 年化工工程建设标准立项情况见图 2-3。

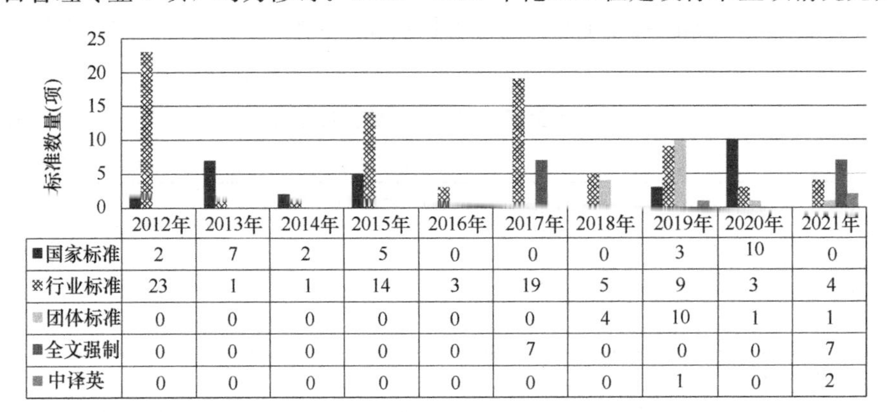


| | 2012年 | 2013年 | 2014年 | 2015年 | 2016年 | 2017年 | 2018年 | 2019年 | 2020年 | 2021年 |
|---|---|---|---|---|---|---|---|---|---|---|
| 国家标准 | 2 | 7 | 2 | 5 | 0 | 0 | 0 | 3 | 10 | 0 |
| 行业标准 | 23 | 1 | 1 | 14 | 3 | 19 | 5 | 9 | 3 | 4 |
| 团体标准 | 0 | 0 | 0 | 0 | 0 | 0 | 4 | 10 | 1 | 1 |
| 全文强制 | 0 | 0 | 0 | 0 | 0 | 7 | 0 | 0 | 0 | 7 |
| 中译英 | 0 | 0 | 0 | 0 | 0 | 0 | 0 | 1 | 0 | 2 |

图 2-3　2012～2021 年化工工程建设标准立项情况

2021 年，批准发布工程建设行业标准 7 项，其中制定 3 项，修订 4 项。截至 2021 年底，化工工程现行工程建设行业标准 349 项。按专业分布数量见表 2-9。

**化工工程建设行业标准数量**　　**表 2-9**

| 序号 | 专业类别 | 现行（项） | 2021 年批准发布（项） |
|---|---|---|---|
| 1 | 化工工艺系统 | 18 | 0 |
| 2 | 化工配管 | 19 | 2 |
| 3 | 化工建筑、结构 | 22 | 0 |
| 4 | 化工工业炉 | 20 | 0 |
| 5 | 化工给水排水 | 2 | 0 |
| 6 | 化工热工、化学水处理 | 7 | 0 |
| 7 | 化工自控 | 34 | 0 |
| 8 | 化工粉体工程 | 12 | 1 |
| 9 | 化工暖通空调 | 5 | 0 |
| 10 | 化工总图运输 | 1 | 0 |
| 11 | 化工环境保护 | 6 | 2 |
| 12 | 化工设备 | 123 | 0 |
| 13 | 化工电气、电信 | 9 | 0 |
| 14 | 化工工程施工技术 | 24 | 1 |
| 15 | 橡胶加工 | 5 | 1 |
| 16 | 化工矿山 | 28 | 0 |
| 17 | 工程项目管理 | 1 | 0 |
| 18 | 化工工程勘察 | 13 | 0 |
| 合计 | | 349 | 7 |

### 5. 水利工程

2021年立项工程建设行业标准7项，其中，水土保持专业1项，水灾害防御专业1项，水利水电工程专业5项。批准发布工程建设行业标准13项，其中，水资源专业2项，水利水电工程专业6项，农村水利专业1项，水灾害防御专业3项，水利信息化专业1项。截至2021年底，水利工程现行工程建设行业标准307项，详见表2-10。

**水利工程建设行业标准数量　　表2-10**

| 序号 | 专业类别 | 现行（项） | 2021年批准发布（项） |
| --- | --- | --- | --- |
| 1 | 水文 | 15 | 0 |
| 2 | 水资源 | 11 | 2 |
| 3 | 水生态水环境 | 6 | 0 |
| 4 | 水利水电工程 | 219 | 6 |
| 5 | 水土保持 | 20 | 0 |
| 6 | 农村水利 | 14 | 1 |
| 7 | 水灾害防御 | 14 | 3 |
| 8 | 水利信息化 | 6 | 1 |
| 9 | 其他 | 2 | 0 |
| 合计 | | 307 | 13 |

### 6. 有色金属工程

2021年立项工程建设行业标准2项。批准发布工程建设行业标准2项，均为修订。截至2021年底，有色金属工程现行工程建设行业标准71项，详见表2-11。

**有色金属工程建设行业标准数量　　表2-11**

| 序号 | 专业类别 | 现行（项） | 2021年批准发布（项） |
| --- | --- | --- | --- |
| 1 | 测量与工程勘察 | 27 | 2 |
| 2 | 矿山工程 | 4 | 0 |
| 3 | 有色金属冶炼与加工工程 | 5 | 0 |
| 4 | 公用工程 | 35 | 0 |
| 合计 | | 71 | 2 |

### 7. 电力工程

2021年立项工程建设行业标准26项，重点围绕输变电、水电、核电常规岛、电化学储能、电动汽车充换电等热点领域。2021年批准发布工程建设行业标准194项。截至2021年底，电力工程（不含电力规划设计领域、水电及新能源规划设计领域）现行工程建设行业标准441项，详见表2-12。

**电力工程建设行业标准数量　　表2-12**

| 序号 | 专业类别 | 现行（项） | 2021年批准发布（项） |
| --- | --- | --- | --- |
| 1 | 火电 | 67 | 15 |
| 2 | 水电 | 207 | 83 |

续表

| 序号 | 专业类别 | 现行（项） | 2021 年批准发布（项） |
| --- | --- | --- | --- |
| 3 | 核电 | 22 | 4 |
| 4 | 新能源 | 18 | 19 |
| 5 | 输变电 | 126 | 50 |
| 6 | 综合通用 | 1 | 23 |
| 合计 | | 441 | 194 |

**8. 广播电视工程**

2021 年立项工程建设行业标准 4 项。批准发布工程建设行业标准 3 项，其中，通用类 2 项，定额类 1 项。截至 2021 年底，广播电视工程现行工程建设行业标准 63 项，其中通用类 13 项，广播电视台类 12 项，中、短波类 5 项，电视、调频类 5 项，发射塔类 4 项，监测类 6 项，光缆及电缆类 5 项，卫星类 5 项，微波类 4 项，定额类 4 项，详见图 2-4 和表 2-13。

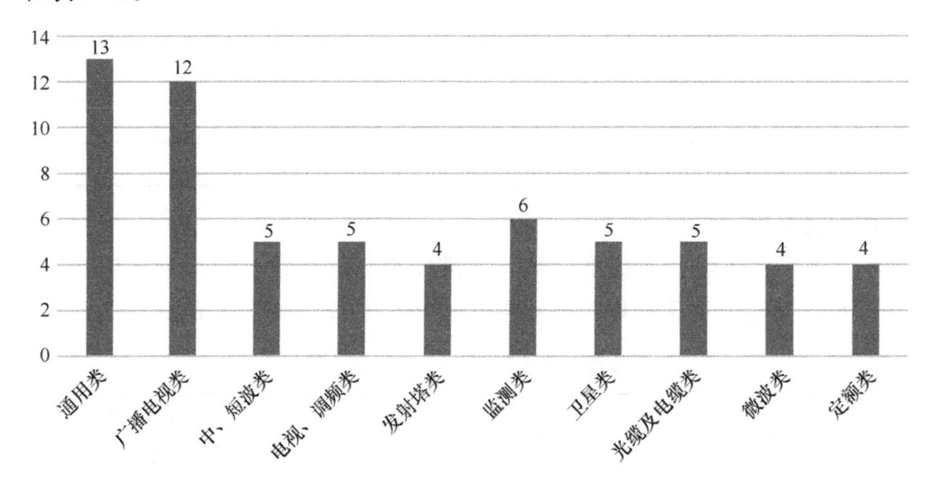


图 2-4　广播电视工程行业标准分类统计图

**广播电视工程建设行业标准数量**　　**表 2-13**

| 序号 | 专业类别 | 现行（项） | 2021 年批准发布（项） |
| --- | --- | --- | --- |
| 1 | 通用类 | 13 | 2 |
| 2 | 广播电视台类 | 12 | 0 |
| 3 | 中、短波类 | 5 | 0 |
| 4 | 电视、调频类 | 5 | 0 |
| 5 | 发射塔类 | 4 | 0 |
| 6 | 监测类 | 6 | 0 |
| 7 | 光缆及电缆类 | 5 | 0 |
| 8 | 卫星类 | 5 | 0 |
| 9 | 微波类 | 4 | 0 |
| 10 | 定额类 | 4 | 1 |
| 合计 | | 63 | 3 |

**9. 铁路工程**

2021 年立项工程建设行业标准 45 项。历年工程建设标准立项情况见图 2-5。批准发布工程建设行业标准 12 项，其中，通用专业 2 项，勘测专业 1 项，设计专业 4 项，施工专业 2 项，验收专业 1 项，检测专业 2 项。截至 2021 年底，铁路工程现行工程建设行业标准 131 项，其中，通用专业 8 项，勘测专业 20 项，设计专业 59 项，施工专业 10 项，验收专业 24 项，检测专业 10 项，详见表 2-14。

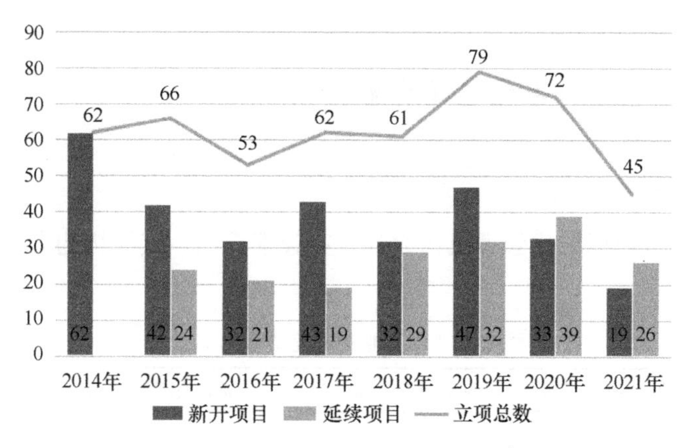


图 2-5　2014～2021 年铁路工程建设行业标准立项情况

**铁路工程建设行业标准数量**　　表 2-14

| 序号 | 专业类别 | 现行（项） | 2021 年批准发布（项） |
|---|---|---|---|
| 1 | 通用 | 8 | 2 |
| 2 | 勘测 | 20 | 1 |
| 3 | 设计 | 59 | 4 |
| 4 | 施工 | 10 | 2 |
| 5 | 验收 | 24 | 1 |
| 6 | 检测 | 10 | 2 |
| 合计 | | 131 | 12 |

**10. 轻工业工程**

2021 年立项工程建设行业标准 3 项，包括制定 1 项，修订 2 项，其中，生物发酵专业 1 项，轻化工专业 2 项。截至 2021 年底，轻工业工程现行工程建设行业标准 61 项，其中食品专业 15 项，轻化工专业 14 项，生物发酵专业 11 项，日用品专业 21 项，详见表 2-15。

**轻工业工程建设行业标准数量**　　表 2-15

| 序号 | 专业类别 | 现行（项） |
|---|---|---|
| 1 | 食品 | 15 |
| 2 | 轻化工 | 14 |
| 3 | 生物发酵 | 11 |
| 4 | 日用品 | 21 |
| 合计 | | 61 |

**11. 兵器工程**

2021 年批准发布工程建设行业标准 1 项。截至 2021 年底，兵器工程现行工程建设行业标准 1 项。

**12. 公路工程**

2021 年批准发布工程建设行业标准 14 项，包括制定 12 项，修订 2 项。截至 2021 年底，公路工程现行工程建设行业标准 138 项。

## 二、工程建设行业标准化管理情况

### (一) 机构建设

工程建设领域行业标准化管理机构为各行业管理部门，支撑机构大多为行业协会，详见表 2-16。

**工程建设领域行业标准化管理机构统计　　表 2-16**

| 行业 | 标准立项部门 | 标准批准发布部门 | 标准化管理部门 | 标准化管理支撑机构 |
|---|---|---|---|---|
| 城乡建设 | 住房和城乡建设部 | 住房和城乡建设部 | 住房和城乡建设部标准定额司 | 住房和城乡建设部标准定额研究所 |
| | | | | 住房和城乡建设部标准化技术委员会 |
| 石油天然气工程 | 国家能源局 | 国家能源局 | 中国石油天然气集团有限公司科技管理部标准处 | 石油工程建设专业标准化委员会 |
| 石油化工工程 | 工业和信息化部 | 工业和信息化部 | 中国石油化工集团有限公司工程部 | 中国石化工程建设标准化技术委员会 |
| 化工工程 | 工业和信息化部 | 工业和信息化部 | 工业和信息化部科技司统筹管理，规划司分工负责工程建设标准 | 中国石油和化工勘察设计协会 |
| 水利工程 | 水利部 | 水利部 | 水利部国际合作与科技司 | 中国水利学会 |
| 有色金属工程 | 工业和信息化部 | 工业和信息化部 | 工业和信息化部规划司 | 中国有色金属工业工程建设标准规范管理处 |
| 建材工程 | 工业和信息化部 | 工业和信息化部 | 工业和信息化部 | 国家建筑材料工业标准定额总站 |
| 电子工程 | 工业和信息化部 | 工业和信息化部 | 工业和信息化部科技司统筹管理，规划司分工负责工程建设标准 | 电子工程标准定额站 |

续表

| 行业 | 标准立项部门 | 标准批准发布部门 | 标准化管理部门 | 标准化管理支撑机构 |
| --- | --- | --- | --- | --- |
| 医药工程 | 工业和信息化部 | 工业和信息化部 | 工业和信息化部 | 中国医药工程设计协会 |
| 农业工程 | 农业农村部 | 农业农村部 | 农业农村部计划财务司 | 农业农村部规划设计研究院 |
| | | | | 中国工程建设标准化协会农业工程分会 |
| 煤炭工程 | 国家能源局 | 国家能源局 | 国家能源局能源节约和科技装备司 | 中国煤炭建设协会 |
| | 国家矿山安全监察局 | 国家矿山安全监察局 | 国家矿山安全监察局政策法规和科技装备司 | 中国煤炭建设协会 |
| 铁路工程 | 国家铁路局 | 国家铁路局 | 国家铁路局科技与法制司 | 国家铁路局规划与标准研究院 |
| | | | | 中国铁路经济规划研究院有限公司 |
| 电力工程 | 国家能源局 | 国家能源局 | 国家能源局能源节约和科技装备司 | 中国电力企业联合会 |
| | | | | 电力规划设计总院 |
| | | | | 水电水利规划设计总院 |
| 纺织工程 | 工业和信息化部 | 工业和信息化部 | 工业和信息化部科技司统筹管理，规划司分工负责工程建设标准 | 中国纺织工业联合会产业部 |
| 广播电视工程 | 国家广播电视总局 | 国家广播电视总局 | 国家广播电视总局规划财务司 | 国家广播电视总局工程建设标准定额管理中心 |
| 公路工程 | 交通运输部 | 交通运输部 | 交通运输部 | 中国工程建设标准化协会公路分会 |
| | | | | 交通运输部公路科学研究院 |
| 水运工程 | 交通运输部 | 交通运输部 | 交通运输部 | 中国工程建设标准化协会水运专业委员会 |
| 民航工程 | 民用航空局 | 民用航空局 | 民用航空局 | 民航工程建设标准化技术委员会 |
| 粮食工程 | 国家粮食和物资储备局 | 国家粮食和物资储备局 | 国家粮食和物资储备局标准质量管理办公室 | 无 |

续表

| 行业 | 标准立项部门 | 标准批准发布部门 | 标准化管理部门 | 标准化管理支撑机构 |
|---|---|---|---|---|
| 林业工程 | 国家林业和草原局 | 国家林业和草原局 | 国家林业和草原局规划财务司 | 中国林业工程建设协会工程标准化专业委员会 |
| 轻工业工程 | 工业和信息化部 | 工业和信息化部 | 工业和信息化部规划司 | 中国轻工业工程建设协会标准化专业委员会 |
| 邮政工程 | 国家邮政局 | 国家邮政局 | 国家邮政局政策法规司 | 全国邮政业标准化技术委员会 |
| 国内贸易工程 | 商务部 | 商务部 | 商务部建设司 | 中国工程建设标准化协会商贸分会 |
| 核工业工程 | 中国核工业集团有限公司 | 中国核工业集团有限公司 | 中国核工业集团有限公司经营管理部 | 中国核工业勘察设计协会 |

## （二）管理制度

为规范工程建设标准化工作，各行业标准主管部门和支撑机构积极制定标准化管理制度，规范化管理行业标准，详见表2-17。

**行业标准管理制度统计** **表2-17**

| 适用范围 | 制度名称 | 制修订机构 | 制修订时间 |
|---|---|---|---|
| 工程建设全行业 | 《工程建设行业标准管理办法》 | 原建设部 | 1992 |
| 工业通信业 | 《工业通信业行业标准制定管理办法》 | 工业和信息化部 | 2020 |
| 公路工程 | 《公路工程建设标准管理办法》 | 交通运输部 | 2020 |
| 能源行业（含煤炭、电力、石油天然气） | 《能源领域行业标准化管理办法》 | 国家能源局 | 2019 |
| | 《能源领域行业标准制定管理实施细则》 | | 2019 |
| | 《能源领域行业标准化技术委员会管理实施细则》 | | 2019 |
| | 《国家能源局关于进一步完善能源行业标准化技术委员会管理的通知》 | | 2021 |
| 铁路工程 | 《铁路工程建设标准管理办法》 | 国家铁路局 | 2014 |
| | 《铁路行业标准翻译出版管理办法》 | | 2015 |
| 石油化工工程、化工工程、有色金属工程、建材工程、电子工程、轻工业工程 | 《工业领域工程建设行业标准制定实施细则》 | 工业和信息化部规划司 | 2011制定、2014修订 |
| | 《工业和信息化部行业标准制定管理暂行办法》 | 工业和信息化部科技司 | 2009 |
| | 《工业和信息化部标准制修订工作补充规定》 | | 2011 |

续表

| 适用范围 | 制度名称 | 制修订机构 | 制修订时间 |
|---|---|---|---|
| 邮政工程 | 《邮政业标准化管理办法》 | 国家邮政局 | 2013 |
| | 《邮政业国家标准和行业标准审查管理规定》 | | 2020 |
| 农业工程 | 《农业工程建设标准编制工作流程（试行）》 | 原农业农村部发展计划司 | 2014 |
| 水利工程 | 《水利标准化工作管理办法》 | 水利部 | 2019 |
| | 《关于加强水利团体标准管理工作的意见》 | | 2020 |
| | 《水利技术标准复审细则》 | | 2010 |
| | 《水利工程建设标准强制性条文管理办法（试行）》 | | 2012 |
| 国防科技工业 | 《国防科技工业标准化工作管理办法》 | 国防科工局 | 2013 |
| 商贸工程 | 《商贸领域标准化管理办法（试行）》 | 商务部 | 2012 |
| 广播电视工程 | 《广播电视和网络视听工程建设行业标准管理办法》 | 广电总局规划财务司 | 2020～2021 |
| 林业工程 | 《林业工程建设标准化工作管理办法》 | 国家林业局发展规划与资金管理司 | 2012 |
| 粮食工程 | 《粮食和物资储备标准化工作管理办法》 | 国家粮食和物资储备局 | 2021 |
| | 《粮食和物资储备行业标准化技术委员会管理办法》 | | 2021 |
| 以下为标准化管理支撑机构对管理制度的细化补充 | | | |
| 电力工程 | 《专业标准化技术委员会标准审核员管理办法》 | 中国电力企业联合会 | 2019 |
| | 《电力标准复审管理办法》 | 中国电力企业联合会 | 2019 |
| | 《中国电力企业联合会标准制定细则》 | 中国电力企业联合会 | 2020 |
| 石油化工工程 | 《中国石化工程建设标准化管理办法》 | 中国石油化工集团公司 | 2011 |
| | 《石油化工行业工程建设标准编写规定》 | 中国石化股份有限公司工程部 | 2021 |
| 化工工程 | 《标准制、修订计划运行管理办法（试行）》 | 中国石油和化工勘察设计协会 | 2020 |
| | 《标准报批审查管理规定（试行）》 | 中国石油和化工勘察设计协会 | 2020 |
| 有色金属工程 | 《有色金属工业工程建设标准管理办法》 | 中国有色金属工业工程建设标准规范管理处 | 2012 |
| 建材工程 | 《建材行业工程建设标准管理办法（暂行）》 | 国家建筑材料工业标准定额总站 | 2015 |
| | 《建材行业工程建设标准编制工作实施细则（暂行）》 | 国家建筑材料工业标准定额总站 | 2015 |
| 轻工业工程 | 《工程建设标准编制工作管理办法》 | 中国轻工业工程建设协会 | 2016 |

## 三、工程建设行业标准编制情况

### (一) 重点标准编制工作情况

**1. 城镇建设和建筑工程**

(1)《城市户外广告和招牌设施技术标准》CJJ/T 149－2021

该标准适用于城市户外广告和招牌设施，城市之间交通干道周边户外广告设施的规划、设计、施工、验收、运行管理。新版标准在2018年对北京、天津等34个城市户外广告和招牌设施管理情况调研和研讨的基础上，提出增加招牌设施相关标准。加强城市户外广告和招牌设施管理，科学合理地利用城市空间资源，确保户外广告和招牌设施安全可靠，创造健康、有序的户外视觉环境。

(2)《湿地公园设计标准》CJJ/T 308－2021

该标准内容涵盖了湿地资源保护、功能分区、水系统设计、生境营造和设施配置等领域，确定了湿地公园设计的各项技术要求，如布局选址、总体设计、水系设计、生境营造与种植、园路与场地、标识与解说系统、建(构)筑物及其他常规设施等。为科学保护与合理利用湿地资源，规范湿地公园设计，确保设计质量，全面发挥湿地公园的生态保育、科普教育、休闲游憩和景观功能提供了重要依据。

**2. 石油天然气工程**

《石油天然气工程制图标准》SY/T 0003－2021，该标准总结原标准实施7年多来的工程实践经验，在遵从国家及行业相关技术标准和规范的基础上，结合目前我国石油天然气工程制图的特点，对原标准进行了重新修订。随着石油天然气工程制图技术水平不断提高，石油天然气工程制图已开始向国际标准靠拢。修订后的标准，更能符合我国石油天然气工程制图的要求。

**3. 化工工程**

《化工设备安装工程施工质量验收标准》HG/T 20236－2021，该标准的编制紧密围绕"十三五"发展规划、《国务院关于加快培育和发展战略性新兴产业的决定》《工业转型升级规划(2016—2020年)》等，针对大型化工项目建设中有关设备安装、装备制造、焊接和防腐绝热施工的工程施工质量验收等方面制定的化工设备安装工程施工质量验收通用标准，为重点和应用性项目。

**4. 水利工程**

(1) 水资源

《建设项目水资源论证导则　第5部分：化工行业建设项目》SL/T 525.5－2021、《建设项目水资源论证导则　第6部分：造纸行业建设项目》SL/T 525.6－2021等2项标准，适用于新建、改建和扩建的化工和造纸行业建设项目水资源论证。标准的发布实施将进一步规范化工和造纸行业建设项目水资源论证，为水资源节约、保护及高效利用提供技术支撑。

(2) 水灾害防御

《堰塞湖风险等级划分与应急处置技术规范》SL/T 450－2021，适用于滑坡、崩塌等堵塞河道形成的堰塞湖。标准的发布实施将进一步规范堰塞湖风险等级划分与应急处置，有效降低堰塞湖可能造成的次生灾害风险，为堰塞湖影响区人民安全提供技术保障。

（3）水利水电工程

1）《水利水电工程项目建议书编制规程》SL/T 617－2021、《水利水电工程可行性研究报告编制规程》SL/T 618－2021、《水利水电工程初步设计报告编制规程》SL/T 619－2021 等 3 项三阶段标准，适用于新建、改建、扩建的大中型水利水电工程项目建议书、可行性研究报告、初步设计报告的编制。标准的发布实施将进一步规范三阶段编制相关工作内容和深度要求，为水利水电工程三阶段编制阶段的设计工作提供重要依据。

2）《水利水电工程勘探规程 第 1 部分：物探》SL/T 291.1－2021，适用于水利水电工程规划、设计、施工、运行、报废等各阶段的工程地球物理综合探测、检测与监测、测试工作，标准的发布实施将进一步服务水利水电工程建设与管理，为工程质量提供技术保证。

3）《水利水电工程施工地质规程》SL/T 313－2021，该标准的发布实施将进一步规范大中型水利水电工程施工地质工作程序、内容、方法与技术要求，提高施工地质工作技术水平，保证工作质量。同时对消除地质隐患、优化设计、保证工期、控制投资和保障工程正常运行具有重要意义。

**5. 有色金属工程**

《注水试验规程》YS/T 5214－2021 和《抽水试验规程》YS/T 5215－2021，对注水及抽水试验的方法及技术要求作出了详细规定，对有色金属建设工程的岩土工程勘察及评价工作起到规范和指导作用，可指导工程技术人员更好掌握注水及抽水试验设备、方法以及成果分析和应用，更好地为有色金属行业的工程建设服务。

**6. 铁路工程**

（1）《川藏铁路隧道施工安全监测技术规程》TB 10315－2021

贯彻“科学规划、技术支撑、保护生态、安全可靠”的理念，聚焦川藏铁路隧道施工安全，在全面总结铁路隧道施工安全监测实践经验和科研成果的基础上，提出川藏铁路施工安全监测统一技术要求，合理确定监测项目、监测方法、监测频率、控制基准等主要内容，为川藏铁路隧道工程施工安全提供标准支撑。

（2）《铁路工程信息模型统一标准》TB/T 10183－2021

该标准是推动铁路工程 BIM 技术应用的基础性标准，系统总结铁路工程 BIM 技术研究成果和工程应用经验，明确基于信息模型的铁路数字工程应用模式和基本规则，可有效促进工程建设信息化技术的协调发展，推进建设项目智能化建造水平。

（3）《高速铁路工程静态验收技术规范》TB 10760－2021

该标准充分总结了近年高速铁路工程静态验收工作经验，紧密结合相关工作管理要求，遵循“安全第一、重点突出、标准协调、内容全面”原则，对验收项目、验收要求进行全面优化，突出关键工序及隐蔽工程资料、专业检测报告等重点项目的验收要求，具有协调性、全面性、可操作性更强等特点，对全面提升高速铁路工程静态验收工作质量提供技术支撑。

**7. 电力工程**

（1）《电力建设施工质量验收规程　第 1 部分：土建工程》DL/T 5210.1－2021

该标准规定了电力土建工程的施工质量检查、验收要求，加强工程建设质量管理与控制，并根据行业特点增加新材料、新技术应用的质量检验标准，适用于新建、扩建、改建的火力发电、核电常规岛及新能源等发电工程土建施工质量检查、验收。作为电力建设施工质量验收统一标准，发布实施后，将更加规范我国电力建设施工质量验收，并与现阶段设计和施工技术相结合，提高质量管理水平，促进质量控制手段的创新，极大发挥对工程质量的保证和预控作用。

(2)《火力发电厂油气管道施工技术规范》DL/T 5818－2021

该标准规定了电力建设油气管道施工要求，结构层次合理、可操作性强，适用于新建、扩建或改建的火力发电机组燃油、燃气、氢气、液氨等易燃易爆介质输送管道的施工，能够满足当前及未来一段时间境内外电力建设油气管道施工的需要，填补了国内外行业空白。

(3)《水电水利工程抗滑桩施工规范》DL/T 5828－2021

该标准规定了水电水利工程抗滑桩施工中的基本规定、施工准备、挖孔桩、钻孔灌注桩、预制桩、施工安全、施工质量检查等内容。适用于水电水利工程抗滑桩施工。标准总结了近年来我国应用抗滑桩施工技术取得的经验和教训，以及技术的进步，反映了当前我国抗滑桩施工技术水平，与其他相关标准相协调，具有较高的操作性。

**8. 广播电视工程**

《广播电视工程监理标准》GY/T 5080－2021，包括总则、术语、监理内容、项目监理机构及其设施、监理规划与监理实施细则、监理的质量控制、工程进度、造价控制及安全文明生产管理、工程变更、索赔及合同争议管理、监理文件资料管理，以及相关服务等。该标准规范了广播电视工程监理活动，保证了监理工作质量，是新建、改建和扩建的广播电视工程监理与相关服务活动的重要依据。

**9. 公路工程**

(1)《城镇化地区公路工程技术标准》JTG 2112－2021

该标准在保障干线公路的快捷过境功能的基础上，兼顾综合立体交通网中公路服务城镇化及农村公路的集散出行功能，以保障行车安全通畅出发，以减少和解决拥堵问题为考量，深入总结和研究我国及世界各地普遍存在的城镇化地区公路特点和问题，在线形指标、平交口间距及设置、信号灯及非机动车和行人设计等方面，提出了一套技术指标体系及其技术措施，与城市道路等实现有效衔接，作为首部公路进入城镇化地区的工程技术标准，填补城镇化地区公路工程技术标准空白，为《公路工程技术标准》JTG B01－2014提供了重要补充。实现与综合立体交通的深度融合。

(2)《小交通量农村公路工程设计规范》JTG/T 3311－2021

该标准细化了农村公路设计的具体技术指标，提升了农村公路的设计技术水平，同时做好《农村公路简易铺装路面设计施工技术细则》发布前准备，为启动《小交通量农村公路交通安全设施设计细则》《农村公路技术状况评定标准》编制确定了方向和内容，农村公路标准体系进一步得到完善。

(3)《公路工程利用建筑垃圾技术规范》JTG/T 2321－2021

该标准作为公路工程领域第一部利用建筑垃圾实现循环利用的标准，填补建筑垃圾在公路工程利用的空白，对公路工程绿色发展具有重要意义。

## （二）工程建设行业标准复审情况

**1. 城镇建设和建筑工程**

2021 年，住房和城乡建设部对城镇建设和建筑工程领域 622 项工程建设行业标准进行复审。复审结论为继续有效 487 项，修订 131 项，废止 4 项。

**2. 石油天然气工程**

2021 年，石油天然气工程对 65 项工程建设行业标准进行复审。复审结论为继续有效 28 项，修订 35 项，废止 2 项。

**3. 石油化工工程**

2021 年，石油化工工程对 115 项工程建设行业标准进行复审。复审结论为继续有效 83 项，修订 23 项，废止 9 项。

**4. 化工工程**

2021 年，化工工程对 49 项工程建设行业标准进行复审。复审结论为继续有效 11 项，修订 27 项，废止 11 项。

**5. 水利工程**

2021 年，水利部对 40 项工程建设行业标准进行复审。复审结论为继续有效 22 项，修订 14 项，废止 4 项。

**6. 有色金属工程**

2021 年，有色金属工程对 2 项工程建设行业标准进行复审。复审结论为继续有效 1 项，废止 1 项。

**7. 铁路工程**

2021 年，铁路工程开展铁路工程建设标准复审及清理工作，复审结论为修订 2 项，废止 5 项。

## （三）标准宣贯培训情况

**1. 城镇建设和建筑工程**

（1）宣贯培训

为促进工程建设规范标准更好实施，各标委会陆续组织开展了《供热工程项目规范》GB 55010－2021、《燃气工程项目规范》GB 55009－2021、《工程测量通用规范》GB 55018－2021、《工程勘察通用规范》GB 55017－2021、《建筑环境通用规范》GB 55016－2021、《城市道路交通工程项目规范》GB 55011－2021、《市容环卫工程项目规范》GB 55013－2021、《园林绿化工程项目规范》GB 55014－2021 等规范的宣贯工作，以及《室外排水设计标准》GB 50014－2021、《建筑给水排水设计标准》GB 50015－2019、《建筑施工安全检查标准》JGJ 59－2011、《建筑节能工程施工质量验收标准》GB 50411－2019、《城市步行和自行车交通系统规划标准》GB/T 51439－2021 等技术标准的宣贯工作。

此外，举办了“智能建造技术应用”培训班、“强制性工程建设规范”培训班等专题培训，指导全国各地的工程建设标准化管理及工作人员进行学习，为构建结构合理、衔接配套、覆盖全面、规模适度、适应经济社会发展需求的新型标准规范体系奠定坚实基础。

（2）线上宣传与培训

开展线下培训会的同时，逐步推广工程建设标准线上宣传培训。国家产品标准《热量表》GB/T 32224－2020 录制视频已上传至国标委标准宣贯云课平台及《煤气与热力》杂志等线上平台。强制性工程建设规范《供热工程项目规范》GB 55010－2021 通过“全国住建系统领导干部在线学习平台”以网络直播的方式进行了宣讲，为工程建设标准化管理及工作人员提供了更加方便、高效的学习平台。

在城市轨道交通领域，开通了“城轨标准话”微信公众号，及时发布标准在编各阶段动态信息、标准发布信息等归口标准管理情况，为行业内外人员提供更加广泛、方便的信息获取渠道，有效提高工程建设规范标准宣传的工作效率。

**2. 石油天然气工程**

组织开展了《石油天然气钢质管道无损检测》SY/T 4109－2020 的宣贯，会议采用视频方式，石油天然气工程建设企业相关的 314 位管理及技术人员参加了宣贯培训。

**3. 石油化工工程**

组织《石油化工可燃气体和有毒气体检测报警设计标准》GB/T 50493－2019、《石油化工仪表系统防雷设计规范》SH/T 3164－2021、《石油化工粉粒产品后处理（包装）系统设计规范》SH/T 3204－2019 等重点标准的宣贯培训，采取线上宣讲与线下个别集中授课相结合的标准培训方式。

**4. 化工工程**

对《精细化工企业工程设计防火标准》GB 51283－2020、《泡沫灭火系统技术标准》GB 50151－2021、《纤维增强塑料排烟筒工程技术标准》GB 51352－2019 和《建筑防腐蚀工程施工质量验收标准》GB/T 50224－2018 等 4 项国家标准，以及《橡胶工厂废气收集处理设计规范》HG/T 22822－2021 进行了宣贯培训，共计 400 余人参加。

**5. 电力工程**

电力行业在标准化信息管理系统中大力建设“标准大讲堂”知识平台，目前已上架标准宣贯视频 240 余个、直播 90 余场，累计用户 7 万余人，访问量 70 余万人次。

**6. 电子工程**

开展工程建设标准宣贯培训 30 余场次，通过线上、线下会议形式，组织了《钢结构通用规范》GB 55006－2021、《建筑与市政工程抗震通用规范》GB 55002－2021、《危险房屋鉴定标准》JGJ 125－2016 等相关工程建设标准的培训工作；组织宣贯了《厚膜陶瓷基板生产工厂设计标准》GB 51333－2018；组织了《电子工业厂房综合自动化工程技术标准》GB 51321－2018 培训工作。生产单位相关标准、技术人员参加了会议，通过聆听标准专家的解读，生产技术人员对相关技术条文有了更深刻的理解，有利促进了标准的实施，发挥了标准对行业发展的规范和引导作用。

**7. 广播电视工程**

制作了《中、短波广播发射台场地选择标准》GY/T 5069－2020 和《中、短波广播天馈线系统安装工程施工及验收标准》GY/T 5057－2020 等 2 项行业标准宣贯视频。通过“智慧广电学院”网站，开展网络培训，2 项标准培训总人数超过 2 万人次。

**8. 铁路工程**

国家铁路局采用网络视频方式，组织开展了《市域（郊）铁路设计规范》TB 10624－

2020、《邻近铁路营业线施工安全监测技术规程》TB 10314－2021、《铁路桥梁钢管混凝土结构设计规范》TB 10127－2020、《铁路工程混凝土配筋设计规范》TB 10064－2019、《铁路客站结构健康监测技术标准》TB/T 10184－2021 等标准的宣贯会。铁路工程勘察、设计、施工、运营管理等累计 4300 多名技术和管理人员参加培训。标准编制单位专家重点对标准的编制背景、编制原则、主要技术内容、标准使用中需要注意的问题等进行详细解读，加深铁路工程参建各方对标准内容的理解，为新标准顺利施行和确保铁路工程质量安全打下坚实基础。

**9. 冶金工程**

营造标准贯彻实施有利的环境，通过标准的宣贯，让相关人员进一步发挥标准在工程建设中的重要作用。组织了《炼铁工艺炉壳体结构技术标准》GB/T 50567－2022 等标准的宣贯、培训，加强了工程建设标准的实施和监督。以《炼铁工艺炉壳体结构技术标准》GB/T 50567－2022 等标准的发布为契机，开展了宣贯、培训活动，在工程建设节能方面和工程质量安全检查等过程中加强工程标准执行情况的监督检查，依靠建设主管部门、发挥社会舆论作用、调动一线人员热情参与、利用行政处罚手段等，提高全行业的法制意识和标准化意识。对《钢结构工程施工质量验收标准》GB 50205－2020、《混凝土结构工程施工质量验收规范》GB 50204－2015 和《通风与空调工程施工质量验收规范》GB 50243－2016 进行宣贯培训，邀请主编人员对标准的编制背景、主要技术内容及使用标准时应注意的问题进行讲解，参加培训近 350 人。

**10. 公路工程**

对《公路工程信息模型应用统一标准》JTG/T 2420－2021、《公路工程设计信息模型应用标准》JTG/T 2421－2021、《公路工程施工信息模型应用标准》JTG/T 2422－2021 等 3 项行业标准，通过行业主流媒体进行专题报道，对 3 项标准进行了宣贯，提升了行业认识，统一了技术发展方向和标准。为了扩大标准对行业影响力，便于社会公众对标准的理解掌握，扩大公路工程新技术传播范围，结合社会热点对《公路桥涵养护规范》JTG 5120－2021 等公路工程技术进行宣传解读，为广大从业人员提供技术咨询和标准应用宣贯。通过交通运输部官方网站、官方微信公众号，以及行业网络媒体等途径，对《城镇化地区公路工程技术标准》JTG 2112－2021 等标准和我国公路护栏技术等专项内容进行及时公开和解读，及时回应社会关切。

## 四、工程建设行业标准研究与改革

### （一）工程建设行业标准管理及体系研究

**1. 石油天然气工程**

根据目前标准管理机构设置，为便于标准化工作开展和管理，石油天然气工程建设标准体系由三个分体系组成。2021 年，石油天然气工程建设标准体系进行了重新梳理，对原有的体系框架进行了调整，见图 2-6～图 2-9。

**2. 石油化工工程**

为了保持标准的先进性，2020 年启动了“十四五”发展规划的编制和该标准体系的

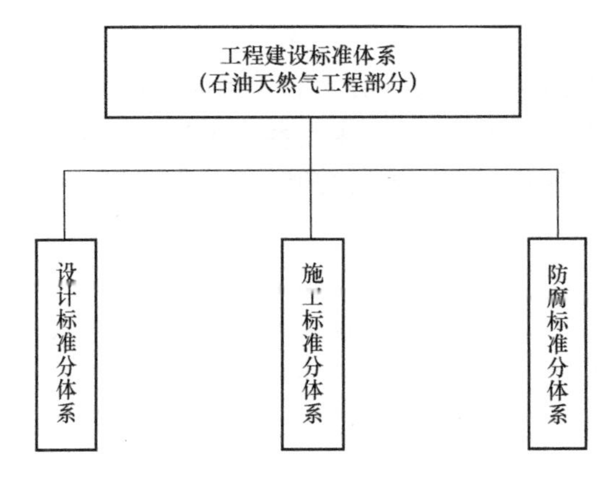


图 2-6　石油天然气工程标准体系

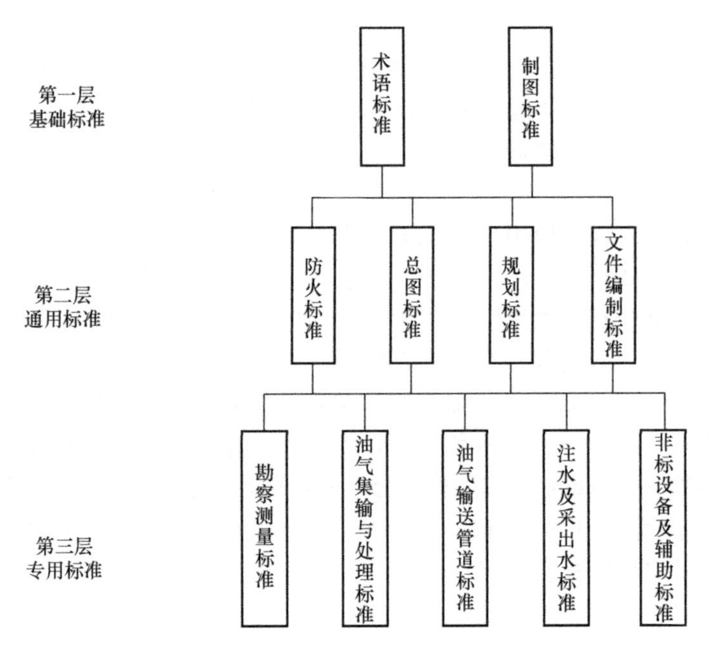


图 2-7　石油天然气设计标准分系框图

修订。2021 版体系系统地规划了 18 个专业 598 项国家标准和行业标准，是指导未来 10 年内国家标准与行业标准制修订工作的重要依据。其中，基础标准 46 项、通用标准 153 项、专用标准 399 项。

2021 版规划的 598 项标准中有 189 项为待制订，其中，基础标准、通用标准拟考虑申报国家标准和行业标准等政府标准；随着标准化改革的深入，除政府关注的重点、专项内容列入政府标准外，对于专用标准等大多数标准更侧重于设立市场化标准。

**3. 水利工程**

水利技术标准体系由专业门类和功能序列构成，见图 2-10。现行工程建设标准共 378

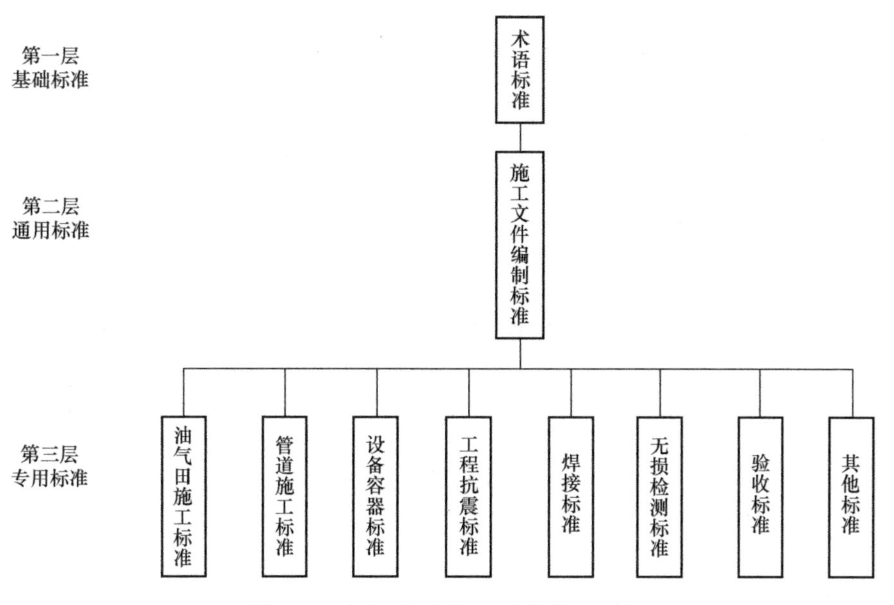


图 2-8　石油天然气施工标准分系框图

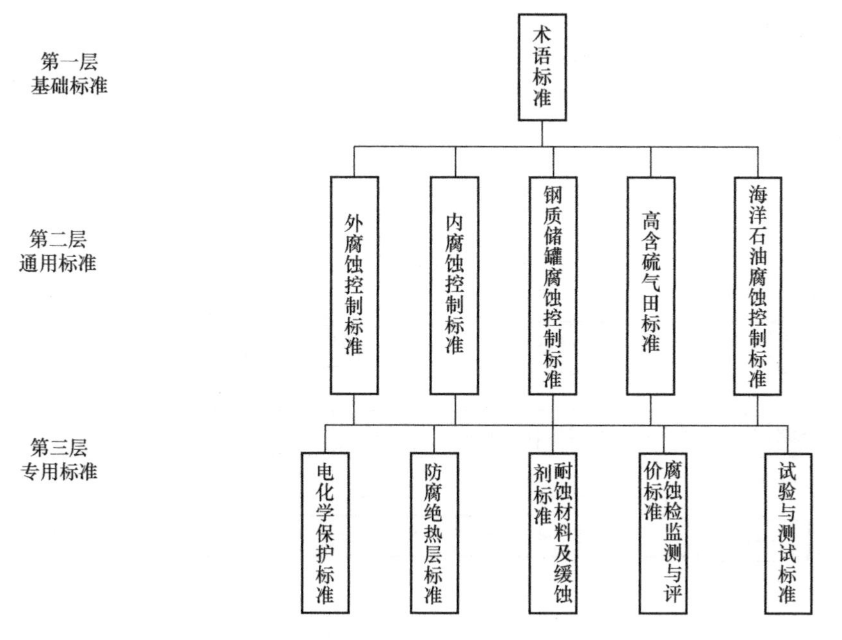


图 2-9　石油天然气防腐标准分系框图

项，基本涵盖了水利工程建设所有领域。

**4. 有色金属工程**

按照有色金属行业工程建设标准体系的测量与工程勘察、矿山工程、有色金属冶炼与加工工程、公用工程 4 个分领域，以及每个分领域划分的基础、通用和专用三类标准，结合深化改革要求，2021 年，有色行业持续明确每项标准在体系中的定位。

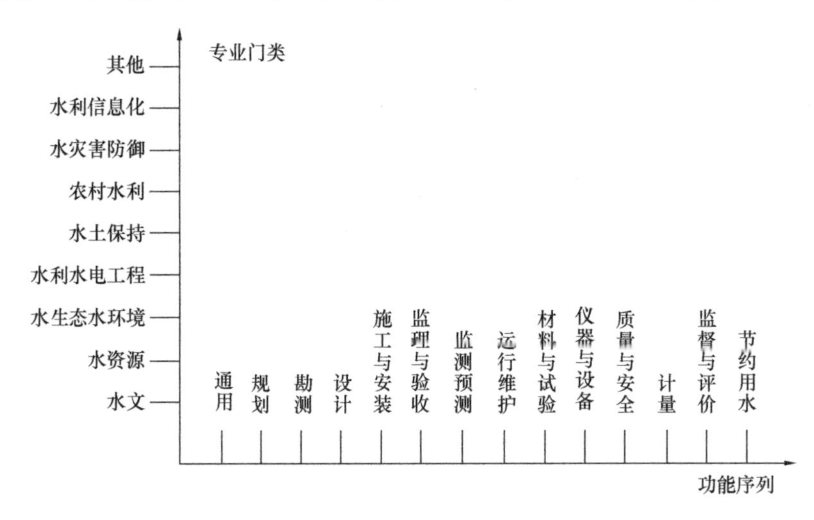


图 2-10　水利技术标准体系框架图

有色金属行业工程建设标准体系编号规则：1. ［7］. *A*. *B*. *C*. *D*

其中：1——工程建设标准；

［7］——有色行业；

*A*——所属分领域；

*B*——标准类型；

*C*——所属分领域专业；

*D*——流水号。

标准体系框图见图 2-11。

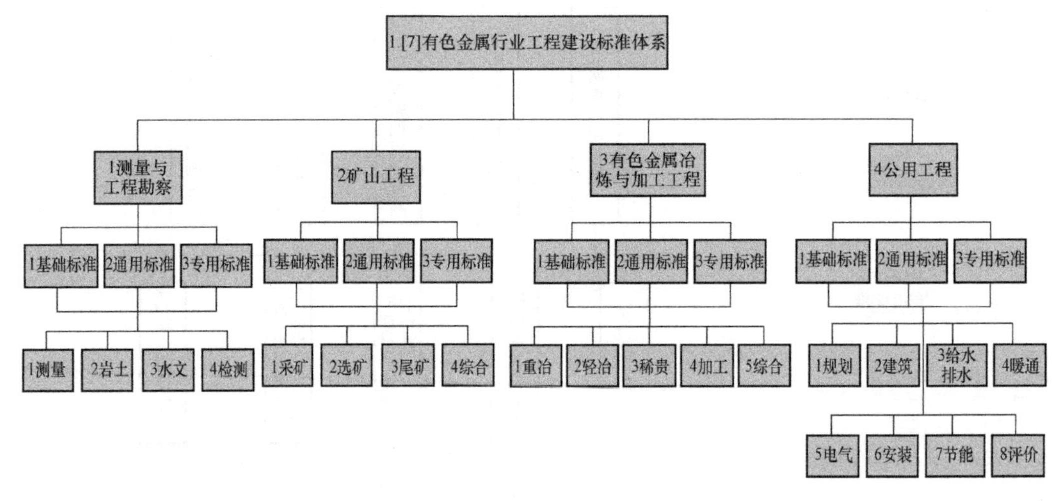


图 2-11　有色金属行业标准体系框图

**5. 电子工程**

电子行业工程建设标准体系下分电子行业工程建设领域 1 个领域，为避免标准体系内标准之间的重复和矛盾，并力求能够覆盖电子工程建设范围，突出系统性，标准体系电子行业工程建设领域下划分为基础标准、通用标准和专用标准三部分。

电子工程建设标准体系框架见图 2-12。

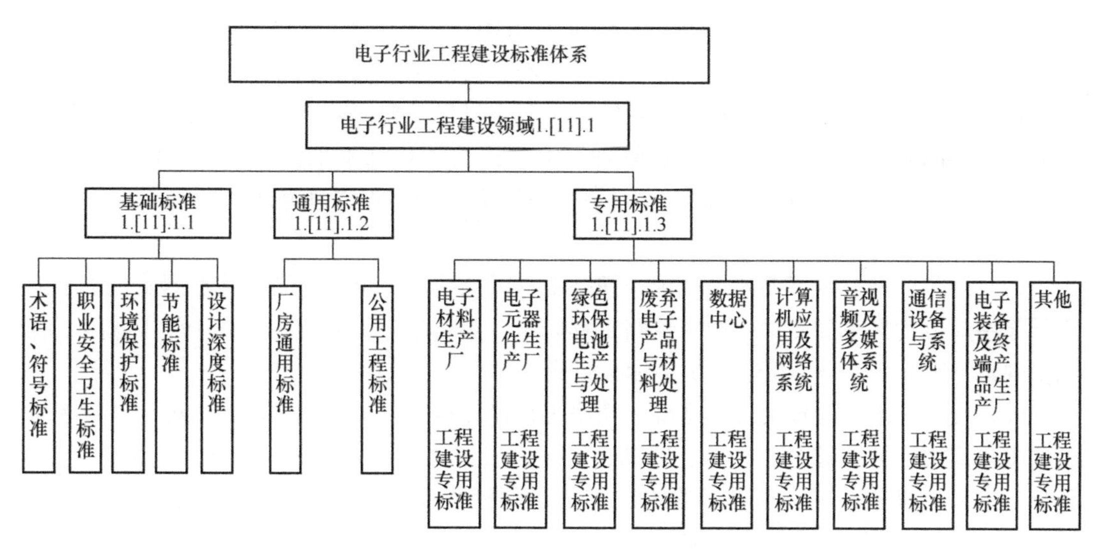


图 2-12　电子工程建设标准体系框架

**6. 电力工程**

为了使体系表更加切合电力发展，更具指导电力标准化工作的作用，对《电力标准体系表》进行修订。电力标准体系架构各层级标准类别包括：第一层级是电力通用标准，是指导电力生产全过程或通（共）用的标准集合，其标准与第二层级（专业标准）或第三层级（共性标准）并无直接关系，在应用中通用的标准可放于此层级中，本层级标准是指导下层级标准的基础或通用的要求；第二层级是专业标准；第三层级（共性标准）是对标准体系第二层级（专业标准）的细分；第四层级（个性标准）是对标准体系第三层级（共性标准）的细分。

**7. 冶金工程**

冶金工程建设标准体系总体框架见图 2-13。

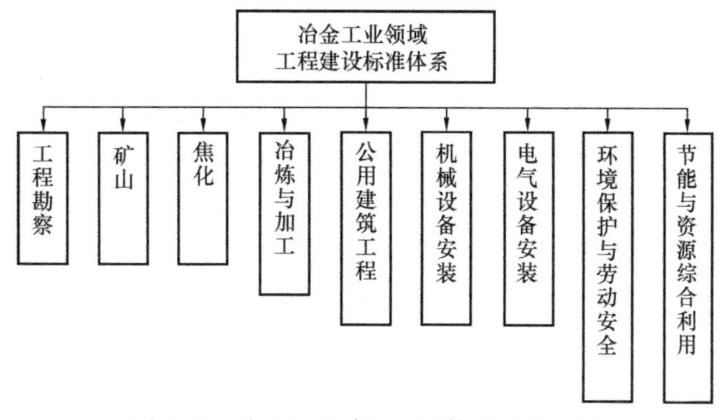


图 2-13　冶金工程建设标准体系总体框架

**8. 铁路工程**

铁路工程建设标准体系着眼谱系化、一体化发展方向，适应铁路工程建设运营需要，构建形成了涵盖高速、城际、客货共线、重载、市域（郊）、磁浮等各类铁路和铁路专用线，覆盖铁路工程勘察、设计、施工、验收全过程，各专业标准衔接配套，安全可靠、系统完备、先进适用的铁路标准体系。标准体系由国家标准、行业标准组成，包含通用标准、勘测标准、设计标准、施工标准、验收标准、检测标准等。

（1）通用标准。发挥通用标准统一铁路工程建设标准普遍共性技术要求和规范铁路建设基本管理的基础作用。分为基础和管理，由《铁路工程基本术语标准》GB/T 50262 - 2013、《铁路建设项目预可行性研究、可行性研究和设计文件编制办法》TB 10504 - 2018 等 10 项标准组成。

（2）勘测标准。发挥勘测标准统一铁路工程勘测技术要求和提高铁路勘测质量水平的指导作用。分为勘察和测量，由《铁路工程岩土分类标准》TB 10077 - 2019、《铁路工程测量规范》TB 10101 - 2018 等 21 项标准组成。

（3）设计标准。发挥设计标准统一铁路工程设计技术要求和引领铁路工程设计技术发展的重要作用。分为综合、线路、路基、桥涵、隧道、轨道、站场、电力、电牵、通信、信息、信号、机务车辆、房建、给水、排水、环保、专项等，由《高速铁路设计规范》TB 10621 - 2014 等 78 项标准组成。

（4）施工标准。发挥施工标准统一铁路工程施工安全技术要求和规范铁路工程施工安全管理及作业安全行为的红线作用。分为综合、路基、桥涵、隧道、轨道、通信、信号、信息、电力、电牵等，由《铁路工程基本作业施工安全技术规程》TB 10301 - 2020 等 10 项标准组成。

（5）验收标准。发挥验收标准统一铁路工程质量验收技术要求和强化铁路工程全过程质量监控的底线作用。分为综合、路基、桥涵、隧道、轨道、站场、电力、电牵、通信、信息、信号、给水、排水、环保等，由《高速铁路工程静态验收技术规范》TB 10760 - 2021 等 24 项标准组成。

（6）检测标准。发挥检测标准统一铁路工程检测技术要求和提升铁路工程施工质量控制的支撑作用。分为综合、路基、隧道、电力、电牵、通信、信号等，由《铁路混凝土强度检验评定标准》TB 10425 - 2019 等 14 项标准组成。

**9. 林业工程**

林业工程建设标准体系围绕全国重要生态系统保护和修复重大工程规划目标，积极发挥生态建设主战场和主力军作用，以森林、草原、湿地、荒漠生态系统和陆生野生动植物等自然资源为对象分类划定各专业工程，详见图 2-14。

**10. 粮食工程**

《粮食工程建设标准体系》LS/T 8007 - 2010 于 2010 年 4 月发布实施，以工程建设为主线，除基础标准（术语标准、图形符号标准、分类标准）外，还包括了粮食工程建设管理、规划设计、工程技术、施工验收、运营管理等方面，所涵盖的粮食工程范围包括粮油仓储工程、粮油深加工工程、饲料加工工程、粮食物流工程等，详见图 2-15。

整个体系分为基础标准、通用标准、专用标准三个层次，构成完整的标准体系。本标准体系是不断完善的，标准的名称、内容和数量可根据需要适时调整。

**11. 兵器工程**

兵器工程建设标准体系见图 2-16。

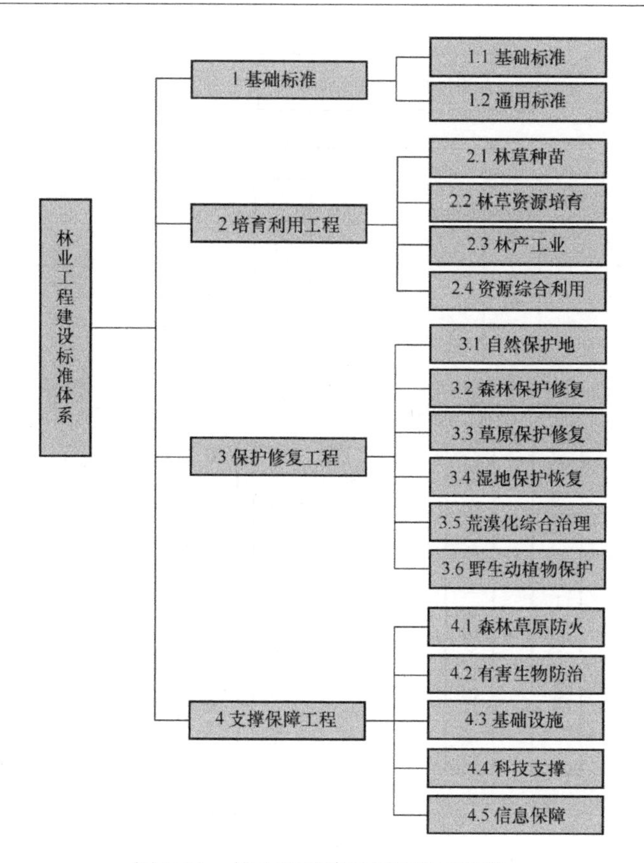


图 2-14　林业工程建设标准体系框图

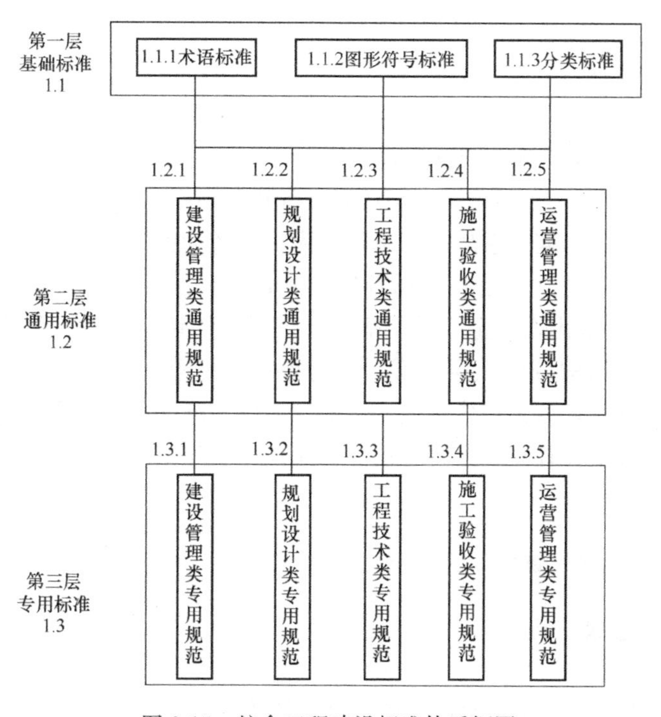


图 2-15　粮食工程建设标准体系框图

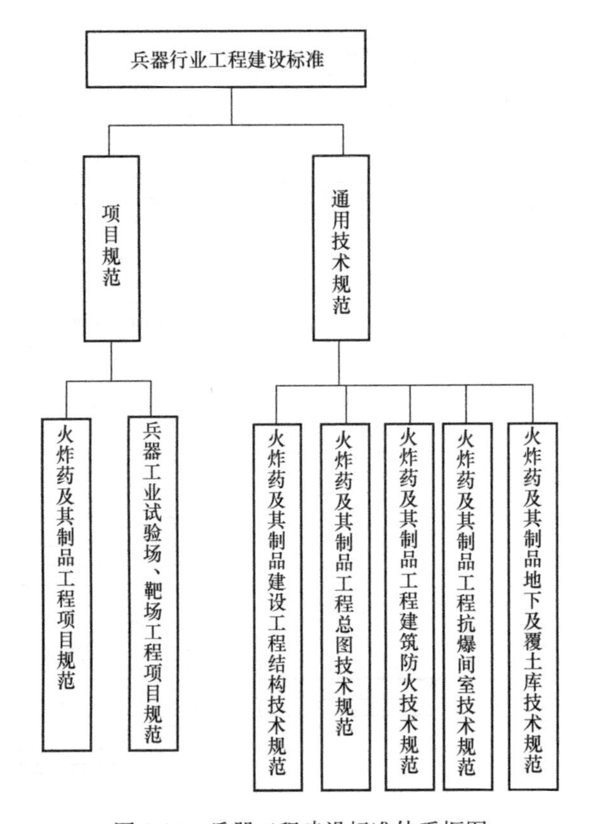


图 2-16 兵器工程建设标准体系框图

**12. 公路工程**

《公路工程标准体系》于 1981 年首次建立，2002 年第一次修订。但随着路网规模的快速形成，以建设为重心的标准体系已经不能很好地满足实际工作需要，尤其是管理、养护和运营类标准严重缺乏，难以支撑公路发展转型升级。

2017 年 10 月 31 日，《公路工程标准体系》JTG 1001－2017 正式发布，自 2018 年 1 月 1 日起施行。自此，标准体系从以公路建设为重心转为引导公路建设、管理、养护、运营的均衡发展。此次修订立足公路交通发展实际，从公路建设、管理、养护、运营符合“四好”协调发展的要求出发，全面贯彻落实“创新、协调、绿色、开放、共享”的发展理念。修订后的体系结构分为三层，第一层为板块，由总体、通用、公路建设、公路管理、公路养护、公路运营六大板块构成，各板块界面清晰并各有侧重，公路建设板块重在提升，公路养护板块重在补充，公路管理和公路运营板块重在创立；第二层为模块；第三层为标准，详见图 2-17。

## （二）工程建设标准化课题研究情况

**1. 城镇建设和建筑工程**

（1）市政给水排水

2021 年底，“十三五”国家水体污染控制与治理科技重大专项课题“城市供水系统规划设计关键技术评估及标准化”水专项顺利通过验收。2017～2021 年间，住房和城乡建

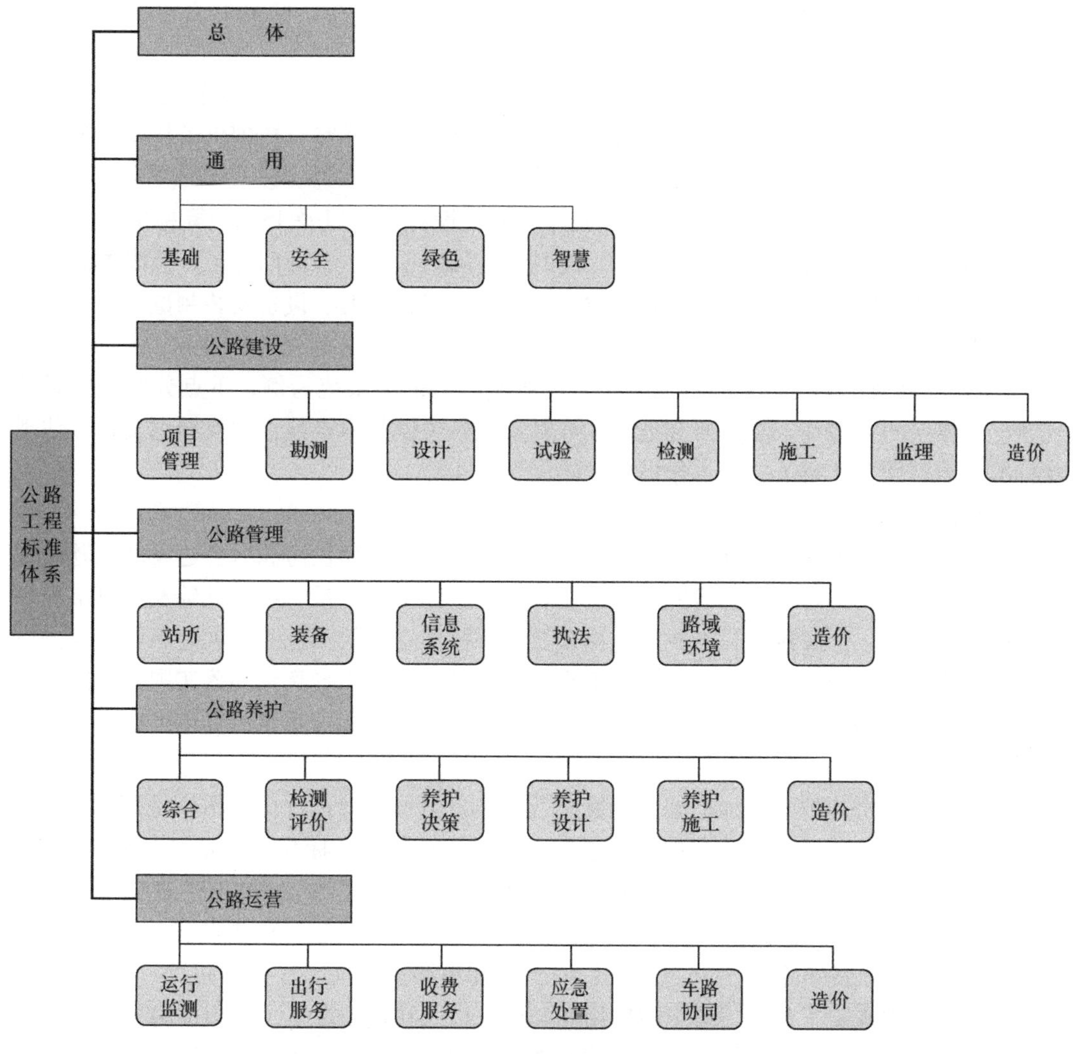


图 2-17　公路工程建设标准体系框图

设部标准定额研究所牵头了其中的子课题“我国饮用水安全保障技术标准体系构建研究”的研究工作，课题成果包含“中国饮用水安全保障技术标准体系研究”总报告及 ISO、英国、地标、团标四个专题报告，获得专家一致好评，同时将“构建我国安全饮用水技术标准体系”认定为总课题最重要的两项成果之一。

（2）道路与桥梁

开展课题“智慧城市基础设施（道路交通）标准体系研究”，以我国智慧城市研究模型为基础，从应用领域、技术要素、建设周期三个维度构建了智慧城市交通基础设施标准体系框架。对当前国内外智慧城市与智慧交通发展情况进行了调查研究，梳理了国内及美国、日本、欧盟等国家和地区智慧交通发展体系。分析了当前环境下我国城市交通所面临的问题与相关支持政策。

主要研究成果如下：

1）梳理现阶段国内城市不同环境下的交通问题，提出目前国内智能交通项目的分类类别，即交通集成平台、交通基础设施管养、快速路、主干路、城市街道和出行环境共6类。

2）依照《智慧城市　技术参考模型》GB/T 34678－2017要求，对智慧交通领域进行了场景细分、相关技术要素以及项目建设阶段三维层面的研究，梳理出了初步的智慧城市基础设施（道路交通）标准的技术体系。

3）参考国际上智能交通建设水平领先国家的建设经验，以及ISO国际标准的工作分类，按照智慧交通系统的建设流程特征，同时结合国内项目主管部门分工，提出本次课题的五类重点关注标准，即通用技术要求类、前端设备产品标准、设备安装测试标准、决策及评估类。

4）以发展较快的交通信号控制系统与交通流信息采集系统为例，重点分析典型系统现状标准体系的完整性，深入研究现状标准对系统各关键技术点建设的指导意义，评估现状标准的适用性，并对下一步工作提出了建议。

（3）市容环境卫生

健全和加强市容环卫标准体系思路与措施研究，深入贯彻住房和城乡建设部课题研究要求，开展了该项专题研究。研究对标建设现代化强国和高质量、绿色低碳发展对市容环卫设施建设要求，全面梳理、查找标准体系及重要标准存在的问题和发展差距，深入分析主要原因或深层次制约因素，最终结合工程建设标准化改革指导意见和落实国家标准化发展纲要等要求，提出了健全标准体系、完善标准内容、提升标准水平的具体措施和建议。

（4）建筑电气

开展低压电击防护强制性措施的研究。近年来，电气设计过程中，不论是民用、市政或工业项目，电气装置的安全防护越来越受到重视，随着国家标准与国际IEC标准接轨，我国推出了自己的GB 16895系列标准，等同IEC 60364族规范。《民用建筑电气设计标准》GB 51348－2019也对低压电击防护作出了较为全面的阐述。电击防护的基本要求，包括对人体和家畜的基本防护（直接接触防护）和故障防护（间接接触防护）。此外，还按外界影响条件规定了对上述要求的应用和配合，以及特定情况下采用附加防护的要求。

经过类比分析，电击防护的主要条款基本引自IEC 60364，这反映了我国在低压电击防护领域的标准一直保持和国际水平一致，尤其是在照明、配电和通用设备等主要的应用标准体系里，关于电击防护的应用条款基本是按照IEC 60364的要求进行编制和研究的。根据IEC和我国现行有关电击防护标准，从避免或减少人身电击危险出发，《建筑电气与智能化通用规范》GB 55024－2022第4.6节共编制10条低压电击防护条款，主要针对人员涉及的特殊场所或特殊设备，如淋浴场所、游泳池、公共厨房用电设备等，其中4条在现行标准强制性条文的基础上结合IEC标准要求编制而成，其他6条均引自IEC相关标准。

（5）建筑工程质量

课题“‘一带一路’沿线国家工程项目差异化研究——节能工程标准、气象参数及节能工程内容和策略研究”，从区域气候特征为起点，以建筑节能与建筑可持续为研究方向，在此基础上，选择建筑节能与建筑可持续相关的标准、法规进行研究，从基础层面、运行层面、技术层面进行研究和分析。在企业层面，力求形成支撑中建在“一带一路”国家工程实务的标准信息与策略支撑；在国内工程层面，力求在标准领域吸收国外先进经验并提升标准水准；在国际工程层面，力求在“知己知彼”的基础上，做到对先进标准的“融合”、对国产工程标准输出的“容和”。

由中国建筑标准设计研究院承担的“‘一带一路’工程建设标准国际化政策研究项目”（世界银行贷款子项目 TCC6），系统梳理了建筑施工领域在沿线国家及发达国家的重要标准及其应用情况，对我国建筑施工领域标准在国外的推广情况进行了总结分析，提出了我国标准国际化推广的建议，并提供了多个海外项目标准国际化应用的案例，大大丰富了项目的研究成果。

**2. 石油天然气工程**

（1）输氢管道设计研究

为应对气候变化，推动以二氧化碳为主的温室气体减排，我国提出，二氧化碳排放力争 2030 年前达到峰值，力争 2060 年前实现碳中和。当前，我国能源结构以化石能源为主，尤其是煤炭消费占比仍然较高。要推动二氧化碳减排，需大力发展新能源，而氢能对化解我国电量结构性过剩、改善环境、降低大气污染物排放、保障未来国家能源供应安全具有重要的意义。目前国内相关的氢气管道有金陵一扬子氢气管道、巴陵一长岭氢气提纯及输送管线工程、济源—洛阳氢气管道、乌海—银川焦炉煤气输气管道以及义马—郑州煤气管道输气工程，结合现有输氢管道工程的已有经验，开展了输氢管道设计标准的研究工作。

（2）天然气提氦设计标准研究

氦气是国防军工和高科技产业发展不可或缺的稀有战略性物资，广泛应用于航空航天、医用核磁设备、超导实验、深海潜水、半导体与光电子产品生产等高端装备制造领域。天然气提氦是目前工业化生产氦气的唯一途径。中国的氦资源贫乏，氦气储量仅占全球储量的 0.1%，市场上供应的各种纯度的氦气主要是从美国、俄罗斯、卡塔尔等地进口，2019 年我国氦气进口量达到 3974.9t，2020 年我国氦气进口量为 3707.6t。而我国是贫氦国家，国内氦气几乎全部依赖进口，对外依存度极高。西方国家在对我国出口氦气时，在贸易合同中特别注明进口氦气不得用于军事领域等限制性附加政策，氦气资源“卡脖子”风险等级高。特别是 2017 年以来，美国日益收紧对我国氦气供应的控制，断供风险持续加大。利用现有技术积累和工程项目的应用经验，开展天然气提氦厂技术规范研究。

**3. 石油化工工程**

（1）引导科研项目支持标准管理，结合工程建设氢能体系规划，提出科研立项需求 51 项，组织攻关克服氢能发展的“瓶颈”。组织销售公司、科研开发单位和国家标准编制组等对储氢井试验装置、气氢电合建站建设开展标准应用调研。

（2）根据中国石化工程建设感官质量品牌建设提升相关要求，梳理相应技术指标，同时进行现场调研，并结合《石油化工设备和管道涂料防腐蚀设计标准》SH/T 3022－2019 有关规定，以新建、改扩建工程项目外防护涂层设计寿命 15 年、维修后使用寿命 10 年为目标，全面完善细化防腐和保温的技术要求。

（3）协调解决国家标准应用问题。针对企业反映的工程项目中盛装极度、高度危害介质球罐按工艺要求在下极开孔，而与《钢制球形储罐》GB/T 12337－2014 的规定存在矛盾的情况，组织对石油、石化 12 家企业调研并形成专题研究报告，认为下极开孔具有一定的普遍性，致函全国锅炉压力容器标准化技术委员会，该技术委员会采纳了建议并修改《钢制球形储罐》GB/T 12337－2014 有关上极板开口设置的要求，同时，石化在《液化烃球形储罐安全设计规范》SH 3136－2003 中及时细化相应要求，增加标准的可实施性。

**4. 电子工程**

开展了“集成电路领域国际先进标准对标达标研究”基础性课题研究。集成电路产业是信息技术产业的核心，是支撑经济社会发展和保障国家安全的战略性、基础性和先导性产业，而在产业发展的相关技术基础中，标准是不可或缺的关键要素，是推动集成电路发展的重要抓手和关键切入点。开展集成电路领域的国际标准对标达标研究对电子信息行业有重要的指导意义。

以国际标准化组织国际电工委员会（IEC）标准为对标依据，从国际标准转化、参与国际标准制定等多角度，开展我国标准与国际标准一致性程度评估，系统分析我国标准国际化工作的现状、存在的问题和薄弱环节。分析研究集成电路领域国内外发展现状和趋势，梳理该领域的主要国际标准化组织和国外先进标准化组织、国际标准和国外先进标准的整体技术水平，以及下一阶段国际标准化组织的工作重点等；开展我国标准与国际先进标准之间的技术水平分析，研究产生差距的主要原因等，提出我国集成电路领域标准化建设方向。

集成电路领域对口的国际标准化技术组织主要是 IEC、JEDEC、SEMI，通过梳理 IEC、JEDEC、SEMI 组织架构、专业领域范围、标准制修订情况等，完成集成电路领域标准国际化现状研究。分析研究我国集成电路领域国内外发展现状和趋势，梳理领域内主要国际标准化组织和国外先进标准化组织、国际标准和国外先进标准的整体技术水平。针对领域内标准化技术组织标准转化情况，完成我国集成电路领域标准与国际先进水平的差距分析。通过分析我国集成电路领域标准制修订存在的问题，提出标准化建设方向，给出标准化关注点和亟待提升水平的标准项目清单建议。

**5. 广播电视工程**

为进一步了解网络视听行业的基本情况，启动相关工程建设标准研究，填补相关标准体系，规范相应工程建设。主要包括：资料收集；走访中国网络视听节目服务协会；服务机构调研；调研问卷；分析研究。通过调研，掌握了大量详细、具体的数据，了解各单位的现状，并从技术系统、基础设施、监管运维、制度规范等方面分析了网络视听行业现状、发展方向以及建设需求，有利于提升网络视听行业工程建设的标准化、规范化水平。

**6. 冶金工程**

完成国家“工业建设领域标准化工作现状与对策研究”课题（冶金部分），对冶金建设行业标准化工作历史、现状进行研究，找出存在的问题，提出对策和发展战略，指导今后一段时期的工作，引导冶金建设行业标准化工作健康发展，同时培养冶金建设行业标准化工作的骨干力量，确立了指导原则。

研究冶金建设行业标准“十四五”发展规划。坚持标准先行，技术的进步最终表现为标准的进步，掌握工程标准的制定权，在科技创新工作中，植入标准先行的理念。制定一批具有国际先进水平、可实施、有应用、有影响的团体标准；通过标准走出去，扩大冶金工程标准在国际标准化领域的影响。用先进标准支撑和引领冶金行业高质量发展，全面推动节能减排新技术、新工艺的应用，为冶金行业实现绿色发展提供保障。

**7. 铁路工程**

（1）"'十四五'铁路标准化发展规划研究"全面总结"十三五"铁路标准化工作基础，梳理分析国内外标准化工作发展政策制度及规划文件，适应交通强国建设、国家重大战略实施、铁路高质量发展的要求，研究提出"十四五"铁路标准化体系建设、标准质量提升、工作机制优化、监督实施加强的发展目标和实施路径，编制完成《"十四五"铁路标准化发展规划（草案）》及《"十四五"铁路标准化发展规划研究》研究报告。

（2）"铁路无缝线路梁轨相互作用力深化研究"通过全面梳理资料、现场调研、模型试验、数值模拟和综合分析等方法，结合铁路工程建设实践经验和线路联调联试试验数据，开展无缝线路梁轨作用力相关参数研究，统筹桥梁和轨道结构设计的技术经济性，构建无缝线路梁轨相互作用分析机理，提出无缝线路制动力、断轨力、伸缩力等参数合理取值范围，为编制铁路无缝线路设计规范等相关标准提供技术支撑。

（3）"铁路工程结构极限状态法设计关键抗力参数动态采集与分析"针对铁路建设新材料、新工艺不断更新，统计数据难以准确反映铁路工程不断进步的生产、制造和设计水平的现状，通过对铁路工程结构极限状态法设计关键抗力参数的采集、传输、存储和基础分析，全面掌握和系统分析铁路工程结构抗力参数的分布特征和演变规律，形成支撑极限状态法设计规范持续更新的抗力样本动态群体。

（4）"铁路桥梁灌注桩后压浆技术标准研究"全面总结铁路桥梁施工中新技术和新方法，深入分析后压浆技术特征及工程应用效果，明确提出桥梁钻孔后压浆技术承载特性。通过现场试验、模型试验、数值模拟和理论综合分析等手段，开展不同地质条件、相同压浆量下的桩侧摩阻力、桩周土抗力、桩底承载力变化分析，给出桥梁桩基础后压浆质量检测评价指标，提出桥梁桩基主要构件技术要求和后压浆桩基承载力计算方法。

（5）"铁路桥梁转体技术研究"全面总结桥梁转体工程实践经验，结合具体工程实例通过现场试验、模型试验、数值模拟和理论综合分析等手段，开展桥梁转体施工的牵引力计算方法、结构称重方法及结构关键部位局部受力分析等研究，提出铁路转体桥梁及跨越铁路的公路转体桥梁的转体型式、相关设计参数及转体施工技术措施，为编制相关标准提供技术支撑。

**8. 核工业工程**

开展了"涉核工程承包商建造质量规范指标评价标准研究""核工业定额标准制修订（第一阶段）"等多项标准编制研究课题，目前项目均有序进行。"高温气冷堆核电厂土建施工与安装标准体系研究"正式完成验收。

**9. 轻工业工程**

围绕工程建设标准化工作开展食品工程课题的食品生产卫生指标设计等级标准的课题研究，形成专题研究报告，采用《食品工程通用规范》研编成果。通过开展标准化战略规划研究，制定《轻工行业工程建设"十四五"高质量发展指导意见》。

### （三）行业工程建设标准化工作经验

**1. 石油天然气工程**

一是加强管理部门建设。标准化总体工作的好坏与标准化管理部门的工作紧密相关。因此，要使标准化工作全面、有序、高效地开展，保证标准制修订工作的质量、水平和进度，须加强标准化日常管理部门的建设。

二是完善标准化工作运行机制。标准化工作是一项科学、严紧的工作，合理的工作程序是保证标准编制质量的重要措施。为此，应根据行业标准化管理有关规定进一步落实标准化工作相关规定，细化管理，完善机制。从标准复审、标准立项、标准起草、征求意见、标准审查、标准报批等各阶段强化过程控制，组织好相关的进度检查和督促工作，积极协调解决工作中遇到的问题，不断完善标准化工作运行机制。

三是提高对主要起草人员的要求。标准水平的高低，主要起草人员起着至关重要的作用。标准的主要起草人必须是所负责编写专业的学术带头人或技术骨干，既要精通技术专业，也要掌握标准编写规定，要有对标准编制的组织能力、对编制进度的把控能力，以及对标准涉及专业的综合能力。

**2. 石油化工工程**

一是发挥好“中国石化工程建设标准化委员会”作用。该委员会 2021 年已组建，今后在贯彻国家标准化方针政策和落实集团公司产业政策、做好工程建设标准化发展规划，促进与科研的紧密联系和三新技术的推广应用等方面发挥好重要作用。

二是探索建立大化工或整合能源标准的管理模式。国家鼓励跨行业联合开展标准制定工作，能源领域可考虑设置工程建设技术委员会，面向国际市场开展标准化工作。在反映中国国情的基础上，该国际技术委员会面向全球能源发展，在国际市场上代表中国形成合力，也从根本上避免了国内各大能源公司标准化各自为政，造成资源浪费的现象。

三是加强基础研究和科研成果转化力度。在标准制修订立项前，加强对使用方的调研工作，查找系统性、普遍性的问题，明确标准制修订的方向和重点需求。在标准专项研究中，加大与科研院所的合作，以获得基础理论的支持，将科技创新、优秀工法等成果及时转化形成标准，展现石油化工工程建设创新动力和发展后劲。

四是为广大科技、工程技术人员搭建长效机制。强化领导负责制，将标准化建设工作作为企业重要考核内容；转变标准化工作边缘化、半业余的状态；提高从事标准化人员的待遇，对于业绩突出的骨干人员在技术职称、职位晋升评聘中得到应有的认可。

**3. 化工工程**

一是加强进度管理。将国家标准、行业标准和团体标准制修订工作进度纳入统计管理，按时督促各专业机构和主编单位抓紧工作。实行计划动态管理，根据各项标准编写进度进行追踪、检查，及时给予催促与指导，确保按时完成任务。

二是加强人员培训。为提高标准编制质量和工作效率，在标准第一次工作会上，组织学习有关标准化工作的政策规定等文件，通过案例讲解工程建设标准编写规定，使编写组人员保持在同一水平上，以保证顺利开展工作。

三是充分发挥专业机构的作用。化工行业标准体系有 19 个专业领域，在标准编制过程中，坚持充分发挥各专业委员会的组织、协调、技术把关等核心作用，调动积极性，保证标准编制工作的顺利推进。

四是加大咨询力度。由于标准编制人员对编制规定不熟悉，部分标准归口管理机构负责人更换，加之协会标准化工作人员少，为保证编制任务顺利进行，分别对标准立项前、编制第一次工作会前、征求意见稿公示前、审查会前、报批稿报出前等各个阶段进行咨询指导，取得了不错的效果。

五是及时调整工作方式。在确保标准编制质量的前提下，启动会、研讨会及审查会采用线上线下相结合的方式开展工作，10 项国家标准均采用视频会议方式分别召开了第一次工作会，标准审查会仍采用现场会议，经过调整，全年的标准化工作任务如期保质完成，同时提高了工作效率，降低了工作成本。

**4. 水利工程**

一是加强标准制度建设。通过组织修订《水利技术标准复审细则》等标准化制度，发布《水利部国际合作与科技司关于发布〈水利部部属社团宣贯水利技术标准备案表〉等 3 项备案（审核）表的通知》，为水利标准化工作提供制度支撑，使相关工作的开展有据可依。

二是重视标准体系建设。高度重视水利技术标准顶层设计工作，将水利技术标准体系建设作为标准工作的重要抓手。2021 年，修订发布新版《水利技术标准体系表》，删除旧版体系表中过时、老旧且不适应水利发展新形势、新要求的标准，新增水利发展急需制定的标准。

三是加强团体标准的指导与监督。建立并实行团体标准协调机制，以团体标准协调会为载体，融汇各相关社会团体、政府机构等相关方面，针对团体标准之间以及团体标准与政府标准之间的立项、编制及交叉重复问题进行沟通与协商，促进团标标准健康有序发展。

**5. 广播电视工程**

明确标准管理职责，完善建设标准体系，加强标准宣贯培训，创新培训方式，加强编制标准调研，平稳推进了建设标准改革工作。

**6. 建材工程**

一是健全机构，有效行政。在当前形势下，随着国家加强法制建设，强制性规范将成为技术法规，使我们多了一个管理手段，但行政手段依然是必要的，这就要求我们在法律框架内建立健全管理机构，领导重视，职能到位，有效行政。

二是重点抓好强制性规范。标准是促进建材行业技术进步，保证工程建设质量，实现最佳的经济效益、环境效益和社会效益的重要技术手段，而强制性规范作为“底线要求”，更要重点抓好。

三是关注产业发展相关标准。关注建材产业发展的相关标准，尤其是新型建材标准，比如微晶玻璃标准、一体板相关标准等等。

四是建立管理与编制相结合的专家队伍。要做好工程建设的标准化工作，需要精通专业知识的专家负责具体内容的编制和解释工作，同时，也需要管理机构配备具有了解行业发展、精通标准管理工作的管理专家，只有管理人才和技术人才的结合，才能做好标准化工作。

**7. 铁路工程**

一是提质工程建设标准体系。立足新发展阶段，贯彻新发展理念，研究构建适应高质量发展的安全可靠、系统完备、先进适用的铁路工程建设标准体系新格局。

二是提升标准化建设质量。发挥标准化在推进国家治理体系和治理能力现代化中的基础性、引领性作用，制定“十四五”铁路标准化发展规划，明确铁路工程建设标准化工作发展方向。

三是强化行业标准支撑保障。立足服务国家战略、保障铁路发展、支撑履职监管的公益属性，坚持国家标准、行业标准“保底线、守门槛”定位，强化覆盖面广、通用性强等基本技术要求。

四是分享中国铁路标准经验。加强新发布标准的外文版翻译工作，积极组织、参与国际标准化活动，分享中国铁路建造关键技术及实践经验，提升中国标准影响力。

**8. 公路工程**

以公路基础设施数字化、制度建设、规划制定、技术创新为年度工作主线，落实五大发展理念，围绕交通强国建设目标及“十四五”有关规划，结合交通运输部重点工作安排，积极全面谋划2022年工作。

### （四）行业工程建设标准化工作存在的问题及原因分析

**1. 石油天然气工程**

技术创新转化为标准的意识需要加强，科技成果转化为标准滞后，关键产品及关键技术标准体系还有所欠缺。

**2. 石油化工工程**

一是基础研究和基础数据积累工作不足。在标准编审过程中也或多或少暴露出发展后劲不足的问题。表现为因科研开发与验证试验不够，缺乏标准创新能力。今后，对于新领域的标准编制，其科研支持力度应加强。建议设立科研立项“绿色通道”，以进行科研攻关、验证性试验等。

二是贯穿项目建设全生命周期的一体化标准不足。目前，现行工程建设标准大多以专业设定技术要求，设计标准与施工标准分别独立存在，对于同一应用对象，其技术要求前后衔接不上的现象时有发生。今后，要加强项目建设的完整性和系统性，以工程项目的全生命周期为对象，对整个工程建设的所有技术要求予以规定。

三是标准宣贯工作有待加强。目前，标准宣贯以重点标准为主，还不能覆盖所有新发布的标准；同时，参加宣贯的人员也受会议规模的限制，不能满足有宣贯需求的人员。今后，要加强新版标准宣贯的组织，及时完成宣讲材料的编制与审核，并探索采用云平台的方式，将课件公开，扩大宣讲效果。

**3. 化工工程**

一是标准制修订的编制人员多数没有编制过工程建设标准，不熟悉工程建设标准编写规定，编制质量不高。

二是参编人员都是各单位的骨干，平时在单位工作较忙，编写标准不能产生经济效益，无法调动大家的积极性，影响标准编制质量和进度。

三是缺乏编写标准的经费，经费主要靠编制单位支持。

四是管理体制、管理机构职能交叉，以及编写标准的人员多来自设计单位，造成标准之间内容交叉、重复和矛盾。

**4. 水利工程**

一是部分标准引领性有待提高。标准化在推进国家治理体系和治理能力现代化中发挥着基础性、引领性作用，调研中发现，部分标准先进性不足，部分标准需及时补充新技术、新方法，提高创新引领性。如信息化类标准，技术更新较快，需要及时补充数字化、网络化、智能化等技术内容，勘测设计类标准应补充BIM技术、实景三维测量等新技术新方法，达到引领水利行业信息化发展的要求。对于尚不完全成熟的新技术，可以采用先作为团体标准发布，待实施成熟后，转为行业标准。

二是部分标准宣贯有所滞后。部分标准发布后未能及时在相关领域进行宣贯，特别是推荐性标准，标准应用单位及一线工作人员不能及时知晓，仍在使用过时标准或指南手册，导致基层单位对标准的概念、基本内涵、界定原则等认识不深，转变思路不到位，对标准化工作推动新阶段水利高质量发展的重要性认识不足，未能将新发展理念、党中央和国务院重大决策部署、国家发展战略等要求体现到标准中。

**5. 电子工程**

一是标准化人员断档。目前存在修订标准的原编制人员有的退休、调离岗位，新人经验不足的问题，具有工程建设经验又熟悉工程建设规范编写的标准化人才断档。

二是立项阶段标准界限不明确。随着国家和区域发展战略的推进，在新兴领域，如绿色建造、节能减排、智能建造、碳达峰碳中和等专项标准需求旺盛，相应的工程建设标准与有关专项标准组存在交叉现象，导致行业内工程建设标准与非工程建设标准界限不明确。

三是行业标准立项难，周期长，经费补助低。部分工程建设标准已在国内重大工程有应用，由于评审中对工程建设标准的理解偏差，导致行业工程建设标准立项难。工程建设标准篇幅长、内容多，标准文本加条文说明，编制周期长，标准编制经费支出较高。

四是基础研究和基础数据积累工作不足；科研开发与验证试验不够，缺乏标准创新能力；贯穿项目建设全生命周期的一体化标准不足；标准宣贯工作有待加强；标准国际化程度不高；标准管理的体制机制有待加强。

**6. 广播电视工程**

一是建设标准编制工作的社会参与度有待提高。

二是网络视听的具体工程建设标准还有待完善。主要是需要健全标准化工作机制，需要加强与地方广播电视部门的沟通及指导，需要开展网络视听行业工程建设标准需求调研。

**7. 建材工程**

一是管理体制不健全。虽然有《标准化法》《工程建设国家标准管理办法》，但是这些法律、法规对工程建设标准管理机构设置、管理权限、经费渠道、监管方式等重要内容涉及甚少，造成了管理体制的不健全。

二是标准工作经费短缺。工程建设标准编制工作经费除国家标准的研究和编制有少量国拨经费外，行业标准、团体标准并无政策性经费支持，均需依靠市场自筹、企业征集形式募集经费支撑标准制定工作。目前国标委系统在各地方有相应标准化补助经费奖励机制，奖励范围覆盖了国家标准、行业标准、地方标准和团体标准，但对于工程建设标准领域，并没有相应的鼓励奖励政策。

三是标准监管不落实。由于标准使用对象、监管对象责任未明确，导致标准的监管缺位；强制性标准内容包含大部分推荐性条文，不利于依照标准实施监管；缺乏相关法律法规的明确规定作为监管依据。

四是国际交流未开展。由于经费限制等问题，建材行业工程建设标准没有开展国际交流。

**8. 铁路工程**

一是标准体系支撑铁路高质量发展的能力有待进一步提升，标准管理制度办法有待进一步完善。

二是推动智能铁路、绿色铁路等相关技术创新成果向标准转化的力度尚需进一步加强，标准引领作用要进一步提高。

三是国际标准化服务支持能力和共建“一带一路”需求之间仍有差距。

四是标准化工作经费支持不足，造成部分标准项目编制进度停滞，影响一些重要科技创新技术成果转化。

分析问题原因：一是铁路进入高质量发展新阶段；二是新一轮科技革命和产业变革深入发展，铁路创新技术应用发展迅速；三是推进高质量共建“一带一路”，需要加快推动构建规则标准“软联通”。

**9. 林业工程**

一是标准编制周期长，导致标准时效性和适用性下降。经费不充裕，技术人员难以集中所有精力投入编制工作，客观上造成标准编制延误。同时，经费不足又制约调研工作的充分展开，影响标准成果质量；标准化工作管理机制不畅，标准报批和发布环节存在问题；最后工程建设标准报批、发布等环节等待时间长，影响了标准及时发布、实施，最终降低了标准成果的先进性、时效性和适用性。

二是标准实施和监督管理重视不足。目前标准化工作的重心主要在标准的制修订，对标准的宣贯、实施、监督和转化不够重视。一般情况下，标准的跟踪管理止步于标准发布，缺乏对标准实施的监督、反馈、评价机制，不利于标准效用的发挥，不利于促进标准创新、创优意识的形成，不利于吸引优秀的专业人员投入标准的研编工作，不利于后续标准质量的提高。

**10. 公路工程**

一是建立适应新形势、符合工程建设标准体制改革要求的标准化管理体制机制。加强工程建设标准实施和监督。结合政府职能转变要求，梳理工程建设标准化工作职责，建立工程建设标准在立项、审查、发布等阶段的工作协调机制。形成标准化全过程管理，加强年度计划和总结检查，建立强制性标准的符合性检查和标准实施评估机制，给予相应的表彰和处罚，以促进工程建设标准化工作。

二是完善标准化保障机制，为标准化工作提供技术支撑和保障。加强标准化工作中综合型人才和专业技术型人才培养，综合型高级人才是兼具综合管理能力及标准化技术水平的人才；形成管理有技术、技术分梯队的人才队伍模式，提高标准化人才的专业水平。

### （五）下一步行业工程建设标准化工作思路和主要任务

**1. 石油天然气工程**

（1）加强强制性国家规范的制定工作，从组织管理到技术内容都需要严格把控，提高规范水平。

（2）结合国家双碳要求，在标准立项申请时重点向氢能等设计和施工方面倾斜。

（3）结合技术发展和实际工程实施，及时对已有标准进行复审，有计划安排标准修订。

**2. 石油化工工程**

按照《国家标准化发展纲要》发展目标："标准供给由政府主导向政府与市场并重转变，标准运用由产业与贸易为主向经济社会全域转变，标准化工作由国内驱动向国内国际相互促进转变，标准化发展由数量规模型向质量效益型转变"的要求，结合石化产业发展趋势，扎实开展标准化工作。

（1）标准体系建设。

进一步优化标准体系。2022年进一步加强工程建设标准的顶层设计、优化结构，提升全产业链标准，打造具有技术权威、体系完善、更新及时的标准体系。以国家标准、行业标准体系建设为根本，积极参与国家监管体系建设，确保强制性工程规范体系与标准体系的有效衔接。以"双碳"目标为导向完善节能降耗、资源合理利用相关标准，积极开展氢能产业应用研究与体系建设，强化安全环保等重点内容。同时，继续做好相关标准整合、精简，使标准体系更加系统、科学。

（2）标准制修订工作。

1）推进全文强制性标准《石油库项目规范》等4项标准制定工作。

2）组织好国家标准、行业标准制修订。完成国家标准《石油化工工程防渗技术标准》《石油化工设计能耗计算标准》等21项修编任务。推进《石油化工涂料防腐蚀工程施工及验收规范》等35项行业标准制修订任务。以起重运输专业为示范，带动焊接等相关专业进行标准结构优化，精简整合相关标准。以结果为导向，简化实施过程和手段，推动设计、制造、施工一体化标准的制定。按照数字化转型和智能化发展要求，加快完善工程数字化交付和智能工厂建设的系列标准。

3）借助科技创新和工程实践，形成企业核心技术。完成《氢气管道材料设计选用规范》等74项企业标准的制修订任务，加强关键技术领域标准前沿研究，同步部署技术研发和标准研制，以科技创新提升标准水平，不断提升标准的先进性和企业自主创新实力。

（3）新标准宣贯培训工作。

有序组织好标准宣贯培训和标准实施监督。围绕新兴领域、新版标准，充分利用信息化手段开展《汽车加油加气加氢站技术标准》GB 50156－2021、《石油化工FF现场总线控制系统设计规范》SH/T 3217－2021、《石油化工仪表系统防雷设计规范》SH/T 3164－2021的宣贯培训。

**3. 化工工程**

按照当前国家产业政策和《"十四五"推动高质量发展的国家标准体系建设规划》，围绕安全健康、环境保护、节能减排、节水节材节地等重要课题，做好工程建设标准立项的可行性研究和论证，重点在公益性和基础性标准，对"新技术、新工艺、新设备、新材料"和"双碳目标"等专项标准要下大功夫，做好国家标准、行业标准、团体标准立项申报的组织和制修订进度质量控制工作，落实好《"十四五"化工工程建设标准体系方案》，做好标准复审与宣贯，继续探索标准国际化道路。

（1）做好标准立项审查工作

1）做好行业标准立项材料的初步审查工作，参加工业和信息化部规划司建设工程处组织的专家审查会议；组织通过初审项目做好充分准备参加工业和信息化部科技司召开的立项答辩会；项目立项通过以后及时下达制修订计划。

2）做好国标立项评审和报批文本的审查等有关工作，要努力适应新的工作要求，加强过程控制，做好组织协调，提高服务质量和效率。

3）做好热工专业的《化工厂蒸汽系统设计规范》和《化工厂蒸汽凝结水系统设计规范》合并成一项立项的组织协调工作，争取按计划要求完成。

（2）做好标准制修订工作

1）抓好工程建设国家规范编制工作。化工工程建设强制性标准体系中的7项规范，按照计划分别是2022年6月和12月底完成编制工作。根据计划进度和参编人员水平情况，必须严格管控，才能达到预期效果。

2）制定项目运行计划。把批准立项的国家标准、行业标准、团体标准全部列入计划，统一管理，实时监督，并根据不同情况进行分类指导。

3）严格按照《工程建设标准编写规定》统一编写格式，规范运行。

4）充分发挥专家审查会作用。聘请熟悉专业知识又有工程实践经验的专家参与标准审查，提高标准编制质量。

5）充分发挥专业机构的作用。凝集专家队伍，完善专业标准体系，提高专业机构标准化工作人员能力，保证标准制修订任务。

（3）做好标准复审工作

按照统一部署，充分发挥各专业机构的作用，调动标准主编单位的积极性，做好标准复审工作。

（4）做好标准宣贯培训

对于新颁标准，协会要及时督促相关专业机构组织宣贯培训，或者由协会直接或联合有关组织进行标准宣贯培训，帮助使用人员尽早正确理解掌握标准条文的规定，以保证新颁标准的贯彻和实施。也使标准编制质量尽早得到实践检验。

（5）贯彻落实“十四五”标准规划

认真贯彻国家标准化管理委员会等十部委联合印发的《“十四五”推动高质量发展的国家标准体系建设规划》精神。做好《“十四五”化工工程建设标准体系方案》的落实工作。

1）安排各个专业机构，做好本专业技术发展的统筹规划，召开年会或专题研讨会，落实标准化工作的安排和设想。

2）梳理工程建设标准化体系建设方案，补充和完善基础标准、通用标准和专用标准的体系建设和项目计划，保持标准体系动态常态化。

3）广泛收集国内国际标准化管理工作的有效做法和信息化成果，提高标准化工作效率和质量。

**4. 水利工程**

（1）加强标准化制度建设。提出推动新阶段水利高质量发展的水利技术标准体系完善对策和政策建议，组织开展流域水利技术标准体系和管理体制机制分析研究。加快推进外文版水利标准体系体制机制的研究。完善科技成果转化为标准等方面的措施与工作规则。

（2）健全支撑新阶段水利高质量发展的技术标准体系。落实推动新阶段水利高质量发展六条实施路径，加快开展相关标准制修订。在水旱灾害防御和完善流域防洪工程体系方面，加快中小型病险水库除险加固、城市防洪、流域防洪、水利工程安全度汛等标准制修订；在提升农村供水保障水平方面，加快农村供水工程等相关标准制修订；在实施国家水网重大工程方面，加快国家水网工程智能化、调水工程、水系图编制等相关标准制修订；在复苏河湖生态环境方面，加快生态流量、河湖地下水回补、地下水管控指标确定、河湖岸坡生态治理、河湖长制、水土保持等相关标准制修订；在智慧水利建设方面，加快数字孪生流域、数字孪生工程等相关标准制修订；在建立健全节水制度政策方面，加快节水评价、水资源论证、水资源保护等相关标准制修订。加快推进强制性标准编制，全年发布30余项标准。

（3）持续强化标准管理与实施监督。完善标准制修订审查程序，进一步发挥水利部标准化工作领导小组专家委员会作用，建立重大和重要标准规范发布前的第三方评估工作机制。落实主持机构标准实施主体责任，加强对相关专业领域标准实施监督和成效管理。进一步研究强化水利标准化工作平台建设，积极申报国家技术标准创新基地。不断完善水利团体标准协调机制，推进对团体标准"双随机、一公开"监督检查。

（4）不断加强标准国际化力度。持续推进标准国际化研究，开展中外水利标准比对与跟踪分析。发挥流域管理机构标准国际化资源优势，搭建水利标准国际化信息平台。构建外文版水利标准体系，完善水利标准翻译项目库建立，完成3～5项水利标准外文翻译出版。继续推进水利标准制修订和翻译同步开展。继续推进《小水电技术导则》国际研讨会协议标准向国际标准转化。全力推动在我国成立ISO小水电技术委员会秘书处。

**5. 有色金属工程**

（1）持续完善有色工程建设标准体系，推动行业全域标准化。行业标准体系尚未全面覆盖有色金属工程建设全过程、全金属品种和全工艺流程。根据《国家标准化发展纲要》，"十四五"期间，有色行业将结合产业发展和国际国内市场需求，完善标准体系，推动行业全域标准化。

（2）进一步发挥工程建设标准对产业发展的引领和规范作用。国家"十四五"规划提出要重点推进智能化、促进落实"双碳"目标等要求。目前工程建设标准尚无相应主管部门专项标准计划，今后将重点组织申报符合国家政策导向的项目，增强标准与产业发展、市场的关联度，提升行业技术水平。

（3）加强有色行业国家标准及行业标准的复审和修订工作。进一步完善复审和修订制度，对标龄5年以上的标准纳入年度复审计划，并按改革方案要求整合成综合性、骨干性标准。对标准实施过程中反映较多或比较突出的问题，积极组织有关单位研究、修订。

（4）扎实推进在编国家规范及国家标准、行业标准、团体标准的管理工作。做好标准编制工作的质量和进度控制工作，对未按期完成的标准项目进行跟踪督促，原则上在1年内完成；动态掌握标准的实施情况，及时收集标准执行过程中的问题和建议。

（5）积极参与国际标准化活动。组织行业企事业单位主动参与国际标准制定，加强与有关国际标准化机构对接，提升标准国际化水平。积极关注工程建设标准海外应用示范项目，扩大中国标准在"一带一路"建设中的应用。

（6）加强内部管理制度建设。梳理现有制度体系，及时修订有关规章制度，防范系统性的风险，推动各项管理的规范化、制度化、程序化，提升管理工作效率及工作质量。

**6. 电子工程**

（1）"十四五"标准体系建设及维护

开展"十四五"电子工程建设标准体系建设方案研究，落实2023～2025年工程建设标准制修订计划。

（2）探索和发挥标准化管理机制作用

为加强工程建设标准化组织管理，强化工程建设标准化管理工作的顶层设计，立足于行业、服务于企业，以技术资源为依托，以标准化为手段，发挥管理协同优势，在科研、生产、工程实践之间建立标准化协调与转化机制，为提高工程建设技术水平和监管能力提供支撑。

（3）促进行业全域标准化

根据《国家标准化发展纲要》，“十四五”期间将结合产业发展和国际国内市场需求，完善标准体系，推动行业全域标准化。

（4）助力碳达峰、碳中和标准研究

引导行业绿色转型，开展智能建造、绿色建造标准研究。以推动绿色项目建造，推进工程咨询、勘察设计企业积极参与工程项目碳达峰相关指标核算体系、政策法规和标准体系等多方面研究。

（5）研究制定一批团体标准，加强人才培养建设，推进标准国际化，进一步做好标准的制修订及复审工作，促进科技创新和核心技术的转化，加大咨询服务力度，加强监督检查，及时跟进服务。

**7. 电力工程**

（1）加强低碳领域标准化的顶层设计和布局，推动电力低碳、电力节能等相关标委会工作，强化低碳标准预研，推动相关电力各专业领域尤其是工程建设领域的低碳标准立项。

（2）加快电源结构转型配套工程建设标准的制定，瞄准未来风电发展趋势，加大海上风电、分布式风电标准化工作力度，开展光伏发电设计、施工、验收及并网、运行维护检修、安全规程等重要标准的修订完善；加大光热标准编制力度；完善升级水电相关技术标准。

（3）加快储能灵活性资源标准制定，进一步明确火电灵活性改造重点标准需求，开展标准制修订，为增强火电机组调峰能力做好标准支撑；在火电机组、风电、光伏设备运行状态评估、延寿等方面加强标准化工作，填补技术标准空白；跟进大规模、安全经济的储能技术和设备的发展动态，及时制定相关标准，推动储能产业商业化发展。

**8. 广播电视工程**

（1）持续推动标准体系迭代升级，开展国家标准（广电部分）、行业标准复审，深化国家工程建设标准体制改革精神和要求。

（2）根据标准化工作改革的要求，推进2项国家强制性规范《广播电视制播工程项目规范》和《广播电视传输覆盖网络工程项目规范》的编制。

（3）大力推进广播电视工程建设相关公共服务标准的应用，推动行业工程建设标准提升保障民众生活品质，引领行业标准高质量创新性发展。

（4）探索新形势下标准宣贯及培训方式，制作行业标准宣贯视频，利用互联网平台让专业人员得到学习和培训，促进标准影响力和实施。

（5）对网络视听行业的工程建设标准需求开展分析。

**9. 冶金工程**

（1）继续贯彻国家标准化改革精神，努力完成主管部门下达的各项标准化工作，按计划完成冶金行业负责起草的规程规范。

（2）积极推动节能减排、产品升级方面的新工艺、新技术、新成果向标准和规范转化，努力提升标准的权威性和影响力。

（3）制定一批具有国际先进水平、可实施、有应用、有影响的团体标准；通过标准走出去，扩大冶金工程标准在国际标准化领域的影响。

**10. 建材工程**

（1）紧跟国家标准化改革方向，转变思路，梳理并建立新型标准体系。

（2）培育团体标准。通过梳理体系，明确建材行业标准规范的制定方向，同时为培育团体标准做好铺垫。

（3）做好在编项目和新计划项目的管理。做好标准编制工作的质量和进度控制工作，动态掌握标准的实施情况。

**11. 纺织工程**

（1）根据纺织“十四五”发展目标，纺织工程建设标准化工作将加强标准化技术机构建设，发挥中国纺联团体标委会和纺织工程建设标准编委员会的作用；加大现行政府类标准整合力度，培育发展团体标准，鼓励新型纺织纤维材料、功能性纺织品、智能纺织品、高技术产业用纺织品以及绿色制造、智能制造、数字技术等重点领域的标准制定，推动工程建设标准对产业高质量转型发展的支撑；调动纺织、化纤、纺织机械等专业协会和地方纺织协会力量，鼓励生产企业积极参与工程标准的编制；加强对现行标准的宣贯和意见反馈收集工作。

（2）根据标准改革“强制规范＋推荐标准＋团体标准”的模式制定纺织工程建设标准新体系，将“绿色、低碳和循环再利用”的新维度融入标准体系中，重点制定高性能、多功能、轻量化、柔性化纤维新材料相关的工程标准，鼓励纺织产业中应用的数字化、信息化、智能化技术进行标准化工作。

**12. 铁路工程**

（1）完善标准管理制度。贯彻落实《标准化法》及《国家标准化发展纲要》要求，开展建设标准管理优化分析，全面修订《铁路工程建设标准管理办法》。

（2）加强重点标准制修订。制定2022年标准项目计划，提出今后3年项目安排建议。发挥标准对统一铁路工程技术要求和引领技术进步等方面的作用，制修订《客货共线铁路设计规范》等一批重要标准。

（3）开展重大关键技术研究。服务国家重大工程建设，推进区域协调发展，开展铁路隧道中隔墩的耐撞特性及撞击载荷技术标准、市域（郊）铁路技术标准体系等研究工作。

（4）推进中国铁路标准国际化。抓好新发布铁路工程建设标准外文版翻译工作，更好满足高质量推进共建“一带一路”需求。组织编制好国际铁路联盟UIC《高速铁路设计》系列标准。

**13. 林业工程**

（1）做好标准化管理和服务工作，严格执行标准编制合同，及时跟踪、监督标准编制工作的进度，通过提高起草人员的标准编写技能，减少无谓修改频次，提高编制效率，缩短编制周期。

（2）组建由各主管部门人员参加的林业工程建设标准化技术委员会，通过共同商议、决策，增强标准化治理效能和标准化工作效率，提升标准水平。加强与工程建设标准化主管部门的沟通，及时了解各环节标准流转情况，配合履行相关程序，加快标准报批发布进度。

（3）建立标准宣贯、实施和监督、反馈、评价机制，通过标准创优、评优、科技成果转化等措施，促进标准编制水平的提升，增强标准起草人员的荣誉感和责任感，吸引更多优秀专业人员参与标准编制工作，形成标准化工作的正向反馈。

**14. 轻工业工程**

（1）主动作为，坚持绿色化、工业化、工业数字化，助力“双碳”目标实现。研究和转化“碳达峰、碳中和”相关国际绿色标准、绿色工程、超低耗工程、低碳设备和材料、清洁能源应用、降低碳排放；研究单位GDP能源消耗的控制、能源消耗总量的控制；研究标准的信息化、数字化应用。伴随着工程项目数字化转型、项目工业化建造，催生智慧工程应用场景，推动标准的修订、编制、制定向全面数字化转型。

（2）坚持国际化视野，提升标准的国际化水平。坚持问题导向、需求导向和目标导向相结合，以“标准的软联通”提供合作的“硬机制”，推动标准的国际化水平，为“一带一路”发挥标准引领带动作用。

（3）建立“技术规范、技术标准、合规性判定、认证认可、检验检测”协同推进新型标准化体系。标准化工作需要全社会、全行业共同努力，满足可验证、可操作性规定。

**15. 粮食工程**

（1）完善优化粮食工程建设标准体系框架

以修订《粮食工程建设标准体系》LS/T 8007－2010为契机，结合国家标准化改革的需求，围绕保障粮食安全，进一步优化粮食工程建设标准体系框架，建立较为完善的基础标准、通用标准与专用标准的框架体系，并与国家工程建设类通用建设规范有效衔接，确保粮食工程建设项目的各个阶段有标可依；建立粮食工程建设标准实施评价机制，加强标准全生命周期的管理，定期对工程建设标准进行复审，清理整合现有标准，对于内容重复、归口管理不清晰的标准规范及时清理，确保体系有效，便于执行；此外，优化工程标准供给结构，充分利用团体标准响应市场快、制定周期短的优势，发展团体工程标准，引导社会团体制定原创性、高质量标准。

（2）积极组建粮食工程建设行业标准化技术委员会

粮食工程建设标准不仅具有综合性强、政策性强、技术性强及地域性强等特点，而且标准编制周期较长，在标准管理程序及编制格式等方面与其他标准均有较大不同，独立于现有的标委会业务范围外。现阶段，为更好地服务保障粮食工程建设质量和安全、提高粮食工程建设的综合效益，正在积极组建粮食工程建设行业标准化技术委员会，拟通过遴选、公示、筹建、成立等程序成立专业的专家技术团队，专门从事粮食工程建设标准起草、技术审查等标准化工作，推进粮食工程建设标准研制，提高粮食工程建设标准质量，进一步完善粮食工程建设标准体系，更好地服务“十四五”时期粮食行业繁重的工程建设任务，促进高标准粮仓建设、绿色储粮、节粮减损，推动粮食产业高质量发展。

（3）加强工程建设标准的宣贯培训

标准化宣传工作是标准化工作的重要组成部分。部分工程建设标准发布后，由于标准宣传培训等工作依托手段单一，节奏上脱节，导致标准实施效率较低。基于此，应创新标准宣传模式，采取专家讲解、制作标准解读视频、一图读懂、“中国粮食标准质量”公众号等多元化方式，充分利用重大活动，拓宽标准宣传途径，扩大标准宣传效果；同时，改革创新标准培训方式，积极组织开展标准化管理培训班，对与粮食和物资储备工程建设标准相关的政策、法律法规进行重点解读，并邀请专家讲解重点标准，进一步提升粮食和物资储备工程建设标准化人才专业素质，提高工程建设标准化管理工作能力，着力培养造就一批理论与实践并重、既懂专业又善于标准化管理的复合型人才。

**16. 公路工程**

（1）制定并印发“十四五”公路工程技术标准规划指导意见。在公路设施安全耐久、公路数字化新基建、桥梁、隧道智能监测、绿色环保建造等重点领域，通过系统总结先进经验、调研行业急需，制定引领行业发展的具体公路工程技术发展规划，推动技术创新，强化技术应用，深化技术管理，以标准引领为重点，力求公路技术管理做到系统推进、重点突破，为公路高质量发展提供技术支撑。

（2）构建高质量、新理念、数字化的公路工程技术标准体系。以公路数字化为基础提升建设管理和服务水平，构建公路高质量发展的标准体系。提升治理能力，加强标准制修订管理。加快重要引领性指导性标准的制定。

（3）加大公路智能数字技术研发应用。建立起公路工程信息模型技术标准框架。制定发布《收费公路联网收费技术标准》《公路信息化技术规范》《公路出行服务技术规范》等重要智能化、数字化、信息化标准，为公路数字化等应用与实施提供基础技术支持和引导。进一步研究公路智能化数字技术发展，加大实用技术研发。

（4）提升公路设施安全耐久和高质量发展水平。规范和加强建设项目管理。提升拱桥等圬工桥涵设计水平，修订发布《公路圬工桥涵设计规范》。大力推广钢桥应用和高新材料应用及设计标准化，加大公路钢结构耐久性技术研发应用，加大公路钢结构方案推广应用。提升桥梁健康监测技术水平，发布实施《公路桥梁监测技术规范》。提升隧道运营和监测技术水平。

（5）加强港珠澳大桥技术成果推广应用。总结大桥技术成果，加大成果转化推广力度。发布《跨海通道地质勘察规程》《跨海钢结构桥梁大节段施工技术规程》《跨海桥梁养护技术规范》《公路水下沉管隧道设计规范》，指导同类项目建设。

（6）加大高原冻土等关键技术研发应用，为青藏川藏公路建设提供技术支撑。制定发布《多年冻土地区公路设计与施工技术细则》，完善青藏等冻土地区公路设计施工技术指标，结合相关规范进一步开展针对多年冻土的技术研究，在提升公路工程质量的同时对青藏高速、高寒高海拔地区道路的智能建设技术、绿色环保生态修复等技术进行研究推广。

（7）初步建成适应高质量发展的养护标准体系。2022年修订发布公路养护龙头标准《公路养护技术规范》，并制定发布《公路冬季养护技术规范》《公路钢结构桥梁技术规范》《跨海桥梁养护技术规范》等养护规范和养护评价技术标准《在用公路桥梁现场检测技术规程》《公路桥梁耐久性检测评定规程》，以及《高速公路养护预算定额》《公路养护工程量标准清单及计量规范》《高速公路运营养护预算编制办法》等造价依据，形成较为完整的适应高质量发展的养护标准体系。

(8) 推进绿色低碳、节能环保、生态修复等绿色公路技术应用。发布实施《公路环境保护技术规范》《公路施工环境保护技术规范》，规范并提升公路工程环境保护意识及技术水平，并加强施工阶段的环境保护工作，深入研究贯彻公路工程领域落实“碳达峰、碳中和”等绿色发展理念的技术支撑，指导和推广行业节能环保、绿色低碳等标准的研发应用。

(9) 深化与国际组织的合作。深化与世界道路协会、亚太经社会等国际组织合作，选派优秀中青年专家加入协会委员会，发挥中国技术委员会的作用，加强指导。与联合国有关安全协作组，亚太经社会和上合组织，PIARC、CAREC 等国际组织在公路安全、公路建设、养护管理等领域开展合作交流，将中国先进理念和经验及工程技术在成员国中交流推介，积极申办并在华举办公路领域国际专业研讨会和活动。

(10) 完成全部 60 本重要公路工程标准外文版的体系建设，对外全面发布和网上全文公开。联合国际组织和欧、美、日及中国香港地区的团队和专家，组织完成并发布《公路技术状况评定标准》《公路桥涵地基与基础设计规范》《公路工程质量检验评定标准土建工程》等 7 本英文版标准，完成 60 本公路工程标准外文版的体系建设。

(11) 视情开展双边多边技术交流合作。加强与“一带一路”国家的合作，制定《中巴公路技术合作五年行动计划（2023—2027 年）》，深化已全面开展的中巴标准制定、技术合作、试验室建设、硕（博）士培养、技术培训和交流等中巴公路合作。加强与欧盟、俄罗斯等国家和地区的技术合作，通过合作研发、合作项目、共同研讨等，积极参与国际公路的全面合作。加强与各国的技术交流，依据中欧、中俄、中美、中日、中韩等技术交流渠道，并且充分发挥与世界道路协会等国际组织的作用，加大技术交流，适时组织中日、中韩技术交流。

## 五、行业工程建设标准国际化情况

### （一）参与国际标准编制情况

**1. 城镇建设和建筑工程**

近年来，住房和城乡建设部按照党中央、国务院深化标准化改革的要求，贯彻落实《标准联通“一带一路”行动计划》《国家标准化发展纲要》等政策指示，将标准国际化作为重点工作持续稳步推进，组织相关标准化技术机构及专家在国际标准化动态跟踪研究、国际标准及新技术领域提案、国际标准归口管理等方面开展了大量探索及研究工作，积累了较丰富的经验，在主导制定国际标准方面取得积极突破，由中国主导制定的国际标准数量逐年增加。

2021 年，在编 18 项由中国主导的 ISO 国际标准，如《旋转式空气动力设备进风过滤系统　试验方法　第 7 部分：空气过滤抗水雾性能试验方法》ISO 29461－7、《智慧水务管理　第 1 部分：通用导则》ISO 24591－1、《城市治理与服务数字化管理框架与数据》ISO 37170、《智慧城市基础设施　基于地理信息的城市基础设施数据交换与共享》ISO 37172、《智慧城市基础设施　智慧建筑信息化系统建造指南》ISO 37173、《智慧城市基础

设施　综合管廊运维总体要求》ISO 37175、《智慧水务　数据管理》ISO 24591－2等。发布2项由中国主导制定的ISO国际标准，《门、窗和幕墙　幕墙　词汇》ISO 22497：2021、《智慧城市基础设施　使用燃料电池的轻轨智慧交通》ISO 37164：2021。

2021年9月13日，由我国提交的《工业化建造AIDC技术应用标准》（*AIDC Application in Industrial Construction*，标准号：ISO/AWI 8506）国际标准提案在国际标准化组织（ISO）正式获批立项，本标准是全球首个工业化建造与自动识别技术应用结合的ISO国际标准。2021年首次向国际标准化组织（ISO）申报供热工程技术国际标准化组织，探索组建ISO/TC"供热管网"标准化技术委员会。针对ISO/TC 161"燃气和/或燃油控制和保护装置"完成20项对口投票工作。对比研究了我国和ISO饮用水标准体系，发现ISO检测方法类标准较齐全，管理服务及评价标准成为近年新热点，但缺乏系统化的饮用水安全保障标准体系，缺乏工程建设相关标准。深入调研与市容环卫领域相关的包括ISO/TC 207"环境管理"、ISO/TC 275"污泥污水回收循环处理和处置"、ISO/TC 282"水回用"、ISO/TC 297"废物收集和运输管理"、ISO/TC 300"固体回收燃料"在内的共9个国际标准化技术机构基本情况。主导编制了ISO标准：*Management of water services-Corporate governance of water utilities*，目前已进入第5次全体委员会议。

**2. 石油化工工程**

开展标准翻译和中外标准对比研究，并持续推进标准国际化。通过做好标准的翻译工作，为标准的国际化交流和参与国际化竞争提供支撑。持续跟踪国外标准发展动态，及时开展中外标准对比分析，查找国内标准的薄弱环节，提高石油化工工程建设标准技术水平。加强国际交流与合作，并联合行业内优势企业形成中国合力，打造石油化工工程建设的"国家名片"。

**3. 水利工程**

持续推动小水电国际标准制定，《小水电技术导则　第3部分：设计原则与要求》获ISO发布。

**4. 电子工程**

2021年参与《洁净室及相关受控环境　第5部分：运行》ISO 14644－5的修订工作。

**5. 铁路工程**

推进18项国际铁路联盟（UIC）标准编制工作。其中主持制定的国际铁路联盟（UIC）标准《高速铁路设计　通信信号》IRS 60681：2021发布实施，与其配套的《高速铁路设计　基础设施》《高速铁路设计　供电》《高速铁路设计　接口》完成了报批。《高速铁路设计　通信信号》标准主要以《高速铁路设计规范》TB 10621－2014为基础，由中国、法国、西班牙、意大利、德国、日本等10余个国家历时3年共同编制完成。该标准是UIC高速铁路通信信号专业首个系统性、综合性设计标准，主要规定了信号专业地面固定信号、道岔转辙装置、轨道占用检查装置、联锁系统、列车运行控制系统、列车调度指挥系统、信号集中监测系统、通信专业传输网、数据通信网、接入网、无线通信网、调度通信系统、视频监控等的设计原则、设计要求。

**6. 有色金属工程**

由有色金属行业牵头的《垃圾焚烧渗滤液处理及回用技术导则》ISO 24297顺利通过DIS阶段国际投票，正式进入最终国际标准版草案（FDIS）阶段。

**7. 核工业工程**

2021年3月，经与ISO各成员国30余位专家进行沟通、交流，完成2年来多次组织评审和修改，中核集团所属三级单位中核五公司主编的国际标准《核电厂结构模块安装技术标准》通过ISO官网投票立项成功，成为全球首个核能建安领域立项的国际标准。2021年10月，全国核能标准化技术委员会（SAC/TC 58）秘书处在上海主持召开了《核电厂结构模块安装技术标准》ISO AWI 3579草案专家评审会。与会专家听取了标准编制组关于该标准项目立项背景、工作计划和标准草案主要技术内容的汇报，并对当前第1版标准草案进行了充分质询和讨论，认为该草案思路清晰，框架整体结构满足ISO标准编制要求，主体技术内容完整，达到国际领先技术水平。

## （二）承担ISO秘书处情况

**1. 城镇建设和建筑工程**

目前，国际标准化组织（ISO）中城乡建设领域由中国专家或机构承担的技术委员会主席或秘书处较少，2021年成功申报并担任装配式建筑分委员会（ISO/TC 59/SC 19）的主席及秘书处和建筑施工机械与设备技术委员会（ISO/TC 195）、起重机技术委员会（ISO/TC 96）的主席。在工作组层面，中国专家担任“建筑和土木工程　建筑模数协调”（ISO/TC 59/WG 3）、“建筑和土木工程　建筑和土木工程的弹性”（ISO/TC 59/WG 4）、“技术产品文件—建筑文件—包括装配式的建筑工程数字化表达原则”（ISO/ TC 10/SC 8/WG 18）等多个工作组召集人。住房和城乡建设及相关领域国际标准化组织技术机构见表2-18。

**城镇建设和建筑工程及相关领域国际标准化组织技术机构　　表2-18**

| 序号 | 技术机构 | 名称 |
|---|---|---|
| 1 | ISO/TC 10/SC 8 | 技术产品文件　施工文件 |
| 2 | ISO/TC 59 | 建筑与土木工程 |
| 3 | ISO/TC 59/SC 2 | 语言的协调和术语化 |
| 4 | ISO/TC 59/SC 13 | 建筑和土木工程的信息组织和数字化，包含建筑信息模型（BIM） |
| 5 | ISO/TC 59/SC 14 | 设计寿命 |
| 6 | ISO/TC 59/SC 15 | 住宅性能描述的框架 |
| 7 | ISO/TC 59/SC 16 | 建筑环境的无障碍和可用性 |
| 8 | ISO/TC 59/SC 17 | 建筑和土木工程的可持续性 |
| 9 | ISO/TC 59/SC 18 | 工程采购 |
| 10 | ISO/TC59/SC 19 | 装配式建筑 |
| 11 | ISO/TC 71 | 混凝土、钢筋混凝土及预应力混凝土 |
| 12 | ISO TC 71/SC 1 | 混凝土试验方法 |
| 13 | ISO TC 71/SC 3 | 混凝土生产及混凝土结构施工 |
| 14 | ISO TC 71/SC 4 | 结构混凝土性能要求 |
| 15 | ISO TC 71/SC 5 | 混凝土结构简化设计标准 |
| 16 | ISO TC 71/SC 6 | 混凝土结构非传统配筋材料 |

续表

| 序号 | 技术机构 | 名称 |
|---|---|---|
| 17 | ISO TC 71/SC 7 | 混凝土结构维护与修复 |
| 18 | ISO TC 71/SC 8 | 混凝土和混凝土结构的环境管理 |
| 19 | ISO/TC 86/SC 6 | 制冷和空气调节　空调器和热泵的试验与评定 |
| 20 | ISO/TC 96/SC 6 | 移动式起重机 |
| 21 | ISO/TC 98 | 结构设计基础 |
| 22 | ISO/TC 98/SC 1 | 术语和标志 |
| 23 | ISO/TC 98/SC 2 | 结构可靠度 |
| 24 | ISO/TC 98/SC 3 | 荷载、力和其他作用 |
| 25 | ISO/TC 116 | 供暖 |
| 26 | ISO/TC 127 | 土方机械 |
| 27 | ISO/TC 127/SC 1 | 安全及机器性能的试验方法 |
| 28 | ISO/TC 127/SC 2 | 安全、人类工效学及通用要求 |
| 29 | ISO/TC 127/SC 3 | 机器特性、电器和电子系统、操作和维护 |
| 30 | ISO/TC 127/SC 4 | 术语、商业规格、分类和规格 |
| 31 | ISO/TC 142 | 空气和其他气体的净化设备 |
| 32 | ISO/TC 144 | 空气输送和空气扩散 |
| 33 | ISO/TC 161 | 燃气和/或燃油的控制和保护装置 |
| 34 | ISO/TC 162 | 门窗和幕墙 |
| 35 | ISO/TC 165 | 木结构 |
| 36 | ISO/TC 178 | 电梯、自动扶梯和自动人行道 |
| 37 | ISO/TC 179 | 砌体结构 |
| 38 | ISO/TC 182 | 岩土工程 |
| 39 | ISO/TC 195 | 建筑施工机械与设备 |
| 40 | ISO/TC 205 | 建筑环境设计 |
| 41 | ISO/TC 214 | 升降工作平台 |
| 42 | ISO/TC 224 | 涉及饮用水供应及废水和雨水系统的服务活动 |
| 43 | ISO/TC 268/SC 1 | 智慧社区基础设施 |
| 44 | TC 300 | 固体回收燃料 |
| 45 | ISO/PC 318 | 社区规模的资源型卫生处理系统 |

**2. 水利工程**

水文仪器设备和数据管理分委会（ISO/TC 113/SC 5）秘书处成功落地我国。依托国际工程项目，各相关成员单位积极推动水利标准在缅甸、柬埔寨、巴基斯坦、秘鲁等国家应用。组织筹划成立 ISO 小水电技术委员会，顺利通过 ISO 第一轮成员国投票。以援外培训为依托，宣传和介绍中国水利标准框架体系和技术标准，为我国水利标准“走出去”打下基础。

### （三）国外标准化研究

**1. 铁路工程**

为高质量推进中国铁路标准国际化发展，加强了中国与欧盟铁路基础设施主要设计标准对比研究，取得较为丰富的研究成果。该项研究重点围绕中欧铁路路基、桥梁、隧道、轨道等11个专业208项标准的主要技术指标和参数，持续深入开展动态追踪与对比分析，总结提出中国铁路标准制修订建议31项、标准国际化建议14项，为我国主持、参与国际标准制修订提供了重要技术支撑。

**2. 水利工程**

召开水利标准国际化视频研讨会，印发《2021年水利标准国际化工作安排》，明确重点任务和工作分工。持续推动小水电国际标准制定，《小水电技术导则 第3部分：设计原则与要求》获ISO发布。

**3. 轻工业工程**

围绕2021年完成的《制盐工程项目规范》《皮革毛皮厂工程项目规范》《日用化工工程项目规范》《家用电器厂工程项目规范》《食品添加剂厂工程项目规范》《制糖工程项目规范》研编成果，开展英国、美国、日本标准的比较研究，以及中外标准化对比研究。

### （四）工程建设标准外文版编译情况

**1. 城镇建设和建筑工程**

持续开展工程建设标准的外文翻译工作，《城市轨道交通综合监控系统工程技术标准》GB/T 50636－2018等9项国家标准列入中译英计划，发布了《石油化工钢制设备抗震设计标准》GB/T 50761－2018等20项工程建设标准英文版，为我国企业参与国际市场竞争提供技术支撑。

**2. 石油化工工程**

2021年，共承担国家标准和行业标准英文版16项，完成并发布《石油化工装置照明设计规范》SH/T 3192－2017等6项行业标准英文版。通过标准国际化发展，不断提高标准技术水平和影响力，更好地服务于工程建设、服务于标准国际化的实施。

**3. 化工工程**

2021年完成《建筑防腐蚀工程施工质量验收标准》GB/T 50224－2018的中译英工作。申请《建筑防腐蚀工程施工规范》GB 50212－2014和《建筑防腐蚀工程施工质量验收标准》GB/T 50224－2018中译英立项。

**4. 电子工程**

申请立项《网络互联调度系统工程技术规范》GB 50953－2014等5项标准中译英项目，对促进电子行业标准国际化及支持“一带一路”倡议有积极的作用。

**5. 水利工程**

加快水利标准英文翻译工作，完成40项标准的英文翻译出版，正在推进36项标准翻译工作。

**6. 铁路工程**

国家铁路局发布《市域（郊）铁路设计规范》TB 10624－2020、《磁浮铁路技术标准

（试行）》TB 10630－2019、“铁路工程施工安全系列技术规程”等27项铁路工程建设标准英文译本，现行标准外文版数量达到125项，实现重要铁路标准英文版全覆盖。标准翻译工作贯彻了立足铁路、接轨国际的基本原则，着力加强规则标准“软联通”，积极促进基础设施“硬联通”，为推进铁路“走出去”和高质量共建“一带一路”提供有力保障。

**7. 轻工业工程**

完成工程建设标准《塑料制品厂设计规范》QB/T 6018－2020、《日用陶瓷厂设计规范》QB/T 6017－2020英文版编译。

**8. 冶金工程**

冶金行业积极开展国际标准化工作。标准的外文版翻译50多项。注重适应国际通行做法和与国际标准或发达国家标准的一致性，积极推动冶金工程建设标准“走出国门”，以适应“一带一路”的经济发展倡议。

**9. 公路工程**

共有2项公路工程行业外文版编译标准发布实施。外文版编译标准以英、法、俄三种语言为载体，依托国内专业人员力量，经多国权威专家审校最终完成。外文版标准的发布实施及推广应用将提升中国公路工程技术软实力，带动中国公路工程技术和标准走出去，从而促进双边及多边技术合作，贯彻落实“一带一路”倡议。

### （五）中国工程建设标准推广应用情况

**1. 化工工程**

中国标准在“一带一路”沿线项目上得到了广泛应用，极大地方便了中国技术人员与国外业主的沟通与交流，进而推动了国外项目的高效实施。

恒逸（文莱）PMB石油化工项目位于文莱东部的大摩拉岛，是由恒逸石化控股子公司恒逸实业（文莱）有限公司投资建设的世界级石油炼化一体化项目，项目规模为炼油800万吨/年和芳烃150万吨/年。在该项目的绝热工程施工及质量验收中，执行的是中国标准《工业设备及管道绝热工程施工规范》GB 50126－2008、《工业设备及管道绝热工程施工质量验收规范》GB 50185－2010等，施工单位严格按照中国标准进行施工，业主依据中国标准组织质量验收工作，有效地保证了施工质量。

哈萨克斯坦石油工业公司石油一体化（IPCI）项目位于哈萨克斯坦阿特劳州卡拉巴丹地区国家工业石化技术园经济特区，在欧洲和亚洲的界河乌拉尔河流入里海的河口，项目规模为年产50万吨聚丙烯。该项目虽为国外项目，但执行中国标准，符合业主当地质量验收的要求。《自动化仪表工程施工及质量验收规范》GB 50093－2013、《工业设备及管道绝热工程施工规范》GB 50126－2008、《化工工程建设起重规范》HG/T 20201－2017、《化工机器安装工程施工及验收规范（通用规定）》HG/T 20203－2017等中国标准在该项目上的应用，较好地发挥了标准规范在工程建设中的作用，保证了工程质量，也得到了业主的认可。

中国标准在国外项目上的推广应用，能够使国外的业主充分了解中国技术，为中国企业在国外承揽工程项目提供技术支撑，也提升了中国标准的权威性和国外认可度。

**2. 水利工程**

依托国际工程项目，推动水利技术标准在缅甸、柬埔寨、巴基斯坦、秘鲁等国家广泛应用。以援外培训项目为依托，大力宣传推介中国水利技术标准体系框架，为我国水利技术标准“走出去”奠定坚实基础。

**3. 有色金属工程**

有色金属工程结合海外工程承包、重大装备设备出口和对外援建推广中国标准，以中国标准“走出去”带动我国产品、技术、装备、服务“走出去”。如厄瓜多尔第一个大型露天固体矿米拉多铜矿项目，除环保、安全和消防方面采用项目所在国的标准或国际标准外，在工程整体设计中积极推广采用中国标准。项目团队在设计过程中，采用《有色金属选矿厂工艺设计规范》GB 50782－2012、《尾矿设施设计规范》GB 50863－2013、《尾矿设施施工及验收规范》GB 50864－2013、《尾矿库在线安全监测系统工程技术规范》GB 51108－2015 等多项规范，成功克服各项设计难点，通过国外专家审查，有力推动了中国标准国际化。

**4. 铁路工程**

2021 年 12 月 3 日，全线采用中国标准的中老铁路全线开通运营。中老铁路线路全长 1035 公里，是与中国铁路网直接连通的国际铁路，线路连接中国昆明和老挝万象。中老铁路作为“一带一路”、中老友谊标志性工程，为加快建成中老经济走廊、构建中老命运共同体提供有力支撑；作为泛亚铁路的重要骨干，还将成为老挝向北连通中国，向南连通泰国、马来西亚等东盟国家的“金钥匙”，对中国—东盟自由贸易区、大湄公河次区域经济合作，产生积极影响。

## 六、行业工程建设标准信息化建设情况

随着信息化技术的迅猛发展，各行业积极探索工程建设标准信息化建设，见表 2-19，主要通过标准化信息网发布工程建设标准相关动态，部分行业还开办了微信公众号等，快速、高效、高质量解决技术人员标准使用需求。

**工程建设标准信息化建设情况** **表 2-19**

| 序号 | 行业 | 信息化平台/数据库名称（包括公众号、网站、微博等） | 是否公开 | 查阅方式（包括网站链接、公众号名称等） |
|---|---|---|---|---|
| 1 | 城乡建设 | 国家工程建设标准化信息网 | 公开 | http://www.ccsn.org.cn/ |
| 2 | 石油天然气工程 | 石油工业标准化信息网 | 公开 | http://www.petrostd.com |
| 3 | 石油化工工程 | 中石化标准信息检索系统 | 公开 | https://estd.sinopec.com/ |
|  |  | 全国机泵网 | 公开 | http://www.epumpnet.com |
|  |  | 石油化工设备技术 | 公开 | http://syhgsbjs.sei.com.cn |
|  |  | 自控中心站 | 公开 | http://www.cacd.com.cn |
| 4 | 化工工程 | 中国石油和化工勘察设计协会官网“标准建设”专栏 | 公开 | http://www.ccesda.com./bzjs/ |
| 5 | 水利工程 | 水利部国际合作与科技司 | 公开 | http://gjkj.mwr.gov.cn/ |
|  |  | 水利行业标准信息化管理系统 | 公开 | — |
|  |  | 现行有效标准查询系统 | 公开 | http://gjkj.mwr.gov.cn/jsjd1/bzcx/ |

续表

| 序号 | 行业 | 信息化平台/数据库名称（包括公众号、网站、微博等） | 是否公开 | 查阅方式（包括网站链接、公众号名称等） |
|---|---|---|---|---|
| 6 | 有色金属工程工程 | 有色金属工程建设标准化信息管理系统 | 公开 | http://www.ntsib-nfm.org.cn |
| 7 | 建材工程 | 微信公众号 | 公开 | 建材标准定额总站 |
| | | 微信公众号 | 公开 | CECS 建筑材料分会 |
| 8 | 铁路工程 | 铁路技术标准信息服务平台 | 公开 | http://biaozhun.tdpress.com |
| 9 | 广播电视工程 | 国家广播电视总局 | 公开 | http://www.nrta.gov.cn/ |
| | | 国家广播电视总局工程建设标准定额管理中心 | 公开 | http://dinge.drft.com.cn/ |
| 10 | 商贸工程 | 商贸分会网站 | 公开 | www.bocat.org.cn |
| | | 微信公众号 | 公开 | cecs _ ct |
| 11 | 电力工程 | 中电联标准化信息管理平台 | 不公开 | http://bim.realbim.cn：3006/#/login/ |
| 12 | 轻工业工程 | 中国轻工业工程建设协会 | 公开 | www.qgsjxh.cn |
| | | 微信公众号 | 公开 | 中国轻工业工程建设协会 |
| 13 | 冶金工程 | 中国冶金建设协会 | 公开 | www.zgyj.org.cn/ |
| 14 | 公路工程 | 公路工程技术创新信息平台 | 公开 | http://kjcg.bidexam.com |
| | | 微信公众号 | 公开 | 公路工程标准化 |

# 第三章

# 地方工程建设标准化发展状况

## 一、工程建设地方标准现状

### （一）地方标准数量总体现状

**1. 现行地方标准数量情况**

截至2021年底，现行工程建设地方标准5588项。各省、自治区、直辖市的现行工程建设地方标准数量见表3-1和图3-1。

现行工程建设地方标准数量（截至2021年底）　表3-1

| 省/自治区/直辖市 | 数量（项） | 比例（%） | 省/自治区/直辖市 | 数量（项） | 比例（%） |
|---|---|---|---|---|---|
| 北京市 | 289 | 5.17 | 河南省 | 175 | 3.13 |
| 天津市 | 197 | 3.53 | 湖北省 | 123 | 2.20 |
| 上海市 | 461 | 8.25 | 湖南省 | 149 | 2.67 |
| 重庆市 | 297 | 5.31 | 广东省 | 192 | 3.44 |
| 河北省 | 360 | 6.44 | 广西壮族自治区 | 176 | 3.15 |
| 山西省 | 185 | 3.31 | 海南省 | 48 | 0.86 |
| 内蒙古自治区 | 102 | 1.83 | 四川省 | 226 | 4.04 |
| 辽宁省 | 181 | 3.24 | 贵州省 | 72 | 1.29 |
| 吉林省 | 118 | 2.11 | 云南省 | 105 | 1.88 |
| 黑龙江省 | 111 | 1.99 | 西藏自治区 | 23 | 0.41 |
| 江苏省 | 247 | 4.42 | 陕西省 | 175 | 3.13 |
| 浙江省 | 232 | 4.15 | 甘肃省 | 183 | 3.27 |
| 安徽省 | 181 | 3.24 | 青海省 | 66 | 1.18 |
| 福建省 | 359 | 6.42 | 宁夏回族自治区 | 143 | 2.56 |
| 江西省 | 69 | 1.23 | 新疆维吾尔自治区 | 121 | 2.17 |
| 山东省 | 222 | 3.97 | 总计 | 5588 | 100 |

**2. 2021年批准发布工程建设地方标准数量情况**

2021年全国共发布工程建设地方标准911项，见表3-2。工程建设地方标准发布数量呈现上升的趋势，2006～2021年工程建设地方标准发布数量见图3-2。

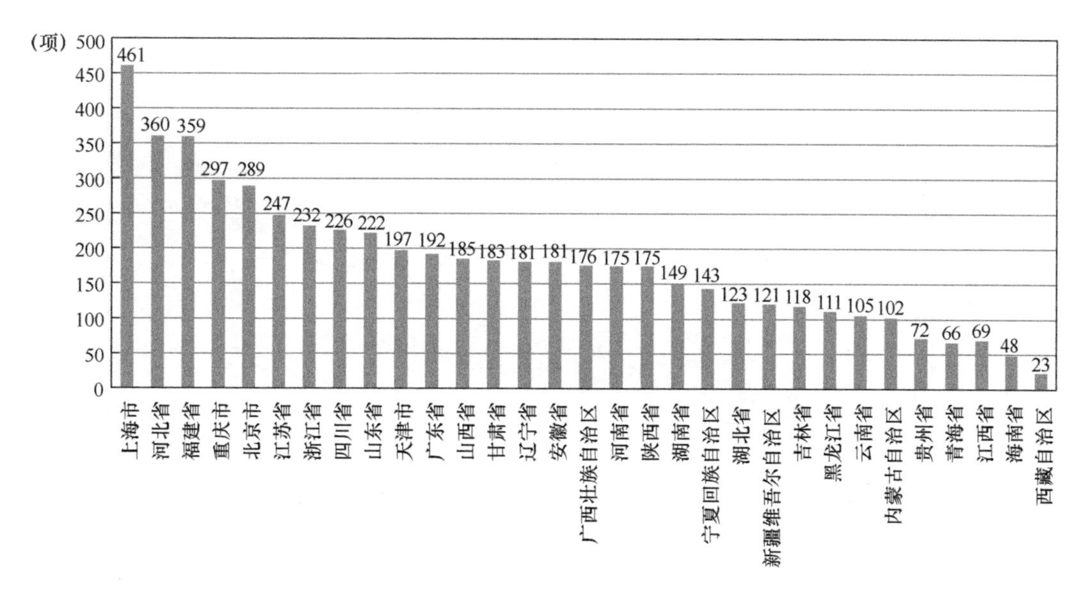


图 3-1 现行工程建设地方标准数量统计图（截至 2021 年底）

**2021 年批准发布工程建设地方标准数量（项）** **表 3-2**

| 省/自治区/直辖市 | 数量 | 省/自治区/直辖市 | 数量 |
|---|---|---|---|
| 北京市 | 64 | 河南省 | 26 |
| 天津市 | 23 | 湖北省 | 23 |
| 上海市 | 70 | 湖南省 | 30 |
| 重庆市 | 34 | 广东省 | 36 |
| 河北省 | 61 | 广西壮族自治区 | 19 |
| 山西省 | 10 | 海南省 | 4 |
| 内蒙古自治区 | 7 | 四川省 | 33 |
| 辽宁省 | 25 | 贵州省 | 9 |
| 吉林省 | 17 | 云南省 | 25 |
| 黑龙江省 | 10 | 西藏自治区 | 0 |
| 江苏省 | 53 | 陕西省 | 36 |
| 浙江省 | 40 | 甘肃省 | 19 |
| 安徽省 | 44 | 青海省 | 8 |
| 福建省 | 111 | 宁夏回族自治区 | 4 |
| 江西省 | 11 | 新疆维吾尔自治区 | 16 |
| 山东省 | 45 | | |
| 合计 | 913 | | |

注：表中数据除湖北省、湖南省、青海省来源于工程建设地方标准备案外，其他均来源于各省、自治区、直辖市上报材料。

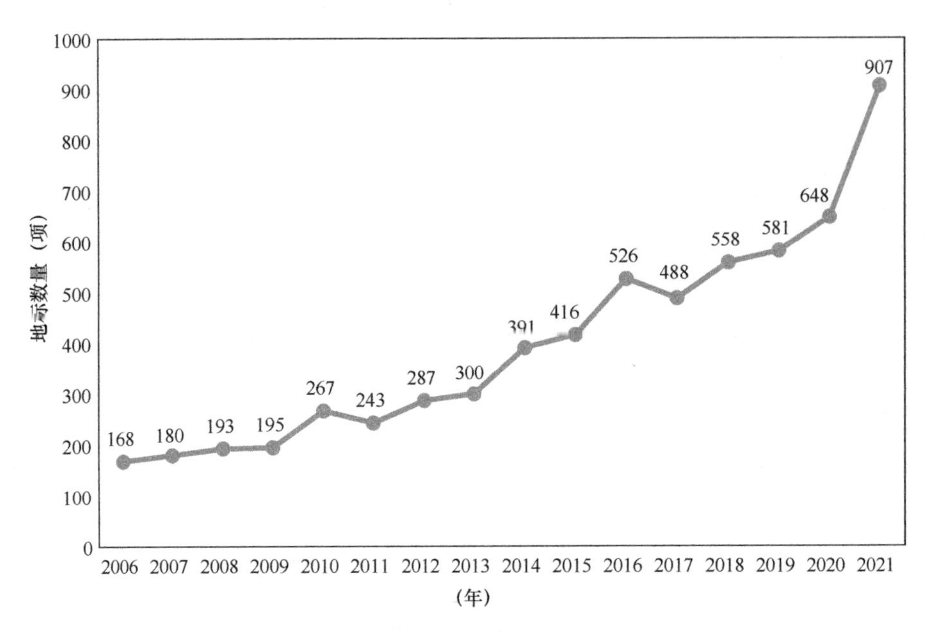


图 3-2　2006～2021 年工程建设地方标准发布数量

## （二）部分省、自治区、直辖市工程建设地方标准情况

### 1. 北京市

2021 年下达工程建设地方标准制修订计划 29 项，其中，工程建设专业 10 项，科技发展专业 3 项，房屋管理专业 3 项，国土空间规划专业 3 项，建筑设计专业 5 项，市政及轨道交通专业 3 项，勘察专业 1 项，测绘专业 1 项。近年来立项情况见图 3-3 和图 3-4。

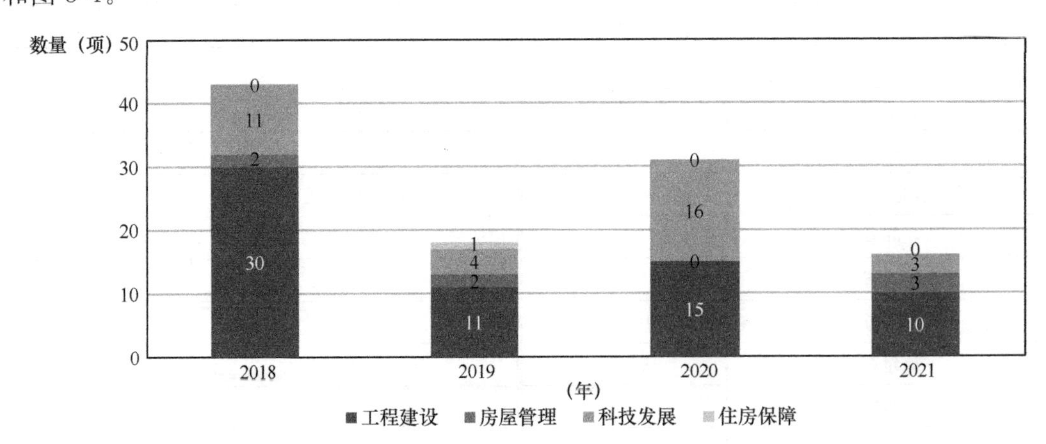


图 3-3　2018～2021 年工程建设等专业立项情况

2021 年批准发布工程建设地方标准共 64 项，包括制定 30 项，修订 34 项，其中国土空间规划专业 4 项，建筑设计专业 1 项，市政及轨道交通专业 4 项，科技发展专业 25 项，房屋管理专业 21 项，工程建设专业 9 项。

截至 2021 年底，北京市现行工程建设地方标准 289 项。

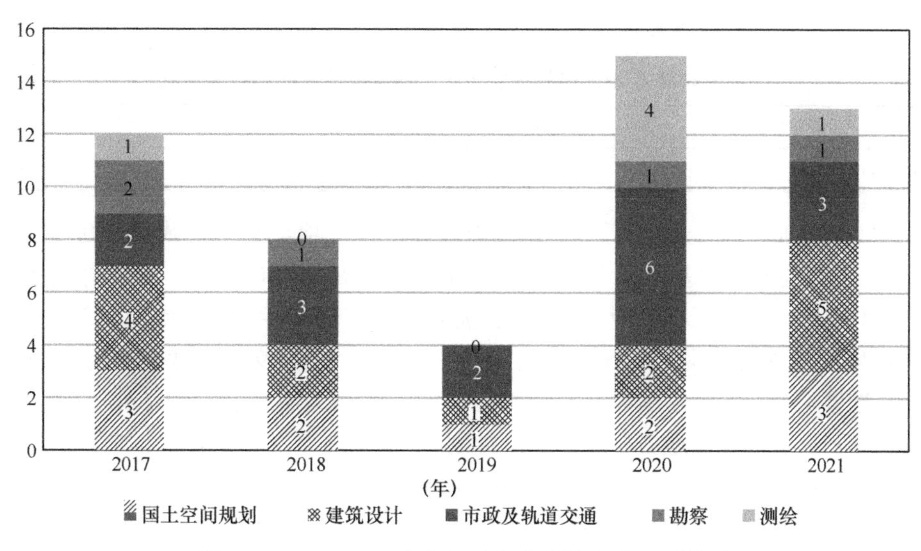


图 3-4 2016～2021 年国土空间规划等专业立项情况

**2. 天津市**

2021 年批准发布工程建设地方标准共 23 项，其中，房屋建筑工程专业 12 项，市政基础设施工程专业 11 项。

截至 2021 年底，天津市现行工程建设地方标准总计 197 项，其中，房屋建筑工程专业 102 项，市政基础设施工程专业 95 项。

**3. 上海市**

2021 年批准发布工程建设地方标准 70 项，包括制定 36 项，修订 34 项，其中，规划专业 4 项、交通专业 21 项、绿化专业 4 项、水务专业 4 项、建筑专业 32 项、房管专业 4 项、通信专业 1 项。

截至 2021 年底，上海市现行工程建设地方标准总计 461 项，其中，规划专业 20 项、交通专业 116 项、绿化专业 25 项、民防专业 6 项、水务专业 22 项、建筑专业 241 项、房管专业 12 项、通信专业 7 项、电力/燃气专业 8 项、教育专业 4 项。

**4. 重庆市**

2021 年下达工程建设地方标准制修订计划 2 批共 47 项，包括制定 27 项，修订 20 项，其中，工程勘察与地基基础专业 3 项，结构与防灾专业 9 项，施工质量与安全专业 7 项，给水排水与暖通工程专业 6 项，建筑电气与智能化专业 3 项，建筑材料应用专业 8 项，环境与景观专业 2 项，道桥工程专业 4 项，公共交通专业 5 项。2017～2021 年重庆市工程建设地方标准立项情况见表 3-3。

**2017～2021 年重庆市工程建设地方标准立项情况** **表 3-3**

| 年份 | 2017 年 | 2018 年 | 2019 年 | 2020 年 | 2021 年 |
|---|---|---|---|---|---|
| 数量（项） | 49 | 58 | 38 | 71 | 47 |

2021 年批准发布工程建设地方标准 34 项，包括制定 29 项，修订 5 项，其中，结构与防灾专业 5 项，施工质量与安全专业 13 项，建筑电气与智能化专业 4 项，建筑材料应用专业 3 项，道桥工程专业 5 项，公共交通专业 4 项。2017～2021 年重庆市批准发布的

工程建设地方标准数量情况见表 3-4。

**2017～2021 年重庆市批准发布的工程建设地方标准数量情况　　表 3-4**

| 年份 | 2017 年 | 2018 年 | 2019 年 | 2020 年 | 2021 年 |
|---|---|---|---|---|---|
| 数量（项） | 29 | 38 | 38 | 43 | 34 |

截至 2021 年底，重庆市现行工程建设地方标准 297 项，其中，城乡规划与建筑设计专业 6 项，工程勘察与地基基础专业 20 项，结构与防灾专业 63 项，施工质量与安全专业 50 项，给水排水与暖通工程专业 28 项，建筑电气与智能化专业 23 项，建筑材料应用专业 52 项，环境与景观专业 13 项，道桥工程专业 21 项，公共交通专业 21 项。

**5. 河北省**

2021 年下达工程建设地方标准制修订计划 58 项；批准发布工程建设地方标准 61 项，其中，房屋建筑专业 28 项、市政专业 9 项、城乡管理专业 2 项、专项技术 22 项。

截至 2021 年底，河北省现行工程建设地方标准 360 项，覆盖河北省住房城乡建设各个领域，贯穿勘察、规划、设计、施工、验收和检测、加固、监理、运维等工程建设全生命周期。

**6. 山西省**

2021 年下达工程建设地方标准制修订计划 24 项，其中，质量安全专业 5 项，城市建设与管理专业 8 项，节能科技专业 6 项，村镇建设专业 4 项，住房建设专业 1 项。2017～2021 年山西省工程建设地方标准立项情况见表 3-5。

**2017～2021 年山西省工程建设地方标准立项情况　　表 3-5**

| 年份 | 2017 年 | 2018 年 | 2019 年 | 2020 年 | 2021 年 |
|---|---|---|---|---|---|
| 数量（项） | 35 | 25 | 57 | 24 | 24 |

2021 年批准发布工程建设地方标准 10 项，包括制定 9 项，修订 1 项，其中，城市设计专业 1 项、城市管理专业 1 项，质量安全专业 1 项，城镇与工程防灾 1 项，绿建节能专业 1 项，新技术应用专业 5 项。

截至 2021 年底，山西省现行工程建设地方标准 185 项，其中，城乡规划与城市设计专业 3 项，风景园林专业 13 项，市政基础设施专业 20 项，城镇与工程防灾专业 2 项，城市管理专业 1 项，村镇建设专业 3 项，建筑设计专业 3 项，建筑地基基础专业 14 项，建筑结构专业 7 项，施工与验收专业 13 项，质量安全专业 18 项，建材检测专业 18 项，绿建节能专业 36 项，新技术应用专业 15 项，住房管理专业 7 项，其他专业 12 项。

**7. 内蒙古自治区**

2021 年下达工程建设地方标准制修订计划 2 批共 37 项，其中，建筑专业 13 项、结构专业 5 项、给水排水专业 4 项、轨道交通专业 3 项、施工验收专业 12 项。批准发布工程建设地方标准 7 项，其中，建筑专业 6 项、结构专业 1 项。

截至 2021 年底，内蒙古自治区现行工程建设地方标准 102 项，其中，勘察专业 2 项、建筑专业 50 项、结构专业 11 项、施工验收专业 12 项、给水排水专业 4 项、市政专业 9 项、电气专业 2 项、材料专业 12 项。

**8. 辽宁省**

2021 年下达工程建设地方标准制修订计划 33 项；批准发布工程建设地方标准 25 项，

其中，节能专业 12 项、建筑专业 10 项、信息工程专业 3 项。

截至 2021 年底，辽宁省现行工程建设地方标准 181 项，其中，建筑工程专业 95 项、节能专业 60 项，环保专业 9 项、社会管理和公共服务专业 6 项、信息工程专业 4 项、公共安全专业 1 项、其他专业 6 项。

**9. 吉林省**

2021 年紧紧围绕绿色建筑和建筑节能、装配式建筑、城镇老旧小区改造、智慧城市建设、城乡基础设施建设、市政公用设施建设等重点工作，下达工程建设地方标准制修订计划 3 批共 25 项。2015～2021 年吉林省工程建设地方标准立项情况见图 3-5。

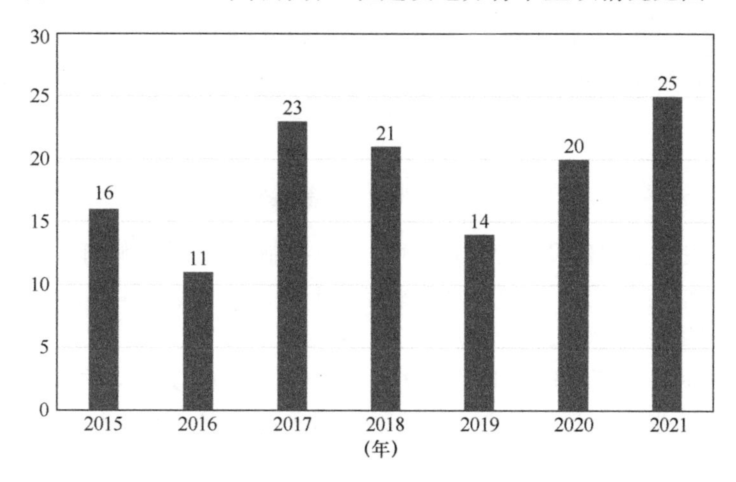


图 3-5　2015～2021 年吉林省工程建设地方标准立项情况

2021 年批准发布工程建设地方标准 17 项，其中，建筑工程专业 7 项、绿色节能环保专业 2 项、市政工程专业 7 项、城市路桥与轨道交通专业 1 项。

截至 2021 年底，吉林省现行工程建设地方标准 118 项，其中，建筑工程专业 75 项、绿色节能环保专业 13 项、市政工程专业 24 项、城市道路桥梁与轨道交通专业 6 项。

**10. 黑龙江省**

2021 年下达工程建设地方标准制修订计划 26 项，包括制定 19 项，修订 7 项；批准发布工程建设地方标准 10 项，包括制定 9 项，修订 1 项，其中，绿色建筑专业 3 项，建筑施工质量安全专业 2 项，村镇建设专业 2 项，城镇供热专业 1 项，城镇给水排水专业 1 项，城市与工程防灾专业 1 项。

截至 2021 年底，黑龙江省现行工程建设地方标准 111 项，其中，建筑施工质量安全 23 项，建筑节能 16 项，建筑结构 11 项，城镇供热 8 项，城镇给水排水 8 项，绿色建筑 8 项，建筑地基基础 7 项，村镇建设 7 项，建筑室内环境 4 项，装配式建筑 4 项，建设管理专业 3 项，城镇燃气专业 3 项，城市与工程防灾专业 2 项，城镇道路桥梁专业 2 项，信息技术应用专业 2 项，风景园林专业 1 项，建筑维护加固与房地产专业 1 项，城镇市容环境卫生专业 1 项。

**11. 江苏省**

2021 年下达工程建设地方标准制修订计划 26 项，包括制定 19 项，修订 7 项。2011～2021 年江苏省工程建设地方标准立项情况见图 3-6。

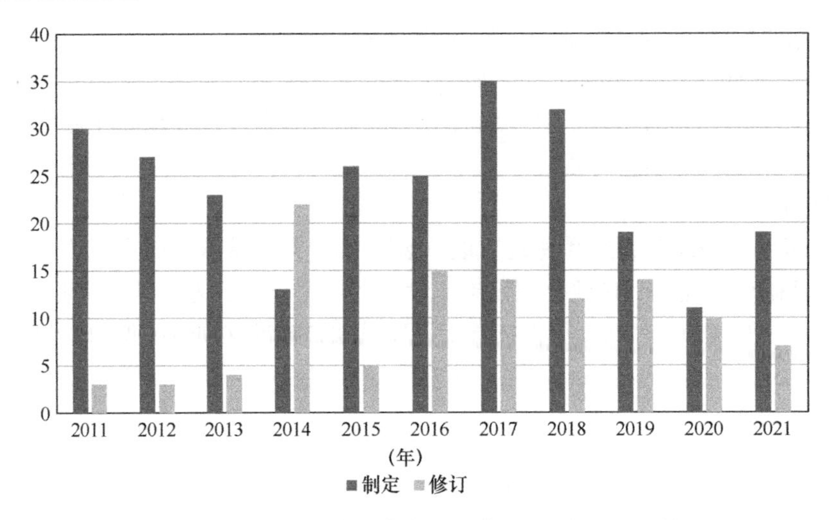


图 3-6　2011～2021 年江苏省工程建设地方标准立项情况

2021 年批准发布工程建设地方标准 53 项，包括制定 39 项，修订 14 项，其中，房屋建筑专业 21 项、结构专业 11 项、给水排水专业 1 项、电气专业 5 项、暖通专业 2 项、市政专业 11 项、园林绿化专业 2 项。

截至 2021 年底，江苏省现行工程建设地方标准 247 项，其中，房屋建筑专业 120 项、结构专业 48 项、给水排水专业 7 项、电气专业 11 项、暖通专业 13 项、市政专业 44 项、园林绿化专业 4 项。

**12. 浙江省**

2021 年下达工程建设地方标准制修订计划 41 项，包括制定 12 项，修订 29 项，其中，城乡规划专业 1 项，道路与桥梁专业 1 项，风景园林专业 1 项，建筑地基基础专业 3 项，建筑电气专业 1 项，建筑工程质量专业 6 项，建筑环境与节能专业 10 项，建筑结构专业 2 项，建筑设计专业 5 项，建筑施工安全专业 2 项，勘察测量专业 1 项，燃气专业 1 项，市容环境卫生专业 2 项，市政给水排水（管廊专业）3 项，信息技术应用专业 2 项。2017～2021 年浙江省工程建设地方标准立项情况见图 3-7。

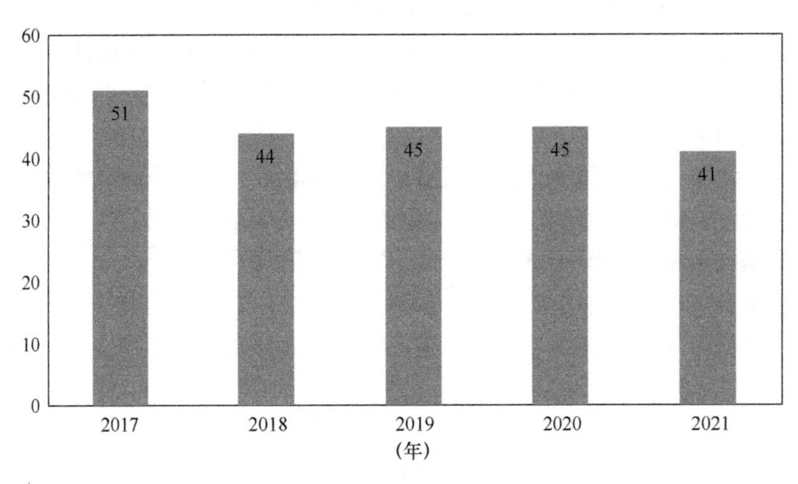


图 3-7　2017～2021 年浙江省工程建设地方标准立项情况

2021年批准发布工程建设地方标准40项，包括制定34项，修订6项，其中，城市轨道交通专业1项，城乡规划专业1项，道路与桥梁专业8项，风景园林专业1项，构配件（建材）专业2项，建筑地基基础专业4项，建筑工程质量专业3项，建筑环境与节能专业6项，建筑设计专业5项，建筑施工安全专业1项，建筑维护加固专业1项，燃气专业2项，市政给水排水（管廊）专业1项，信息技术应用专业4项。

截至2021年底，浙江省现行工程建设地方标准232项，其中，城乡规划专业12项，勘察测量专业6项，建筑设计专业12项，建筑地基基础专业19项，建筑结构专业9项，建筑给水排水专业2项，建筑环境与节能专业28项，建筑电气专业3项，建筑工程质量专业30项，建筑施工安全专业8项，建筑维护加固专业4项，市政给水排水专业20项，道路与桥梁专业15项，燃气专业4项，市容环境卫生专业14项，风景园林专业4项，城市轨道交通专业11项，信息技术应用专业19项，构配件（建材）专业12项。

**13. 安徽省**

2021年下达工程建设地方标准制修订计划25项；批准发布工程建设地方标准44项，包括制定38项，修订6项，其中，城市建设专业10项，电气信息化专业7项，公共服务专业4项，建筑结构专业12项，节能科技专业9项，勘察专业2项。

截至2021年底，安徽省现行工程建设地方标准181项，其中，城市建设专业32项，电气信息化专业19项，工程管理专业3项，公共服务专业26项，工程安全专业6项，建筑结构专业23项，节能科技专业46项，勘察专业17项，质量检测专业9项。

**14. 江西省**

2021年下达工程建设地方标准制修订计划6项，包括制定5项，修订1项，其中，建材材料应用专业1项，建筑电气专业1项，城市轨道交通专业1项，建设管理专业2项，建筑结构专业1项。2017～2021年江西省工程建设地方标准立项情况见表3-6。

**2017～2021年江西省工程建设地方标准立项情况　　表3-6**

| 年份 | 2017年 | 2018年 | 2019年 | 2020年 | 2021年 |
| --- | --- | --- | --- | --- | --- |
| 数量（项） | 20 | 13 | 18 | 1 | 6 |

2021年批准发布工程建设地方标准11项，其中，信息技术应用专业3项，建筑地基基础专业1项，城市轨道交通专业1项，建筑电气专业1项，建筑工程质量专业3项，建筑设计专业2项。

截至2021年底，江西省现行工程建设地方标准69项。

**15. 山东省**

2021年下达工程建设地方标准制修订计划39项，涉及老旧小区改造、绿色建筑、装配式建筑、施工现场扬尘控制、施工现场卫生防控、城市供水等多个关系社会民生的重点领域。2018～2020年山东省工程建设地方标准立项情况见表3-7。

2021年批准发布工程建设地方标准45项，包括制定36项，修订9项，其中，村镇建设专业1项，地下空间专业1项，工程建设管理专业5项，工程质量与安全专业4项，海绵城市专业1项，建材应用专业6项，建筑工程专业8项，绿色建筑与建筑节能专业5项，生态环境专业1项，市政工程专业5项，岩土工程与地基基础专业2项，装配式建筑专业 6 项。

**2018～2020 年山东省工程建设地方标准立项情况** **表 3-7**

| 年度 | 制定（项） | 修订（项） | 合计（项） |
|---|---|---|---|
| 2018 年 | 35 | 7 | 42 |
| 2019 年 | 26 | 13 | 39 |
| 2020 年 | 32 | 18 | 50 |
| 2021 年 | 31 | 8 | 39 |
| 合计 | 124 | 46 | 170 |

截至 2021 年底，山东省现行工程建设地方标准 222 项，其中，绿色建筑与建筑节能专业 42 项，工程质量与安全专业 25 项，建筑工程专业 28 项，建材应用专业 23 项，市政工程专业 19 项，轨道交通专业 7 项，地下空间专业 10 项，装配式建筑专业 14 项，海绵城市专业 4 项，村镇建设专业 5 项，城市供水专业 5 项，园林绿化专业 6 项，岩土工程与地基基础专业 12 项，生态环境专业 2 项，其他专业 20 项。

**16. 河南省**

2021 年下达工程建设地方标准制修订计划 2 批共 47 项，包括装配式建筑、绿色建筑、建筑节能、百城提质建设、工程质量安全、智能与信息化、资源综合利用、轨道交通、城乡基础设施等领域。

2021 年批准发布工程建设地方标准 26 项，均为制定，其中，城乡基础设施专业 6 项，城乡建筑设计专业 7 项，城乡建设施工专业 5 项，建筑制品与节能专业 4 项，装配式建筑专业 4 项。

截至 2021 年底，河南省现行工程建设地方标准 175 项，其中，城乡基础设施专业 23 项，城乡建筑设计专业 41 项，城乡建设施工专业 46 项，建筑制品与节能专业 41 项，智能与信息化专业 12 项，装配式建筑专业 12 项。

**17. 广东省**

2021 年下达工程建设地方标准制修订计划 30 项，其中，轨道交通工程专业 3 项，市政基础设施管理专业 6 项，信息化项目专业 3 项，节能与绿色建筑专业 3 项，环境保护专业 3 项，其他专业 12 项。2012～2021 年广东省工程建设地方标准立项情况见图 3-8。

2021 年批准发布工程建设地方标准 36 项，包括制定 28 项，修订 8 项。

截至 2021 年底，广东省现行工程建设地方标准 192 项。

**18. 广西壮族自治区**

2021 年下达工程建设地方标准制修订计划 21 项，包括制定 17 项，修订 4 项；批准发布工程建设地方标准 19 项，包括制定 15 项，修订 4 项。

截至 2021 年底，广西壮族自治区现行工程建设地方标准 176 项。

**19. 海南省**

2021 年下达工程建设地方标准制修订计划 3 项，其中，建筑环境与节能专业 1 项，燃气专业 1 项，建筑制品与构配件专业 1 项；批准发布工程建设地方标准 4 项，包括制定

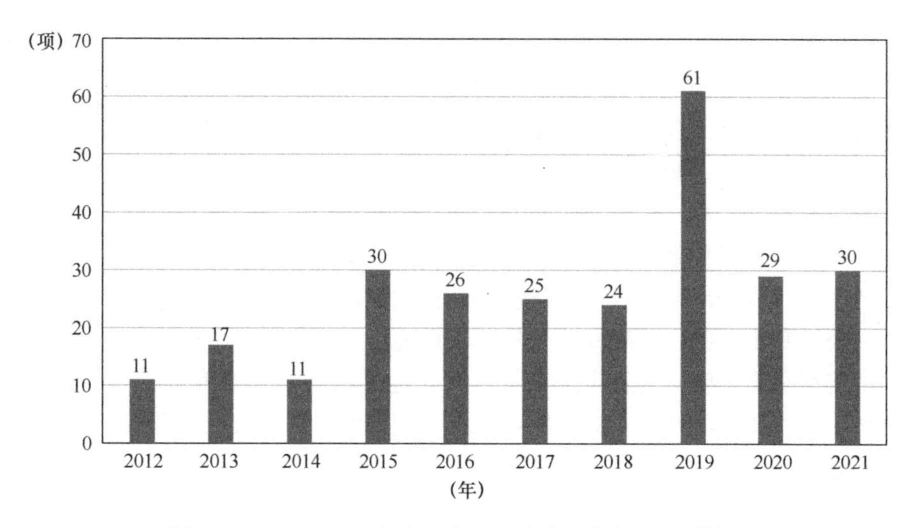


图 3-8　2012～2021 年广东省工程建设地方标准立项情况

3 项，修订 1 项。

截至 2021 年底，海南省现行工程建设地方标准 48 项，其中，建筑环境与节能专业 6 项，建筑工程质量专业 16 项，建筑制品与构配件专业 2 项，建筑施工安全专业 3 项，市容环境卫生专业 5 项，市政基础设施专业 2 项，通信基础设施专业 2 项，建筑电气专业 2 项，建筑幕墙门窗专业 1 项，风景园林专业 2 项，农村建设专业 2 项，房屋建筑维修与加固专业 1 项，信息技术专业 4 项。

**20. 四川省**

2021 年下达工程建设地方标准制修订计划 45 项，包括碳达峰碳中和、绿色建造、城市生态修复与功能完善、乡村振兴、城市体检、城市更新、智能建造、海绵城市等领域；城市化、城市现代化和城乡一体化，建立健全城市信息模型平台、建设工程防灾、城市设计、城市历史文化传承与风貌塑造、智能化城市基础设施等；紧密结合城镇精细化管理需求，完善新一代信息技术在城市基础设施建设、城市管理、房地产数据、物业服务等方面的应用。

2021 年批准发布工程建设地方标准 33 项，包括制订 29 项，修订 4 项，其中，工程勘察测量与地基基础专业 3 项，建筑工程设计专业 12 项，建筑节能与绿色建筑专业 3 项，市政工程设计专业 6 项，装配式建筑专业 3 项，绿色智能建造专业 6 项。

截至 2021 年底，四川省现行工程建设地方标准 226 项，其中，工程勘察测量与地基基础专业 19 项，建筑工程设计专业 55 项，建筑工程施工专业 22 项，建筑节能与绿色建筑专业 41 项，市政工程设计专业 50 项，市容环境卫生工程设计专业 9 项，装配式建筑专业 21 项，绿色智能建造专业 9 项。

**21. 贵州省**

2021 年下达工程建设地方标准制修订计划 4 项，包括制定 3 项，修订 1 项；批准发布工程建设地方标准 9 项。

截至 2021 年底，贵州省现行工程建设地方标准 72 项，均为城乡建设领域工程建设专业。

**22. 云南省**

2021年下达工程建设地方标准制修订计划30项，涵盖工程质量、建筑节能、绿色建筑、装配式建筑、市政工程、公路工程、通信工程等领域；批准发布工程建设地方标准25项，包括制定16项，修订9项，其中，资料管理专业1项，定额专业8项，住宅性能专业1项，检测专业2项，轨道交通专业2项，信息应用专业2项，测绘专业1项，施工及安全专业3项，抗震专业1项，建材专业3项，地基基础专业1项。

截至2021年底，云南省现行工程建设地方标准105项，其中，建材专业9项，消防专业2项，公路专业3项，通信专业1项，市政专业21项，建筑节能专业4项，装配式专业4项，定额专业8项，信息应用专业8项，施工及质量安全专业37项，广告专业1项，轨道交通专业2项，测绘专业1项，地基基础专业1项，抗震专业3项。

**23. 陕西省**

2021年下达工程建设地方标准制修订计划47项；批准发布工程建设地方标准36项，包括制定34项，修订2项，其中，房屋建筑专业28项，市政基础设施专业8项。

截至2021年底，陕西省现行工程建设地方标准175项，其中，房屋建筑专业137项，市政基础设施专业38项。

**24. 甘肃省**

2021年下达工程建设地方标准制修订计划34项，包括制定30项，修订4项，其中，建筑施工质量与安全专业7项，建筑环境与设备专业7项，建筑地基基础专业3项，建筑设计专业2项，建筑结构专业2项，建筑给水排水专业1项，信息技术应用专业3项，城乡建设专业8项，城乡规划专业1项。2013～2021年甘肃省工程建设地方标准立项情况见表3-8。

**2013～2021年甘肃省工程建设地方标准立项情况** 表3-8

| 年份 | 2013年 | 2014年 | 2015年 | 2016年 | 2017年 | 2018年 | 2019年 | 2020年 | 2021年 |
|---|---|---|---|---|---|---|---|---|---|
| 数量（项） | 23 | 21 | 28 | 33 | 33 | 26 | 30 | 26 | 34 |

2021年批准发布工程建设地方标准19项，包括制定18项，修订1项，其中，建筑结构专业3项，道路桥梁专业1项，建筑施工安全专业1项，城乡与工程防灾专业3项，建筑设计专业2项，水利工程专业1项，市容环境卫生专业1项，建筑环境与设备专业2项，建筑施工质量专业1项，建筑地基基础专业1项，供热工程专业1项，风景园林专业2项。

截至2021年底，甘肃省现行工程建设地方标准183项，其中，城市轨道交通专业1项，城乡规划专业2项，城乡与工程防灾专业7项，道路桥梁专业16项，风景园林专业8项，给水排水专业5项，工程勘察测量专业2项，供热工程专业3项，建筑地基基础专业14项，建筑电气专业5项，建筑环境与设备专业40项，建筑结构专业13项，建筑设计专业11项，建筑施工质量与安全专业50项，建筑维护加固与房地产专业2项，市容环境卫生专业2项，信息技术应用专业1项，水利工程专业1项。

**25. 宁夏回族自治区**

2021年下达工程建设地方标准制修订计划11项，包括建设工程质量安全、城市基础设施建设、农村人居环境、建筑产业现代化、海绵城市、节能与绿色建筑、绿色建材应用、城乡智慧建设、工程防灾减灾等重点领域。

2021年批准发布工程建设地方标准4项，均为制定，其中，建筑给水排水专业1项，建筑维护加固与房地产专业1项，市容环境卫生专业1项，建筑结构专业1项。

截至2021年底，宁夏回族自治区现行工程建设地方标准143项，其中，城乡规划专业1项，工程勘察测量专业1项，公共交通专业1项，给水排水专业12项，供热工程专业1项，市容环境卫生专业1项，风景园林专业2项，建筑设计专业58项，建筑地基基础专业3项，建筑结构专业16项，建筑环境与设备专业14项，建筑电气专业14项，建筑施工质量专业15项，建筑围护加固与房地产专业2项，建筑施工安全专业2项。

**26. 新疆维吾尔自治区**

2021年下达工程建设地方标准制修订计划36项；批准发布工程建设地方标准16项，包括制定14项，修订2项，其中，勘察设计专业2项，施工专业5项，验收专业1项，检测专业3项，管理专业5项。

截至2021年底，新疆维吾尔自治区现行工程建设地方标准121项，其中，勘察设计专业32项，施工专业39项，验收专业5项，检测专业9项，管理专业36项。

## 二、工程建设地方标准管理情况

### （一）工程建设地方标准管理机构现状

各省、自治区和直辖市的住房和城乡建设主管部门是本行政区工程建设地方标准化工作的行政主管部门，其具体业务一般由标准定额处、建筑节能与科技处等相关处室承担。部分省、自治区和直辖市的工程建设标准化工作由其地方建设行政主管部门归口管理，同时成立具有独立法人地位的事业单位，对本区域内的工程建设标准化工作实行统一管理，详见表3-9。

近年来，在标准化改革和各地机构调整的影响下，各地方工程建设地方标准的管理模式略有不同，如在工程建设地方标准立项、发布方面，分为六种模式：一是由地方建设行政主管部门单独立项并单独发布，如天津市等17个省、自治区、直辖市；二是由地方建设行政主管部门单独立项，并与地方标准化行政主管部门联合发布，包括内蒙古自治区等6个省、自治区；三是由地方建设行政主管部门与地方标准化行政主管部门联合立项，地方建设行政主管部门单独发布，包括广东省；四是由地方建设行政主管部门与地方标准化行政主管部门联合立项并联合发布，包括辽宁省等3个省；五是由地方标准化行政主管部门单独立项，并与地方建设行政主管部门联合发布，包括北京市3个省、直辖市等；六是由地方标准化行政主管部门单独立项并单独发布，包括安徽省，详见表3-9。

**工程建设地方标准管理机构** 表 3-9

| 序号 | 省(自治区、直辖市) | 标准立项部门 | 标准批准发布部门 | 标准备案部门 | 管理机构 | |
|---|---|---|---|---|---|---|
| | | | | | 住建厅(委)/规自委主管处室 | 相关支撑机构 |
| 一、单独立项、单独发布 | | | | | | |
| 1 | 天津市 | 天津市住房和城乡建设委员会 | 天津市住房和城乡建设委员会 | 住房和城乡建设部 | 标准设计处 | 天津市绿色建筑促进发展中心 |
| 2 | 上海市 | 上海市住房和城乡建设委员会 | 上海市住房和城乡建设委员会 | 住房和城乡建设部 | 标准定额管理处 | 上海市建筑建材业市场管理总站 |
| 3 | 重庆市 | 重庆市住房和城乡建设委员会 | 重庆市住房和城乡建设委员会 | 住房和城乡建设部 | 科技外事处 | 重庆市住房和城乡建设技术发展中心 |
| 4 | 河北省 | 河北省住房和城乡建设厅 | 河北省住房和城乡建设厅 | 住房和城乡建设部 | 建筑节能与科技处 | 河北省绿色建筑推广与建设工程标准编制中心 |
| 5 | 山西省 | 山西省住房和城乡建设厅 | 山西省住房和城乡建设厅 | 住房和城乡建设部 | 建设科技与标准定额处 | 山西省建设数据服务中心 |
| 6 | 浙江省 | 浙江省住房和城乡建设厅 | 浙江省住房和城乡建设厅 | 住房和城乡建设部 | 科技设计处 | 浙江省建设工程造价管理总站(浙江省标准设计站) |
| 7 | 福建省 | 福建省住房和城乡建设厅 | 福建省住房和城乡建设厅 | 住房和城乡建设部 | 科技与设计处 | 福建省建筑工程技术中心 |
| 8 | 江西省 | 江西省住房和城乡建设厅 | 江西省住房和城乡建设厅 | 住房和城乡建设部 | 建筑节能与科技设计处 | 江西省建筑业发展服务中心 |
| 9 | 河南省 | 河南省住房和城乡建设厅 | 河南省住房和城乡建设厅 | 住房和城乡建设部 | 科技与标准处 | 河南省建筑工程标准定额站 |
| 10 | 湖南省 | 湖南省住房和城乡建设厅 | 湖南省住房和城乡建设厅 | 住房和城乡建设部 | 建筑节能与科技处 | 无 |
| 11 | 广西壮族自治区 | 广西壮族自治区住房和城乡建设厅 | 广西壮族自治区住房和城乡建设厅 | 住房和城乡建设部 | 标准定额处 | 广西工程建设标准化协会 |
| 12 | 海南省 | 海南省住房和城乡建设厅 | 海南省住房和城乡建设厅 | 海南省司法厅、住房和城乡建设部 | 无 | 海南省建设标准定额站 |

续表

| 序号 | 省（自治区、直辖市） | 标准立项部门 | 标准批准发布部门 | 标准备案部门 | 管理机构 | |
|---|---|---|---|---|---|---|
| | | | | | 住建厅（委）/规自委主管处室 | 相关支撑机构 |
| 13 | 四川省 | 四川省住房和城乡建设厅 | 四川省住房和城乡建设厅 | 住房和城乡建设部 | 标准定额处 | 无 |
| 14 | 贵州省 | 贵州省住房和城乡建设厅 | 贵州省住房和城乡建设厅 | 住房和城乡建设部 | 建筑节能与科技处 | 无 |
| 15 | 云南省 | 云南省住房和城乡建设厅 | 云南省住房和城乡建设厅 | 住房和城乡建设部 | 科技与标准定额处 | 云南省工程建设技术经济室 |
| 16 | 西藏自治区 | 西藏自治区住房和城乡建设厅 | 西藏自治区住房和城乡建设厅 | 住房和城乡建设部 | 科技节能和设计标准定额处 | 无 |
| 17 | 新疆维吾尔自治区 | 新疆维吾尔自治区住房和城乡建设厅 | 新疆维吾尔自治区住房和城乡建设厅 | 住房和城乡建设部 | 标准定额处 | 新疆维吾尔自治区建设标准服务中心 |
| 二、单独立项、联合发布 | | | | | | |
| 18 | 内蒙古自治区 | 内蒙古自治区住房和城乡建设厅 | 内蒙古自治区住房和城乡建设厅、内蒙古自治区市场监督管理局 | 住房和城乡建设部 | 标准定额与节能科技处 | 内蒙古自治区本级政府投资非经营性项目代建中心 |
| 19 | 吉林省 | 吉林省住房和城乡建设厅立项，并抄送吉林省市场监督管理厅 | 吉林省住房和城乡建设厅、吉林省市场监督管理厅 | 住房和城乡建设部、吉林省市场监督管理厅 | 勘察设计与标准定额处 | 吉林省建设标准化管理办公室 |
| 20 | 江苏省 | 江苏省住房和城乡建设厅 | 江苏省住房和城乡建设厅、江苏省市场监督管理局 | 住房和城乡建设部 | 绿色建筑与科技处 | 江苏省工程建设标准站 |
| 21 | 陕西省 | 陕西省住房和城乡建设厅 | 陕西省住房和城乡建设厅、陕西省市场监督管理局 | 住房和城乡建设部 | 标准定额处 | 陕西省建设标准设计站 |
| 22 | 甘肃省 | 甘肃省住房和城乡建设厅 | 甘肃省住房和城乡建设厅、甘肃省市场监督管理局 | 住房和城乡建设部 | 勘察设计监管处 | 甘肃省工程建设标准管理办公室 |
| 23 | 宁夏回族自治区 | 宁夏回族自治区住房和城乡建设厅 | 宁夏回族自治区住房和城乡建设厅、宁夏回族自治区市场监督管理厅 | 住房和城乡建设部 | 科技与标准定额处 | 宁夏回族自治区工程建设标准管理中心 |
| 三、联合立项、单独发布 | | | | | | |
| 24 | 广东省 | 广东省住房和城乡建设厅、广东省市场监督管理局 | 广东省住房和城乡建设厅 | 住房和城乡建设部 | 科技信息处 | 广东省建设科技与标准化协会 |

续表

| 序号 | 省（自治区、直辖市） | 标准立项部门 | 标准批准发布部门 | 标准备案部门 | 管理机构 | |
|---|---|---|---|---|---|---|
| | | | | | 住建厅（委）/规自委主管处室 | 相关支撑机构 |
| 四、联合立项、联合发布 | | | | | | |
| 25 | 辽宁省 | 辽宁省住房和城乡建设厅、辽宁省市场监督管理局 | 辽宁省住房和城乡建设厅、辽宁省市场监督管理局 | 住房和城乡建设部 | 建筑节能与科学技术处 | 无 |
| 26 | 黑龙江省 | 黑龙江省住房和城乡建设厅、黑龙江省市场监督管理局 | 黑龙江省住房和城乡建设厅、黑龙江省市场监督管理局 | 住房和城乡建设部、黑龙江省市场监督管理局 | 建设标准和科技处 | 黑龙江省工程建设标准化技术委员会（非法人机构） |
| 27 | 山东省 | 山东省住房和城乡建设厅、山东省市场监督管理局 | 山东省住房和城乡建设厅、山东省市场监督管理局 | 住房和城乡建设部 | 无 | 山东省工程建设标准造价中心 |
| 五、地方标准化行政主管部门单独立项、联合发布 | | | | | | |
| 28 | 北京市住房和城乡建设委员会 | 北京市市场监督管理局 | 北京市住房和城乡建设委员会、北京市市场监督管理局 | 住房和城乡建设部 | 科技与村镇建设处 | 北京市住房和城乡建设科技促进中心 |
| 29 | 北京市规划和自然资源委员会 | 北京市市场监督管理局 | 北京市规划和自然资源委员会、北京市市场监督管理局 | 住房和城乡建设部 | 北京市规划和自然资源标准化中心 | 无 |
| 30 | 湖北省 | 湖北省市场监督管理局 | 湖北省住房和城乡建设厅、湖北省市场监督管理局 | 湖北省住房和城乡建设厅报住房和城乡建设部、湖北省市场监督管理局报国家市场监督管理总局 | 勘察设计处 | 湖北省建设工程标准定额管理总站 |
| 31 | 青海省 | 青海省市场监督管理局 | 青海省住房和城乡建设厅、青海省市场监督管理局 | 住房和城乡建设部 | 建筑节能与科技处 | 青海省工程建设标准服务中心 |
| 五、市场监督管理局单独立项并单独发布 | | | | | | |
| 32 | 安徽省 | 安徽省市场监督管理局 | 安徽省市场监督管理局 | 住房和城乡建设部、国家标准化管理委员会 | 标准定额处 | 安徽省工程建设标准设计办公室 |

## （二）工程建设地方标准化管理制度

北京、上海、安徽、海南、新疆等22个省、自治区、直辖市相继印发了工程建设地方标准管理办法或实施细则，见表3-10，基本形成了比较完善的工程建设标准化法规制度体系。其中，2021年，陕西省制定了《陕西省工程建设标准管理办法》，适用于陕西省内房屋建筑和市政基础设施的工程建设标准的编制、实施及其监督管理；内蒙古自治区制定了《自治区工程建设标准编制工作流程》，明确了标准编制的准备、征求意见、送审、报批以及标准事项变更等环节的各项工作；四川省和重庆市联合印发了《川渝两地工程建设地方标准互认管理办法》，明确川渝两地工程建设地方标准互认工作机制，切实贯彻落实川渝地区经济圈建设要求，推动两地工程建设标准一体化发展；宁夏回族自治区修订了适用于自治区行政区域内工程建设标准的制定、实施及其监督管理活动的《宁夏回族自治区工程建设标准化管理办法》。

**工程建设地方标准管理制度统计**　　表3-10

| 序号 | 省/直辖市/自治区 | 管理制度 |
|---|---|---|
| 1 | 北京市 | 《北京市工程建设和房屋管理地方标准化工作管理办法》（京建发〔2010〕398号） |
| 2 | 天津市 | 《天津市工程建设地方标准化工作管理规定》（津政办发〔2007〕55号） |
| 3 | 上海市 | 《上海市工程建设地方标准管理办法》（沪建标定〔2016〕1203号） |
| 4 | 重庆市 | 《关于加强工程建设标准化工作管理的通知》（渝建发〔2009〕61号） |
| | | 《重庆市实施工程建设强制性标准监督管理办法》（渝建发〔2011〕50号） |
| | | 《重庆市工程建设标准化工作管理办法》（渝建标〔2019〕18号） |
| | | 《重庆市建设领域新技术工程应用专项论证实施办法（试行）》（渝建〔2019〕365号） |
| | | 《重庆市工程建设标准化工作管理办法》（渝建标〔2019〕18号） |
| | | 《川渝两地工程建设地方标准互认管理办法》（川建标发〔2021〕298号） |
| 5 | 河北省 | 《河北省房屋建筑和市政基础设施工程标准管理办法》（河北省人民政府令〔2019〕第3号） |
| 6 | 山西省 | 《山西省工程建设领域地方标准编制工作规程》（晋建标字〔2017〕88号） |
| 7 | 内蒙古自治区 | 《自治区工程建设标准编制工作流程》（内建标〔2021〕62号） |
| 8 | 辽宁省 | 《辽宁省地方标准管理办法》 |
| | | 《辽宁省地方标准制修订工作细则（试行）》（辽标联办发〔2021〕3号） |
| 9 | 吉林省 | 《吉林省工程建设标准化工作管理办法》（吉建办〔2010〕9号） |
| 10 | 黑龙江省 | 《黑龙江省工程建设地方标准编制修订工作指南》 |
| 11 | 江苏省 | 《江苏省工程建设地方标准管理办法》（苏建科〔2006〕363号） |
| 12 | 安徽省 | 《安徽省工程建设标准化管理办法》（建标〔2017〕266号） |
| | | 《关于加强工程建设强制性标准实施监督的通知》（建标函〔2017〕616号） |
| | | 《安徽省工程建设地方标准制定管理规定》（建标〔2018〕114号） |
| 13 | 浙江省 | 《浙江省工程建设标准化工作管理办法》（浙建〔2014〕2号） |
| | | 《浙江省工程建设地方标准编制程序管理办法》（浙建设〔2008〕4号） |
| 14 | 福建省 | 《福建省工程建设地方标准化工作管理细则》（闽建科〔2005〕20号） |
| 15 | 江西省 | 《关于进一步加强工程建设地方标准管理的通知》（赣建科设〔2020〕53号） |

续表

| 序号 | 省/直辖市/自治区 | 管理制度 |
| --- | --- | --- |
| 16 | 山东省 | 《山东省工程建设标准化管理办法》(山东省人民政府令第307号) |
| | | 《山东省工程建设标准编制管理规定》(鲁建标字〔2011〕8号) |
| 17 | 河南省 | 《河南省工程建设地方标准化工作管理规定实施细则》(豫建设标〔2004〕96号) |
| 18 | 湖南省 | 《湖南省工程建设地方标准化工作管理办法》(湘建科〔2010〕245号) |
| | | 《湖南省工程建设地方标准编制工作流程》(湘建科〔2012〕192号) |
| 19 | 广东省 | 《广东省工程建设地方标准编制、修订工作指南(试行)》 |
| 20 | 广西壮族自治区 | 《广西工程建设地方标准化工作管理暂行办法》(桂建标〔2008〕10号) |
| 21 | 海南省 | 《海南省工程建设地方标准化工作管理办法》(琼建定〔2017〕282号) |
| | | 《海南省工程建设标准专家库管理办法(试行)》(琼建定〔2018〕28号) |
| | | 《海南省工程建设地方标准制(修)订工作规则》(琼建定〔2020〕159号) |
| 22 | 四川省 | 《四川省工程建设地方标准管理办法》(川建发〔2013〕18号) |
| | | 《川渝两地工程建设地方标准互认管理办法》(川建标发〔2021〕298号) |
| 23 | 贵州省 | 《贵州省工程建设地方标准管理办法》(黔建科标通〔2007〕476号) |
| 24 | 陕西省 | 《陕西省工程建设标准管理办法》(陕建标发〔2021〕9号) |
| 25 | 甘肃省 | 《甘肃省工程建设标准编制管理规定》 |
| | | 《甘肃省工程建设标准和标准设计编制补助经费管理办法》 |
| | | 《甘肃省工程建设标准编制工作流程(试行)》 |
| 26 | 青海省 | 《青海省工程建设地方标准化工作管理办法》(青建科〔2014〕572号) |
| 27 | 宁夏回族自治区 | 《宁夏回族自治区工程建设标准化管理办法》(2021年宁夏回族自治区人民政府第109次常务会议第一次修改) |
| 28 | 新疆维吾尔自治区 | 《新疆维吾尔自治区工程建设标准化工作管理办法》(新建标〔2017〕12号) |

## 三、工程建设地方标准编制工作情况

### (一)重点地方标准编制工作情况

**1. 北京市**

(1)《公共建筑无障碍设计标准》DB11/T 1950-2021

为进一步提高北京市公共建筑的无障碍设计水平,有效推动冬奥会、冬残奥会无障碍环境提升工作,更好地保障包括残疾人在内的全体社会成员平等参与社会生活,改善人民生活品质,解决无障碍设施“有但不优”的问题,引发全社会的共识和重视,形成“首善有爱、环境无碍”的良好氛围,创造全龄友好、包容共享的无障碍环境,组织编制了该标准,对北京市范围内公共建筑的新建扩建、改建和改造公共建筑工程的无障碍设计作出了具体的规定。该标准立足首善定位,对标国际先进水平,对北京市无障碍环境设计的系统性、便利性、无障碍设施配置、信息交流无障碍与无障碍智慧服务作出了具体的规定，引领北京市无障碍环境建设的高质量、精细化发展，为北京市建设成为国际一流和谐宜居之都提供技术支撑。

(2)《绿色建筑评价标准》DB11/T 825－2021

该标准为京津冀三地共同编制的绿色建筑方面首部区域协同工程建设标准。自2011年首部发布以来，经历了“三版两修订”，此版标准通过不断积累京津冀三地绿色建筑的实践经验，结合京津冀地区的地方特点及相关地方标准的要求，在《绿色建筑评价标准》GB/T 50378－2019相应章节的基础上，对标准进行完善细化，将绿色发展理念贯彻到标准体系中，有助于规范和引导京津冀区域绿色建筑的高质量发展，节约资源，保护环境，满足人民日益增长的美好生活需要。

(3)《装配式建筑评价标准》DB11/T 1831－2021

该标准结合北京市实际发展水平与现状，适当调整各系统的评价要求及评分占比，引导装配式建筑系统性、均衡性发展。融合绿色理念，满足《绿色施工管理规程》DB11/T 513－2018的相关规定，做好施工现场的绿色施工和环境保护，并定期进行绿色施工评价。增加全过程信息化技术应用和绿色建筑星级两个“加分项”，发挥标准的技术引导作用。细化条文与条文说明，让评价工作更具可实施性、可操作性。该标准可规范装配式建筑评价，引导、促进北京市的装配建筑发展，对加速建筑业转型升级、全面提升建筑品质、实现节能减排和可持续发展都具有重要意义。

**2. 天津市**

(1) 积极推动落实京津冀工程建设标准领域发展

继续贯彻落实京津冀协同发展重大国家战略，大力推动京津冀协同标准编制工作，会同北京市、河北省共同编制完成《绿色建筑评价标准》DB11/T 825－2021等11项京津冀协同标准，启动《城市综合管廊工程设计规范》等5项协同标准编制。三地标准协同范围不断扩大，实现管理理念协同、技术要求协同，进一步推动区域标准高质量发展。

(2) 继续做好工程建设地方标准编制

发布《天津市装配整体式框架结构技术规程》DB/T 29－291－2021、《天津市岩土工程信息模型技术标准》DB/T 29－292－2021等12项天津市工程建设地方标准，涉及房屋建筑安全、轨道交通建设、建设工程管理、新技术应用、民生福祉等领域，进一步完善了天津市地方标准体系。

**3. 上海市**

(1)《建筑工程交通设计及停车库（场）设置标准》DG/TJ 08－7－2021

该标准深入践行“人民城市人民建，人民城市为人民”重要理念，进一步完善了新建住宅小区、医院、学校等配建泊位指标和交通设计要求；对医院、学校设置上下客临时停车区域进行了规定；鼓励利用地下空间建设机动车停车设施；将商品房配建停车位指标调整为不低于一户一位的标准；对机动车出入口设置数量与停车泊位配建数量标准做了调整，将有效缓解上海市未来的停车供需矛盾，进一步提升人民群众的获得感和幸福感。

(2)《既有多层住宅加装电梯技术标准》DG/TJ 08－2381－2021

该标准对既有多层住宅加装电梯的工程程序、工程质量、工程安全、消防安全和无障碍建设等方面提出了有针对性的技术规定，助力加梯工程顺利实施，解决多层老旧住宅的垂直交通问题，不仅填补了上海市加装电梯地方标准的空白，更为民心工程注入了强劲的“技术硬核”。

截至2021年底，标准发布后约1000台加装电梯按照新标准实施，特别是标准中加装电梯钢结构的防火措施根据电梯井道的位置确定了科学合理的指标，切合上海市加梯工程实际情况，彻底改变了无标可依的困境，对确保工程质量，促进上海市既有多层住宅加装电梯的健康可持续发展提供了重要技术保障。2022年预计有4000台加装电梯按照新标准实施。随着标准的实施，行业进入了规范期。

（3）《综合杆设施技术标准》DG/TJ 08-2362-2021

合杆建设和运营管理工作是一项全新的工作。该标准协调合杆建设各方的需求，填补技术标准空白，对合杆建设工作提供全过程的技术标准支持，使得合杆建设和建成后基础设施运营在技术上有规可依，提高建设和合杆后基础设施运营的工作水平，保障合杆建设成效得以长期落实。

**4. 重庆市**

（1）《既有非住宅建筑租赁居住化改造技术标准》DBJ50/T-378-2021

该标准对商业商务用房等非居住房屋改做租赁住房所涉及的评估与策划，空间、建筑设备、消防安全等改造，以及施工与验收质量要求等内容进行了明确，主要有落实政策要求、适应多方需要、守住安全底线、保障使用品质、尊重市场规律、引领发展方向等六大特点，解决了此前商改租技术边界不明确、设计内容无依据、施工验收维护缺乏科学指导的问题，对大力支持租赁住房项目建设，畅通非住宅存量项目改造，切实增加住房租赁市场有效供给，促进产城融合、职住平衡，具有重要意义。

（2）《城轨快线施工质量验收标准》DBJ50/T-398-2021

城轨快线是轨道交通的“主动脉”，主要连接城市主中心、副中心、内外组团中心、对外门户枢纽等重要城市功能节点，为通勤出行提供快速、大容量、公交化服务的新型快速轨道交通方式。一方面，城轨快线在功能定位及技术特点上同时具备高铁与城市轨道交通特点，现有类似规范无法完全照搬照用；另一方面，重庆山城地形复杂、地质特点较国内其他城市有较大差别，且施工方法众多，现有施工验收规范无法完全覆盖。该标准作为重庆市城轨快线建设工程的地方标准系列之一，具有“专业覆盖面全、可操作性强、地方特色突出”的特点，在网络化运行、全自动运行、互联互通、信息化等验收要求方面体现了标准的地方适应性和先进性，达到国内先进水平，能够有效指导重庆市城轨快线工程的施工质量验收工作。

（3）《区域集中供冷供热系统技术标准》DBJ 50/T-403-2021

区域供热供冷系统是指对一定区域内的建筑物群，由一个或多个能源站集中制取热水、冷水或蒸汽等冷媒和热媒，通过区域管网提供给最终用户，实现用户制冷或制热要求的系统。国家和地方尚未制定区域能源站建设的技术标准，导致项目建设过程中存在技术方案可行性差、系统配置不合理等问题，区域集中供冷供热系统的设计和建设缺乏相关依据。该标准的发布对于改善重庆市公共建筑的环境质量，提高区域集中供冷供热系统的能源利用效率和资源综合利用水平，降低建筑能耗和碳排放具有重要意义。

（4）《房屋建筑与市政基础设施工程现场施工专业人员职业标准》DBJ 50/T-171-2021

该标准明确了重庆市建设行业施工现场专业人员工作职责、岗位技能及岗位知识，规范了专业人员的职业能力评价，指导了专业人员的使用与教育培训，具有可操作性。同时为企事业单位科学合理设置专业人员职业岗位，选聘人员、培训员工提供依据；为高等学校、职业院校、培训机构人才培养与培训提供引导；对行业主管部门、企事业单位、行业社团制定人才培养规划，加强培训考核管理，规范现场管理，提高工程质量等，具有重要指导作用。

**5. 河北省**

(1) 提升建筑节能标准，助推绿色建筑发展

一是对标国家标准，完成了《绿色建筑评价标准》DB13(J)/T 8427－2021、《既有建筑超低能耗节能改造技术标准》DB13(J)/T 8436－2021 共 2 项标准的制修订工作，使其更加符合河北工程实际，体现河北地方特色。二是为推动被动式超低能耗建筑发展，落实河北省政府高质量精神，完成《被动式超低能耗居住建筑节能设计标准》DB13(J)/T 8359－2020(2021 年版)、《被动式超低能耗公共建筑节能设计标准》DB13(J)/T 8360－2020(2021 年版)、《被动式超低能耗建筑施工及质量验收标准》DB13(J)/T 8389－2020、《被动式超低能耗建筑节能检测标准》DB13(J)/T 8324－2022、《被动式超低能耗建筑评价标准》DB13(J)/T 8323－2021 5 项标准的修编工作。

(2) 提升标准核心指标，引领工程高质量发展

一是针对目前国家房屋建筑标准“设计使用年限”普遍较低的实际(寿命 50 年)情况，为贯彻落实中共中央国务院《关于推动高质量发展的意见》政策精神，完成了《百年公共建筑设计标准》DB13(J)/T 8420－2021、《七十年住宅设计标准》DB13(J)/T 8431－2021、《高质量宜居住宅设计标准》DB13(J)/T 8431－2021 3 项高质量标准。二是针对城市管网给水、排水、供热市政管道标准普遍较低，设计寿命无年限要求等问题，研究制定了《球墨铸铁管给水管道设计标准》DB13(J)/T 8416－2021(主管道设计使用寿命 100 年)高质量标准，为引领市政工程高质量发展提供技术支撑。

(3) 支持雄安新区建设，助推京津冀协同发展

按照 2019 年京津冀三地建设行政主管部门签订的《京津冀区域协同工程建设标准框架合作协议》，2021 年完成《海绵城市雨水控制与利用工程施工及验收标准》DB13(J)/T 8435－2021、《城市轨道交通工程信息模型设计交付标准》DB13(J)/T 8443－2022、《绿色建筑评价标准》DB13(J)/T 8427－2021 等 9 项标准的编制并发布实施。

**6. 山西省**

(1)《城市停车场（库）设施配置标准》DBJ04/T 410－2021

该标准主要是在国家标准的基础上，增加细化了配建指标、建设标准、智慧停车 3 个方面的相关内容。一是配建指标方面，根据人口、用地规模、经济水平、机动化水平、城市出行距离、出行方式划分、交通发展政策和理念等资料将山西省 11 个地级市划分为两类，对建筑物按照其性质、类型、使用对象等特征划分，分别提出具体的建筑物配建停车位标准建议值。二是建设标准方面，建设项目中包括配建停车泊位和公共停车泊位的建设，按照相关规范标准与要求，罗列细化停车泊位的建设要求。三是智慧停车方面，根据城市分级不同，对应建立智慧停车系统、城市停车管理系统和智慧停车云平台，建立统一的数据接口和交换机制。利用政府静态交通基础系统，实现动静态交通联动的调度管理和

信息服务，实现停车大数据的规划、交通、税务、公共安全、治安维稳等管理，对城市停车资源实施高效管理，对停车行为进行实时监控，减少违章停车对道路的拥堵。将无线通信技术、移动终端技术、GPS定位技术、GIS技术等综合应用于城市停车位的采集、管理、查询、预订与导航服务，实现停车位资源的实时更新、查询、预订与导航服务一体化，实现停车位资源利用率的最大化、停车场利润的最大化和车主停车服务的最优化。

(2)《绿色建筑设计标准》DBJ04-415-2021

一是增强对设计的指导性。评价标准侧重于性能评价，比较综合。将评价标准的要求进行分解转化，明确了设计阶段应完成的内容，责任更加明确，同时，按建筑基建程序、设计专业划分各章节，将评价性能对应分解到各专业具体要求，有利于各专业设计人员理解、执行。二是因地制宜，体现山西特色。结合山西实际，充分考虑山西的气候特点、湿陷性黄土地质、降雨量少的缺水地区、北部再生能源丰富等地域特色，对评价标准中的指标要求同我省在节能、节水、景观绿化、可再生能源利用等方面的地方要求进行了有机结合、具体细化。三是紧密结合山西省政策要求，促进建筑高质量发展。将山西省对装配式建筑、太阳能热水一体化应用、BIM技术应用、海绵城市、能耗监测、新能源汽车推广等政策要求也纳入了标准当中。四是设置强制性条文，有力推动山西省绿建发展。该标准的发布实施将成为推动山西省绿色建筑发展的重要监管依据，有利于山西省《绿色建筑专项行动方案》提出的“推动全省城镇新建建筑全面执行绿色建筑标准”目标的贯彻落实。

**7. 内蒙古自治区**

(1)《发泡陶瓷轻质内隔墙板应用技术规程》DB15/T 2187-2021

该标准在发泡陶瓷固有性能的基础上采用多种复合手段与结构连接，以发泡陶瓷在内隔墙中的应用为主要技术内容，适用于内蒙古自治区新建、扩建、改建的建筑工程中采用发泡陶瓷轻质内隔墙板的设计、施工安装和质量验收管理。该标准的发布和实施，填补了内蒙古自治区地方标准在发泡陶瓷应用技术领域的空白，有效规范和指导发泡陶瓷隔墙板在建筑内隔墙上的应用，为内蒙古自治区建筑墙板装配化、建筑业向高品质和绿色化发展创造条件，助力内蒙古自治区建筑节能和绿色建筑发展水平迈上更高台阶。

(2)《建筑物通信基础设施建设标准》DB15/T 2401-2021

该标准适用于内蒙古自治区新建民用建筑、工业建筑工程中通信基础设施的建设，推动通信基础设施与主体建筑物“同步设计、同步施工、同步验收、同步开通”。该标准的发布和实施，填补了内蒙古自治区建筑物通信基础设施建设无标准可依的空白，规范了建筑物通信基础设施预留和建设，为提高通信基础设施共建共享率，促进内蒙古自治区5G网络建设健康快速发展，满足广大人民群众通信业务和信息互联需求，推动智慧楼宇、智慧城市发展创造了条件。

**8. 辽宁省**

(1)《辽宁省城市信息模型（CIM）基础平台建设运维标准》DB21/T 3406-2021

为推动城市治理体系和治理能力现代化建设，规范城市信息模型（CIM）基础平台总体架构、功能和运行维护，推动城市转型和高质量发展、推进城市治理体系和治理能力现代化，编制了该标准。该标准作为城市信息模型系列标准的主要组成，对于规范城市信息模型（CIM）基础平台（以下简称“CIM基础平台”）的建设和管理，推动城市转型和高质量发展、推进城市治理体系和治理能力现代化发挥了重要的作用。该标准的实施填补了标准体系中以 CIM 基础平台为基础的“CIM+”应用体系，细化了适合地方的功能要求及运维要求，以深化工程建设项目审批制度改革、城市治理现代化为切入点，充分利用工程建设项目各阶段信息模型审查（备案）成果，共享整合城市时空基础数据、资源调查与登记数据、规划管控数据、公共专题数据、物联网感知数据等信息资源，构建并持续完善城市信息模型，支撑城市规划建设管理和社会公共服务等领域智慧城市应用建设与运行。对于指导 CIM 基础平台的建设和运行工作具有重要意义。

（2）《辽宁省施工图建筑信息模型交付数据标准》DB21/T 3408－2021

为构建勘察设计行业的数字化交付体系，落实数字化、信息化战略，推动数字化交付在勘察设计领域的进程，配合城市信息模型（CIM）基础平台建设，制定该标准。建筑信息模型（BIM）数据作为建筑信息模型重要的组成部分和城市信息模型（CIM）基础平台的重要数据子集，对建筑工程数字化交付和城市信息模型（CIM）基础平台的建设起到至关重要的作用。该标准对施工图建筑信息模型数据交付统一了交付数据的基本内容，统一了建筑信息模型精细度等级，统一了建筑信息模型数据分类和编码方法，统一了模型单元的分级及各级模型单元应包含的属性信息内容。对施工图建筑信息模型数据交付活动和相关数据上传城市信息模型（CIM）基础平台应用可起到指导作用。使建筑工程数字化交付体系更完整、更严谨，为建筑信息模型（BIM）数据的汇聚、共享与交换的规范化提供基础支撑，使建筑信息模型（BIM）数据更好的支撑城市信息模型（CIM）基础平台，便于城市信息模型（CIM）基础平台的应用与推广，提高城市治理体系和治理能力的现代化水平。

（3）《健康建筑设计标准》DB21/T 3403－2021

为推进健康中国和健康辽宁建设，贯彻健康建筑建设理念，实现建筑健康性能提升，提高人民健康水平，结合辽宁省工程实际，编制了该标准。该标准结合辽宁省实际，从空气质量、用水及食品安全、环境舒适、全龄友好、健身、心理健康、卫生防疫等方面规定了健康建筑各专业设计内容与要求，健康性能指标先进，标准合理，填补了国内空白，达到国内领先水平。有助于提升辽宁地区健康建筑的设计水平，对指导辽宁省新建、扩建、改建的民用建筑健康设计，促进辽宁省城市更新工作开展，满足人民群众日益增长的美好生活需要，具有十分重要的指导意义。为推进健康建筑发展、提升城市高质量发展水平、促进区域协调发展提供技术支撑。

（4）《近现代历史建筑结构安全性鉴定标准》DB21/T 3404－2021

为规范近现代历史建筑结构安全性鉴定，加强对近现代历史建筑结构安全与保护利用的技术管理，结合辽宁省工程实际，编制了该标准。该标准以利于城市更新中近现代历史建筑的保护为准则，制定了结构安全性三层次综合评定法，以构件安全性二级评定的编制思路实现了最小干预的鉴定原则，便于结构安全性鉴定工作的实际应用。同时，构建了近现代历史建筑结构安全性鉴定、重点保护部位完损等级鉴定的综合评价体系，将建筑结构与重点保护部位的鉴定工作协调统一，保证结构安全同时兼顾建筑物的历史价值与艺术价值。填补了辽宁省近现代历史建筑（含文物、工业遗存）安全性鉴定标准的空白，指导辽宁省近现代历史建筑的结构安全性鉴定工作，切合辽宁省实际、操作性更强，为近现代历史建筑的保护与利用提供技术支撑，对于促进城市与环境的可持续发展、提升城市文化品质具有十分重要的意义。

**9. 吉林省**

为贯彻落实中央《关于推动城乡建设绿色发展的意见》（中办发〔2021〕37号），进一步规范绿色建筑施工、验收阶段管理，确保“到2025年，城镇新建建筑全面建成绿色建筑，高品质绿色建筑比例稳步提高”，组织编制了《绿色建筑工程验收标准》DB22/T 5066－2021，将其纳入工程建设要求，确保绿色建筑标准落实到位。对规范和引导吉林省绿色建筑的规范验收工作具有一定的指导意义，对保障绿色建筑工程质量、推动吉林省绿色建筑高质量发展发挥重要作用。

**10. 黑龙江省**

（1）《绿色建筑工程施工质量验收标准》DB23/T 3041－2021

随着大力推动绿色建筑的发展，绿色理念已深入人心，黑龙江省新建绿色建筑占新建建筑比例达到80%以上。为把好绿色建筑施工质量的验收关，促进绿色建筑设计、施工、质量验收全过程监管体系的形成，制定该标准。该标准把绿色施工质量验收作为建筑工程的一个专项进行质量验收，将质量验收标准与施工的具体要求分离，在验收规定中对绿色施工质量检验批、分项工程、分部工程的质量验收进行规定，以便于绿色施工各方责任主体在质量验收工作中实施操作。

（2）《住宅工程质量通病防控规范》DB23/T 3061－2021

黑龙江省地处严寒地区，经济相对落后，受各地设计、施工、管理单位技术力量，以及材料性能、施工工艺和施工方法等因素影响，建筑工程存在质量通病，影响建筑工程质量。为提升黑龙江省住宅工程质量通病的防控水平，强化工程质量常见问题治理工作，促进工程施工质量，制定该标准。该标准以工程实体、管理、工艺工法等方面的常见质量问题为重点，分别对质量防控进行了规定，实体方面按地基基础、防水工程、砌体工程、节能工程等子部分进行分类，管理按工程建设程序各市场主体进行分类，工艺方面主要对砌体、砂浆制定、外加剂应用等10个易出通病的工艺进行分类。

**11. 江苏省**

（1）《绿色城区规划建设标准》DB32/T 4020－2021

该标准是全国首部以绿色城区为主题的规划建设标准，内容紧密结合江苏实际，起点高、定位准，具有较强的科学性、引领性和指导性。该标准提出以满足城区居民居住、工作、游憩、交通等各项基本活动需求，为人民提供功能完善、宜居宜业、集约高效、安全便利的城区环境，切实满足人民日益增长的美好生活需要为绿色城区建设的首要目标，为创建一批节能低碳、智慧宜居的绿色建筑示范区提供科学指导，为继续深入落实《江苏省绿色建筑发展条例》提供技术保障。

（2）《居住建筑热环境和节能设计标准》DB32/ 4066－2021

该标准适用于江苏省新建、扩建和改建居住建筑的节能设计，规定了室内热环境参数、围护结构的规定性指标、节能居住建筑权衡判断、供暖、通风和空气调节的节能设计、可再生能源应用等内容。通过对门窗、外墙的高效隔热保温、新风系统等专题进行分析和研究，进一步优化了居住建筑室内热环境参数，完善了建筑权衡判断计算方法。该标准填补了夏热冬冷地区75%节能标准的空白，标准实施后，必将进一步推动江苏居住建筑高品质发展，在切实增强人民群众的获得感、幸福感和安全感的同时，为建筑用能的“碳达峰、碳中和”做出贡献。

**12. 浙江省**

（1）《绿色建筑设计标准》DB 33/1092－2021

该标准结合浙江省地域特点，因地制宜的将《绿色建筑评价标准》GB/T 50378－2019 的评价语言转化为设计师可执行的设计语言，同时创新性的将各章节按照一星级、二星级、三星级分类以方便设计师高效地进行绿色建筑设计。作为浙江省绿色建筑设计的建设性指导依据，该标准的施行，对于推动浙江省绿色建筑高质量发展具有重要意义，同时也将推动浙江省绿色建筑的迭代更新，提升城市绿色建筑水平，更好地服务于大众，助力浙江省建筑领域“碳达峰、碳中和”行动。

（2）《居住建筑节能设计标准》DB 33/1015－2021、《公共建筑节能设计标准》DB 33/1036－2021

以我国和浙江省居住建筑、公共建筑节能设计的研究成果为依据，结合相关政策，积极响应浙江省建筑领域“碳达峰、碳中和”的工作要求，采用先进的建筑用能系统能效，进一步提高浙江省建筑节能水平，在夏热冬冷地区率先实现设计计算节能率 75%，达到国内领先水平。

**13. 安徽省**

随着我国城镇化进程的加快，我国城市面积的扩大，城市生命线规模也越来越庞大，为了加强城市生命线安全运行的综合监测，促进行业监管部门和运维管理单位之间的互联互通，需建立统一的监测技术标准，制定了《城市生命线工程安全运行监测技术标准》DB34/T 4021－2021，对城市燃气、供水、排水、热力等重要管网以及桥梁的安全运行实现全面感知、实时监测和预测预警，进一步提高城市生命线工程安全运行综合管理水平，为实现全省范围内城市生命线工程的安全运行监测提供有力支撑。在该标准的支撑指导下，安徽省已经初步构建了覆盖全省的城市生命线工程安全运行监测体系，相关经验分别被国务院安委办、住房和城乡建设部向全国推广。

**14. 江西省**

（1）《装配式建筑评价标准》DBJ/T 36－064－2021

装配式建筑既是建造方式的重大变革，也是推进供给侧结构性改革和新型城镇化发展的重要举措。但有关建造方式及标准的技术规范还存在很大不足。该标准在充分调研和深入分析国内外相关技术资料的基础上，依据国家相关标准，编制形成符合江西省实际和发展需求的装配式建筑评价体系，并将适应装配式建筑的新技术纳入评价范围。相比于国家标准仅针对居住建筑和公共建筑的民用建筑评价，该标准增加了工业建筑评价方法。

（2）《江西省智慧灯杆建设技术标准》DBJ/T 36－063－2021

5G 移动通信技术的规模商用，可有力地支撑智慧城市建设发展，但 5G 网络建设若仍然由电信企业采用专杆专用的建设模式，将对社会土地、钢铁资源、能源产生巨大浪费。该标准的发布不仅深化了社会杆塔资源共享，减少资源浪费，同时也推进了铁塔基站、路灯、监控等各类杆塔资源的双向开放共享和统筹利用，是整合 5G 站址资源的有效保障。

（3）《建筑与市政地基基础技术标准》DBJ/T 36－061－2021

该标准针对江西地形地貌和地质条件的特点，尤其是对江西地区特有的网纹状红土提出了不同的适用范围和不同的基础形式，在基础造价、施工周期、节能减排等方面有明显的社会效益。

**15. 山东省**

批准发布《城市应急避难场所建设标准》DB37/T 5178－2021、《绿色建筑评价标准》DB37/T 5097－2021 等 45 项工程建设地方标准，覆盖了绿色建筑、装配式建筑、城乡环境综合提升、城乡垃圾分类处置、地下空间开发利用、海绵城市建设、城市综合管廊建设等重点领域，标准技术内容涉及建筑舒适性、风环境、光环境、建筑室内空气质量、建筑防水、停车库和无障碍等与人民群众密切相关方面。其中，《山东省城乡生活垃圾分类技术规范》DB37/T 5182－2021 对垃圾精分提供技术指导，有力推进山东省城乡生活垃圾分类由粗放管理向标准化、科学化管理转型；《绿色建筑设计标准》DB37/T 5043－2021 和《绿色建筑评价标准》DB37/T 5097－2021，为山东省绿色建筑的设计、咨询、图审、建设与评价等提供依据，对推动山东省绿色建筑高质量发展具有重要意义；《建筑与小区海绵城市建设技术标准》DB37/T 5190－2021 对推动山东省海绵城市建设工作提供有力技术支撑。

**16. 河南省**

（1）《河南省农村住房建设技术标准》DBJ41/T 252－2021

商丘市柘城县“6·25”重大火灾事故后，对农村集体建设用地上所有农村房屋的建设管理开展调研，组织标准的编制工作。牢牢把握质量和安全的核心要求，强化防倒塌措施，强化场地选址和地基要求，强化施工安全及环保要求。于 2021 年 8 月 1 日起在河南省实施，同时，组织开展对该标准的宣贯培训，确保基层干部及建房村民对标准理解到位，积极主动落实。

（2）《600MPa 级热轧带肋钢筋应用技术标准》DBJ41/T 242－2021

为贯彻执行国家节能环保、发展绿色建材的经济技术政策，以城乡建设领域碳达峰碳中和为导向，在工程建设中推广应用 HRB600 热轧带肋钢筋，推动高强钢筋和国际标准接轨，编制该标准。HRB600 热轧带肋钢筋在河南省范围内已有较多的工程项目应用，高强钢筋的推广应用不但可以减少钢筋消耗量，节约资源和能源，还可以减少环境污染，提高建筑安全储备能力。高强钢筋与高强混凝土配合使用，可以减轻结构自重，减少运输费用，避免钢筋的密集配置，方便施工，保证工程质量。在建筑工程领域，高强钢筋应用技术可产生显著的经济效益和社会效益，具有良好的工程实践意义和工程推广价值。

**17. 广东省**

（1）《社区体育公园建设标准》DBJ/T 15－225－2021

该标准适用于广东省社区体育公园的选址、设计、建设及检验评价，主要技术内容包括总则、术语、基本规定、场地选址与设计、体育设施与文化设施、配套设施、绿化与环境、检验及评价等。本标准从解决广东省社区体育公园实践中“用地选址难、建设品质不高、验收缺乏标准”等关键问题出发，基于“规划—选址—设计—建设—运营—管理”全过程实施工作机制、制定了“场地选址、功能要素、场地设计、配套设施、环境绿化”等方面的规划设计建设规范，并为建后提供“检验评价”标准，填补了国内社区体育公园建设标准的空白。

(2)《广东省建筑节能与绿色建筑工程施工质量验收规范》DBJ 15－65－2021

该标准适用于广东省内新建、改建和扩建的民用建筑节能与绿色建筑工程施工质量的验收，主要技术内容包括总则、术语、基本规定、地基处理与地基基础、主体结构工程、墙面构造工程、幕墙工程、门窗工程、楼地面工程、室内环境工程、细部工程、屋面工程、给水排水系统工程、通风与空调系统工程、空调系统冷热源及管网工程、配电与照明工程、监测与控制工程、地源热泵换热系统工程、太阳能光热系统工程、太阳能光伏系统工程、无障碍设施工程、室外工程、现场检测、建筑节能与绿色建筑工程施工质量验收等。该规范将建筑节能工程与绿色建筑工程纳入建筑工程验收体系，使涉及建筑工程中建筑节能与绿色建筑的设计、施工、验收和管理等多个方面的技术要求有法可依，形成从设计到施工和验收的闭合循环，使建筑节能工程与绿色建筑工程质量得到控制，同时突出了以实现功能和性能要求为基础、以过程控制为主导、以现场检验为辅助的原则，结构完整，内容充实，对推进建筑节能与绿色建筑目标的实现具有积极意义。

(3)《高层建筑风振舒适度评价标准及控制技术规程》DBJ/T 15－216－2021

该标准适用于广东省高层建筑的风振舒适度评价，以及通过风振控制技术提高结构风振舒适度，主要技术内容包括总则、术语和符号、基本规定、风振舒适度指标与评价准则、风振加速度计算与模拟、结构风振控制等。该标准对台风地区和非台风地区高层建筑风振舒适度指标分别作出要求，对风振舒适度有更高要求的高层建筑提出了进一步评估的综合风振舒适度等级，减少在风荷载或台风作用下高层建筑加速度过大造成人体不舒适的情况出现，同时为超过舒适度限值的建筑提出了减振控制方法，对于提高广东省高层建筑风振舒适度具有重要意义。

(4)《装配式建筑混凝土结构耐久性技术标准》DBJ/T 15－217－2021

该标准适用于广东省装配式混凝土结构及构件耐久性的设计、制造、运输、施工安装、质量检验与验收，主要技术内容包括总则、术语和符号、基本规定、设计、构件制造、储存与运输、施工安装、预制构件连接与保护、质量检验与验收九个部分，以及有关套筒灌浆饱满度电阻率等参数的检测方法的附录。该标准将在提高装配式建筑混凝土结构的耐久性，延长其使用寿命，保障装配式建筑混凝土结构的安全使用等方面发挥积极作用。

**18. 海南省**

(1)《海南省装配式建筑标准化设计技术标准》DBJ 46－061－2021

该标准主要为解决海南省装配式建筑技术体系标准化程度不高的问题，同时针对海南省高温、高湿、高盐、高辐射、多台风、多雨的地域特征提出抗震、防水、防腐等方面的建筑性能要求。具有以下特点：

一是系统性。以适应装配式建筑发展的要求，符合工业化建造方式的特征和社会化大生产为主要原则，以现行国家标准和行业的总体性能、指标要求为依据，既符合现行国家和行业的标准技术体系，又具有海南特色。标准内容全面，涵盖设计阶段全专业的建筑性能及标准化要求，包含建筑、结构、外围护系统、内装及机电系统四大系统。

二是可操作性。在现行国家和行业标准的基础上，突出地方特色和需求，针对海南省装配式建筑发展的现状，提出针对性的标准化设计要求。该标准的要求和海南省关于装配率计算规则和装配式建筑其他主要技术标准的内容进行了协调，做到互补和一致。

三是合理性。该标准结构优化、层次清楚、分类明确、协调配套、科学合理，有利于工程建设地方标准化的科学管理，符合现有工程建设标准体系的改革和发展的趋势，具有较强的先进性和合理性。通过推广少规格、多组合的设计方法和明确通用标准化构件、部品部件尺寸，逐步将定制化、小规模的生产方式向标准化、社会化转变，从而提升新型建筑工业化生产、设计和施工效率，推动海南省装配式建筑向标准化、规模化、市场化迈进。

(2)《海南省建筑钢结构防腐技术标准》DBJ 46－057－2020

为加快推进海南省钢结构装配式建筑发展，解决影响钢结构质量的防腐痛点，进一步提高钢结构装配式建筑的质量，组织编制了该标准。该标准针对海南省热带季风海洋性气候特点开展钢结构防腐研究和技术标准制定，根据海南省各地腐蚀特征，划分为离岸、近岸和岛陆三个腐蚀体系，并针对不同的腐蚀体系，分别制定相应的防腐蚀方案，针对性强；对海南省岛陆体系室外大气腐蚀进行分区，以乡镇为单位绘制了腐蚀分区地图，可操作性佳，该标准在国内首次将技术要求具体到乡镇一级区域；对腐蚀体系、腐蚀区域、腐蚀等级分类、防腐体系耐久性年限要求四种要素排列组合，不同使用场景下分别给出相应的防腐蚀方案，操作非常便利。

**19. 四川省**

(1) 疫情应急医疗设施建设类标准

《四川省呼吸道传染病应急医疗用房设计技术导则（试行）》《四川省方舱式集中收治临时医院技术导则》《四川省呼吸道传染病疫情下体育馆应急改造为临时医院设计指南》等3项工程建设地方标准的批准发布，建立了相对完善的疫情应急医疗设施建设标准体系，填补了四川省传染病应急医疗用房设计标准领域的空白。该3项标准以安全至上、科学适用、因地制宜、可持续发展为理念，从选址、建造、运行等几个方面为应急医疗设施建设和运行作出了具体要求。增强四川省在面对新型冠状病毒肺炎等烈性传染病时新建、扩建、改建临时隔离治疗设施的能力，有利于及时控制重大疫情、突发公共卫生事件带来的不利影响。

(2)《四川省住宅设计标准》DBJ51/ 168－2021

为助推成渝地区双城经济圈高品质宜居地建设，切实提升四川省住宅居住品质，推动四川省住宅产业从数量型向品质型方向发展，编制了该标准。该标准增设外围护及构件、结构、小区智能化及智能家居系统等内容；拓展给水排水、燃气、供配电及照明、供暖通风与空气调节等篇章，对章节内容进行细化，对发展导向作出补充。在居住品质、公共安全、健康防疫和通用设计四个方面有创新提高。

**20. 云南省**

为了统一全省工程建设项目联合测绘服务内容、成果数据处理和共享的技术要求，及时准确为工程建设项目的规划、设计、施工和竣工管理提供测绘地理信息服务，保障测绘成果质量，推进测绘地理信息资源共享，编制《云南省建筑工程联合测绘技术规程》DBJ53/T－124－2021。

该标准的编制以现行国家和行业技术标准为基础，充分借鉴了工程建设项目审批制度改革试点省市的先进经验，按照国家标准编制导则的格式和编制方法，补充完善内容，增补测量工作内容，凝练语言文字，强化条款之间逻辑关系，着力提升可操作性。该标准作为云南省建筑工程项目行政审批制度改革中，实施联合测绘所依据的必要技术支撑文件，可为“放管服”改革的顺利推进，改善市场营商环境起到积极作用。标准实施后能有效地规范和统一云南省建筑工程测绘的程序、标准和内容等，提升测绘成果资料的规范性、统一性、完整性、可靠性和共享性，提高测绘成果质量，有利于建立“多规合一”所需的测绘业务协同和数据更新共享机制，有效地提高测绘服务效能，从而带来良好的经济效益和社会效益。

**21. 甘肃省**

(1)《装配式混凝土建筑评价标准》DB62/T 3198-2021

为统筹推进甘肃省装配式混凝土建筑发展，规范装配式混凝土建筑评价，建立更加符合甘肃省地域特色和发展实际的装配式混凝土建筑评价体系，编制了该标准。该标准明确了甘肃省装配式混凝土建筑装配率计算方法和评价等级，为甘肃省政府相关部门对装配式混凝土建筑评价和认定提供了依据，同时也为甘肃省装配式混凝土建筑的设计和施工提供了技术指导与参考，提高了评价工作的可操作性及实施效率。

(2)《黄土地区边坡柔性支挡结构抗震设计标准》DB62/T 3207-2021

该标准紧密结合目前开展的理论研究与工程实践经验，针对甘肃省湿陷性黄土特点与地震多发现象，提出了黄土地区建筑边坡柔性支挡结构抗震设计规定，对规范甘肃省地震作用下的边坡柔性支挡结构抗震设计具有重要意义。该标准对黄土地区边坡柔性支挡结构设计时，进行了稳定性的量化分析，并对支护结构引起的边坡变形考虑了抗震性能，在满足边坡抗震安全性能的同时，达到节约造价的目的。

(3)《黄土地区大厚度填挖场地治理技术标准》DB62/T 3204-2021

为规范甘肃省黄土地区大厚度填挖场地建筑与市政工程建设的勘察、设计与施工，更好地贯彻执行国家工程建设法规、技术标准的原则和精神，结合甘肃省地区特点、工程实践、科学研究和勘察设计经验，编制了该标准。该标准总结了湿陷性黄土地区场地建设适宜性划分的经验，提出了考虑湿陷等级、湿陷程度及桩基持力层等地基与填挖条件和不良地质、环境水变化因素等环境要素与条件为依据的划分标准，细化了建设场地适宜性分区，具有较好的操作性与实用性。

**22. 宁夏回族自治区**

(1)《民用建筑二次供水技术规程》DB64/T 1775-2021

结合宁夏地区二次供水一直面临着二次供水设施建设标准缺失，城市公共供水管网水压不足，建设与管理分离，设施设备老化更新不及时，二次供水水质难以保障等诸多问题，经过大量广泛调研、考察和资料采集，对二次供水工程在设计、施工、运行、管理等方面的现状情况进行汇总和总结，结合国家相关标准编制该规程。该规程对二次供水的工程设计、工程安装、工程调试、工程验收、管理与维护等一系列技术内容进行了明确规定，可有效指导宁夏地区新建、扩建和改建的民用建筑生活饮用水二次供水工程建设，促进城市二次供水健康发展。

(2)《城市生活垃圾分类及评价标准》DB64/T 1766-2021

对照城市垃圾分类及相关行业标准，结合宁夏地区城市垃圾分类的现状编制而成，内容包括自治区所辖城市生活垃圾的类别、分类投放与收集、分类运输、分类处理处置、分类管理、分类评价等相关要求。该标准的发布实施有利于减少城市环境污染，改善城市环境，便于垃圾分类处置，降低处理成本，提高垃圾资源再生利用水平，为推动城市生活垃圾分类工作的有效实施提供了具体的依据和规定。

(3)《高性能混凝土应用技术规程》DB64/T 1767－2021

该标准对高性能混凝土的原材料、配合比设计、制备等进行了全面规范，发布实施不仅为高性能混凝土的设计、生产、施工、监理、检验提供技术依据，有效保证高性能混凝土工程的质量安全，更为促进宁夏地区节能减排力度，为建设黄河流域生态保护和高质量先行区起到推动作用。

**23. 新疆维吾尔自治区**

为规范自治区住房城乡建设系统应急物资储备，增强预防和处置突发事件的物资保障能力，编制发布了《住房城乡建设系统应急物资储备技术标准》XJJ 128－2021；为指导自治区各地统筹谋划治理“城市病”，补齐城市短板，转变城市发展方式，建设美丽宜居城市，制定《“城市病”治理技术标准》XJJ 134－2021；为贯彻国家有关节约能源、保护环境的法律、法规和政策，改善严寒和寒冷地区居住建筑的室内热环境，提高能源利用效率，适应国家清洁供暖的要求，促进可再生能源的建筑应用，进一步降低建筑能耗，结合自治区的气候特点，制定《严寒和寒冷地区居住建筑节能设计标准》XJJ 001－2021；为加强对房屋建筑和市政基础设施工程中危险性较大的分部分项工程安全管理，有效防范安全生产事故，结合自治区实际，制定了《危险性较大的分部分项工程安全管理规程》XJJ 133－2021；为规范现浇混凝土夹芯保温系统的设计、施工及验收，做到技术先进、经济合理、安全适用和保证工程质量，制定了《现浇混凝土夹芯保温系统应用技术标准》XJJ 117－2021；为促进自治区城镇供热事业的发展，做到保证质量、技术先进、经济合理、安全使用和环保节能，制定了《耐热聚乙烯（PE-RTⅡ）直埋热水保温管道技术规程》XJJ 140－2021。

## （二）工程建设地方标准复审情况

**1. 北京市**

对达到复审年限的73项工程建设地方标准进行复审，其中，国土空间规划专业6项，建筑设计专业23项，市政及轨道交通专业6项，勘察专业3项，测绘专业4项，工程建设专业24项，房屋管理专业4项，科技发展专业3项。复审结论为继续有效56项，修订15项，废止2项。

**2. 天津市**

对2016年发布实施的17项工程建设地方标准进行复审。复审结论为继续有效6项，修订8项，废止3项。

**3. 上海市**

对88项工程建设地方标准进行复审。复审结论为继续有效46项，修订36项，废止6项。

**4. 重庆市**

开展工程建设地方标准复审工作，废止57项工程建设地方标准。对超过任务书期限的122项在编工程建设地方标准开展清理工作，拟终止12项。

**5. 河北省**

对现行 97 项工程建设地方标准进行复审。复审结论为继续有效 46 项，修订 33 项，废止 18 项。

**6. 辽宁省**

对 2017 年之前发布的 145 项工程建设地方标准进行复审。复审结论为继续有效 81 项，修订 40 项，废止 24 项。

**7. 吉林省**

对标龄 5 年以上（含 5 年）的 70 项工程建设地方标准进行复审。复审结论为继续有效 48 项，废止 22 项。

**8. 黑龙江省**

对 2016 年发布以及 2016 年复审结论为继续有效的 18 项工程建设地方标准进行复审。复审结论为继续有效 2 项，修订 7 项，废止 9 项。

**9. 江苏省**

对 2016 年批准实施满 5 年以及主编单位主动自审的 35 项工程建设地方标准进行复审。复审结论为继续有效 22 项，修订 7 项，废止 6 项。

**10. 浙江省**

对 2016 年及因现行法律法规和国家标准等发生变化而不适用的 14 项工程建设地方标准进行复审。复审结论为继续有效 9 项，修订 5 项。

**11. 山东省**

对 2016 年 12 月以前批准实施以及 2015 年 12 月以后批准实施，但因现行的法律法规、国家标准和行业标准等发生变化而不适用的 44 项山东省工程建设地方标准进行复审。复审结论为继续有效 20 项，修订 21 项，废止 3 项。

对 2018 年及以前下达计划而未能按期完成的 20 项标准制修订计划项目进行复审，复审结论为继续有效 8 项，废止 12 项。

**12. 河南省**

对 2020 年前批准发布的现行有效的 156 项工程建设地方标准进行复审。复审结论为继续有效 99 项，修订 39 项，废止 18 项。

**13. 海南省**

对 6 项工程建设地方标准进行复审。复审结论为修订 5 项，废止 1 项。

**14. 四川省**

对 7 项工程勘察测量与地基基础、建筑节能与绿色建筑部分的工程建设地方标准进行复审，复审结论均为修订。

**15. 贵州省**

对 1 项工程建设地方标准进行复审，复审结论为修订。

**16. 云南省**

对 2016 年及以前发布的 22 项工程建设地方标准进行复审。复审结论为继续有效 8 项，修订 6 项，废止 8 项。

**17. 陕西省**

对 19 项工程建设地方标准进行复审。复审结论为继续有效 5 项，修订 14 项。

**18. 宁夏回族自治区**

对 2016 年及以前发布的 26 项标龄已满 5 年的工程建设地方标准进行复审。复审结论为继续有效 7 项，修订 16 项，废止 3 项。

**19. 新疆维吾尔自治区**

对 1 项施工专业标准、1 项设计专业标准进行复审，复审结论均为修订。

## （三）地方工程建设标准宣贯培训情况

**1. 北京市**

面向社会公众，结合人民群众关注的热点问题，结合《居住建筑节能设计标准》《公共建筑机动车停车配建指标》等标准的发布实施，开展大型宣贯培训活动及技术指导活动 18 场；创新线上线下并行的宣贯培训模式，管理部门和行业单位的近 7000 人参加培训。宣贯时同步发放标准文本、图集等材料近 6000 册，并在宣贯后实现宣贯视频、课件、答疑全上网，为行业人员、管理人员更好地开展工作保驾护航，确保标准执行到位、有效实施。

组织对《城市综合管廊监控与报警系统安装工程施工规范》等 9 项京津冀标准和《装配式建筑评价标准》共 10 项标准采用线上直播的形式进行宣贯，累计收看达 13000 余人次；同时，将 10 本标准宣贯视频在微信公众号“安居北京”发布，扩大受众范围。

**2. 天津市**

积极宣传并落实《国家标准化实施纲要》要求，围绕标准化工作“七大任务”，以线上线下相结合形式组织开展《天津市人行天桥设计规程》等标准宣贯培训活动。组织勘察设计企业千余人次学习住房和城乡建设部颁布的 22 项全文强制性工程建设规范宣贯培训视频会议，准确把握规范的实施与使用。

**3. 上海市**

根据《2021 年上海市工程建设地方标准宣贯培训计划》，《建筑工程交通设计及停车库（场）设置标准》《建筑同层排水系统应用技术标准》《综合杆设施技术标准》等 17 项标准列入了本年度标准宣贯计划。根据疫情防控要求以及实际工作需要，利用微信公众号、视频直播、现场宣贯的方式组织实施宣贯工作。特别是对部分民心标准，通过微信公众号“上海工程标准”，采用“一图读懂”等适合网络宣传的形式进行解读，提高了标准的知晓率。

**4. 重庆市**

组织对《混凝土结构通用规范》GB 55008－2021 等 22 项强制性工程建设规范和《轻质石膏楼板顶棚和墙体内保温工程技术标准》等 5 项标准开展宣贯培训，全市区县住房城乡建设管理部门、开发、设计、施工、监理、材料等单位从业人员累计 1000 余人参加培训。

**5. 河北省**

对《被动式超低能耗居住建筑节能设计标准》《被动式超低能耗公共建筑节能设计标准》《居住建筑节能设计标准（节能 75%）》等 3 项标准进行宣贯，并对《河北省民用建筑外墙外保温工程统一技术措施》进行解读，全省培训 10000 余人次。同时，又对绿色建筑、高质量和民生工程15项标准进行录制，在河北省住建厅网站免费进行播放，供全省技术人员随时收看。

**6. 山西省**

《农村宅基地自建住房技术指南（标准）》批准发布后，狠抓全省农房建设“一办法一标准”宣传培训和实施监督工作，累计培训基层工作人员4.2万余人次。并分5个检查组深入全省11个市的县、乡、村，组织开展全省农村房屋建筑“一办法一标准”贯彻落实情况督查，充分发挥了标准在农房建设的指导作用。

组织开展全省建筑保温与外墙装饰防火设计、绿色建筑设计标准培训工作，全省各市、县（区）住建局分管局长、业务科室负责人、业务骨干、勘察设计单位管理及设计人员共计361人参加了培训。

**7. 吉林省**

组织开展2021年住房和城乡建设部新颁布22项国家强制性工程建设规范的视频宣贯培训。吉林省住房和城乡建设厅为主会场，各市（州）住建部门、省内主要设计院（企业）、行业协会设18个分会场，全省各县（市）行业主管部门相关人员、各地区一线技术人员近3000人次参加培训。

**8. 黑龙江省**

通过线上开展《黑龙江省居住建筑节能设计标准》《黑龙江省绿色建筑评价标准》《黑龙江省地热能供暖系统技术规程》，以及《城镇应急避难场所通用技术要求》《防灾避难场所设计规范》《城市社区应急避难场所建设标准》等国家标准的宣贯，参加培训1200人左右。线下组织标准宣贯2次，约400人参加会议。

**9. 江苏省**

按照计划，开展《住宅设计标准》《绿色建筑设计标准》等17场次标准宣贯以及建设工程消防设计审查培训等，学习人数达到4000人。“江苏建设科技在线”小程序运行一年多来，陆续上线《建筑设计防火规范》《居住建筑浮筑楼板保温隔声工程技术规程》《绿色城区规划建设标准》等国家及地方标准宣贯培训视频11个，截止2021年底，累计访问总量达到3265人次。

**10. 浙江省**

2021年，浙江省共举办《建设工程配建5G移动通信基础设施技术标准》《智慧灯杆技术标准》《有釉面发泡陶瓷保温板外墙外保温系统应用技术规程》等多项标准的培训会，共计3000余人次。宣贯会议旨在各地各单位准确把握工程建设地方标准内涵，进一步促进标准落地落实，切实推进建筑行业高质量发展。

**11. 安徽省**

为强化标准实施，加大工程建设地方标准宣贯力度，制定了2021年度工程建设标准宣贯培训计划，涉及绿色建筑与建筑节能、装配式建筑、城市建设等16项标准的宣贯工作。安徽省相关行政管理人员、技术人员近2000余人次参加了培训，提升了行业从业人员技术水平，为工程建设发展提供了技术保障，社会反响较好。

**12. 山东省**

2021年共完成《绿色建筑设计标准》《绿色建筑评价标准》《建筑与市政工程绿色施工技术标准》《绿色农房建设技术标准》等4项地方标准和22项强制性工程建设规范培训

工作，累计培训人数超过1000人次，视频培训资料下载量超过1600余次，极大地推动了标准的贯彻实施。

**13. 河南省**

为充分发挥标准在促进经济社会发展和产业转型升级中的技术支撑作用，结合疫情防控实际，采取“线上线下”、以会代训等不同形式对《河南省超低能耗公共建筑节能设计标准》《河南省超低能耗建筑节能工程施工及质量验收标准》《河南省绿色建筑评价标准》《CRB600H高强钢筋应用技术规程》《600MPa级热轧带肋钢筋应用技术标准》《无机塑化微孔保温板应用技术规程》等重点地方标准，开展一系列宣贯培训活动。同时，在中国（郑州）装配式建筑与绿色建筑科技产品博览会上，采用“线下+腾讯会议”形式，在“2021年中部建筑工业化与绿色转型发展论坛”中，对《河南省装配式建筑评价标准》以及装配式建筑应用技术体系进行了培训工作，在“2021中国建筑节能与安全专家论坛”中，对《河南省居住建筑节能设计标准（寒冷地区75%）》和《建筑节能工程施工质量验收标准》进行了培训。累计培训各类管理及技术人员10000余人次。

**14. 广东省**

组织召开工程建设地方标准《既有建筑改造技术管理规范》《既有建筑混凝土结构改造设计规范》《装配式钢结构建筑技术规程》和《装配式建筑混凝土结构耐久性技术标准》宣贯培训班，指导行业协会举办《建筑节能与绿色建筑工程施工质量验收规范》宣贯培训班，邀请标准主编专家对标准的主要技术内容作宣贯和解读，并就标准实施中的相关问题进行了交流和答疑解惑。组织全省住房城乡建设主管部门参加强制性工程建设规范培训，对《混凝土结构通用规范》GB 55008-2021、《燃气工程项目规范》GB 55009-2021等22项强制性工程建设规范的编制背景、主要技术内容等进行培训，做好强制性工程建设规范的改革与实施工作。

**15. 广西壮族自治区**

组织工程建设地方标准宣传贯彻培训2次，参加人员达700余人次。举办了工程建设地方标准《RCA复配双改性沥青路面标准》和《城市轨道交通结构安全防护技术规程》宣传贯彻培训。

**16. 海南省**

组织4场工程建设地方标准宣贯培训，分别对《海南省建筑机电工程抗震技术标准》等5项工程建设地方标准进行了讲解，共约700人次参与了授课。

**17. 四川省**

为提升相关技术人员和管理人员的震后建筑物应急鉴定与维修加固专业水平，组织开展了多期相关地方标准的宣贯培训工作，包括《四川省建筑抗震鉴定与加固技术规程》《四川省震后建筑安全性应急评估技术规程》和《建筑结构加固效果评定标准》等。2021年共完成3期培训，培训人员达3000余人。组织工程建设地方标准《四川省住宅设计标准》宣贯培训会。采取“线上线下”同步直播的方式举行，8000余人参加了培训。

**18. 云南省**

组织部分地州市建设行政主管部门和设计、施工、监理、质监、检测等单位的相关管理人员和技术人员近 1000 人参加住建部组织开展的强制性工程建设规范培训。组织施工现场标准员培训 11000 人次。组织各地标主编单位对 2021 年发布的 11 部工程建设地方标准进行宣贯培训，培训人次约 5000 人次。

**19. 甘肃省**

组织各有关单位参加住房和城乡建设部 22 项强制性工程建设规范培训学习。联合甘肃省内有关单位采取学员集中学习和网上在线学习等多种形式，积极开展工程建设标准宣贯工作，对《混凝土建筑结构基础隔震技术规程》《建筑工程施工现场安全资料管理标准》《建筑地基基础工程施工质量验收标准》GB 50202－2018、《钢结构工程施工规范》GB 50755－2012、《钢结构工程施工质量验收标准》GB 50205－2020、《建筑节能工程施工质量验收标准》GB 50411－2019、《绿色建筑评价标准》GB/T 50378－2019 等涉及质量安全、绿色建筑、建筑节能等重点领域标准进行培训解读。积极推广“四新”应用，对新发布实施的《HWY 钢丝网架复合岩棉板厚抹灰建筑构造》《承插式横排镀铝锌岩棉夹芯板屋面及墙身构造》等标准设计进行宣贯培训。

**20. 宁夏回族自治区**

在确保疫情安全防控的前提下，利用专题培训、集中授课、定向推广、联合宣讲、媒体宣传、网络直播等多种方式扩大宣传范围，结合宁夏回族自治区政策要求，对重点标准的具体内容、实施意义和技术要点等全方位解读，让标准使用者、使用单位充分理解标准内容和具体职责，确保地方标准有效落地实施。组织各有关单位以网络集中学习方式，参加住房和城乡建设部 22 项强制性工程建设规范培训学习，积极推进全文强制标准宣贯工作。

**21. 新疆维吾尔自治区**

加强工程建设标准贯彻实施，将《新疆维吾尔自治区住房和城乡建设管理标准体系框架（2019 年）》以及 2018 年以来编制的 70 余项工程建设地方标准在住建厅官网、建设云平台、工改系统上进行全文公开，印发《关于加强行业标准学习强化标准执行的通知》，督促各地州认真组织学习行业标准；指导自治区标准化协会筹备标准评优工作，强化优秀标准的示范带动作用；通过视频会议、现场宣贯等形式共组织标准、造价管理培训 7 场，参加人数 500 余人次。

## 四、工程建设地方标准研究与改革

### （一）工程建设地方标准管理及体系研究

**1. 北京市**

（1）北京市规划自然资源委发布了《北京市规划和自然资源标准体系》，见图 3-9。梳理了现行、在编的国家、行业、地方标准，并提出未来 10 年需要制定的地方标准，涵盖国土空间规划、自然资源、勘察（查）、市政基础设施、建筑设计、测绘地理信息六大专业标准体系，共计 3300 余项标准。同时，结合国家和北京市的重要改革、重大政策和重点任务要求，围绕首都规划和自然资源工作需求，形成碳中和、韧性城市等 21 个专项标准体系，为规划和自然资源管理和审批工作打好政策“补丁”，指导各行业开展标准研究，有序推动标准制修订工作。

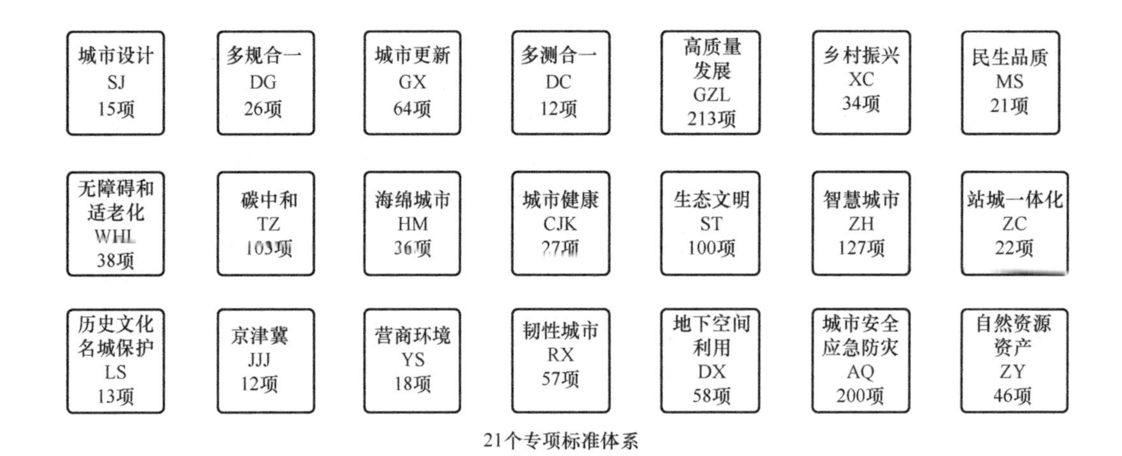


图 3-9　北京市规划和自然资源标准体系

(2) 在系统梳理和科学分析现行国家、行业、北京市地方工程建设标准的基础上，编写适合实际工作需要的《北京市住房和城乡建设标准体系》。共分为五级，一级包含住房保障、工程建设、房屋管理、村镇建设、从业人员管理、科技发展 6 大主题；二级按照业务分为 19 类；三级、四级、五级按照专业和分部分项以及标准数量、类型进行细分，形成标准子体系框图及体系表，共纳入工程建设国家、行业、地方标准 2394 项。

**2. 上海市**

为适应技术发展，近年来，上海市开展了城镇燃气技术标准体系、装配式建筑技术标准体系、轨道交通工程建设标准体系、民防工程建设标准体系、BIM 技术标准体系等课题研究，并完善了相应的专业标准体系。

(1) 城镇燃气技术标准体系

通过对我国工程建设标准体系及上海市燃气技术标准体系的建设情况进行分析、梳理、总结，对当前城镇燃气技术标准的应用现状及存在的问题进行分析，提出重点项目和完善城镇燃气技术标准体系的建议，并在此基础上完善上海市《城镇燃气技术标准体系表》。完善后的《城镇燃气技术标准体系表》按燃气工程建设的全生命周期进行分类，共分为基础综合标准、工程设计标准、施工安装及验收标准、运行维护标准、燃气输配产品标准、燃气应用标准、计量检定标准、检验检测标准、安全防灾标准、服务标准、数字化与信息技术标准等 11 个二级类目。

(2) 装配式建筑技术标准体系

从“建筑、结构、设备”三个专业，“设计、制作、施工、维护、再利用”五个过程，“产品、施工装备、信息化技术”三个支撑所组成的装配式建筑产业链进行详细梳理，从材料与构配件、装配式建筑设计、预制部件生产及验收、构件运输与堆放、施工及验收、运行与维护、产业链管理与总体评价七个方面详细对照了标准内容，结合上海最新的推进政策、管理要求和实际发展需要，针对每个类别分别提出了标准完善的主要内容和新编、修编建议。课题汇总形成了标准完善的具体建议，按照装配式建筑产业链分类，形成了完善的《上海市工程建设标准体系表》。

（3）轨道交通工程建设标准体系

通过调研国内交通运输行业标准体系构建及实施情况，分析既有标准体系存在的问题，研究项目建设各相关方的需求，并结合全自动运行系统、智慧地铁、资源开发等轨道交通发展新趋势，在2014版《上海市轨道交通工程建设标准体系表》的基础上，优化构建了层次清晰、结构合理、边界清楚、接口顺畅的新颁布标准体系框架，并提出部分标准的近期规划，是深入贯彻交通强国建设"现代化综合交通体系"和长三角综合交通系统高质量一体化战略，落实"三个转型"从建设运营的高速增长向高质量发展转型的企业发展要求，为新一轮上海市轨道交通建设规划及远期规划约1385km网络的高质量建设提供保障。完善后的体系表遵循全过程、全要素模块化设计理念。

（4）民防工程建设标准体系

近年来，上海市民防工程在用标准不断增多、分类日趋复杂，需将在用标准清晰分类，厘清标准所属的类别，方便技术人员和管理人员查询和使用，充分发挥标准的先进先导作用。《民防工程建设标准体系研究》在资料收集、梳理现有标准规范的基础上，通过借鉴其他行业标准体系、外省市民防相关地方标准编制的实际经验，结合上海民防工程建设和管理实际，提出了需要修订、完善的标准、规范文件目录，及部分标准编制的近期规划，形成了民防工程建设和使用管理的完整标准体系文件目录，为构建上海市民防工程建设标准体系框架提供技术储备，也可为后续上海市民防工程建设标准的制修订立项以及标准的科学管理提供基本依据。

（5）BIM技术标准体系

根据现行（在编）国家标准、行业标准情况，结合新一轮上海市BIM三年行动计划要求，以及行业管理部门的管理需求，进一步梳理优化，拟定了"1本工程建设通用标准"+"N本行业专业标准"的体系构架，通用标准统领，专项标准深入，建模技术和数据标准辅佐的格局。优化后的BIM技术标准体系中，《建筑信息模型技术应用统一标准》赋予了新阶段基础标准的新内涵，《民用建筑工程建筑信息模型应用标准》填补了专业标准的空白，轨道交通、道路桥梁、市政水务、民防工程等专项标准分别指导各行业工程BIM技术实施，充分发挥标准支撑规模化应用的效应。

**3. 重庆市**

修订发布了《重庆市工程建设标准体系表（2020年版）》，包括四大类：一是工程建设强制性国家标准类；二是工程建设强制性地方标准类；三是专业学科标准体系；四是城市重点建设领域标准体系，共收录标准规范3826项，相关类别及数量分别见表3-11、表3-12。

**4. 河北省**

河北省工程建设标准体系自2014年开始建立，前后经历数次修改完善，形成目前2020年版标准体系，该体系共分为5个层次，内容涵盖了国家标准、行业标准和河北省地方标准，标准体系概述框架见图3-10。

**重庆市工程建设标准体系——专业学科分类标准数量汇总** **表 3-11**

| 序号 | 分类名称 | 国家标准 | | | 行业标准 | | | 地方标准 | | | CECS（其他） | | | 分类小计 |
|---|---|---|---|---|---|---|---|---|---|---|---|---|---|---|
| | | 现行 | 在编 | 待编 | 现行 | 在编 | 待编 | 现行 | 在编 | 待编 | 现行 | 在编 | 待编 | |
| 1 | 工程建设强制性国家标准类 | 0 | 40 | 0 | 0 | 0 | 0 | 0 | 0 | 0 | 0 | 0 | 0 | 40 |
| 2 | 工程建设强制性地方标准类 | 0 | 0 | 0 | 0 | 0 | 0 | 40 | 0 | 0 | 0 | 0 | 0 | 40 |
| 3 | 城乡规划与建筑设计类 | 42 | 21 | 21 | 30 | 3 | 12 | 5 | 1 | 13 | 0 | 0 | 0 | 148 |
| 4 | 工程勘察与地基基础类 | 36 | 0 | 0 | 205 | 0 | 0 | 19 | 1 | 19 | 12 | 1 | 0 | 293 |
| 5 | 结构与防灾类 | 384 | 6 | 33 | 264 | 20 | 23 | 53 | 12 | 89 | 83 | 0 | 1 | 968 |
| 6 | 施工质量与安全类 | 230 | 22 | 0 | 108 | 10 | 0 | 29 | 17 | 29 | 28 | 6 | 0 | 479 |
| 7 | 给排水与暖通工程类 | 128 | 2 | 1 | 122 | 13 | 22 | 11 | 8 | 41 | 31 | 0 | 0 | 379 |
| 8 | 建筑电气与智能化类 | 83 | 6 | 2 | 32 | 1 | 0 | 12 | 4 | 10 | 1 | 0 | 0 | 151 |
| 9 | 建筑材料应用类 | 397 | 0 | 0 | 402 | 0 | 0 | 35 | 3 | 2 | 21 | 0 | 0 | 860 |
| 10 | 环境与景观类 | 25 | 4 | 0 | 38 | 3 | 0 | 8 | 3 | 60 | 1 | 0 | 0 | 142 |
| 11 | 道桥工程类 | 19 | 0 | 0 | 95 | 3 | 5 | 11 | 0 | 5 | 1 | 0 | 0 | 139 |
| 12 | 公共交通类 | 106 | 3 | 15 | 42 | 0 | 8 | 6 | 0 | 6 | 1 | 0 | 0 | 187 |
| | 合计 | 1450 | 104 | 72 | 1338 | 53 | 70 | 229 | 49 | 274 | 179 | 7 | 1 | 3826 |

重庆市工程建设标准体系——城市重点建设领域分类标准数量汇总　　表 3-12

| 序号 | 分类 | | 国家标准 | | | | 行业标准 | | | | 地方标准 | | | | CECS（其他） | | | | 分类小计 |
|---|---|---|---|---|---|---|---|---|---|---|---|---|---|---|---|---|---|---|---|
| | | | 现行 | 在编 | 待编 | 小计 | 现行 | 在编 | 待编 | 小计 | 现行 | 在编 | 待编 | 小计 | 现行 | 在编 | 待编 | 小计 | |
| 1 | 绿色城市类 | | 106 | 26 | 5 | 137 | 78 | 11 | 5 | 94 | 19 | 13 | 36 | 68 | 10 | 9 | 0 | 19 | 318 |
| 2 | 智慧住建类 | | 289 | 10 | 1 | 300 | 170 | 20 | 0 | 190 | 36 | 16 | 112 | 164 | 1 | 0 | 0 | 1 | 655 |
| 3 | 轨道交通类 | | 60 | 3 | 16 | 79 | 56 | 0 | 0 | 56 | 11 | 1 | 5 | 17 | 1 | 0 | 0 | 1 | 153 |
| 4 | 人居环境类 | 4.1　综合管廊类 | 43 | 1 | 2 | 46 | 57 | 11 | 13 | 81 | 11 | 3 | 22 | 36 | 22 | 1 | 0 | 23 | 186 |
| | | 4.2　海绵城市类 | 29 | 0 | 0 | 29 | 24 | 0 | 1 | 25 | 10 | 0 | 0 | 10 | 3 | 0 | 0 | 3 | 67 |
| | | 4.3　城市双修类 | 47 | 9 | 5 | 61 | 55 | 8 | 3 | 66 | 5 | 5 | 68 | 78 | 4 | 0 | 0 | 4 | 209 |
| | | 4.4　地下空间利用类 | 8 | 0 | 2 | 10 | 11 | 3 | 7 | 21 | 1 | 0 | 15 | 16 | 2 | 1 | 0 | 3 | 50 |
| 5 | 城镇排水与污水处理类 | | 23 | 2 | 0 | 25 | 45 | 0 | 0 | 45 | 7 | 2 | 3 | 12 | 6 | 0 | 0 | 6 | 88 |
| 6 | 装配式建筑类 | | 52 | 2 | 3 | 57 | 57 | 7 | 0 | 64 | 13 | 10 | 42 | 65 | 25 | 0 | 0 | 25 | 211 |
| 7 | 房地产开发与管理类 | 7.1　房地产开发与管理类 | 1 | 0 | 2 | 3 | 4 | 0 | 3 | 7 | 0 | 2 | 5 | 7 | 0 | 0 | 0 | 0 | 17 |
| | | 7.2　既有建筑改造类 | 10 | 3 | 10 | 23 | 16 | 2 | 14 | 32 | 5 | 1 | 34 | 40 | 5 | 1 | 1 | 7 | 102 |
| 8 | 建设工程消防类 | | 79 | 1 | 2 | 82 | 25 | 2 | 3 | 30 | 5 | 4 | 4 | 13 | 6 | 0 | 0 | 6 | 131 |
| 9 | 村镇建设类 | | 10 | 10 | 11 | 31 | 16 | 5 | 0 | 21 | 1 | 1 | 9 | 11 | 3 | 1 | 0 | 4 | 67 |
| 合计 | | | 757 | 67 | 59 | 883 | 614 | 69 | 49 | 732 | 124 | 58 | 355 | 537 | 88 | 13 | 1 | 102 | 2254 |

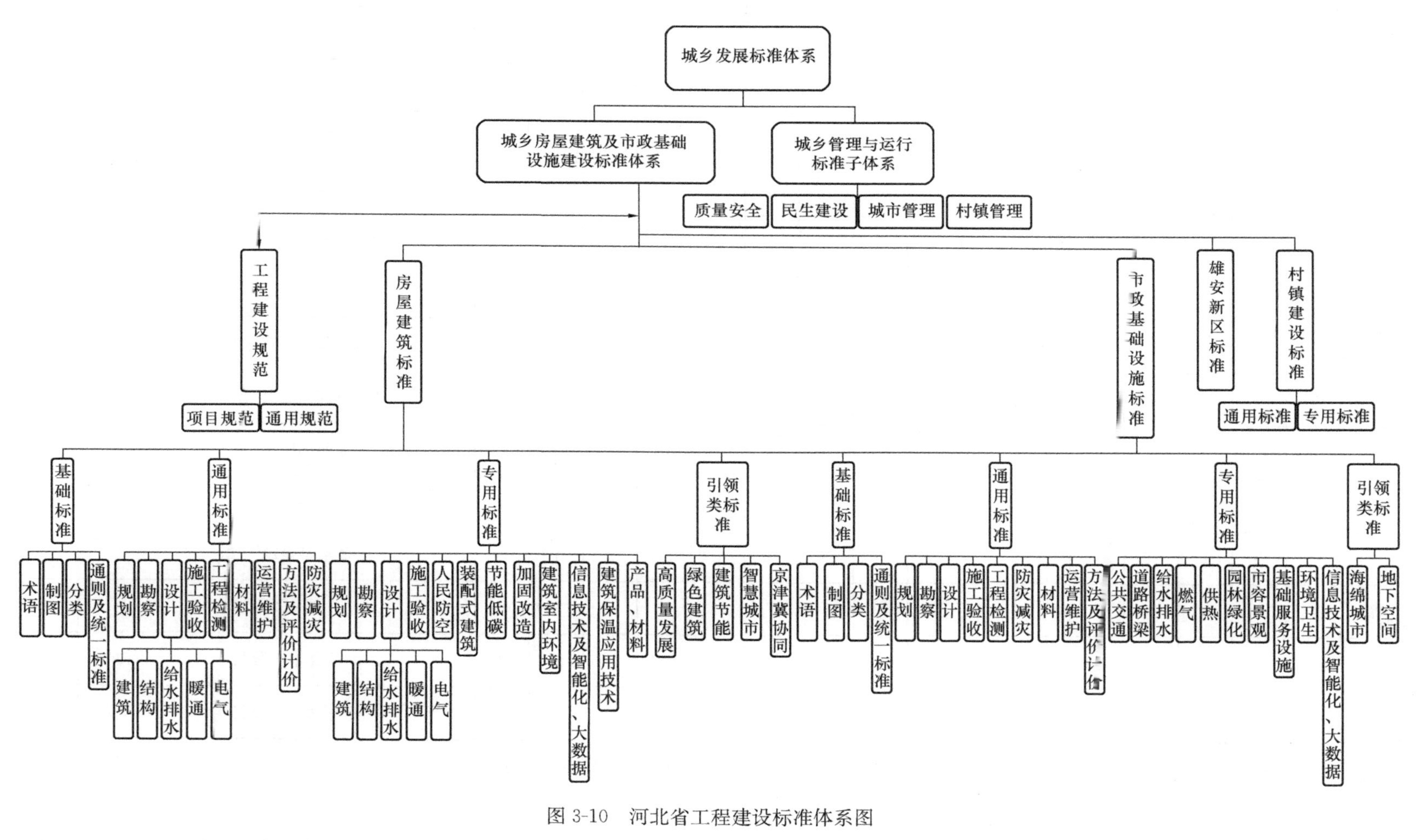


图 3-10　河北省工程建设标准体系图

**5. 山西省**

工程建设地方标准体系框架，按城乡规划、城镇建设、房屋建筑和其他四大类建立，见图 3-11。

**6. 黑龙江省**

黑龙江省工程建设地方标准涵盖建筑施工质量安全、建筑结构、市政建设、城市管理、建筑节能与绿色建筑等领域，见图 3-12。

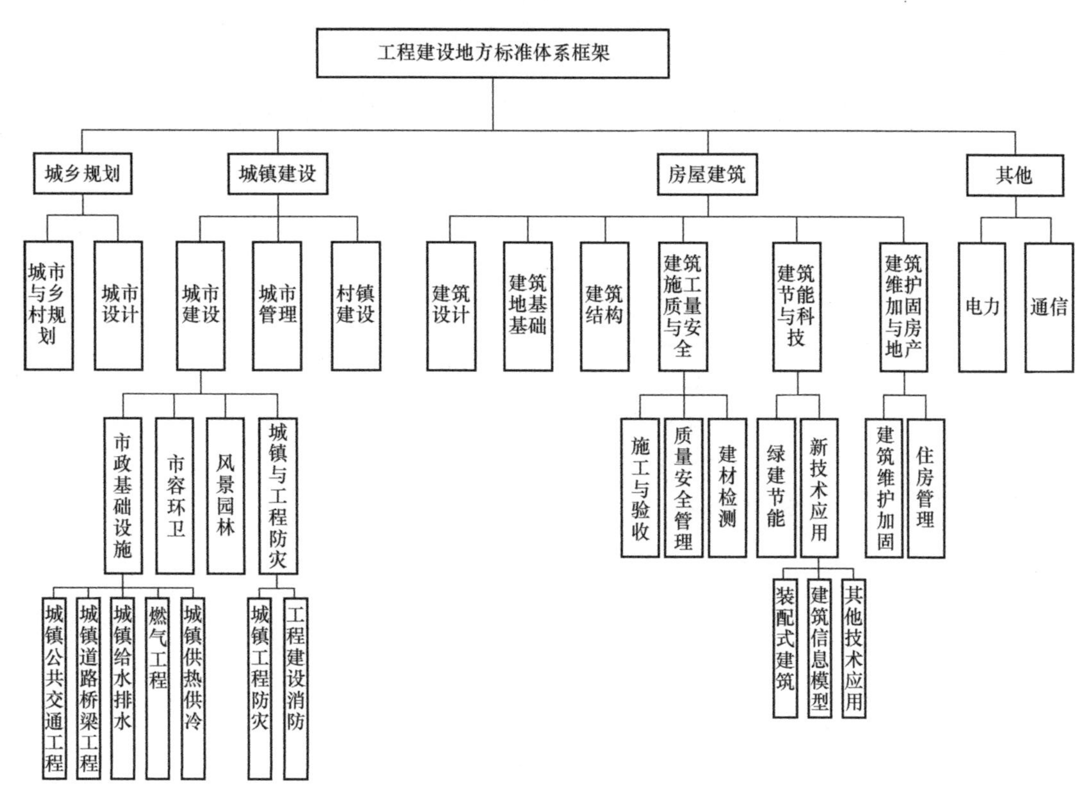


图 3-11　山西省工程建设标准体系图

**7. 江苏省**

（1）江苏省绿色建筑标准体系研究

从绿色建筑的目标、专业、阶段（全寿命周期）三个维度开展绿色建筑标准研究，较为系统地厘清了标准间的逻辑关系，见图 3-13；明确了绿色建筑对江苏省工程建设标准及相关条款的工作要求，并据此制定了江苏省绿色建筑标准近期及远期的发展规划，构建了符合江苏省绿色建筑发展要求的绿色建筑标准体系；从全寿命周期覆盖度和绿色建筑目标实现度两个角度开展研究，为评价绿色建筑标准体系的完善程度和实施效果提供了可资借鉴的量化方法。研究成果丰富了江苏省绿色建筑技术支撑体系，为加快推动江苏省绿色建筑发展提供了保障；在绿色建筑标准体系的构建模式和评价方法上填补了国内空白。

（2）江苏省建筑产业现代化标准体系研究

对国内外建筑产业现代化相关标准，尤其是国家和江苏省现行地方标准进行梳理，对相关环节标准的现状、适宜性和缺失情况进行了全面的分析和研究。根据建筑产业现代化

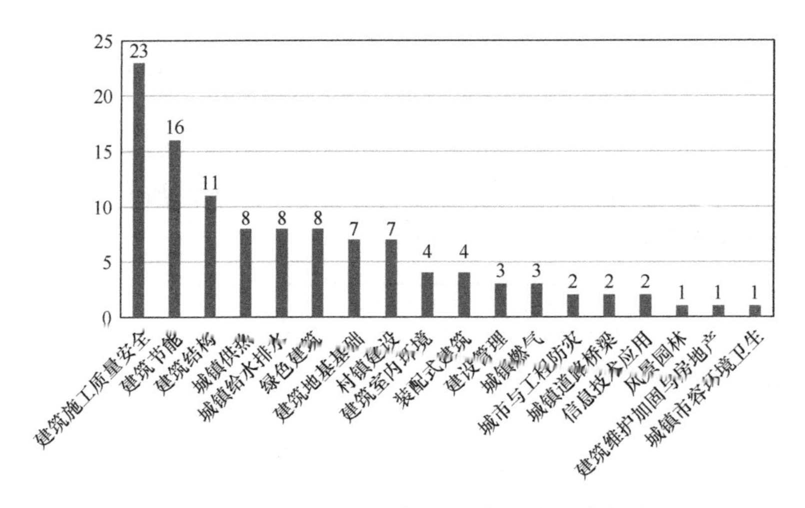


图 3-12　黑龙江省工程建设地方标准专业分类图

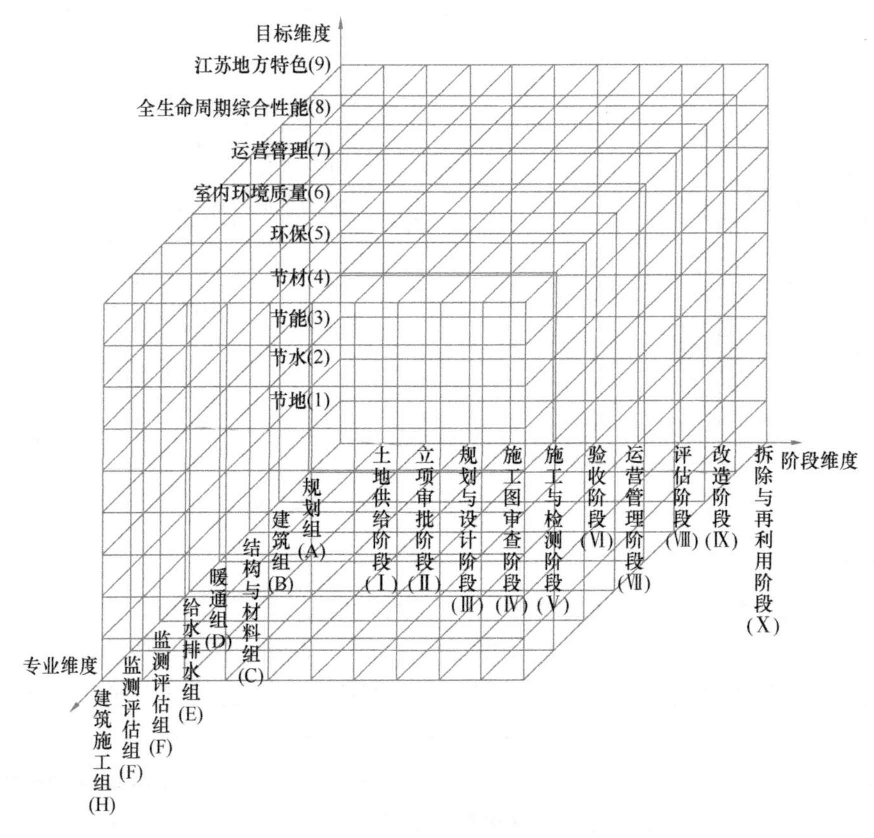


图 3-13　绿色建筑标准体系三维示意图

技术发展现状与趋势，提出了江苏省建筑产业现代化标准体系，分为装配式结构、门窗幕墙制品、整体厨卫部品、施工与管理等模块，基本覆盖了江苏省目前建筑产业现代化所涉及的技术及产品体系和建造环节，见图 3-14。研究成果为江苏省建筑产业现代化相关标准的制定提供指导，有利于促进建筑产业现代化相关技术及产品的研发，对推动江苏省建筑产业现代化的发展具有重要的现实意义。

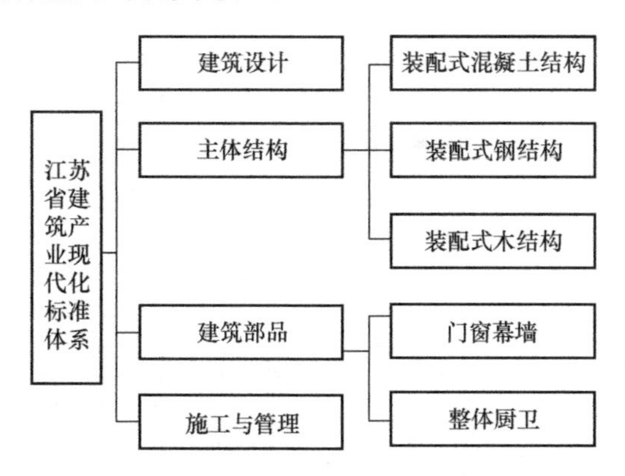


图 3-14　建筑产业现代化标准体系框图

（3）涉老设施规划建设标准和标准体系研究

在江苏省进入老龄化的社会背景下，分别对江苏省涉老设施规划建设综合基础类、居家养老类、社区养老类、机构养老类、农村养老类以及信息与智能化养老类等分体系进行了系统深入的研究，构建了涉老设施规划建设的三个层次六个方面的标准体系，具有一定前瞻性，内容完整，研究成果实用性强，为未来制定江苏省涉老设施的规划、建设管理等系列标准提供指导，见图 3-15。

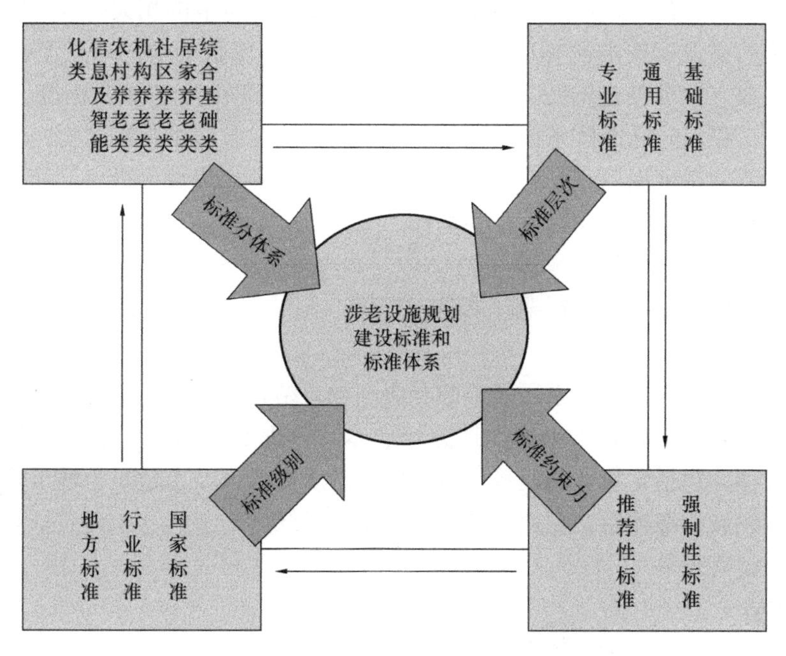


图 3-15　涉老设施规划建设标准体系模型图

（4）江苏省城乡建设抗震防灾标准体系研究与应用

从国家和江苏省相关法律法规出发，围绕城乡建设抗震防灾的重点领域，梳理了国家和地方现有技术标准制定情况，结合江苏省抗震防灾的实际需求，研究制定了江苏省城乡建设抗震防灾标准体系，提出了近远期编制计划建议，为城乡建设抗震防灾标准管理工作提供了技术支撑，见图 3-16。

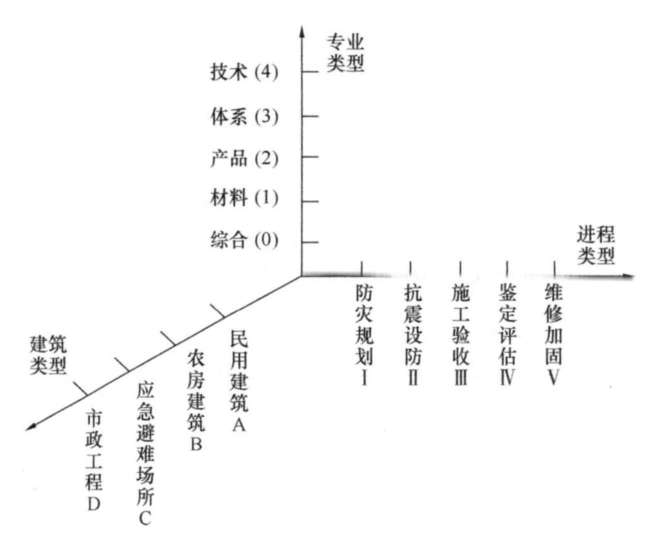


图 3-16　城乡建设抗震防灾标准体系三维概念图

（5）江苏省工程建设消防标准体系研究与应用

开展江苏省建设工程消防标准体系研究，为江苏省建设工程消防审验工作提供依据。梳理建设工程国家、行业、地方、团体标准中，涉及消防章节的相关内容，构建适应新型消防管理体系的建设工程消防标准体系，见图 3-17。在现状分析的基础上，调研各类技术体系及各类地方标准推进的近期、远期目标，重点研究以上各专业标准体系的框架设计，确立建设工程消防标准体系数据库的构建原则、建立方法及基本结构；分类别制定各类相关地方标准的制定规划。开展现行建设工程消防标准合理性分析建议和措施研究，为建设工程消防标准体系的建立打下坚实基础。

**8. 安徽省**

安徽省工程建设标准体系框架，见图 3-18。

**9. 山东省**

根据国家工程建设标准体系所涵盖的专业领域，结合山东省住房城乡建设领域工程建设标准化工作实际，山东省工程建设地方标准体系分为专项标准体系和专业基础标准体系。专项标准体系包括建筑业高质量发展、住房品质提升、城市建设、城市管理、村镇建设等 5 个重点领域标准体系，专业基础标准体系包括绿建与节能、工程质量与安全、建筑工程、工程建设管理等 15 个专业标准体系，见图 3-19。

**10. 河南省**

河南省工程建设地方标准体系，见图 3-20。

**11. 广西壮族自治区**

2019 年批准广西工程建设地方标准《工程建设标准体系》研究编制，以住房和城乡建设部全文强制标准体系为基础，结合现行各级标准情况，梳理了城乡规划、岩土与地基基础、建筑工程、市政工程、地下空间工程、轨道交通工程、建筑工程防灾、绿色建筑与建筑节能、风景园林、市容环境卫生、建筑材料、工程改造、维护和加固、工程建设管

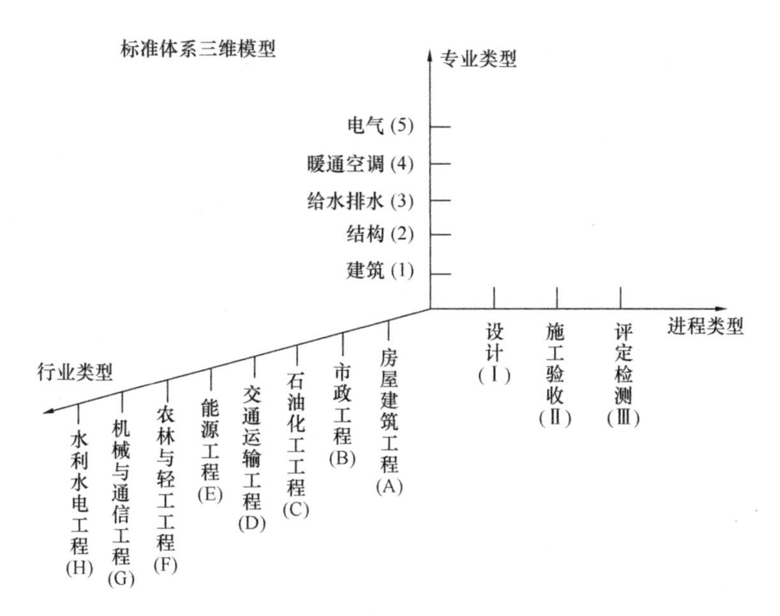


图 3-17　工程建设消防标准体系三维概念图

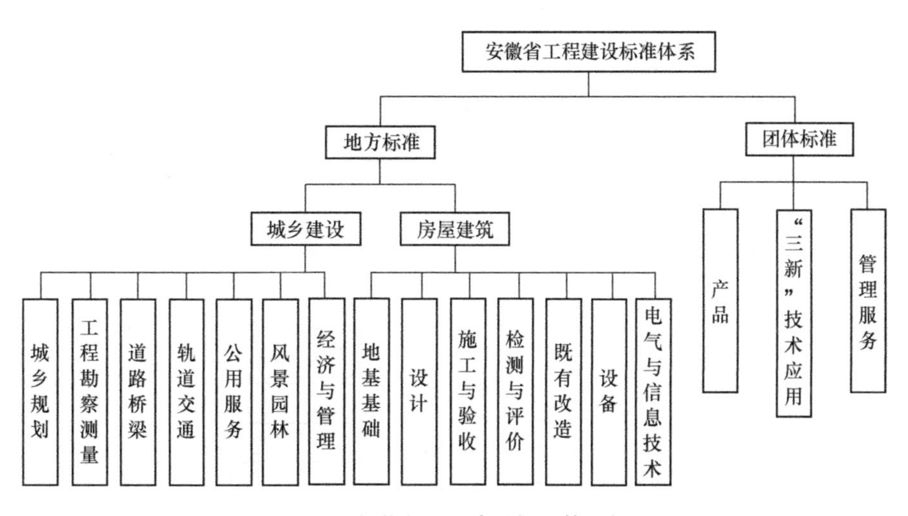


图 3-18　安徽省工程建设标准体系框图

理、海绵城市等 15 个分体系。

**12. 四川省**

2014 年，四川省住房和城乡建设厅发布了《四川省工程建设标准体系（2014 年版）》。为贯彻落实《国家标准化发展纲要》精神，有力推进《四川省“十四五”住房城乡建设事业规划纲要》目标任务的实施，进一步完善四川省工程建设标准体系，促进四川省工程建设地方标准制订修订工作高质量发展，确保科学、有序地推进四川省工程建设标准化工作，于 2021 年开展了四川省工程建设标准体系修编工作。

如图 3-21 所示，新旧标准体系的变动主要有两点：一是因新版《标准化法》规定地方标准为推荐性标准，且随着国家标准化改革的深入开展，四川省地方标准中的强制性标准逐渐减少；二是2014年版四川省工程建设标准体系分为工程勘察测量与地基基础、建

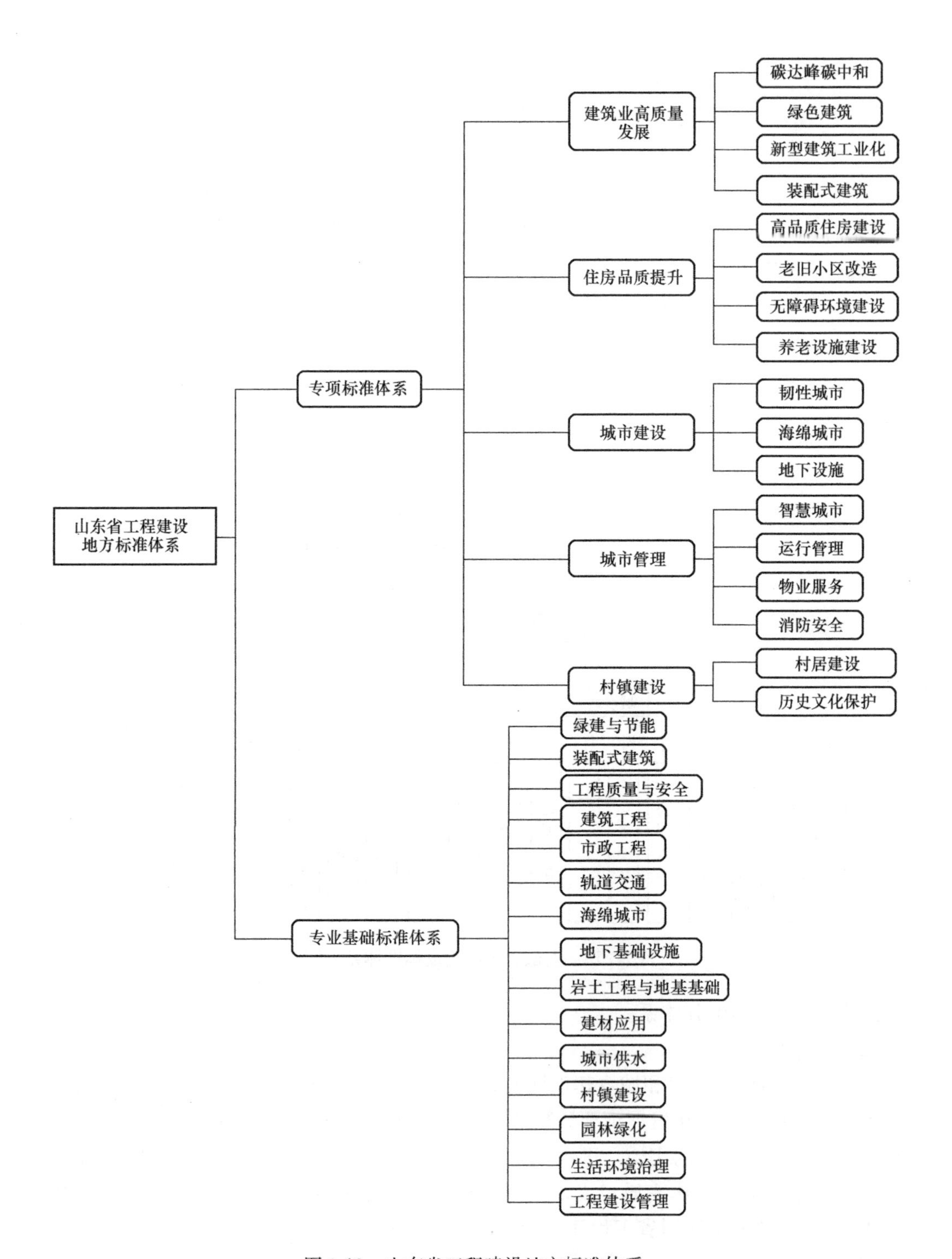


图 3-19　山东省工程建设地方标准体系

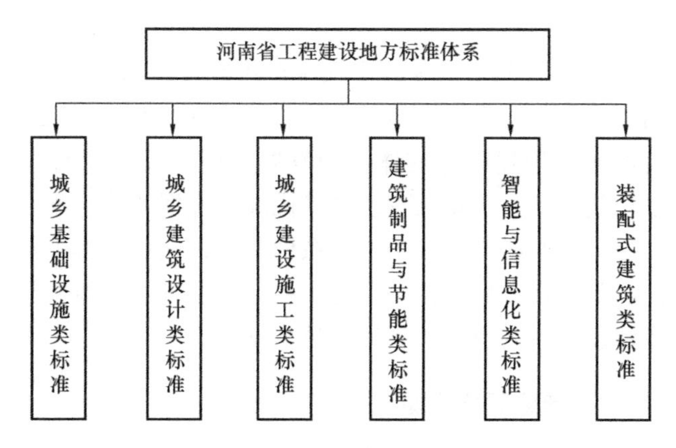


图 3-20　河南省工程建设地方标准体系

筑工程设计、建筑工程施工、建筑节能与绿色建筑、市政工程设计、市容环境卫生工程设计等 6 个专业，为满足行业技术发展及转型升级的需求，2021 年版四川省工程建设标准体系由 6 个专业增加至 8 个专业分类，新增装配式建筑和绿色智能建造两个专业，以行业发展需求为导向，促进四川省工程建设标准化工作高质量发展。

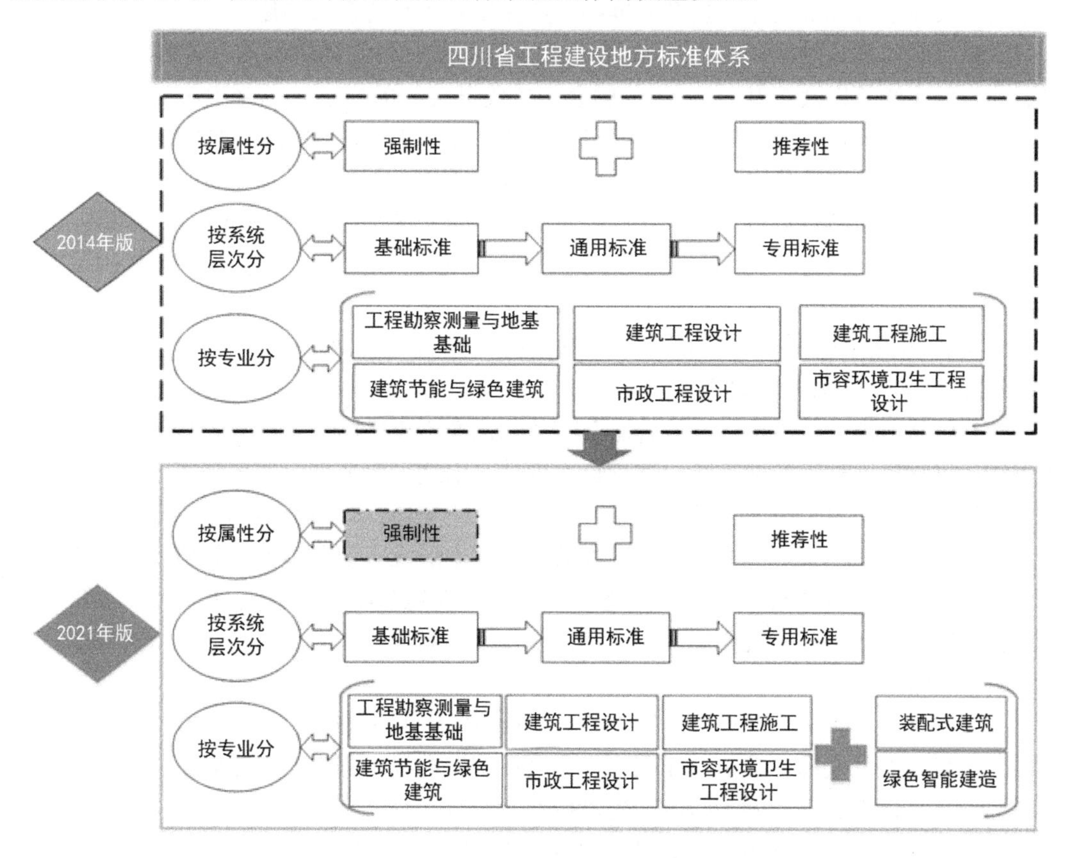


图 3-21　四川省工程建设地方标准体系对比图

**13. 新疆维吾尔自治区**

2021年完成了《新疆维吾尔自治区住房和城乡建设管理标准体系框架研究》，从标准体系的概念关系、国内外工程建设标准体系概况、标准化工作改革政策导向等方向着手，提出了新疆维吾尔自治区工程建设标准体系的发展建设路径，主动适应新型标准体系结构，构建强制性技术法规框架，优化推荐性技术标准，重视团体标准与企业标准地位的工作思路。在此基础上综合实践经验，提出了体系框架修订建议。标准体系建设工作是一项具有科学性、精准性、前瞻性、协调性的系统工程，需要各方力量共同努力，为新疆维吾尔自治区住房和城乡建设事业高质量发展提供技术支持。

## （二）地方工程建设标准化工作经验

**1. 北京市**

一是将标准工作纳入“小切口微改革”工作，全面梳理国家、行业、北京市工程建设地方标准，构建了北京市住房和城乡建设标准体系。

二是在北京市住房和城乡建设委员会官方网站“工程建设”下新增“标准管理”栏目，可实现标准通知、标准查询、征求意见和标准宣贯性相关信息的查看和标准的下载，便于公众及时了解标准工作，提升标准的推广使用效率和公众参与度。

三是结合总体规划对优化提升首都功能、加强历史文化名城保护、提高城市治理水平、加强城乡统筹以及办好2022年冬奥会、冬残奥会等的要求，围绕生态城市、海绵城市、城市安全、城市基础设施建设、保障和改善民生，开展相关标准的研究及制定工作，将总体规划蓝图分解为各专业领域细化的标准具体条款来指导设计和审批。

四是规划和自然资源标准化工作围绕首都战略定位要求和首都标准化战略纲要实施，制定《北京市“十四五”时期规划和自然资源标准化工作规划（2021～2025年）》，发布《北京市规划和自然资源标准体系》，扎实推进首都高质量发展标准体系建设。按照“京津冀协同工程建设标准框架合作协议”计划安排，发布《京津冀区域协同工程建设标准（2019～2021年）合作项目清单》。

五是围绕营商环境改革和“放管服”改革，标准不仅横向覆盖规划和自然资源工作各项职能，纵向也由技术标准不断向管理标准延伸。围绕绿色节能、城市安全、防灾抗震和民生等政策要求，对节能、消防、人防、抗震、道路交通、轨道交通等重要地方标准的评估、日常检查、专项审查等方式开展标准监管，基本形成了地方标准监管模式，实现了标准闭环管理。标准监管与规划审批、施工图审查、规划验收等各重要环节的工作紧密结合，标准对服务水平和审批效率的支撑和保障作用不断强化。

**2. 天津市**

深入贯彻落实《国家标准化发展纲要》，继续扩大京津冀标准合作范围。推动天津市标准高质量发展，发挥标准引领作用，提高科技研发向技术标准的转化效率，完善优化天津市标准体系建设，努力做到与国际先进标准衔接。

工程建设地方标准紧紧围绕天津市住房和城乡建设事业发展大局需要，以问题为导向，在现行国家标准、行业标准体系基础上突出拾遗补缺、地方特色，突出质量、安全、低碳节能等公益属性。目前，天津市工程建设标准体系包括房屋建筑和市政基础设施建设两部分，涵盖了基本建设中各类工程的勘察、设计、施工、安装、验收、检验检测、维护管理等内容。

**3. 上海市**

一是标准化工作聚焦重点工作。2021年已完成的《既有多层住宅加装电梯技术标准》《建筑工程交通设计及停车库（场）设置标准》《电动汽车充电基础设施建设技术标准》，以及新编的《保障性租赁住房设计标准》等多项重点标准，均与政府重点工作息息相关，是当前工作急需的技术指导。这些标准的及时发布，极大地支持了政府工作的顺利开展。

二是标准编写前瞻性和系统性。标准编制要有前期科研投入，有相对成熟的工程实践经验。同时，标准编制更要注意系统性，明确标准在整个标准体系中的地位，与相关标准分清边界。

**4. 重庆市**

一是结合发展需求，增加标准有效供给。集中力量组织编制装配式建筑、城乡智慧建设、轨道交通、绿色建筑、海绵城市等系列标准，积极回应城乡建设事业改革发展关切，支撑和引领行业转型升级。

二是围绕“双圈”建设，推动川渝标准互认。深入贯彻《川渝两地工程建设地方标准互认管理办法》（川建标发〔2021〕298号），推进川渝两地工程建设地方标准一体化建设，助力成渝地区双城经济圈建设。

三是激发市场活力，建立长效工作机制。发挥工程建设标准化财政专项资金引导作用和诚信综合评价体系激励作用，激发行业企业、科研院所、高等院校等参与标准编制的积极性，推动技术研究应用与标准制定有效衔接，探索建立工程建设标准化工作长效机制，增强标准化工作的动力、活力和效力。

**5. 吉林省**

一是为保证高质量完成标准编制任务，提前谋划，采取项目负责人制，项目负责人立项阶段参与专家论证，编制阶段参与编制推进会并协调解决遇到的困难，审查阶段与专家、编制组沟通意见，报批阶段协调吉林省市场监督管理厅，发布阶段协调排版、印刷、网上公开，备案阶段协调住房和城乡建设部及吉林省市场监督管理厅，全程跟进项目实施，保证计划进度。

二是针对人员年龄偏大、人员数量与标准化工作任务量逐年递增的矛盾，依托专家库专家技术力量，并调动大专院校、科研机构参与其中，激发参与标准化工作热情。

**6. 安徽省**

一是强化专家队伍建设。在全省范围内公开征集工程建设标准化专家库，遴选出433名涵盖建筑结构、暖通、岩土、电气等专业的专家入库，专家库实行动态调整，为安徽省工程建设标准化工作提供技术支撑。

二是开展重点课题研究。开展城市更新相关标准体系研究工作，进一步落实好城市更新行动，推进城市高质量发展；开展历史建筑保护和利用相关标准体系研究工作，贯彻落实党中央关于加强历史建筑保护工作的精神，加强安徽省历史建筑保护利用工作；开展太阳能光伏一体化相关标准体系研究，进一步指导和规范安徽省太阳能光伏发电系统与建筑一体化工程的设计、施工与安装、验收、运行与维护。

三是加强标准互认互享。与上海市建筑建材业市场管理总站、江苏省工程建设标准站、浙江省建设工程造价管理总站签署《长三角区域工程建设标准一体化发展合作备忘录》，达成合作共识。明确成立三省一市联合工作小组、建设标准化专家库、建立日常沟通机制、共商标准协同模式机制、推动标准研编工作等五项重要内容，扎实推进工程建设标准长三角地区互认、共享工作。

**7. 浙江省**

一是开展浙江省工程建设标准体系研究。围绕“十四五”期间“碳达峰、碳中和”等重点工作，修订浙江省《绿色建筑设计标准》《居住建筑节能设计标准》和《公共建筑节能设计标准》等标准，切实推进绿色发展，完善绿色建筑与建筑节能标准体系；制定《建设工程配建5G移动通信基础设施技术标准》《智慧灯杆技术标准》《智慧工地建设标准》《城镇生活垃圾分类管理信息系统技术标准》等标准，助推工程建设领域数字化改革。

二是持续开展工程建设标准复审工作。对施行5年以及因现行法律法规和国家标准等发生变化而不适用的标准进行复审，确定继续有效、废止或予以修订，确保标准的有效性、先进性和适用性，保持工程建设标准体系的完整性。

**8. 山东省**

一是强化顶层设计，标准化法制体系不断健全。“十三五”时期颁布实施《山东省工程建设标准化管理办法》，完善工程建设标准化法规制度，规范工程建设标准管理程序，促进工程建设标准有效实施。2021年，编制《山东省住房城乡建设领域标准化发展“十四五”规划》，规划的实施将为山东省住房城乡建设领域标准化工作提供总遵循、总目标。

二是深化推进改革，标准体系不断完善。加强标准供给侧结构性改革，健全完善山东省住房城乡建设领域标准体系。在绿色建筑、工程质量安全等重点领域，制定发布了《绿色建筑设计标准》等128项地方标准。开展地方标准和标准设计复审工作，梳理整合标准162项。市场标准稳步发展，制定发布《建设工程施工现场配电箱》《低能耗建筑外墙隔离式防火保温体系应用技术规程》《建设工程造价咨询招标投标规范》等团体标准20余项，促进了新材料、新技术、新产品、新工艺的推广应用。

三是注重过程管理，标准实施监督水平不断提升。加强工程建设标准从立项到复审全过程管理，有效提升技术标准的科学性、规范性、先进性。加大宣贯培训力度，组织开展《房屋建筑结构安全评估技术规程》《装配式建筑评价标准》《公共建筑节能设计标准》等30余项重点标准宣贯培训。强化实施监督检查，重点开展了无障碍环境建设及养老服务设施建设、光纤到户国家标准的实施监督。建立标准监督管理组织体系，明确各阶段工作职责、内容和方式，形成了上下联动的监管机制，标准化监督工作进一步加强。

四是强化引领支撑，标准化经济社会效益显著提高。通过绿色节能、装配式建筑、综合管廊和城乡综合治理等一系列标准的编制实施，有力推动了山东省住房城乡建设事业发展。

**9. 河南省**

一是聚焦公益性。深入贯彻国家标准化改革意见，紧紧围绕保障人民生命财产安全、工程质量安全、生态环境安全、公众权益和公共利益的新需求，推荐性标准逐步向政府职责范围内的公益类标准过渡，突出公众服务的基本要求。

二是把握技术性。工程建设标准作为工程建设活动的技术依据和准则，是保障工程质量安全和人身健康的重要技术基础，是推动工程建设科技进步，增强自主创新能力，促进建筑业转型升级，提升市场竞争力的核心要素，必须让标准强化技术要求，彰显标准的技术属性。

三是注重规范性。规范性是标准的本质特征。首先是把准立项关。在全面征集各方需求的基础上，充分征求相关标委会的意见建议，组织严格的专家论证，使该立项的标准必须立项，不该立项的标准在源头上就要予以禁止，把控好标准制定的范围和领域。其次是把住编制关。要求标委会全程参与到标准的编制工作中，严格按照《工程建设标准编写规定》指导标准的编制，以技术、参数和程序的严谨确保编制标准的规范。最后是把好评审及发布关。对全体编制单位及人员、评审专家、标委会委员提出了“标准工作无小事、制定标准零差错”的倡议，明确要严肃严谨严格、全面细致、认真负责对待编制和评审，审慎对待批准发布，做到精益求精，力争尽善尽美。

**10. 广西壮族自治区**

一是贯彻落实住房和城乡建设部深化标准化改革和《国家标准化发展纲要》要求，发布《广西“十四五”工程建设标准化发展纲要》作为指导“十四五”时期工程建设标准化工作的纲领性文件。

二是积极探索推动工程建设标准国际化的路径，通过重点推动广西工程建设地方标准《RCA 复配双改性沥青路面标准》作为典型标准项目转化为中国工程建设标准化协会标准（中英文版），越南河内交通运输大学、越南升龙 VR 科技投资发展股份有限公司、巴基斯坦哈比卜大学等国家的机构及科研人员加入到该团体标准的编制团队，是我国工程建设领域首部有国外单位和专家参与编制的技术标准；持续推动标准“走出去”和 ISO 国际标准的申报，以点带面，形成可复制可推广的路径；积极培育和发展团体标准，通过广西住房和城乡建设厅指导，由广西工程建设标准协会等单位联合申报广西科技厅项目“中国（广西）—东盟工程建设标准联合实验室建设及标准国际化研究与应用示范”并获批立项，通过科研项目支撑，弥补资金、人才的缺乏，充分调动各方力量开展标准国际化工作的研究。

**11. 四川省**

一是扎实推动川渝地区工程建设地方标准互认工作。按照四川省住房和城乡建设厅和重庆市住房和城乡建设委员会签订的《深化建筑业协调发展战略合作协议》关于“推进工程建设标准对接”工作要求，依据《标准化法》等法律法规及两地工程建设标准化有关管理规定，四川省住房和城乡建设厅和重庆市住房和城乡建设委员会联合印发了《川渝两地工程建设地方标准互认管理办法》，该办法的出台将进一步推动川渝两地建筑业高质量发展，有力促进两地工程建设地方标准“体系兼容性、信息交互性、资源共享性”，实现两地工程建设地方标准互认，充分发挥工程建设地方标准引领作用。

二是强力推进适老化改造重点工作。积极指导各勘察设计企业和施工图审查机构，严格依据《建筑与市政工程无障碍通用规范》GB 55019－2021、《无障碍设计规范》GB 50763－2012、《老年人照料设施建筑设计标准》JGJ 450－2018 等相关标准规范，做好无障碍设施的设计和施工图审查。为了更好地加强技术指导，先后发布了《四川省住宅设计标准》《四川省老旧小区改造更新技术导则》《四川省既有建筑增设电梯工程技术标准》《四川省第三卫生间设计标准》等相关标准，从技术层面对城镇建设改造管理过程中加强适老化改造及无障碍设施建设工作予以明确和指导。

**12. 新疆维吾尔自治区**

一是强化顶层设计，理顺体制机制，加快工程建设标准定额管理制度建设，建立健全标准化管理工作制度体系，稳步推进标准化体制改革，使工程建设标准化工作成为推动政府职能转变的重要抓手。

二是严把立项关卡，关注重点热点制定发布地方标准，组织开展强制性标准精简评估工作，完成重点标准制定工作，坚持政策引领，重点推进标准体系建设，组织编制完成《新疆维吾尔自治区住房和城乡建设管理标准体系框架》修编工作，工程建设标准的行业技术支撑与引领作用得到有效发挥。

三是拓宽宣传范围，加大宣传力度，行业管理人员及全社会的标准化意识明显提高。随着标准化宣传工作的不断深入和拓展，全社会标准意识逐步提升。首先通过网络媒体等各种渠道，做好新标准宣传工作，吸引社会大众对自治区工程建设标准化工作的关注。其次与行业管理有效结合，密切结合地方标准的发布，组织新标准的宣贯培训，拓宽宣贯服务对象，创新方式方法，增强全行业设计人员的标准执行力。

四是探索监管途径，完善反馈机制，积极协调多部门共同推进标准实施工作，加强工程建设强制性标准实施监督工作，进一步强化基层监督指导执法能力建设，标准实施效果和力度得到全方位提升。

### (三) 地方工程建设标准化工作存在的问题及原因分析

**1. 天津市**

一是标准体系建设不完善。主要体现在标准比较分散，形不成一个整体，强制性条文分散在各个标准中，标准的使用和监督工作过于分散难以执行，随着标准数量的增多，这一问题越发突出。同时，各方还存在理解上的矛盾问题，有些标准并非全文强制性标准，里面有强制性条文，又有非强制性的条文，在执行中理解不同，有些法律纠纷出现在强制和推荐上。

二是个别标准编制周期长。个别标准编制周期已超过3年甚至更长时间仍未完成，编制周期过长，标准时效性和技术先进性均有待论证。表现在对主编单位责任主体监督落实难，有些主编人调整，甚至有些主编单位存在调整。标准编制难以一以贯之，因此责任落实难以到位。

三是团体标准水平发展滞后。团体标准的健康发展需要各社团组织不断提高标准化管理能力与水平，不断提高标准技术水平，既要坚持底线思维，以国家强制性标准为根本遵循，又要具有创新活力，体现团体标准弥补市场缺失和体现高质量发展的鲜明特征，用更高质量的团体标准供给市场。同时还需要社团组织团结一致，技术上相互支持，在团体标准编制过程中，形成工作合力，打造市场认可、政府放心的高质量的团体标准。

**2. 上海市**

一是标准的全过程、全生命周期的闭环管理机制尚未建立，标准管理部门与标准执行部门的沟通机制不够健全。

二是标准信息化平台建设仍需不断完善。平台建设与日常管理的结合不够紧密。平台作用还有很大的开发空间。

三是区域标准发展方向仍不明确。长三角区域标准发布机制尚未建立。区域标准编制热情很高，但具体发布方式仍未确定。

**3. 重庆市**

一是标准编制质量有待提升。工程建设地方标准的编制质量主要依靠编制专家的技术水平和责任心，且以标准主编单位、参编单位参与编制为主，其他单位反馈征求意见和参与标准编制不积极，造成部分标准内容可操作性差。同时，部分标准编制进度缓慢，部分标准发布实施后，未能及时根据新发布的国家标准、行业标准进行修订，导致部分内容与国家、行业标准不协调。

二是标准宣贯培训有待加强。大部分标准都没有开展宣贯培训，且由于从业人员更迭频繁，新入行人员不清楚现行工程标准的更新和发布，存在新标准发布实施不知道、作废标准仍在应用的情况，不熟悉标准、对工程建设标准的理解和执行不到位的情况时有发生。

三是标准监督检查有待加强。标准化工作存在“重编制、轻实施”的问题，部分地方标准由于未纳入监管的范畴，因此无法在项目上执行实施。尚未建立完善的长效监管机制和定期开展专项监督检查的工作制度（仅 2018 年开展了一次标准专项监督检查），标准实施和监管主体对标准化工作重视程度不够，特别是对违反强制性标准的项目和单位查处较少，处罚不到位。

**4. 吉林省**

一是工程建设标准化工作整体水平与建筑业发达地区还有较大差距，标准的先进性和前瞻性仍需加强。由于激励机制不健全，科研机构和青年专家参与标准化工作的热情不高，参与单位与人员相对固定，参与国家标准、行业标准编制工作的单位和个人更是寥寥无几，不利于工程建设地方标准整体水平的提升。

二是标准规范的宣贯还需加强。2017 年以来，吉林省现行工程建设地方标准网上全文公开，可网上浏览下载，方便查询使用。但宣传渠道单一，受众范围小，不利于标准的落地施行。

**5. 浙江省**

一是浙江省工程建设标准体系尚未健全。从浙江省工程建设标准的申报工作看，申报的项目存在自发性、无序化、碎片化、重复重叠严重等问题；不同标准之间逻辑关系不强；没有近远期编制计划，所以对重点领域的重要标准无法提前聚焦和整合社会力量攻关突破。

二是制度更新滞后。《浙江省工程建设标准化工作管理办法》（浙建法〔2006〕27 号）和《浙江省工程建设地方标准编制程序管理办法》（浙建设〔2008〕4 号）等相关工程建设标准管理规定颁布年份久远，现无法与深化工程建设标准化改革目标要求相适应，需进行相应修改和规定以满足现阶段政策支持需要。

**6. 山东省**

一是标准更新缓慢。当前山东省 200 余项现行标准，按照标准更替的需要，每 5 年进行修订，那么平均算下来，每年需要修订的标准数量近 40 项，以当前的专家资源、行政资源，很难完成标准及时更替的任务，几年积压下来，就出现部分标准过于陈旧，有的老标准甚至运行了近 20 年，一本标准延迟修订短期来看问题不大，但是多年累积下来就会出现比较严重的问题。

二是标准化工作“重编制、轻实施”问题依然存在。标准实施尚未建立有效的协同机制、长效监管机制，监督检查制度还不够健全。标准化政策和标准宣贯培训还不够到位，宣贯培训形式相对单一，覆盖面不大，从业人员对标准学习不够，造成工作中存在各种疑惑，执行不到位的情况。

三是团体标准、企业标准认可度不高，同时质量参差不齐。目前市场上还是普遍存在认可国家标准、地方标准的权威性，对于团体标准、企业标准认可度不高，发展受限，同时团体标准、企业标准编制质量参差不齐，更加限制了推广及市场认可。

**7. 河南省**

一是标准供给不及时。新技术、新材料不断涌现，社会对标准的需求越来越强烈、关注度越来越高，推荐性标准难以做到全面及时满足。

二是标准执行不到位，影响标准的严肃性，需要继续强化标准实施监督，让标准成为工程质量和安全的“硬约束”。

三是标准化的相关法规制度还有缺失，需要尽快完善。

**8. 广东省**

一是标准体系还不完善，现行标准多而不全，重点领域标准仍有缺口，标准综合水平还不够高。

二是团体标准有待进一步培育，目前团体标准在工程建设领域应用仍存在权威性不够、认可度不高等问题，需要加大力度引导。

三是粤港澳大湾区融合发展存在体制机制的障碍，目前仅停留在交流对接层面。

**9. 广西壮族自治区**

一是管理制度亟待完善。2008 年 10 月 17 日颁布实施的《广西工程建设地方标准化工作管理暂行办法》（桂建标〔2008〕10 号）已无法适应深化标准化改革工作的新形势和新颁布的《标准化法》等有关规定要求，工程建设地方标准化工作管理制度亟待完善。

二是缺乏实施反馈机制。部分标准颁布实施后，因宣传贯彻不到位，未能及时收集标准实施过程中存在的问题，未能及时复审修订，对标准的实施情况及实施效果不能及时有效掌握。

三是工程建设标准化人才匮乏。随着国家标准战略的大力推进，标准化人才建设不足的问题日益显现，当前自治区在工程建设标准化领域的技术型和管理型人才缺口依然很大，现有人才数量少，尚未能建立完善有效的人才培养体系和机制，难以满足技术标准战略实施的需求。

**10. 海南省**

一是行业整体技术水平低，标准工作基础与其他省份相比依然薄弱。标准工作的内在规律要求深厚的技术储备来支撑标准工作开展，海南与其他省份相比，顶尖的技术资源较为缺乏，多项标准的编制和评审需要借助其他省份技术力量才能完成。此外，目前海南建筑业虽然引进了众多技术实力雄厚的企业，但对海南地域特殊性的理解不够，还需要针对本地情况做大量的试验研究和论证，这方面工作还处在起步阶段。

二是工程建设标准的实施监督需加强针对性。目前，工程建设标准化部门从上到下对于实施监督尚未形成有效的工作手段，重编制宣贯、轻实施监督的情况长期存在。海南省虽已开展部分标准的实施评价工作，但针对性不强、缺乏统筹考虑。随着海南自贸港建设的深入开展，技术标准需要解决问题的广度和深度与以前相比增加了很多。在现有基础上，加强覆盖面广、社会影响大、与民生息息相关的相关标准的筛选并针对性实施评估，这方面还亟待加强。

三是标准国际化推进缓慢，成效不大。自承担标准国际化试点以来，海南省积极探索标准国际化工作，但进展缓慢、成效不大，主要原因：国际交流机会少，双语版标准出版困难，对标工作无法开展；海南省的科研及企业力量相对薄弱，难以在国际化标准工作上给予技术支持；财政经费不足。下一步还需解放思想、开拓进取，多学习、多尝试，促使标准国际化工作能够取得突破性进展。

**11. 四川省**

一是标准实施和监督工作力度不够。四川省标准监督管理工作有一定的进步但是也存在一些问题，比如：标准监管的长效机制尚未建立，从业人员对工程建设标准的理解和执行尚不到位，不能适应目前工程建设的需求。具体反映在：标准监管机构尚不健全、人员甚少、标准监管的地方性文件尚未出台；监管范围不大，处罚力度不足。

二是标准化信息工作尚待完善。四川省还未建立专门的工程建设标准化信息网站，信息的涵盖面远不能满足工程建设标准化工作的实际需求。对于工程建设标准化相关工作，诸如工程建设标准化有关法律、法规、政策的发布和阐释、工程建设标准化重要活动报道、建设从业单位参加标准培训的人数、参与标准编制的数量、标准得奖情况、标准实施效果、标准执行情况的检查结果、工程建设标准化知名专家介绍，以及国内外工程建设标准化工作的新理念、新经验、新趋势等的全面可靠的信息，了解信息不够。地方标准的信息扩散工作也由于经费短缺等原因受到了一定影响。不注重信息反馈或信息渠道不畅是阻碍工程建设地方标准化工作取得突破性进展的一大“瓶颈”。

三是工程建设标准化工作经费不足。工程建设标准经费不足与四川省地方经济的快速发展不太匹配，由于经费缺乏，影响工程建设标准有序进行。另一方面，四川省工程建设标准化经费来源基本上是财政厅给予一定财政预算。而这些资金对于工程建设标准编制工作的需求还差距很大，解决不了根本性问题。

**12. 贵州省**

一是部分效益好的企业只重视追求经济效益，不重视科技研发和标准化工作。部分企业受到技术水平、管理水平、资金等的限制，对标准认知不足，难以完全满足执行现行工程建设标准的要求，对标准化工作缺乏有效的标准化信息、数据、档案管理。

二是部分工程建设标准与贵州省的社会发展和实际情况不能很好地适应，可操作性待加强。

三是由于人员、资金等的欠缺，标准化工作重编轻管的现象依然存在，标准实施的监管机制尚待健全。

**13. 宁夏回族自治区**

在开展业务工作中存在与宁夏回族自治区标准化主管部门工作体制机制不畅的问题，因工程标准编制单位送审程序烦琐、标准编制格式不统一等，造成立项标准未能如期完成报批和发布，影响标准化工作进度。

**14. 新疆维吾尔自治区**

一是体制机制有待完善，监管职能薄弱，标准化工作重编制轻管理。对标准的实施未有效开展评估，造成标准推广应用和实施效果质量在各地参差不齐，标准技术内容的实用性、先进性是否达到要求难以掌握。相关监管资源缺乏整合，标准实施情况综合监管职能缺位、监管手段缺失，缺乏标准执行有效监管的方法；常态化的标准监管机制尚未形成，不能从终端了解标准是否真正落到实处，无法有效开展标准实施情况监督检查工作，尚未形成有效的标准实施信息反馈和评估机制。

二是标准化工作经费的运行和管理机制有待健全完善。工程建设地方标准化工作缺少财政专项经费支持，过度依赖政府财政资金投入，市场在资源配置中的决定性作用发挥不足。标准编制主要由主编单位自筹，与标准编制的高成本不相匹配，在实施监督方面更是缺少经费支持。编制财政经费投入和补助资金标准与内地省份和实际支出都有较大差距，很大程度影响到标准项目立项和标准编制进度、质量。在全面统筹工程建设标准化管理机构与自治区建设行业管理部门协同联动方面还需进一步完善，缺乏权威、高效的标准化协调机制。

三是调查研究有待深化，标准化工作基础性研究缺失和滞后。标准化工作基础性研究欠缺滞后，政府主管部门和编制单位对个别地方工程建设标准研究不充分，使标准的地域特点不显著，也不能有效突出资源禀赋和民俗习惯，更不能促进特色经济发展、生态资源保护、文化和自然遗产发展。目前，政府主管部门和设计单位对标准的前期研究工作还不够重视，引导全行业共同推进标准调研工作做得还不够，没有真正做到“把标准编制的过程作为学习的过程、研究的过程”。从工作实践和考察学习情况来看，标准化工作的基础性研究有待进一步加强。

四是前瞻性不够，新型城镇化、建筑产业化等方面滞后，团体标准发展不足。现行标准多适用于传统建造和监管模式，对于新型城镇化建设需求和装配式建造技术创新，标准制定工作相对滞后，难以满足新型城镇化和建筑产业现代化等技术保障需求。政府主导的公益类标准数量和规模过大、标准供给不足，团体标准发展不足，尚未形成地方标准和团体标准相配套的标准体系。

### (四) 下一步地方工程建设标准化工作思路和主要任务

#### 1. 北京市

(1) 规划和自然资源领域

一是继续加强顶层设计，做好《北京市“十四五”时期规划和自然资源标准化工作规划（2021～2025年）》和《北京市规划和自然资源标准体系》的实施工作，研究制定“十四五”时期标准化工作规划实施方案，建立标准体系数据库。二是围绕韧性城市、智慧城市、三网融合、碳中和等北京市重点任务以及规划和自然资源中心工作，按计划推进《建筑工程减隔震技术规程》《城市综合管廊工程设计规范》等标准的研究及制修订工作。三是进一步做好标准的实施监管工作，通过全委标准化联席会议制度形成合力，充分发挥每个部门在标准执行情况监督检查中的作用。

(2) 住房和城乡建设领域

尽快发布工作规则、管理办法和标准体系，加强标准中长期规划的研究，加大对团体标准、企业标准的研究、引导力度。进一步完善“标准管理”栏目，完善标准信息查询栏目，实现现行标准全部查询、下载；实现制修订项目标准进度信息公开。加强标准宣贯和实施效果评估。

**2. 天津市**

(1) 高质量做好京津冀协同标准编制工作

围绕“双碳”目标、标准保障质量安全等方面，继续开展“京津冀”区域协同标准研编工作。加强与北京、河北标准管理部门的沟通协调力度，确保标准管理理念协同，时间进度和质量要求一致。组织天津市具有一定技术实力的单位会同北京、河北编制单位共同开展标准编制，加强三地编制组的技术对接和交流合作。加强标准编制过程管理，深入介入标准编制的全过程，第一时间掌握编制信息。

(2) 用标准工作服务工程建设领域

做好天津市工程建设标准管理工作，全面贯彻新发展理念，在急、难、新、重等标准化领域加强与各行业、各单位联系对接，更好发挥先锋官和引领高质量发展的作用。结合国家及天津市城建领域重点工作，主要面向“双碳”、城市更新、房屋建筑安全、轨道交通建设、新技术应用、新农房建设等方面，开展2022年天津市工程建设标准立项工作。做好国家和天津市工程建设标准宣贯培训工作，保证新发布标准实施落地。开展现行标准设计图集的清理和复审工作，确保实时更新，适用于行业发展。持续引导和培育团体标准蓬勃健康发展。

(3) 进一步深化标准化工作改革

加快地方标准体系化建设与改革创新，以全文强制性规范为主体，构建以推荐性标准和团体标准为配套的新型标准体系。做好国家全文强制性标准推广实施。对具有地域特点的地方标准予以补充制订，不断优化推荐性地方标准体系结构，突出其公益属性，逐步缩减数量和规模。积极引导和培育团体标准的发展，鼓励企业参与领跑者制度，编制更高水平的企业标准。

**3. 上海市**

(1) 强化标准管理基础

一是强化标准进度、质量管控。对在编标准的进度情况进行定期跟踪，强化标准编制各节点的质量审查和信息反馈力度。二是开展全文强制性规范与工程建设地方标准相关性评估，对住房和城乡建设部已发布的全文强制工程建设规范进行评估，重点评估对上海市工程建设地方标准的影响并提出对相关标准的编制或修订建议。三是开展标准化管理培训、教育。开展标准管理人员和标准编制人员培训教育，完善工程建设标准宣贯培训机制；督促各标准编制单位分别作好相关标准的宣贯培训工作。四是开展标准化管理数字赋能研究。研究上海市工程建设地方标准数字化转型的路径、方法、领域、目标和时间节点，为后续标准的管理、研编和应用提供新的平台和方法。五是对照人民城市建设要求，严格把控好《保障性住房设计标准（保障性租赁住房新建分册）》《保障性住房设计标准（保障性租赁住房改建分册）》《保障性租赁住房标准设计图集》《电动自行车集中充电和停放场所设计标准》和《既有多层住宅加装电梯设计图集》等重点标准的编制质量。

(2) 持续完善地方标准体系

进一步发挥标准在城市建设和管理中的战略性、全局性、系统性作用，在城市更新、五个新城建设、绿色低碳、优秀历史建筑保护、城市管理等领域梳理、完善相关标准的需求清单。

（3）积极推进工程建设标准国际化

一是积极参与标准国际化活动。积极参与上海市市场监督管理局国际标准化长三角协作平台相关活动，举办第二届工程建设标准国际化论坛。探索与ISO、BSI、ANSI等国际标准化组织在相关领域的合作机制。二是夯实标准国际化人才基础。会同上海工程技术大学研究完善工程建设标准化课程，深入试点开设选修课。三是研究工程建设领域从业人员执业资格继续教育中开设工程建设标准化课程。四是完成标准国际化人才和标准化咨询机构摸底调研情况。对在沪标准国际化专家和高级人才情况摸底调研，收集相关信息，建立工程建设标准国际化人才库；对在沪标准化咨询机构开展摸底调研，对各机构基本情况、业务开展情况、人员组成情况等要素信息进行登记造册，形成机构名单。

**4. 重庆市**

（1）进一步加强标准编制管理

进一步完善标准化管理制度，指导团体标准和企业标准编制应用，促进政府标准与社会标准协同发展。聚焦城乡建设重点领域，结合《重庆市住房和城乡建设科技“十四五”发展规划（2021～2025）》《重庆市工程建设标准体系（2020年版）》，制发行业短缺标准供应；定期开展标准复审修订工作，推动地方标准关键指标提档升级，以标准升级带动产业升级，促进建筑业持续健康发展。

（2）进一步加强标准宣贯培训

全面开展川渝两地工程建设地方标准互认工作，并尝试共同编制川渝地方标准，逐步扩大地方标准在川渝地区的影响力。编制《重庆市工程建设标准宣贯培训管理办法》，推动工程建设标准正式实施一年内开展标准宣贯培训，提升行业从业人员能力水平。强化标准信息公开，推进标准资源向社会开放共享。

（3）进一步加强标准监督检查

完善标准实施监督机制，推动建设各方定期开展建设标准实施情况自查，充分发挥施工现场标准员作用，确保建设标准有效实施。强化设计、施工及验收等各环节建设标准实施监督日常检查，定期开展标准实施监督专项检查，提升标准执行效率。

**5. 河北省**

紧紧围绕《国家标准化发展纲要》政策要求，继续进一步研究制定河北省工程建设地方标准，完善工程建设标准体系，推动城乡建设高质量发展。

（1）拟完成20项高质量公益类工程建设地方标准的编制，其中建筑节能类超低能耗居住建筑设计等标准5项，民生工程类保障性租赁住房等标准7项，智慧城市类智能化街区热水管网建设等标准3项，质量安全类工程质量潜在缺陷风险管理等标准5项。

（2）开展工程建设标准和标准设计的复审。

（3）强化标准引领作用，加快推动绿色建筑和装配式建筑发展。2022年，城镇新建绿色建筑占比达到92%以上，新开工被动式超低能耗建筑176万$m^2$；新开工装配式建筑占比达到26%。

（4）做好与京津两地建设行政主管部门沟通，继续开展京津冀协同标准的编制。

**6. 山西省**

围绕绿色双碳、城市更新、海绵城市建设、房屋与市政工程质量安全等重点领域，组织加强工程建设标准编制，规范工程建设地方标准管理，按照住房和城乡建设部关于标准复审的管理办法对发布实施5年（含）以上的标准进行复审，同时，加强工程建设标准的宣贯、实施与监督，推进标准的有效落实。

**7. 辽宁省**

（1）围绕住建领域重点工作，开展标准研究与编制

按照“碳达峰、碳中和”目标，根据绿色低碳数字发展要求，围绕城市更新先导区建设，新型城市基础设施建设，开展建筑碳排放、低能耗建筑、超低能耗建筑、近零能耗建筑、绿色建筑、装配式建筑等系列标准研究与编制。

（2）夯实标准化工作基础，加强队伍建设

分类指导引领标准化工作平台建设，加强城市更新标准化技术人才建设，完善相关领域专家库。

（3）强化标准宣贯，配合做好国家标准、行业标准宣贯工作

组织好地方标准宣贯工作，借助媒体加强城市更新标准体系的宣传，借助社会力量共同实现辽宁地区城市更新目标。

**8. 吉林省**

（1）加强标准管理工作

根据吉林省住房和城乡建设领域发展实际，2022年计划分两批下达吉林省年度工程建设地方标准制定（修订）计划，项目完成时限不超2年。对标龄5年及以上现行地方标准进行复审清理，将需修订标准项目列入年度计划。

（2）加快吉林省工程建设标准化工作人才培育

对标准化工作专家库入库专家进行标准化业务培训。根据工作需要，开展课题研究，对现有标准体系进行完善补充。

（3）加强标准宣贯

围绕中心工作，开展标准宣贯培训，请编制组专家对标准内容进行解读，指导实施。

**9. 黑龙江省**

（1）完善标准体系

加强标准梳理，结合重点工作制定年度标准编制计划，逐步形成结构合理、衔接配套、覆盖全面，适应黑龙江省住房城乡建设事业发展需求的新型标准体系。定期开展标准复审，修订和淘汰落后标准。

（2）研究企业标准和团体标准管理机制

培养优秀团体标准组织，支持具备条件的学会、协会、商会开展团体标准化建设，鼓励社会团体制定原创性、高质量团体标准并进行自我声明，发挥标杆示范作用。推动实施企业产品和服务标准自我声明制度，鼓励引导企业制定并实施高质量的企业标准。

（3）探索可行的标准宣贯方式

每年选取主要的技术标准和强制性标准，通过行业主管部门搭建平台，由行业协会、住房和城乡建设厅测评中心、主编单位、科研院所等组织标准宣贯培训会，逐步打破标准宣贯不足的瓶颈，提升标准的推广和使用价值。

（4）加强技术支撑

完善工程建设标准化技术委员会，鼓励支持公益类标准化研究机构、社会团体、标准化技术委员会等力量，以信息化手段为支撑，面向社会开展标准研发、标准对比分析、标

准评估、标准实施咨询、标准体系建设、标准化能力提升、标准宣贯培训、标准化人才培养等定制化专业服务，提升标准服务能力。

**10. 江苏省**

(1) 完善江苏省工程建设地方标准体系

为了加快标准的编制速度，提高标准的覆盖率，江苏省在重点领域先后完成了《江苏省建筑节能技术标准体系研究》《江苏省绿色建筑标准体系研究》《涉老设施规划建设标准和标准体系研究》《江苏省建筑产业现代化标准体系研究》《江苏省城乡建设抗震防灾标准体系研究与应用》和《江苏省工程建设消防标准体系研究与应用》等多项标准体系研究。这些研究课题通过对国内外标准和技术的现状分析，构建了相关建设领域工程建设地方标准的框架体系和主要内容。为了进一步推进江苏省工程建设地方标准高质量发展，结合“双碳”和“十四五”建设领域科技创新规划等内容，亟须加快完善江苏省“双碳”工程建设地方标准体系，为江苏省工程建设地方标准编制计划的制定提供科学依据。

(2) 标准实施多措并举

标准宣传和贯彻是标准实施的重要途径。为了进一步加强工程建设标准宣贯培训和注册师继续教育的学习，江苏省工程建设标准站对工程建设标准的发布、目录等信息资源进行整合，针对重点国家标准及地方标准，制定宣贯培训计划，适时组织召开标准宣贯培训。

(3) 引导企业技术标准创新

工程建设企业标准化工作是实施工程建设标准化的重要方面，为了提高工程建设企业标准化水平，确保工程质量和安全，推进工程建设企业科技创新，江苏省将继续对工程建设企业技术标准进行认证公告。加快并规范新技术、新材料、新工艺、新产品的推广应用和成果转化，推动江苏省建筑节能、绿色建筑和装配式建筑等重点工作发展。

**11. 浙江省**

(1) 完善浙江省工程建设标准化体系

持续完善浙江省工程建设标准体系，发挥工程建设标准的引领作用。围绕数字化改革、“碳达峰、碳中和”、保障性住房、老旧小区改造、村镇人居环境改善、公共服务配置、生活垃圾治理、城市轨道交通、市政基础设施等城乡建设事业发展的重点工作，做好相应标准的组织编制，加强标准编制的技术指导，不断完善浙江省工程建设标准体系。

(2) 做好浙江省工程建设标准化人才培养

充实工程建设标准化人员技术力量，建立浙江省工程建设标准化专家库，提升浙江省工程建设标准化技术力量和管理水平。围绕工程建设标准化工作改革总体目标，组织标准编制单位相关技术人员开展标准编制专业知识的培训和新发布的工程建设标准宣贯培训工作，培养一批工程建设标准化人才。

(3) 逐步提升工程建设标准数字化水平

继续完善浙江省工程建设标准电子信息库，提升信息化支持力，做好动态管理。不断优化标准体系，做到工程建设地方标准在线申报，标准编制电子化管理，提升标准制修订过程透明度和工作效率，加强标准信息协调，提升标准化信息服务能力，进一步提升工程建设标准信息化管理水平。

（4）助推长三角标准一体化建设

坚持“资源共享、优势互补、信息互通、能力提升、共同发展”原则，切实推进江浙沪皖长三角标准一体化建设，落实区域协同标准的目标任务，推动长三角区域信息资源共享和互联互通。

**12. 安徽省**

贯彻落实《国家标准化发展纲要》及《“十四五”推动高质量发展的国家标准体系建设规划》重点任务，深化工程建设标准化改革，加强安徽省工程建设标准体系研究与建设，充分发挥标准化支撑和引领作用。

（1）加强工程建设标准体系建设

贯彻落实标准化改革任务，加快城市更新相关政策标准体系研究与建设，完善绿色建筑标准规范体系，提高装配式建筑构件标准化水平，推动智能建造和建筑工业化协同发展。

（2）加强团体标准指导与培育

培育工程建设团体标准，加快新材料、新技术工程应用标准的制定，促进新材料、新技术的推广应用。

（3）加强重点标准编制

重点围绕安徽省智慧城市建设、绿色建筑、装配式建筑和节能减排等方面，推进工程建设地方标准制（修）订工作。完善市政公用行业技术标准，提高新建民用建筑节能标准，编制《城市生命线安全工程运行监测技术标准》等地方标准，健全农村房屋建设标准。

（4）加强工程建设标准复审工作

认真开展好对现行工程建设标准的梳理和复审工作，强化标准实施监督，优化工程建设地方标准体系。

（5）加大工程建设标准的执行力度

加强工程建设标准宣贯培训工作，制定年度工程建设标准宣贯培训计划，普及相关技术标准知识，提高从业人员标准化意识和执行标准的自觉性，确保各项工程建设标准真正落到实处。

**13. 山东省**

2022年，按照国家和山东省决策部署印发《山东省住房城乡建设领域标准化发展“十四五”规划》（简称《规划》），以《规划》为遵循，逐步开展各项重点任务，加快形成山东省高质量发展标准体系，着力做好以下工作：

（1）实现一个突破

以促进团体标准健康发展为突破点，推动构建高质量发展的新型标准体系。在调研的基础上，与市场监管、民政等部门沟通协调，研究探索团体标准科学规范管理机制，规范、引导、监督团体标准健康发展，推动团体标准与政府标准配套衔接、优势互补、良性互动。

（2）抓住两个重点

一是以提升地方标准质量为重点。严把标准立项关，注重标准的先进性和前瞻性，避免标准重复立项。强化标准复审管理，进一步精简整合，优化完善碎片化标准，对科技创新和新成果应用更新快的标准，可缩短标准复审周期为3年，加快标准修订节奏。加强标准编制管理，规范工作流程，明确要求和责任，避免标准内容重复矛盾。标准草案网上公开征求意见，强化社会监督，确保标准内容及相关指标的科学性和公正性。

二是以改进标准实施监督机制为重点。不断建立完善工程建设强制性标准、推荐性标准、团体标准和企业标准分类监督的实施机制和制度，建立健全标准实施监督信息反馈、投诉渠道和违法违规行为曝光制度。进一步完善强制性标准“双随机、一公开”的监督检查机制，加大查处力度，实现跨部门联合检查。

(3) 做好三篇文章

一是推进“十四五”规划落地实施。根据发布的《规划》谋划标准化发展行动，明确年度工作要求和重点任务，确保“十四五”规划落地实施。

二是为山东省住房城乡建设发展提供有力技术支撑。突出工作重点，围绕建筑产业化、建筑节能、绿色建筑、城市管理和村镇建设等国家和山东省中心工作，围绕山东省住房城乡建设领域地方标准缺项和薄弱环节，征集标准制（修）订项目，力争地方标准覆盖范围继续扩大。

三是提高各级标准化工作人员的理论和工作水平。围绕住房和城乡建设部发布的38项强制性工程建设规范以及山东省重点地方标准，积极组织开展宣贯培训工作，进入企业、工地，开展进门宣传，提升标准的知晓率，提升企业对标准的应用能力。

**14. 河南省**

深入贯彻《国家标准化发展纲要》，全面实施标准化战略，持续深化工程建设标准化改革，优化标准体系；建立重大科技项目与标准化工作联动机制，提升标准质量；组织开展强制性标准监督检查，强化标准实施。充分发挥标准在落实国家方针政策、保证工程质量安全、维护人民群众利益等方面的引导约束作用，以高标准助推住房城乡建设事业高质量发展。

(1) 持续推进标准化改革

一是深入贯彻《国家标准化发展纲要》，构建标准化工作新格局。

二是严格落实住房和城乡建设部关于住房城乡建设领域贯彻落实《国家标准化发展纲要》工作方案，推动住房城乡建设高质量发展。

三是谋划制订河南省落实《国家标准化发展纲要》城乡建设专项方案。

(2) 强化强制性标准

一是认真宣贯。严密组织国家即将发布的16项全文强制性工程建设规范的培训，营造良好氛围。

二是严格执行。按照控制性底线要求，通过不同方式督促工程建设各方主体在项目的勘察、设计、施工、监理、验收、维修、养护、拆除等建设活动全过程中严格执行规范。

三是组织监督检查。定期对施工图设计审查、建筑安全监管、工程质量监督等机构实施强制性标准的监督进行检查，同时，采取重点检查、抽查和专项检查等方式，对工程项目执行强制性标准情况进行检查，强化强制性标准的兜底线作用。

(3) 优化推荐性标准

一是全面复审。依据国家发布的38项全文强制性工程建设规范，开展河南省现行工程建设地方标准复审，对不符合标准化改革政策、低于强制性标准要求的标准予以修订或废止。

二是组织修订。依据复审意见，组织编制单位按照要求进行全面或局部修订，确保强制性标准的“技术法规”在推荐性标准中得到严格落实。

三是组织制定公益类标准。围绕政府职责范围，重点制定城市地下空间防水排涝改造等公益类标准，突出公共利益和公众权益。

（4）发展团体标准

着力培育一批具备社团法人资格和具有相应专业技术及标准化能力、实施标准化良好行为规范和团体标准化良好行为指南、坚持诚实、守信、自律且具有影响力的团体标准制定主体，鼓励将具有应用前景和成熟先进的新技术、新材料、新设备、新工艺制定为团体标准，增加标准有效供给，推动国家重大政策落实和科技创新成果推广应用，引导行业创新发展。

**15. 广东省**

（1）继续改革完善工程建设标准体系

健全标准化工作机制，修订《广东省工程建设标准制订、修订工作指南》；制订2022年广东省工程建设地方标准编制计划，新发布一批行业亟须的地方标准；继续培育发展团体标准，充分释放市场活力。

（2）加强标准实施指导监督

加强重要工程建设标准宣贯培训，开展现行广东省工程建设标准复审，与国家全文强制性标准相协调；完成广东省工程建设标准化管理信息系统升级改造。

（3）继续推进大湾区标准共建

支持粤港澳三地行业协会和企业在不改变三地既有管理习惯的前提下，开展工程建设共性领域标准协同研究，探索联合编制地方标准和团体标准。支持深圳前海和珠海横琴加强与港澳地区标准化合作，推动粤港澳大湾区标准融合发展。

**16. 广西壮族自治区**

（1）构建广西新型工程建设标准体系

自治区住房和城乡建设厅将及时梳理广西工程建设地方标准，不断修订和完善自治区工程建设标准体系，建立统一协调、运作高效、政府与市场共治的工程建设标准化管理体制和有效的标准化工作机制，促进工程建设领域标准均衡发展。加强政府标准制定管理，培育发展团体标准，鼓励社会团体制定满足市场和创新需要的团体标准。

（2）完善标准实施监督体系

结合工程建设强制性国家标准要求，督促指导各级地方工程建设主管部门对勘察、设计、施工、验收和维护全过程的标准实施进行经常性监督检查；建立标准实施信息反馈机制，畅通反馈渠道，广泛收集建设活动各方责任主体、相关监管机构和社会公众对标准实施的意见、建议，建立标准制定、评估防范、实施和监督联动机制；开展重点领域标准实施情况评估，研究探索建立标准实施评估机制。

（3）推动标准国际化试点工作

拟成立由广西发起的中国—东盟工程建设标准国际化联盟，开展面向东盟地区的工程建设标准国际化合作与交流，定期举办标准国际化高峰论坛及多层次的研讨活动，推进面向东盟的工程建设标准国际化向更深层次、更高水平、更宽领域发展。探索中国与东盟国家工程建设标准化的互认机制及中欧区域标准化合作工作机制。

**17. 海南省**

将继续围绕国家和省委省政府重点工作，以“高标准才有高质量”为指导思想，聚焦绿色建筑、装配式建筑、工程质量提升、城乡建设等住房城乡建设重点领域，充分发挥“标准助推创新发展，标准引领时代进步”重要作用，继续加强海南省工程建设标准化建设工作。

（1）不断完善海南省绿色建筑、装配式建筑标准体系，通过制定高水准的地方标准，引领海南省工程建设高品质、高质量发展。

（2）针对海南省气候及经济技术条件等区域特点，发挥工程建设领域领军企业和领军人物的作用，提前布局谋划，加强关键技术标准研究，为下一步工作开展打下基础。

（3）开展多形式、多层次、广覆盖的标准宣贯培训工作，推动标准落地应用。加强标准实施监督，组织标准主参编单位积极参与对标准实施情况的评估与反馈工作。及时对标准体系进行补充、优化，及时修订完善标准体系和标准项目，不断提高标准的科学性和适应性。

（4）继续坚持标准国际化视野，在地方标准制修订过程中，对符合国际化条件的技术领域保持关注，加强相关情况的调研，了解现状、问题、各方需求等，进一步推动标准国际化工作开展。

**18. 四川省**

（1）进一步完善地方工程建设标准体系

研究制定城市体检评估标准，完善城市生态修复与功能完善、城市信息模型平台、更新改造及海绵城市建设等标准。推进城市设计、城市历史文化保护传承与风貌塑造、老旧小区改造等标准化建设，健全街区和公共设施配建标准。研究制定新一代信息技术在城市基础设施规划建设、城市管理、应急处置等方面的应用标准。健全住房标准，完善房地产信息数据、物业服务等标准。推动智能建造标准化，完善建筑信息模型技术、施工现场监控等标准。健全智慧城市标准，推进城市可持续发展。

（2）强化工程建设标准信息化工作

一是建立专门的工程建设标准化信息网站，建立工程建设标准化管理系统，实现与国内外工程建设标准化组织机构的信息对接和资源共享，加快实现标准信息服务机构相互联网，并逐步延伸到企业。

二是通过积极推进电子传输等手段，逐步试点标准从计划开始，到标准草案的讨论、意见征求、技术的审查、批准发行以及出版发行等工作都通过网络开展实施。

三是在信息收集的基础上，进行分析、整理并对疑难问题进行咨询和解答，动态地反映工程建设标准化工作全貌，完成基本数据库的建设，解决实际工作中的难题，实现全过程网上监管。

四是将新发布和现行的国家、行业、地方标准、标准设计目录、实施和宣传培训等信息在网上公布，及时公告地方标准的立项、制（修）订、征求意见和发布信息。定期向社会发布工程建设地方标准化工作的各种基础数据，实现资源共享。

五是加强对标准和标准设计成果以及出版发行渠道的管理，委托出版和销售部门将标准发布目录及时发放到施工、设计、监理、检测等建设行业的各个企业和中介机构，提高标准的告知效率。同时，深入探索电子化、网络化出版发行模式，方便广大工程技术人员查阅和使用。

（3）建立健全工程建设地方标准评估体系

一是标准实施状况评估，从两方面评估，评估标准批准发布后，标准实施与监督管理机构及有关部门和单位为保证标准有效实施开展的标准宣传、培训等活动，以及标准出版发行等情况；评估标准发布后，标准在工程中的应用，以及专业技术人员执行标准和专业技术人员对标准的掌握程度等方面的情况。

二是标准实施效果评估。主要评估标准颁布后在工程中应用所发挥的作用和取得的效果：评估标准工作在工程建设中应用所产生的对节约材料消耗、提高生产效率、降低成本等方面的影响效果；评估标准在工程应用中对工程安全、工程质量、人身健康、公共利益和技术进步等方面的影响效果；评估标准在工程建设中对能源节约和合理利用、生态环境保护等方面产生的影响效果。

三是标准实施的适用性评估。主要评估标准满足工程建设技术需求的程度：评估标准中各项规定的合理程度，及在工程建设应用中的实施方便、技术措施可行度；评估标准与国家政策、法律法规、相关标准协调一致程度；评估标准符合当前社会技术经济发展、技术成熟、条文科学等的程度。

（4）开设四川省住房和城乡建设厅网站标准体系专栏

为落实“我为群众办实事”，便于各科研机构、建设单位、施工单位以及广大从业人员查询国家标准、行业标准和四川省工程建设地方标准，在四川省住房和城乡建设厅官方网站开设“标准规范”栏目，建立四川省工程建设地方标准库。栏目内，一是设“国家及行业标准规范”，链接到住房和城乡建设部官方网站“标准规范”栏目，二是设“四川省工程建设地方标准”，逐步将四川省已发布的工程建设地方标准上传至该栏目。

**19. 贵州省**

（1）将聚焦发挥工程建设标准化在“四新”“四化”建设中的基础性和引领性作用，深入实施《国家标准化发展纲要》。

（2）夯实标准化基础，创新标准化机制，结合贵州省地理、气候、经济、文化等特点，围绕城市基础设施建设、乡村建设、城市绿色低碳发展、“碳达峰、碳中和”等重点领域，进一步建立和完善涵盖工程勘察、设计、施工、检测、验收等各环节具有地方特色的工程建设地方标准体系。

（3）严把立项关口，因地制宜地组织编制操作性强、适应性高和适应地方实际情况及经济特性的工程建设地方标准。

（4）加大对工程建设标准，特别是全文强制性工程建设标准的培训，做好宣贯工作，使工程建设标准化工作落到实处。

**20. 云南省**

（1）结合工程建设地方标准实际，全面加强地方标准体系建设，为地方住房和城乡建设领域高质量发展提供技术支撑。

（2）建立健全联动工作机制，加强工作调度，强化行业主管部门在标准立项、编制、管理和执行监督中的作用。

（3）通过标准员继续教育、座谈会、研讨会等多种形式，加强《标准化法》和建设工程标准条例的宣传宣贯，提高地方工程建设标准的执行力度，提升地方工程建设质量整体水平。

**21. 宁夏回族自治区**

（1）继续加强标准体系建设

进一步完善宁夏工程建设标准体系，以提升城市基础设施建设、改善农村人居环境、绿色建筑与节能、智慧城市建设为重点，做好标准的编制、审定、报批、备案等各项工作，提高标准编制质量，优化标准体系。

（2）加强标准督导调研

深入开展地方标准立项调研工作，定期跟进督导地方标准的制定修订，全面掌握各单位立项标准编制情况，并提供政策咨询与服务，确保标准编制进度和编制质量。

（3）加强人才队伍建设

增补完善标准化专家库，提升专家库服务标准的质量与能力；以标准化法律法规、标准化管理、标准编写规范等内容对标准化专家库专家、地级市行政主管部门标准化负责人、立项标准编制人员进行系统培训，提高从业人员标准应用管理水平。

**22. 新疆维吾尔自治区**

（1）组织好2022年自治区工程建设标准、标准设计的编制、审定和推广工作。结合各业务处室重点工作，拟组织制定《建设工程造价指数指标分类与采集标准》《回弹法检测高强混凝土抗压强度技术标准》《城市轨道交通建筑信息模型应用标准》《自治区城市及建筑风貌管理导则》等25项标准。

（2）认真梳理现行自治区工程建设地方标准，有计划地组织对现行地方标准实施情况的评估和复审工作。

（3）加强信息化建设，组织建立新疆维吾尔自治区工程建设地方标准管理平台，实现网上标准立项、专家审查、审定发布、群众查询等功能，运用信息化手段加强对标准制定的管理。

（4）加强工程建设强制性标准实施监督。结合“双随机、一公开”执法检查，围绕群众反映强烈的建筑采光、建筑节能、无障碍设计、室内排水、防水、防火、抗震设防等，特别是对建筑保温与结构一体化技术应用情况，组织各地对《自保温砌块应用技术标准》《现浇混凝土复合外保温模版应用技术标准》等标准执行情况进行监督检查，严肃查处违反强标行为，维护标准权威。

（5）加大工程建设标准供给侧结构性改革，推进团体标准发展，激发社会团体制定标准活力，加强团体标准的宣传和推广工作。

（6）坚持规划先行的指导思想，加强对《自治区住房城乡建设管理标准化建设“十四五”规划》的宣贯实施。

## 五、地方工程建设标准国际化情况

### （一）上海市工程建设标准国际化工作取得进展

一是完成《工程建设标准国际化应用指南》编制，在标准编制体例与架构、标准应用与推广等方面明确相关指导意见和技术要求，启动标准国际化人才摸底及标准国际化机构调研工作。

二是完成《工程建设国际标准化示范案例汇编》研编工作、对征集案例进行优化完善，并形成汇编成果，涵盖房屋建筑（超高层、体育场馆、会议中心、住宅等）、市政工程（立交桥等）、港口码头、轨道交通等优势领域，包括项目概况、项目在“一带一路”倡议中意义、中国标准应用的特点和亮点等内容，总结提炼出标准走出去经验和路径，为相关企业向更高水平迈进提供参考。评选出“最佳实践案例”7 项和“优秀实践案例”13 项。

三是继续做好外文版标准的研编工作，部署推进超高层建筑、轨道交通、智慧码头等 9 项优势领域外文版标准编制。完成《自动化集装箱码头设计标准》《城市轨道交通智慧车站技术标准》《高层建筑整体钢平台模架体系技术标准》3 项标准的编制审查，《自动化集装箱码头生产网络安全要求》等 6 项标准完成大纲评审。

四是由上海市住房和城乡建设管理委员会、上海市市场监督管理局联合主办，上海工程建设标准国际化促进中心承办的 2021 年首届工程建设标准国际化论坛在上海国际会议中心举行。

### （二）黑龙江省加强中俄标准研究

加强中俄标准研究中心建设，开展对俄罗斯为主的标准技术研究，推进和提高国内标准化与俄罗斯国家和地区标准的一致性。在重点领域开展中俄标准对比研究，为内外市场平滑转移提供标准技术支撑。2021 年，开展装配式一体化低能耗抗灾房屋建造技术的应用和技术标准交流合作，结合俄罗斯气候特点，对相关标准进行修改和翻译，并获得俄罗斯发明专利一项。

### （三）广西壮族自治区积极推动中国工程建设标准国际化

一是以强化合作带动标准“走出去”。以参与编制有关标准为契机，广泛开展国际化宣传推广活动，吸引越南、巴基斯坦企业及高校积极参与编制由广西地方标准转化的团体标准《复配岩改性沥青路面技术规程》（以下简称《技术规程》），促进与相关国家交流借鉴。同时，加快推动标准翻译工作，《技术规程》的英文版本已由中国工程建设标准化协会发布。目前，正在积极推进发布越南语版。

二是以国际工程项目应用促进标准“走出去”。广西地方标准《海港工程混凝土结构与材料耐久性定量设计规范》，对东盟国家和“一带一路”沿海地区高盐高温高湿沿海地势具有良好的适应性。自治区住房和城乡建设厅积极推动该标准的主编单位与我国大型国企合作，使标准在斯里兰卡、印度尼西亚、喀麦隆、坦桑尼亚等港口、电站项目建设中得到实施。同时，加快推动该标准成为国际标准，目前已完成国内申报 ISO 国际标准提案程序。

三是强化科技支撑。通过课题支撑广西工程建设标准国际化工作；通过产学研协合作，组织自治区内外 11 家单位和两个院士团队共同申报“中国—东盟工程建设标准国际化”研究项目并获批准立项。

四是加强宣传交流。筹备召开“中国—东盟工程建设标准国际化论坛”，以“标准促进建筑可持续发展，构建人类命运共同体”为主题，交流中国与东盟国家工程建设标准国际化的成果和经验，探讨工程建设标准互认机制、人才交流和培育合作机制等。充分利用新闻媒体宣传介绍广西标准国际化经验，共同推动中国标准“走出去”。

五是建强人才队伍。为解决标准国际化人才不足的困境，积极推动广西大学等大专院校加强标准化学科建设，推荐引进高层次人才，加大本地人才培养力度，不断提升技术能力和水平。同时，引导相关专业招收来自东盟国家的留学生，积极培养面向东盟国家的标准国际化人才。

### (四) 海南省积极探索标准国际化工作

一是积极推动地方标准中英文双语版出版工作，为地方标准辐射东南亚做好铺垫。2021 年，为规范海南省螺杆灌注桩的设计和施工，修编了《海南省螺杆灌注桩技术标准》。同时为螺杆灌注桩技术在越南政府投资项目实施提供技术支撑，对《海南省螺杆灌注桩技术标准》开展中英文对照版出版工作。目前英文版已完成翻译工作，正在进行校核，计划 2022 年底完成出版。

二是针对地方特色，开展标准编制。为满足海南省西沙群岛珊瑚岛（礁）地区国防建设和民用工程建设需要、规范珊瑚礁地区岩土工程勘察，并立足海南，辐射东南亚，促进地方标准走向国际，组织编制了《西沙群岛珊瑚岛（礁）地区岩土工程勘察标准》。

三是尝试性开展采标工作，取长补短，促进海南省标准质量提高。

## 六、地方工程建设标准信息化建设

随着信息化技术的迅猛发展，各地方积极探索工程建设标准信息化建设，见表 3-13，主要通过标准化信息网发布工程建设标准相关动态，部分省、直辖市还开办了微信公众号辅助工程建设标准信息化建设，快速、高效、高质量解决技术人员标准使用需求。

工程建设标准信息化建设情况　　表 3-13

| 序号 | 地方 | 信息化平台/数据库名称（包括公众号、网站、微博等） | 是否公开 | 查阅方式（包括网站链接、公众号名称等） |
|---|---|---|---|---|
| 1 | 北京市 | 北京市住房和城乡建设委员会工程建设模块 | 是 | http://zjw.beijing.gov.cn/bjjs/gcjs/bzgl/index.shtml |
| | | 北京市住房和城乡建设委员会信息化平台 | 是 | http://zjw.beijing.gov.cn/bjjs/index/index.shtml |
| | | 北京市规划和自然资源委员会标准管理模块 | 是 | http://ghzrzyw.beijing.gov.cn/biaozhunguanli/bzhgzghjh/ |

续表

| 序号 | 地方 | 信息化平台/数据库名称（包括公众号、网站、微博等） | 是否公开 | 查阅方式（包括网站链接、公众号名称等） |
|---|---|---|---|---|
| 2 | 天津市 | 天津市住房和城乡建设委员会 | 是 | http://zfcxjs.tj.gov.cn |
| 3 | 上海市 | 微信公众号 | 是 | 上海工程标准 |
| | | 上海工程建设标准管理信息系统 | 是 | https://ciac.zjw.sh.gov.cn/ |
| | | 微信公众号 | 是 | 上海工程建设标准国际化促进中心 |
| 4 | 重庆市 | 重庆市工程建设标准化信息网 | 是 | http://gcbz.jsfzzx.com |
| | | 微信公众号 | 是 | 重庆工程建设标准化 |
| 5 | 河北省 | 河北省住房和城乡建设厅 | 是 | http://zfcxjst.hebei.gov.cn |
| 6 | 山西省 | 山西省住房和城乡建设厅 | 是 | http://zjt.shanxi.gov.cn |
| 7 | 内蒙古自治区 | 内蒙古自治区工程建设标准管理系统 | 是 | http://117.161.154.148:9999 |
| 8 | 辽宁省 | 辽宁省住房和城乡建设厅 | 是 | http://zjt.ln.gov.cn/ |
| | | 辽宁省地方标准管理平台 | 是 | http://www.lnsi.org:8081/ Login.aspx |
| 9 | 吉林省 | 吉林省住房和城乡建设厅网站 | 是 | http://jst.jl.gov.cn |
| 10 | 黑龙江省 | 黑龙江住房和城乡建设厅 | 是 | http://zfcxjst.hlj.gov.cn |
| | | 黑龙江省建设职业培训与就业服务平台 | 是 | https://www.hljcte.com |
| 11 | 江苏省 | 江苏建设科技网 | 是 | http://www.jscst.cn/KeJiDevelop/ |
| 12 | 浙江省 | 浙江省住房和城乡建设厅/浙江省建设信息港 | 是 | http://jst.zj.gov.cn/ |
| | | 浙江标准造价 | 是 | www.zjzj.net |
| 13 | 安徽省 | 安徽省工程建设标准化管理系统 | 是 | 安徽省住房和城乡建设厅官网协同办公模块 |
| 14 | 福建省 | 福建省住房和城乡建设厅 | 是 | http://zjt.fujian.gov.cn |
| 15 | 江西省 | 江西省住房和城乡建设厅 | 是 | http://zjt.jiangxi.gov.cn/ |
| 16 | 山东省 | 山东省住房和城乡建设厅 | 是 | http://zjt.shandong.gov.cn/col/col119935/index.html |
| 17 | 河南省 | 河南省建设科技和工程建设标准管理系统 | 是 | http:// 222.143.32.83:9001/login |
| 18 | 湖北省 | 湖北省住房和城乡建设厅 | 是 | http://zjt.hubei.gov.cn/ |
| 19 | 湖南省 | 湖南省住房和城乡建设厅 | 是 | http://zjt.hunan.gov.cn/ |
| 20 | 广东省 | 广东省工程建设标准化管理信息系统 | 是 | http://210.76.74.34 |
| 21 | 广西壮族自治区 | 广西壮族自治区住房和城乡建设厅 | 是 | http://gxzf.gov.cn/ |
| 22 | 海南省 | 海南省工程建设地方标准全文公开 | 是 | http://zjt.hainan.gov.cn/szjt/dexzzx/201902/d2c026586d88478cae814af3eafb0a72.shtml |
| 23 | 四川省 | 四川省住房和城乡建设厅 | 是 | http://jst.sc.gov.cn/ |
| | | 微信公众号 | 是 | 四川建设发布 |
| 24 | 贵州省 | 贵州省住房和城乡建设厅 | 是 | http://zfcxjst.guizhou.gov.cn/jszx/gggs/qt/ |

续表

| 序号 | 地方 | 信息化平台/数据库名称（包括公众号、网站、微博等） | 是否公开 | 查阅方式（包括网站链接、公众号名称等） |
|---|---|---|---|---|
| 25 | 云南省 | 云南省工程建设地方标准管理系统 | 是 | http://dfbz.ynbzde.com/ems/index |
| 26 | 西藏自治区 | 西藏自治区住房和城乡建设厅 | 是 | http://zjt.xizang.gov.cn/ |
| 27 | 陕西省 | 陕西工程建设标准化信息网 | 是 | https:// www.jb.cn |
| 28 | 甘肃省 | 甘肃省住房和城乡建设厅 | 是 | http://zjt.gansu.gov.cn/zjt/c108354/info_list.shtml |
| 29 | 青海省 | 青海省住房和城乡建设厅 | 是 | http://zjt.qinghai.gov.cn/ |
| 30 | 宁夏回族自治区 | 宁夏回族自治区住房和城乡建设厅 | 是 | http://jst.nx.gov.cn/ |
| 31 | 新疆维吾尔自治区 | 新疆维吾尔自治区住房和城乡建设厅 | 是 | http://zjt.xinjiang.gov.cn |
|  |  | 新疆工程建设云 | 是 | https://jsy.xjjs.gov.cn/ |

# 第四章

# 团体工程建设标准化发展状况

## 一、部分社团基本情况

### （一）社团概况

中国土木工程学会、中国建筑学会、中国建筑业协会、中国城市燃气协会、中国工程建设标准化协会等工程建设领域主要社会团体，石油化工、核工业等行业，以及部分省市自治区的社会团体均开展了工程建设团体标准编制工作，部分社会团体还成立了专门机构，有组织、有制度、有计划地推动团体标准发展。开展工程建设团体标准的社团概况，见表 4-1。

**开展工程建设团体标准的社团概况　　表 4-1**

| 行业/地方 | 团体名称 | 成立时间 | 概况 |
|---|---|---|---|
| 城乡建设 | 中国工程建设标准化协会 | 1979 年 | 从事标准制修订、标准化学术研究、宣贯培训、技术咨询、编辑出版、信息服务、国际交流与合作等业务的专业性社会团体 |
| | 中国城镇供热协会 | 1987 年 | 参与相关法律、法规、行业政策的研究和制订；参与和组织新技术、新设备、新产品的鉴定和推广应用；开展咨询服务，推进供热行业科技进步和技术改造；根据授权，开展供热行业统计，收集整理供热基础性资料，为政府部门和会员提供参考；开展国内外同行业经济技术交流与合作；组织与供热相关的国家标准、行业标准、协会团体标准工作，负责组织团体标准的编制、发行 |
| | 中国建筑节能协会 | 2011 年 | 在建筑节能低碳领域，以高质量发展为中心，开展调查、研究、咨询、宣传、培训、评价认证、标准化等活动 |
| | 中国城市燃气协会 | 1988 年 | 国内城市燃气经营企业、设备制造企业、科研设计及大专院校等单位自愿参加组成的全国性行业组织，在国家民政部注册登记具有法人资格的非营利性社会团体 |
| | 中国土木工程学会 | 1912 年 | 开展学术交流、编辑出版科技书刊、开展国际科技交流、对国家科技政策和经济建设中的重大问题提供咨询、开展技术服务与咨询、开展继续教育和技术培训、普及科学知识，推广先进技术、举荐与表彰奖励优秀科技成果与人才、反映会员合理诉求，为会员提供服务、编制学会标准等 |
| | 中国城镇供水排水协会 | 1985 年 | 全国性、行业性、非营利性的社团组织，业务主管部门为住房和城乡建设部，并接受民政部的监督管理 |

续表

| 行业/地方 | 团体名称 | 成立时间 | 概况 |
|---|---|---|---|
| 化工工程 | 中国石油和化工勘察设计协会 | 1985年 | 从事石油和化工工程咨询、勘察设计、项目管理和工程总承包的企业、科研院所，以及为勘察设计行业服务的相关技术机构、具有为石油和化工以及相关行业提供工程咨询、工程勘察、工程设计以及相关领域技术和管理服务能力的企业和有关人士自愿结成的全国性、行业性、非营利性的社会组织，具有社团法人资格 |
| 水利工程 | 中国水利学会 | 1931年 | 由水利科学技术工作者和团体自愿组成，并在民政部依法登记成立的全国性、学术性、非营利性社会团体，是党和政府联系广大企事业单位、高等院校、涉水组织和水利科技工作者的桥梁和纽带。业务主管部门是水利部 |
| | 中国水利工程协会 | 2005年 | 由全国水利工程建设管理、施工、监理、运行管理、维修养护等企事业单位及热心水利事业的其他相关组织和个人，自愿结成的非营利性、全国性的行业自律组织。业务主管部门是水利部 |
| | 中国水利水电勘测设计协会 | 1985年 | 由全国水利水电勘测、设计、咨询单位、有关地区勘测设计协会和热心水利事业的个人自愿结成的非营利性、全国性的行业自律组织，同时也是全国水利水电勘测设计咨询行业唯一全国性社会团体。业务主管部门是水利部 |
| | 中国水利企业协会 | 1995年 | 由从事水资源开发、利用、节约、保护，水生态、水环境治理，水工程设施建设和运营管理等相关工作的企事业单位、社会团体和个人自愿结成的全国性、行业性社会团体，是非营利性社会组织 |
| | 中国灌区协会 | 1991年 | — |
| | 中国农业节水和农村供水技术协会 | 1995年 | 经国家民政部批准设立的跨地区、跨部门的行业组织，是由事业单位、行业管理部门、生产企业和科研、大专院校及个人自愿组成的全国性民间社会团体。业务主管部门是水利部 |
| | 中国大坝工程学会 | 1974年 | 经民政部批准的国家一级学术性社团、被评为4A级全国性社会团体，是中国科学技术协会团体会员，也是国家科学技术奖的提名单位 |
| | 国际沙棘协会 | 1995年 | 全面发挥沙棘在促进环境保护、经济发展及人类健康等方面的作用，推进中国与世界各国在沙棘种植、科研、生产、经贸以及人员和信息等方面的交流与合作，为会员和社会各界提供沙棘领域的国际交流服务 |
| | 中国水利经济研究会 | 1980年 | — |
| 有色金属工程 | 中国有色金属工业协会 | 2001年 | 由我国有色金属行业的企业、事业单位、社会团体为实现共同意愿而自愿组成的全国性、非营利性、行业性的经济类社会团体，是依法成立的社团法人。协会遵守国家法律法规，坚持为政府、行业、企业服务的宗旨，建立和完善行业自律机制，充分发挥政府的参谋助手作用，发挥在政府和企业之间的桥梁和纽带作用，维护会员的合法权益，促进我国有色金属工业的健康发展。业务主管单位是国务院国有资产监督管理委员会，登记管理机关是民政部 |

续表

| 行业/地方 | 团体名称 | 成立时间 | 概况 |
| --- | --- | --- | --- |
| 冶金工程 | 中国冶金工程建设协会 | 1984年 | 主要从事咨询、科研、勘察、设计、设备研发和制造、工程总承包、工程监理等。协会主要工作是：开展调查研究，发布行业相关信息；针对企业发展的热点、焦点问题，反映会员诉求；组织开展行业诚信建设；引导企业推广新技术、新工艺、新流程、新装备、新能源、新材料的应用，推动企业技术进步；强化行业品牌意识，组织创优评优工作；推动行业的标准化建设，组织制订国家标准和行业规程规范；推动企业人才队伍建设，帮助企业培训管理和专业技术人才；加强同境外有关民间组织的联系与合作；完成政府有关部门委托的工作 |
| 建材工程 | 中国工程建设标准化协会建筑材料分会 | 2003年 | 中国工程建设标准化协会的二级协会和分支机构，是专门从事建筑材料工业领域工程建设团体标准化工作的专业机构 |
| 电子工程 | 中国电子质量管理协会 | 1979年 | 以传播、推广先进的管理文化为己任，努力为企业提供优质、高效、有价值的服务；为政府相关政策的制定和推行提供协助；建立企业和政府之间沟通的桥梁；为企业搭建国际合作与交流的平台，在电子信息行业的质量推进、学术研究及国际交流方面发挥着非常重要的作用 |
| 煤炭工程 | 中国煤炭建设协会 | 1986年 | 全国煤炭行业地质、勘察设计、施工、监理、造价咨询、工程质量监督、科研院所等企事业单位、社会团体自愿组成的全国行业性协会 |
| 电力工程 | 中国电力企业联合会 | 1988年 | 全国电力行业企事业单位的联合组织、非营利的社会团体法人，共有1051个会员单位，基本形成了功能齐全、分工协作、优势互补、规范有序、覆盖全行业的服务网络 |
| 公路工程 | 中国工程建设标准化协会公路分会 | 1998年 | 从事公路工程建设、养护和运营管理标准化工作的行业性团体 |
| 林业工程 | 中国林业工程建设协会 | 1991年 | — |
| 纺织工程 | 中国纺织工业联合会 | 2001年 | 全国性的纺织行业组织，主要成员是有法人资格的纺织行业协会及其他法人实体，为实现会员共同意愿而依照本会章程开展活动的综合性、非营利性的社团法人和自律性的行业中介组织 |
| 轻工业工程 | 中国轻工业工程建设协会 | 1986年 | 信息交流、业务培训、国际合作、咨询服务 |
| 核工业工程 | 中国核工业勘察设计协会 | 1987年 | 经国务院批准、在民政部注册登记的全国性非营利社会组织，现有会员单位270余家 |
| 上海市 | 上海市建设协会 | 1993年 | 为建设单位服务，开展咨询、中介、会展工作，承接政府委托事项 |
|  | 上海石材行业协会 | 2002年 | 培训、展览、信息开发利用、咨询与交流、技术研究、学术研讨、规范市场、沟通协调、行业规划 |
|  | 上海市工程建设质量管理协会 | 1984年 | 建设和质量管理的调研、培训、评介、咨询、投诉调解、编辑出版、交流合作，承担政府委托事项 |

续表

| 行业/地方 | 团体名称 | 成立时间 | 概况 |
| --- | --- | --- | --- |
| 重庆市 | 重庆市勘察设计协会 | 1992年 | 开展行业技术培训、行业评优、技术咨询、注册工程师继续教育、科研项目管理、团体标准、行业信息化、行业交流等工作 |
| | 重庆市绿色建筑与建筑产业化协会 | 2002年 | 业务范围包括促进绿色建筑和建筑产业化领域技术进步和行业发展；开展绿色建筑和建筑产业化领域调查研究，参与编制相关标准；开展人才、技术、职业培训、鉴定；开展国内外经济技术交流与合作；反映会员要求，协调会员之间、会员与非会员之间、会员与消费者之间涉及经营活动的争议；开展行业自律，促进会员诚信经营，维护会员和行业公平竞争；开展咨询服务，指导、帮助企业技术提升和改善经营管理；组织市场开拓，发布市场信息，编辑专业刊物，开展评估论证、评选、展览展销等服务；开展我市绿色建筑与建筑产业化工程示范（试点）、组织科技成果鉴定和推广应用；接受与本行业利益有关的决策论证咨询，提出相关建议，维护会员和行业的合法权益；参与行业性集体谈判，提出涉及会员和行业利益的意见和建议；组织会员学习相关法律、法规和国家政策等 |
| | 重庆市建筑业协会 | 1985年 | 业务范围：国家标准、行业标准、地方标准没有覆盖到的领域；现行国家标准、行业标准、地方标准可细化的部分，可以明确的具体技术措施；严于现行国家标准、行业标准、地方标准的专业标准；各类规程、导则、指南、手册等 |
| 安徽省 | 安徽省建筑节能与科技协会 | 1996年 | 由省内外热心推动建筑节能、绿色建筑发展的，从事建筑管理、开发、规划、设计、图审、施工、监理、测评、质监及节能设备产品生产等工作的企业、科研院所、高等院校及相关单位和绿色建筑领域相关专家、学者自愿参加组成的全省性、专业性非营利社会团体组织 |
| | 安徽省土木建筑学会 | 1953年 | 由土木建筑科学技术工作者及企业自愿组成的全省性、学术性、非营利性社会团体，是依法登记成立的法人社团，是安徽省科学技术协会的团体会员单位 |
| 山东省 | 山东省城镇供排水协会 | 2019年 | 由山东省城镇供水、排水、污水处理、节水企事业单位为主体以及相关单位自愿组成，是全省性、行业性、非营利性的社团组织 |
| | 山东土木建筑学会标准化工作委员会 | 2020年 | 宣传普及工程建设领域的标准化知识；分析行业需求，研究制定学会标准（含图集）的规划和计划；按项目计划组织制定、修订和管理学会标准；开展学会标准的宣贯、实施效果评价；组织会员参加工程建设国家标准、行业标准、地方标准、其他社会团体标准的制订、审查、宣贯及有关的科学研究工作；接受企业委托，协助编制企业标准；组织开展工程建设标准化学术活动；组织开展工程建设标准化培训；编辑出版标准化书刊和资料；组织开展工程建设标准化服务，包括工程建设标准化技术咨询、项目论证和成果评价等；经学会批准，组织开展工程建设标准化国际合作和交流，参与国际标准化活动；维护工程建设标准化工作者的权益，向有关部门反映意见和要求；为业务主管单位提供工程建设标准化信息和政策建议；接受学会和业务主管单位安排的任务 |

续表

| 行业/地方 | 团体名称 | 成立时间 | 概况 |
| --- | --- | --- | --- |
| 山东省 | 山东省房地产业协会 | 1986年 | 由山东省与房地产行业有关的企事业单位和社会团体自愿结成的全省性、行业性社会团体，是非营利性的社会组织 |
| | 山东省建筑节能协会 | 2014年 | 主要从事与建筑节能相关产品、技术的规程编制工作 |
| | 山东省工程建设标准造价协会 | 1985年 | 由山东省内工程造价咨询企业以及与工程建设标准和建设工程造价业务相关的建设、施工、设计、教学、软件开发等领域的单位自愿结成的全省性、行业性、非营利性社会组织 |
| 河南省 | 河南省建设科技协会 | 1996年 | 包括针对建设领域各专业实际和特点，对建设科技发展规划、政策、法规、标准的制定提出建议，参与制定并组织实施有关国家标准、团体标准和地方标准 |
| | 河南省工程勘察设计行业协会 | 1995年 | 包括协助政府主管部门贯彻执行国家政策、法规，加强行业管理，制定行规行约；搜集研究、发布国内外勘察设计基础信息，为政府部门制定行业规划、技术规范和经济政策提供依据 |
| | 河南省建设教育协会 | 1994年 | 包括对建设教育事业改革与发展中的热点和难点问题，组织专题研讨，探索建设教育的思想理论、内容方法及特点规律等，制定行业规划、技术规范，指导建设教育实践 |
| | 河南省装配式建筑产业发展协会 | 2018年 | 业务范围包括组织有关装配式建筑产业发展技术标准调研工作、开展技术成果、经济协作论坛、科技情报信息的实践和交流，提出相关立法以及有关技术规范，协助政府做好科研任务的立项等工作 |
| | 河南省建设监理协会 | 1996年 | 包括宣传、贯彻、落实建设监理与咨询的法律法规、标准规范和政策文件，组织研究建设监理与咨询的理论和实践有关问题，协助建设行政主管部门制定建设监理与咨询的产业政策、行业发展规划以及有关技术规范 |
| | 河南省建筑业协会 | 1994年 | 包括协助政府和主管单位制定和实施行业发展规划、技术规范，积极展示建筑科技，并大力推进建筑科技成果转化，促进劳动生产力的提高，提高企业整体素质 |
| 广东省 | 广东省建设科技与标准化协会 | 1992年 | 包括建设科技和标准的推广应用、宣贯培训、学术交流、咨询评估、科技咨询服务、标准化咨询服务等 |
| | 广东省建筑业协会 | 1985年 | 包括调查研究、经验交流、咨询服务、教育培训等方面 |
| | 广东省工程勘察设计行业协会 | 1986年 | 包括开展技术经验交流，研究和推广新技术、新工艺、新材料，开展注册工程师继续教育培训、勘察设计人员业务培训，开展广东省优秀工程勘察设计奖评选、广东省杰出工程师认定、广东省科学技术奖提名及科技成果评价、广东省超限高层抗震设防专项审查等 |
| | 广东省土木建筑学会 | 1987年 | 广东土木建筑科技工作者依法登记，具有法人资格的学术性社会团体 |

续表

| 行业/地方 | 团体名称 | 成立时间 | 概况 |
| --- | --- | --- | --- |
| 广东省 | 广东省建筑节能协会 | 2010年 | 包括宣传引导、技术交流、人才培训、技术推广、编辑刊物、调查研究、技术咨询及政府有关部门委托的其他职能，开展了绿色建筑标识评价、绿建技术咨询机构备案、建筑节能改造技术服务单位备案、制定团体标准、组织专家为行业提供服务，承办广东省建筑领域节能宣传月活动以及举办宣贯培训、会议论坛、观摩交流等各项工作 |
|  | 广东省环境卫生协会 | 1990年 | 包括调查研究、经验交流、技术咨询、人才培训、出版刊物、信用评价 |
|  | 广东省燃气协会 | 1992年 | 包括开展行业政策研究、课题研究、科研开发、燃气经营企业安全生产标准化认定、燃气行业的岗位技能培训和等级鉴定、技能竞赛、行业交流等 |
| 广西壮族自治区 | 广西工程建设标准化协会 | 1991年 | 由从事工程建设标准化工作的单位、团体和个人自愿组成，从事工程建设标准化活动的专业性协会，属非营利性社会组织 |
| 四川省 | 四川省土木建筑学会 | 1960年 | 以学术、创新、服务等为抓手，多平台、多形式聚焦行业热、难点问题，开展技术咨询服务与学术交流，为政府、行业、会员提供精准服务。依托自身专家智库、分支机构、会员等资源，通过四新技术运用，开展项目立项规划、设计施工、运维提升的全过程可研方案、评估优化、技术成果评价、提升服务，靶向对接政府、行业、会员所需服务 |
| 甘肃省 | 甘肃省建设科技与建筑节能协会 | 2010年 | 专业化的技术咨询服务、精细化的企业发展帮扶、组织技术开发与交流、推广新技术与新产品、科技创新成果评价、科技成果奖励、团体标准发布与实施、人才培养与科普行动 |
| 新疆维吾尔自治区 | 新疆维吾尔自治区工程建设标准化协会 | 2003年 | — |

### （二）工程建设团体标准化管理制度

为促进团体标准有序发展，规范团体标准管理工作，部分行业、地方和社团研究建立了有关团体标准编制办法、管理办法等制度，明确了团体标准的制定原则、制定主体、制定范围、自我公开声明与监督管理等要求，完善了团体标准管理工作流程。详见表4-2。其中，水利部印发了《关于加强水利团体标准管理工作的意见》（水国科〔2020〕16号），规范、引导和监督水利团体标准化工作，促进水利团体标准有序发展。上海市印发了《关于鼓励发展上海市工程建设团体标准和企业应用标准的通知》（沪建标定〔2017〕292号）和《关于鼓励团体标准在本市工程建设中应用的通知》（沪建标定〔2019〕871号），用于上海市工程建设团体标准的应用及管理。安徽省印发了《安徽省工程建设团体标准管理暂行规定》（建标〔2019〕90号），对安徽省工程建设团体标准的制定、实施、监督及对团体标准的指导服务工作作出明确规定。

**部分工程建设团体标准管理制度统计**　　**表 4-2**

| 行业/地方 | 制定机构 | 管理制度 | 制修订时间 |
|---|---|---|---|
| 城乡建设 | 中国工程建设标准化协会 | 《中国工程建设标准化协会标准管理办法》 | 2000 年制定，2018 年修订 |
| | | 《中国工程建设标准化协会标准审查专家库管理办法》 | 2019 年制定 |
| | 中国城镇供热协会 | 《中国城镇供热协会标准化委员会管理办法》 | 2016 年制定 |
| | | 《中国城镇供热协会标准化委员会工作部工作细则》 | 2016 年制定 |
| | | 《中国城镇供热协会团体标准管理办法》 | 2016 年制定 |
| | 中国建筑节能协会 | 《中国建筑节能协会团体标准管理办法（试行）》 | 2017 年制定 |
| | | 《中国建筑节能协会团体标准工作细则（试行）》 | 2017 年制定 |
| | | 《中国建筑节能协会团体标准涉及专利处理规则(试行)》 | 2017 年制定 |
| | 中国城市燃气协会 | 《中国城市燃气协会团体标准管理规定》 | 2018 年制定 |
| | 中国土木工程学会 | 《中国土木工程学会标准管理办法》 | 2015 年制定，2019 年修订 |
| | 中国城镇供水排水协会 | 《中国城镇供水排水协会团体标准管理办法》 | 2019 年制定 |
| | | 《中国城镇供水排水协会标准化工作委员会章程》 | 2019 年制定 |
| 化工工程 | 中国石油和化工勘察设计协会 | 《中国石油和化工勘察设计协会团体标准管理办法》 | 2016 年制定，2019 年修订 |
| 水利工程 | 水利部 | 《关于加强水利团体标准管理工作的意见》（水国科〔2020〕16 号） | 2020 年制定 |
| 有色工程 | 中国有色金属工业协会 | 《中国有色金属工业协会标准管理办法（试行修订版)》 | 2016 年制定，2018 年修订 |
| 冶金工程 | 中国冶金建设协会 | 《中国冶金建设协会团体标准制订管理办法》 | 2016 年制定，2020 年修订 |
| 电子工程 | 中国电子质量管理协会 | 《中国电子质量管理协会团体标准管理办法》 | 2021 年修订 |
| 煤炭工程 | 中国煤炭建设协会 | 《中国煤炭建设协会团体标准管理办法》 | 2020 年制定 |
| 电力工程 | 中国电力企业联合会 | 《中国电力企业联合会团体标准知识产权管理办法》 | 2020 年制定 |
| 公路工程 | 中国工程建设标准化协会公路分会 | 《中国工程建设协会标准（公路工程）管理导则》 | 2017 年制定 |
| 林业工程 | 中国林业工程建设协会 | 《中国林业工程建设协会团体标准管理办法》 | 2021 年制定 |
| 核工业工程 | 中国核工业勘察设计协会 | 《中国核工业勘察设计协会团体标准管理办法》 | 2016 年制定，2018 年修订 |
| 上海市 | 上海市住房和城乡建设管理委员会 | 《关于鼓励发展上海市工程建设团体标准和企业应用标准的通知》（沪建标定〔2017〕292 号） | 2017 年制定 |
| | | 《关于鼓励团体标准在本市工程建设中应用的通知》（沪建标定〔2019〕871 号） | 2019 年制定 |
| 安徽省 | 安徽省住房和城乡建设厅 | 《安徽省工程建设团体标准管理暂行规定》（建标〔2019〕90 号） | 2019 年制定 |

## 二、工程建设团体标准数量情况

表 4-3 统计了部分行业工程建设团体标准数量情况。其中，中国林业工程建设协会和中国核工业勘察设计协会 2021 年首次下达 3 项工程建设团体标准立项计划，从而实现了林草行业工程建设团体标准零的突破，迈出了由政府主导向政府与市场并重转变的第一步。

**部分工程建设团体标准数量情况（项）** **表 4-3**

| 序号 | 行业/地方 | 团体名称 | 2021 年立项 | 2021 年发布 | 现行 |
|---|---|---|---|---|---|
| 1 | 城乡建设领域 | 中国工程建设标准化协会 | 895 | 305 | 1184 |
| 2 | | 中国城镇供热协会 | 11 | 7 | 12 |
| 3 | | 中国土木工程学会 | 20 | 14 | 32 |
| 4 | | 中国建筑节能协会 | 51 | 17 | 34 |
| 5 | | 中国城市燃气协会 | 6 | 8 | 19 |
| 6 | | 中国城镇供水排水协会 | 26 | 9 | 9 |
| 7 | 化工工程 | 中国石油和化工勘察设计协会 | 1 | 5 | 9 |
| 8 | 水利工程 | 中国水利学会 | 17 | 12 | 56 |
| 9 | | 中国水利工程协会 | 3 | 3 | 17 |
| 10 | | 中国水利水电勘测设计协会 | 8 | 8 | 21 |
| 11 | | 中国水利企业协会 | 9 | 9 | 20 |
| 12 | | 中国灌区协会 | 3 | 3 | 12 |
| 13 | | 中国农业节水和农村供水技术协会 | 3 | 2 | 5 |
| 14 | | 中国大坝工程学会 | 5 | 4 | 6 |
| 15 | | 国际沙棘协会 | 4 | 4 | 5 |
| 16 | | 中国水利经济研究会 | 1 | 1 | 1 |
| 17 | 冶金工程 | 中国冶金建设协会 | 27 | 12 | 51 |
| 18 | 建材工程 | 中国工程建设标准化协会建筑材料分会 | 60 | 3 | 10 |
| 19 | 电子工程 | 中国电子质量管理协会 | 0 | 0 | 33 |
| 20 | 煤炭工程 | 中国煤炭建设协会 | 1 | 0 | 4 |
| 21 | 电力工程 | 中国电力企业联合会 | 24 | 37 | 72 |
| 22 | 公路工程 | 中国工程建设标准化协会公路分会 | 100 | 22 | 93 |
| 23 | 纺织工程 | 中国纺织工业联合会 | 70 | 1 | 98 |
| 24 | 林业工程 | 中国林业工程建设协会 | 3 | 0 | 0 |
| 25 | 核工业工程 | 中国核工业勘察设计协会 | 8 | 0 | 0 |
| 26 | 天津市 | 天津市勘察设计协会 | 6 | 3 | 3 |
| 27 | | 天津市建设监理协会 | 1 | 1 | 3 |
| 28 | | 天津市建材业协会 | 6 | 4 | 6 |
| 29 | | 天津市建筑业协会 | 8 | 0 | 0 |
| 30 | | 天津市钢结构协会 | 4 | 1 | 1 |

续表

| 序号 | 行业/地方 | 团体名称 | 2021年立项 | 2021年发布 | 现行 |
|---|---|---|---|---|---|
| 31 | 上海市 | 上海市建设协会 | 0 | 30 | 58 |
| 32 | | 上海石材行业协会 | 0 | 0 | 10 |
| 33 | | 上海市工程建设质量管理协会 | 0 | 4 | 10 |
| 34 | | 上海市玻璃玻璃纤维玻璃钢行业协会 | 0 | 3 | 5 |
| 35 | | 上海市装饰装修行业协会 | 0 | 2 | 4 |
| 36 | | 上海市金属结构行业协会 | 0 | 2 | 4 |
| 37 | | 上海市建筑材料行业协会 | 0 | 1 | 2 |
| 38 | 重庆市 | 重庆市勘察设计协会 | 10 | 1 | 1 |
| 39 | | 重庆市绿色建筑与建筑产业化协会 | 1 | 1 | 1 |
| 40 | | 重庆市建筑业协会 | 0 | 0 | 2 |
| 41 | 内蒙古自治区 | 内蒙古自治区建筑业协会 | 4 | 1 | 2 |
| 42 | 安徽省 | 安徽省建筑节能与科技协会 | 5 | 2 | 8 |
| 43 | | 安徽省土木建筑学会 | 4 | 3 | 4 |
| 44 | 山东省 | 山东省城镇供排水协会 | 12 | 1 | 1 |
| 45 | | 山东土木建筑学会 | 23 | 6 | 16 |
| 46 | | 山东省房地产业协会 | 1 | 1 | 3 |
| 47 | | 山东省建筑节能协会 | 19 | 19 | 31 |
| 48 | | 山东省工程建设标准造价协会 | 6 | 5 | 8 |
| 49 | 河南省 | 河南省建设科技协会 | 8 | 0 | 1 |
| 50 | | 河南省工程勘察设计行业协会 | 5 | 2 | 4 |
| 51 | | 河南省建设教育协会 | 6 | 6 | 8 |
| 52 | | 河南省装配式建筑产业发展协会 | 1 | 1 | 1 |
| 53 | | 河南省建设监理协会 | 9 | 0 | 4 |
| 54 | 广东省 | 广东省建设科技与标准化协会 | 5 | 4 | 8 |
| 55 | | 广东省建筑业协会 | 1 | 1 | 2 |
| 56 | | 广东省工程勘察设计行业协会 | 5 | 0 | 2 |
| 57 | | 广东省土木建筑学会 | 4 | 0 | 0 |
| 58 | | 广东省建筑节能协会 | 0 | 1 | 4 |
| 59 | | 广东省环境卫生协会 | 3 | 0 | 0 |
| 60 | | 广东省燃气协会 | 5 | 1 | 1 |
| 61 | 广西壮族自治区 | 广西工程建设标准化协会 | 18 | 0 | 0 |
| 62 | | 广西勘察设计协会 | 2 | 0 | 0 |
| 63 | | 广西建筑装饰协会 | 1 | 0 | 0 |
| 64 | 四川省 | 四川省土木建筑学会 | 7 | 4 | 16 |
| 65 | 陕西省 | 陕西省建筑业协会 | 5 | 4 | 8 |
| | | 陕西省建筑节能协会 | 5 | 2 | 2 |
| | | 陕西省燃气协会 | 1 | 1 | 1 |

续表

| 序号 | 行业/地方 | 团体名称 | 2021年立项 | 2021年发布 | 现行 |
|---|---|---|---|---|---|
| 66 | 甘肃省 | 甘肃省建设科技与建筑节能协会 | 1 | 0 | 0 |
| 67 | 新疆维吾尔自治区 | 新疆工程建设标准化协会 | 8 | 4 | 11 |

## 三、工程建设团体标准信息公开情况

为推动工程建设团体标准化发展，规范工程建设团体标准信息公开管理，提高工程建设团体标准的社会和政府采信程度，住房和城乡建设部标准定额研究所2018年11月印发了《工程建设团体标准信息公开管理办法（试行）》，包括总则、申请、受理、信息公开和其他，明确了工程建设团体标准的申请流程、受理条件、信息公开范围等方面的内容。信息公开是指在工程建设标准信息公共服务平台公开工程建设团体标准技术内容以及相关信息服务。截至2021年底，中国工程建设标准化协会《城镇污水处理厂污泥隔膜压滤深度脱水技术规程》、中国建筑装饰协会《电影院室内装饰装修技术规程》、中国勘察设计协会《模块化微型数据机房建设标准》等31项工程建设团体标准进行信息公开，详见表4-4。

**工程建设团体标准信息公开目录** **表4-4**

| 序号 | 标准名称 | 编号 | 发布团体 |
|---|---|---|---|
| 1 | 城镇污水处理厂污泥隔膜压滤深度脱水技术规程 | T/CECS 537-2018 | 中国工程建设标准化协会 |
| 2 | 低热硅酸盐水泥应用技术规程 | CECS 431:2016 | |
| 3 | 给水排水工程埋地承插式柔性接口钢管管道技术规程 | T/CECS 492-2017 | |
| 4 | 建筑接缝密封胶应用技术规程 | T/CECS 581-2019 | |
| 5 | 建筑排水内螺旋管道工程技术规程 | T/CECS 94-2019 | |
| 6 | 建筑室内细颗粒物（$PM_{2.5}$）污染控制技术规程 | T/CECS 586-2019 | |
| 7 | 建筑用找平腻子应用技术规程 | T/CECS 538-2018 | |
| 8 | 砌体结构后锚固技术规程 | T/CECS 479-2017 | |
| 9 | 室内空气中苯系物及总挥发性有机化合物检测方法标准 | T/CECS 539-2018 | |
| 10 | 数据中心供配电设计规程 | T/CECS 468-2017 | |
| 11 | 水性纳米中空玻璃珠保温隔热材料应用技术规程 | T/CECS 473-2017 | |
| 12 | 电影院室内装饰装修技术规程 | T/CBDA 15-2018 | 中国建筑装饰协会 |
| 13 | 轨道交通车站标识设计规程 | T/CBDA 21-2018 | |
| 14 | 轨道交通车站装饰装修工程BIM实施标准 | T/CBDA 24-2018 | |
| 15 | 轨道交通车站装饰装修施工技术规程 | T/CBDA 13-2017 | |
| 16 | 环氧磨石地坪装饰装修技术规程 | T/CBDA-1-2016 | |
| 17 | 机场航站楼室内装饰装修工程技术规程 | T/CBDA 11-2018 | |
| 18 | 建筑幕墙工程设计文件编制标准 | T/CBDA 26-2019 | |
| 19 | 建筑室内安全玻璃工程技术规程 | T/CBDA 28-2019 | |

续表

| 序号 | 标准名称 | 编号 | 发布团体 |
|---|---|---|---|
| 20 | 建筑装饰装修工程 BIM 实施标准 | T/CBDA 3-2016 | 中国建筑装饰协会 |
| 21 | 建筑装饰装修施工测量放线技术规程 | T/CBDA 14-2018 | |
| 22 | 建筑装饰装修室内吊顶支撑系统技术规程 | T/CBDA 18-2018 | |
| 23 | 室内装饰装修工程人造石材应用技术规程 | T/CBDA-8-2017 | |
| 24 | 搪瓷钢板工程技术规程 | T/CBDA 29-2019 | |
| 25 | 医疗洁净装饰装修工程技术规程 | T/CBDA 20-2018 | |
| 26 | 住宅室内装饰装修工程施工实测实量技术规程 | T/CBDA 19-2018 | |
| 27 | 家居建材供应链一体化服务规程 | T/CBDA 16-2018 | |
| 28 | 室内装饰装修乳胶漆施工技术规程 | T/CBDA 22-2018 | |
| 29 | 模块化微型数据机房建设标准 | T/CECA20001-2019 | 中国勘察设计协会 |
| 30 | 无源光局域网工程技术标准 | T/CECA20002-2019 | |
| 31 | 智能建筑工程设计通则 | T/CECA20003-2019 | |

## 四、工程建设团体标准国际化情况

### （一）中国工程建设标准化协会

（1）2020 年，以《新型冠状病毒肺炎传染病应急医疗设施设计标准》T/CECS 661-2020 为基础提案的国际研讨会协议《应急医疗设施建设导则》，经 ISO 技术委员会批准立项，编号 IWA 38。按照 IWA 的程序和规则，协会组织专家编写了 IWA 38《应急医疗设施建设导则》草案，召开了三次网络研讨会。有来自 ISO 中央秘书处，以及来自德国、日本、加拿大、马来西亚、卢旺达、荷兰等国家十几个机构的专家通过网络视频形式参加了会议。在研讨过程中，收到了多位参会专家和机构提出的意见，并按照 IWA 程序和意见的合理性对《应急医疗设施建设导则》进行了修订。经三次国际研讨会，在 2021 年 12 月 20 日，国际标准化组织（ISO）官方网站正式发布了国际研讨会协议 IWA 38《应急医疗设施建设导则》。

（2）2021 年批准发布的全国性团体标准《复配岩改性沥青路面技术规程》T/CECS 930-2021，是以广西工程建设地方标准《RCA 复配双改性沥青路面标准》为蓝本转化的。该规程中英文版同时立项、同时编制，作为中国工程建设标准化协会与广西壮族自治区住房和城乡建设厅合作推进的标准国际化试点项目，越南河内交通运输大学、越南升龙 VR 科技投资发展股份有限公司、巴基斯坦哈比大学作为参编单位参与了该标准的编制工作。这是我国首部吸纳国外专家参与编制的团体标准，对于推动中国与越南等国家的标准信息互换、标准互认及国际标准奠定了重要基础，探索了一条中国标准海外推广和属地化应用的新路径。

### （二）广西工程建设标准化协会

（1）在“国际工程建设标准研究——以中泰糖厂为例”课题研究的基础上，广西壮族自治区住房和城乡建设厅指导并批准团体标准《甘蔗糖厂技术规程》立项，主编单位根据在泰国糖厂建设的工程经验，开展中泰两国的适应性研究，该规程将同时适用于中泰两国的甘蔗糖厂建设；指导并批准团体标准《建筑塔式起重机防台风安全技术规程》《附着式升降脚手架安全技术规程》立项，主编单位根据面向东盟国家输出产品的优势，结合与广西相似的气候特征，开展广西和东盟相关国家的适应性研究，两项标准同时适用于广西和东盟相关国家。

(2) 2021年，由广西壮族自治区住房和城乡建设厅指导，广西工程建设标准化协会联合会员单位申报的广西壮族自治区科技厅项目“中国（广西）—东盟工程建设标准联合实验室建设及标准国际化研究与应用示范”获得批准立项。通过该课题的研究，将建成1个中国—东盟工程建设标准云平台，与东盟国家联合建设3个工程建设标准国际化示范项目，示范推广10项中国标准，组织制定适用于东盟国家的3项中国工程建设标准，培养一批面向东盟国家的标准国际化人才，力争打造面向东盟的中国工程建设标准国际化研究中心、创新基地、人才高地及咨询服务平台，推动优势领域技术及龙头企业依托科技项目探索标准国际化实施路径。目前，该项目按照课题进度计划正有序推进，并已取得相关阶段性成果。

## 五、团体工程建设标准化工作问题及解决措施、改革与发展建议

随着新标准化法发布实施，我国团体标准蓬勃发展，《住房城乡建设部办公厅关于培育和发展工程建设团体标准的意见》（建办标〔2016〕57号）发布以来，工程建设团体标准化工作稳步推进，在取得成绩的同时，也遇到一些问题与困难。以下收录了部分行业领域和地方在推进工程建设标准团体标准化工作过程中遇到的问题、解决措施，提出的改革与发展建议。

**中国工程建设标准化协会**在运行模式、工作机制和管理制度上有了进一步的健全和完善，并且在工程建设主要行业和专业领域培育了一批具有广泛影响力的专业标准化工作机构；建立了工程建设主要领域的协会标准体系框架；建立了一支稳定的标准专职化、专业化人员队伍。

一是为了贯彻落实《国家标准化发展纲要》、庆祝第52届世界标准日，中国工程建设标准化协会与国家技术标准创新基地（建筑工程）联合举办“学习贯彻《国家标准化发展纲要》暨庆祝2021年世界标准日座谈会”。

二是与国家技术标准创新基地（建筑工程）联合举办了“工程建设标准化改革发展与创新工作研讨会”。加快建设推动高质量发展的新型工程建设标准体系，以标准创新引领行业技术进步和高质量发展，助力“十四五”时期工程建设标准化事业实现新的更大发展。

三是为解决目前针对工程建设领域同一类认证对象，不同机构因为认证依据的标准选择或不同导致审核尺度、审核深度、一致性等方面不统一的问题，达到认证技术体系的统一，组织编制并批准发布了首批工程建设领域“认证标准”。将认证实施过程中容易产生偏差的关键要素进行统一的规定和约束，为不同机构面对同一类认证对象编制实施规则时提供明确、统一的尺度和要求，从而实现统一审核尺度和深度、保证认证一致性、提升认

证有效性等目的。同时，协会也在积极探索工程建设领域保险类标准、工程采购类标准，并积极推动工程建设领域的产品与服务认证工作。2021年，协会组织编制的《绿色建材评价》系列标准，已由国家三部委联合发文正式采信，成为自愿性认证绿色建材产品分级认证的依据标准。

**中国城镇供热协会**团体标准的编制以行业内新技术、新工艺为主要发展方向，补充行业发展需要的新产品和技术标准，坚持市场化的定位方向，并与国家行业标准协同发展，在国家、行业尚未覆盖的工程标准以及新技术、新产品、新材料相关标准方面取得较大进展。团体标准管理模式上趋于灵活自主，并在团体标准转化为国家标准、行业标准的机制上进行了积极探索。在信息公开方面，按相关要求在国家标准委网站、协会网站上进行了协会标准信息公开。

目前的主要问题，一是团体标准在实施过程中认可度较低，降低了社会、市场对团体标准的期待感，既无法吸引消费者参与团体标准体验和实施，又会延缓团体标准社会公信力的形成和标准质量的提高。二是制定团体标准企业单位的需求和积极性较高，但标准编制能力不足，缺乏数量稳定的高素质标准化专业和专职的团体标准工作人员。三是缺乏机制规范团体标准编制的编写和质量把关，如何引导市场优胜劣汰，需要认真加以研究。在标准化改革趋势下，团体标准的重要性逐渐被加强意识，应用环境逐步改善，势必需要高质量的团体标准和高效率的管理制度。

为使工程建设团体标准健康有序发展，有如下几点建议：将团体标准纳入供热行业标准体系中，从顶层设计层面加以推进；尽快开展团体标准的认可，通过认可的团体标准应允许被国家行业标准引用；加强团体标准化专职管理人才培养。

**中国土木工程学会**为推进标准化改革、把控团体标准编制质量，开展的主要工作举措：

一是坚持“严进严出”原则，推动学会标准高质量发展。针对团体标准普遍存在的审查把关不严、技术水平不高、文字水平较差等问题，学会重新修订《中国土木工程学会标准管理办法》，坚持学会标准“严进严出”的管理原则，全过程、多方面把控学会标准编制质量。在学会标准立项过程中，设立立项评估与审批环节，邀请全国工程勘察设计大师、高校教师、资深标准化工作者等审查专家对标准立项质量进行评估，评估通过后再予以立项，加强“标准立项准入门槛”；在学会标准报批过程中，设立审批环节，组织评审专家逐章逐条、逐字逐句地对标准技术内容与文字质量进行审查，并将意见反馈编制组修改，待全部评审专家确认无意见并征求全体委员意见后，才可报学会审定发布，强化“发布标准质量”。

二是发挥“技术创新”作用，建立与政府标准的协同配套机制。为提升团体标准与政府标准的协同及配套，学会将“以土木工程行业发展需求和技术创新为重点，与现行国家标准、行业标准协调配套，符合相关法律法规和强制性标准的要求”作为学会标准申报原则，鼓励可转化为团体标准的政府标准申请立项，促进政府标准向市场标准转化。此外，学会在标准制定程序上增加与现行标准协调性的考核指标，在学会标准立项、征求意见、审查阶段，将团体标准与现行标准的协调性纳入考核指标，确保学会标准指标与政府标准指标协调一致。

三是提升“标准管理”水平，加强学会标准化机构及人员建设。为加强学会标准化机构建设，学会将原学术工作委员会和标准与出版工作委员会进行合并，成立学术与标准工作委员会，负责学会标准编制的全过程管理，对学会标准审批质量负责；为提升学会标准化管理团队建设，学会标准管理人员中有多人在住房和城乡建设部以及国家标准化管理委员会下的各委员会中担任职务，在加强与行业主管部门的沟通和交流的同时，有利于制定有效支撑政府标准体系的学会标准。

**中国市政给水排水协会**采用精准立项措施优选团标项目，只有符合中国水协业务范围，聚焦技术、管理创新成果，填补国家、行业标准空白，承接政府管理需求且技术指标不低于国家标准、行业标准要求的项目方可立项。

采用全流程质量保障措施推进团体标准编制，采取了完善管理制度及工作流程、指定团体标准责任专家、实行月例会制度、辅导团体标准启动、征求社会各界意见、组建一流专家审查组、组织相关市场主体试用评估七项措施，指导监督团体标准编制全过程。

中国水协不仅组织编制标准，还要围绕行业发展需求，充分利用水协架构的优势，有力推动标准，尤其是重要的国家、行业、中国水协团体标准的宣贯和落实。

**水利工程**反映团体标准化遇到的问题：团体标准的市场认可度不高；与政府发布的标准相比，许多企业支持力度不大，地方政府也缺少相应奖励。

**建材工程**正处在全面迈向绿色化、生态化、智能化的发展阶段。在这个过程中更需要发挥团体标准的作用，把建材行业的新产品和应用技术全面推向高质量发展步伐当中。建材行业应在保证团体标准编制质量和标准实际操作性的前提下，加大宣传力度，并应同时梳理在编和已发布标准，科学合理分类，推进团体技术标准体系建立工作，建立标准查新库，对标龄过长的标准积极开展修订和清理工作。

**公路工程**积极组织、建立和发展团体标准，对于落实国务院等文件精神、丰富和完善标准体系架构、满足公路工程领域对标准的需求具有重大意义。下一步，计划深入贯彻团体标准改革要求，做好质量提高工作，优化完善公路行业重点领域团体标准制定，重点体现团体标准的小而专、前沿技术、特殊工程、特殊区域和海外工程等技术特点；同时，做好团体标准顶层设计，注重标准体系结构优化，带动团体标准高质量发展。

**上海市**在团体工程建设标准化工作中遇到的问题：一是标准先进性不足，团体标准在关键领域，如“碳达峰、碳中和”、数字化转型、绿色发展等工程建设前沿领域发展不足，前期研发投入低；二是团体公信力不足，建设市场的参建各方对政府标准的依赖性很大，这种长期形成的思维惯性在短期内难以破除。团体标准在设计过程中很少体现，调研中有设计单位明确表示不愿意采用团体标准。相关管理部门在遇到标准方面问题时，首先想到的就是有没有政府标准。勘察设计管理部门在工作中只关注政府标准中的强制性条文。项目现场管理部门，也存在团体标准技术可靠性不足的成见，主观上还是希望能够以政府标准作为检查依据。

针对上述问题，上海市为进一步促进团体标准发展，优化团体标准发展环境，引导社会团体积极参与工程建设标准化活动，到2025年，形成2～3个技术能力强、公信力好的社会团体，计划采取以下措施：

一是精准施策，营造团体标准发展良好环境。建立多部门协作的团体标准沟通协调工作平台，定期沟通协调机制，及时解决制约团体标准发展的困难和问题，保证团体标准的顺利实施；支持基础条件较好的社会团体面向市场自主研制团体标准；积极开展团体标准编制、推广研讨会，总结团体标准发展经验，引导社会团体不断提高标准化工作水平，推动产业高质量发展。探索建立团体标准采信机制。搭建社会团体参与国家标准化和国际标准化活动的平台和渠道，鼓励社会团体制定先进适用的标准。在行业管理中积极引用、应用实施效果良好的团体标准，不断提升公信力。对于实施效果良好的团体标准，在制定地方标准时，予以参考或者采用，团体标准发布机构可申请转化为上海市工程建设地方标准。

二是完善监督机制，规范团体标准健康发展。多措并举推动政策落地，首先是与检测行业协会联手，全面掌握使用团体标准的送检项目信息，并逐步实现在本市工程建设团体标准信息网站上进行公开，其次是对团体标准及其应用进行监督检查。充分发挥本市工程建设团体标准信息化平台功能，首先向社会公开受理举报、投诉、建议渠道，针对违规行为，定期在信息平台上进行通报；其次及时发布工程建设团体标准化工作的最新动态，为社会各界提供团体标准制定、应用相关数据。对使用效果好、社会影响大的团体标准，支持其在行业内的推广和应用。

**天津市**进一步落实《住房城乡建设部办公厅关于培育和发展工程建设团体标准的意见》（建办标〔2016〕57 号），持续引导、培育具备相应能力的学会、商会、联合会等社会组织和产业技术联盟等制定发布满足市场和创新需要的团体标准，供市场自主选择。鼓励相关团体机构加强团体标准制度建设，完善公共信息服务平台，使之信息更公开、应用更广泛。

**河南省**培育发展团体标准，在标准制定主体上，鼓励具有社团法人资格、具备相应专业技术和标准化能力的协会、学会、商会、联合会等社会组织和产业技术联盟协调相关市场主体共同制定满足市场和创新需要的团体标准，供社会自愿采用，增加标准的有效供给。在标准管理上，对团体标准不设行政许可，由社会组织和产业技术联盟自主制定发布，通过市场竞争优胜劣汰。在制定范围上，优先选择市场化程度高、技术创新活跃、应用前景广阔的领域制定为团体标准，满足行业发展和市场需求。

**四川省**积极改革以适应新时代新要求：一是以工程建设技术立法为准则、以推荐性标准为支撑，确保安全、生态、民生等底线，大力发展企业标准、团体标准。二是继续发挥标准化工作的智力支撑作用。三是努力推动中国工程建设标准“走出去”。

**甘肃省**工程建设领域团体标准目前尚处在起步阶段，相关协会、学会等社团组织积极性不高，社会对团体标准认可度不高。下一步工作，一是积极营造团体标准发展的良好政策环境，对团体标准的制定进行规范、引导和监督，促进团体标准化工作健康有序发展。探索开展团体标准信息公开和第三方评估服务，提升团体标准社会认可度。二是鼓励有关管理部门在政策文件制定、行政管理等工作中，积极引用、应用团体标准。鼓励建设、设计、施工等单位在签订工程建设合同时积极采用团体标准。三是加强团体标准应用监督管理，建立团体标准投诉和举报机制，严格团体标准责任追究。对应用效果好、技术水平高、影响力较大的团体标准可申请转化为甘肃省工程建设地方标准。

**广西壮族自治区**团体标准仍缺乏社会的认可。一是工程建设地方标准在地方标准体系中仍占据主导地位，市场主体和企业对团体标准的认知不足，参与团体标准化工作积极性不够；二是地方社会团体的工程建设团体标准还没有成功实施案例可供参考，市场主体和企业对实施团体标准仍存在疑虑，无法引导地方团体标准化工作良好发展；三是地方工程建设领域学/协会专业标准化能力普遍不足。2018 年修订后的《标准化法》赋予了团体标准法律地位以来，广西很多工程建设领域的社会团体陆续积极组织开展团体标准化工作，但大多数社会团体没有标准化工作经验，普遍存在专业标准化技术能力不足，不熟悉标准的日常管理，以及自身缺乏高素质的标准化专业技术人才等问题，难以规范开展团体标准化工作、保证标准的质量和水平，不利于培育团体标准实施的良好生态环境。

下一步工作，一是组织开展工程建设团体标准应用示范项目。通过团体标准的应用示范项目，打造工程建设领域的优势团体标准，通过推动团体标准应用示范项目在工程中的成功实施应用，形成可复制的经验进行宣传和普及，可有效指导团体标准的实施工作，提升团体标准的社会认可度。二是建立团体标准的第三方评估机制。团体标准起步发展初期，通过建立第三方评价及认证机制，由专业有效的第三方标准化机构认定团体标准的合法性、先进性和可使用性等指标，团体标准的认定结果可作为团体标准组织自身在标准化领域的诚信与竞争力证明，也可作为团体标准上升为国家标准、行业标准和地方标准的重要参考。合理的第三方评价可为团体标准的推广带来公平的竞争环节，树立团体标准的品牌。通过认定的标准给予相关认证标识，提高优质团体标准的辨识度和可信度，以此建立团体标准的品牌效应。

# 第五章

# 工程建设标准化研究

## 一、强制性工程建设规范专题研究

为适应国际技术法规与技术标准通行规则，2016年以来，住房和城乡建设部陆续印发《深化工程建设标准化工作改革的意见》等文件，提出政府制定强制性标准、社会团体制定自愿采用性标准的长远目标，明确了逐步用全文强制性工程建设规范取代现行标准中分散的强制性条文的改革任务，逐步形成由法律、行政法规、部门规章中的技术性规定与全文强制性工程建设规范构成的“技术法规”体系。

自2016年起，下达207项强制性工程建设规范研编计划，涵盖了城乡建设、石油天然气工程、石油化工工程、化工工程、水利工程、有色金属工程、冶金工程、建材工程、电子工程、医药工程、农业工程、煤炭工程、兵器工程、电力工程、纺织工程、广播电视工程、海洋工程、机械工程、交通运输工程（水运）、粮食工程、林业工程、民航工程、民政工程、轻工业工程、体育工程、通信工程、卫生工程、文化工程、邮政工程、教育工程、人防工程、测绘工程、科技工程等33个行业领域。

截至2021年底，已批准发布城乡建设领域的22项强制性工程建设规范，其中通用规范16项，项目规范6项。

本节摘录部分强制性工程建设通用规范专题研究情况。

### （一）《建筑与市政工程抗震通用规范》GB 55002－2021

**1. 编制原则**

（1）原则性要求和底线控制要求相结合

按照《工程建设规范研编工作指南》要求，该规范的条文属性是保障人身健康和生命财产安全、国家安全、生态安全以及满足社会经济管理基本需要的技术要求。规范的具体条文均是有以下两个基本类型条款或其组合构成：其一是原则性要求类条款，即有关建筑与市政工程抗震设防基本原则和功能性要求的条款；其二是底线控制类条款，即涉及工程抗震质量安全底线的控制性条款。

（2）原有强制性条文全覆盖

该规范的编制是在梳理和整合现有相关强制性标准的基础上进行的，规范对现行强制性条文全覆盖。

（3）避免交叉与重复

为了避免与相关工程建设规范之间的交叉与重复，经分工协调，该规范主要以抗震共性规定、结构体系以及构件构造原则性要求为主，构件层面的细部构造要求由相关专业规范具体规定。

**2. 主要特点**

该规范贯彻落实了国家防灾减灾的法律法规，符合改革和完善工程建设标准体系精神，是我国进行建设工程抗震防灾监督与管理工作的重要技术支撑，也是各类建筑与市政工程地震安全的基本技术保障。

(1) 内容覆盖工程建设全寿命周期

该规范以减少经济损失、避免人员伤亡为根本目标，适用于房屋建筑与市政工程领域，明确工程建设各阶段的抗震要求和结构的抗震措施。其中，工程选址与勘察方面，规定工程抗震勘察、地段划分与避让、场地类别划分的基本要求；地震作用和结构抗震验算方面，明确地震作用计算与抗震验算的原则与方法，规定地震作用的底线控制指标；抗震措施方面，规定混凝土结构、钢结构等各种结构的抗震措施。

(2) 提升了我国现行强制性条文的技术水平

该规范在编制过程中，除了全面纳入现行相关标准的主要技术规定外，同时，为加速结构体系技术进步、促进国家经济转型和推进绿色化发展，对现行标准的部分规定进行适当调整。

一是将我国城镇桥梁抗震设防目标由两级调整为三级，与房屋建筑保持一致。现行相关抗震技术标准中，建筑工程的抗震设防目标基本采用《建筑抗震设计规范》GB 50011-2010 (2016年版) 的三水准设防目标，城镇桥梁采用两阶段设防，城镇给水排水等市政设施工程则普遍高于建筑工程。为便于管理和操作，该规范编制时将各类工程的抗震设防目标统一为三水准设防，同时，为了兼顾各类工程本身的设防需求，给出了不同工程的三级地震动的概率水准。

二是适度提升结构抗震安全度。现行的《建筑结构可靠性设计统一标准》GB 50068-2018对可靠度水平进行了适当提高，相应的荷载分项系数分别由1.2、1.4提高为1.3和1.5。根据上级主管部门提高结构安全度的指示，该规范中地震作用的分项系数由1.3改为1.4。

三是适度放松现行强制性条文中有关隔震建筑的竖向地震作用、嵌固刚度、近场放大系数等限制性要求，以利于减隔震技术应用。

四是新增钢-混凝土组合结构、现代木结构等新型结构体系，有利于促进新技术发展。

**3. 国际横向比较**

(1) 内容架构和要素构成与欧洲规范保持一致

该规范在研编和编制过程中，专门对欧洲结构设计规范的体系布局、要素构成以及条文内容架构进行了研究。

鉴于我国工程建设标准化工作改革的总体布局和要求，该规范在研编和编制时，借鉴了欧洲规范中同时设置“基本原则规定和应用技术规定”的办法，条文编制模式采用“原则性要求+底线控制”，其中：原则性条款指的是属于抗震防灾原则性要求和功能性要求的条款。底线控制条款，指的是涉及抗震质量安全的控制性底线要求的条款。

具体条文的编制模式，可以是单独的原则性要求或单独的底线控制性要求，也可以是原则性要求+底线控制要求的复合条款。

(2) 统一建筑与市政工程的设防理念与国际一致

什么样的标准进行抗震设防，要达到什么样的目标，是工程抗震设防的首要问题。

《建筑抗震设计规范》GB 50011－2010（2016年版）第1.0.1条、《室外给水排水和燃气热力工程抗震设计规范》GB 50032－2003第1.0.2条，以及《城市桥梁抗震设计规范》CJJ166－2011第3.1.2条分别规定了建筑工程、城镇给水排水和燃气热力工程以及城市桥梁工程的抗震设防目标要求。按照《标准化法》、国务院《深化标准化工作改革方案》以及住房和城乡建设部《关于深化工程建设标准化工作改革的意见》的要求，本条规定系由上述相关规定经整合精简而成，在具体的文字表达上与《建筑抗震设计规范》GB 50011－2010（2016年版）略有差别。

为便于管理和操作，该规范将各类工程的抗震设防思想统一为三水准设防，这与日本、欧洲以及美国西部地区采用的二水准设防理念保持一致。

（3）统一全国地震倒塌设防水平与美国基本保持一致

在我国中低烈度区，一方面是建筑物的地震倒塌设防水平偏低，另一方面是来自地震区划的不确定性带来的风险明显高于高烈度区（8度及以上）。因此，中低烈度区的地震灾害风险明显要高于高烈度地区。关于这一点，已经在国内工程界和学术界取得了相当的共识，而且近几十年国内的强震灾害教训也是足够深刻的。

鉴于上述原因，并贯彻上级主管部门的提高房屋建筑地震安全水平的指示精神，该规范编制时将全国地震倒塌设防水平统一为2%/50年（2500年重现期），大幅提高了中低烈度（6、7度）区的倒塌设防水平，与美国的地震倒塌设防水平基本保持一致。

（4）修改结构动力响应的放大系数与国际主流保持一致

国际上，修改结构动力响应的放大系数取值主要在2.0～3.0之间，以max＝2.5的情况居多。

我国在《工业与民用建筑抗震设计规范（试行）》TJ11－74制定时，规定max取3.0。由于当时我国各烈度区的基本地震加速度取值普遍较低（7度的基本地震加速度取值为0.075$g$），因此，74规范的水平地震影响系数最大值（max）并不大，7度区的max＝0.075×3.0＝0.225≈0.23。之后进一步补充地震记录（183个记录）的研究结果表明，max的均值在2.0～2.5之间，建议规范的max取2.25。

20世纪80年代，对国内外303个加速度反应谱进行统计分析，结果表明平均反应谱在0.15s～0.35s区间有大致相同的数值，其值域为1.999～2.167，也建议规范的max取2.25。

基于上述研究成果，同时考虑到当时的国民经济条件，我国自78规范开始max取2.25。

鉴于目前我国国民经济已有较大发展、社会公众对于建筑安全越来越高，以及民众对于建筑抗震能力多层次需求等形势，根据上级主管部门提高建筑标准的要求，该规范将max由2.25提升至2.5，与国际主流规范保持一致。

### （二）《建筑与市政地基基础通用规范》GB 55003－2021

#### 1. 总体思路

（1）借鉴经验，结合国情

借鉴经济发达国家（地区）建筑技术法规的内容构成和层级，结合我国现行工程建设强制性标准构成和编制特点，制定总体构架，确定主要内容、主要依据及其逻辑结构。

(2) 分析总结，专题研究

分析总结《建筑地基基础设计规范》GB 50007（74版、89版）等有关标准编制课题研究成果，通过有针对性开展专项课题研究，捋清思路（哪些“必须做”、哪些“禁止做”）、抓住核心（质量、安全、环保控制要点）、谋求突破（提出具有可操作性的可接受方案）。

(3) 明确对象，把握深度

作为地基基础专业的“顶层”综合性标准，应以地基基础工程涉及的工程勘察、设计、施工与监测、检验与验收等为主要对象，兼顾与本专业相关标准的合理衔接。规范在条文确定和编制深度上，应处理好定性与定量关系——定性完整、定量成熟，处理好全文强制规范与推荐性标准的关系——抓大放小，处理好规范本身应具有的系统性、逻辑性和协调性关系——架构合理。

**2. 关键技术问题与解决方案**

(1) 编制深度

解决方案：以覆盖建筑地基基础工程全过程或主要阶段为范围，以保障人身健康和生命财产安全、国家安全、生态环境安全，满足经济社会管理基本需要等“正当目标”（目标要求）为基础，捋清思路（哪些“必须做”、哪些“禁止做”）、抓住核心（质量、安全、环保及资源节约控制要点）、谋求突破（提出具有可操作性的可接受方案），确保本规范的内容既囿于“正当目标”，又具有较强的实用性和可操作性。

(2) 目标、功能（定性）条款确定原则

解决方案：梳理并提出在地基基础工程设计、施工与监测、检验与验收中的目标要求后，提出对应的应具备的条件（或达到结果）的定性要求。

(3) 符合性/选择性条款、验证性（可定量化）条款的确定原则

解决方案：根据目标要求和功能要求，提出成熟可靠的具体技术方法或措施。

(4) 定性条款与定量条款的对应关系问题

解决方案：原则上，规范定性要求条款都应有与之对应，且具有可操作性的定量条款。

(5) 规范条文与现行相关标准强制性条文的关系

解决方案：规范条文不得与现行相关标准强制性条文存在冲突或矛盾，规范条文提出前，应进行符合性判断。

(6) 引用相关标准条文的问题

解决方案：遵循规范引用相关标准条文后，原标准条文也应具有强制性的原则，引用相关标准条文应先论证，后引用。

(7) 与相关标准的协调性问题

解决方案：为确保与本专业相关推荐性标准的衔接，规范编制按照“抓大放小”的原则，给相关推荐性标准编制留有余地。

(8) 编写技巧

解决方案：处理好定性与定量关系——定性完整、定量成熟；处理好该规范与推荐性标准的关系——抓大放小；处理好规范本身应具有的系统性、逻辑性和协调性关系——架

构合理。

**3. 国外技术规范（标准）与我国相关标准对比分析**

《欧洲地基规范》Eurocode 7（以下简称 Eurocode 7）与《建筑地基基础设计规范》GB 50007－2011（以下简称 GB 50007－2011）内容框架、主要特征和部分条文进行了对比。

（1）Eurocode 7 和 GB 50007－2011 的构架、适用范围及主要内容相近。Eurocode 7 覆盖了施工监理、结构维护（维修）等技术要求；GB 50007－2011 不包括施工监理、地基基础维护（维修）等技术要求。将扩展基础、柱下条形基础、筏型基础和桩基统一归类到“基础”中；Eurocode 7 将基础分为扩展式基础、桩基础两类。《建筑地基基础技术规范》在编制过程中参照了 Eurocode 7“基础”的分类划分。

（2）Eurocode 7 和 GB 50007－2011 都对地基承载力、变形、稳定性及地基基础耐久性设计等提出相关技术要求。Eurocode 7 仅提出地基基础设计计算的一些基本原则，诸如设计参数等具体内容均未论及；GB 50007－2011 不仅提出地基基础设计计算原则，而且也提供了设计计算方法，包括计算公式、计算参数等。

（3）Eurocode 7 和 GB 50007－2011 从地基基础应满足结构安全（可靠度）的角度提出了技术。Eurocode 7 从如何满足结构可靠度的角度，对地基基础承载力、变形及稳定性设计提出了原则要求；GB 50007－2011 不仅对地基基础承载力、变形及稳定性等设计提出了要求，而且对何种情况下需要进行地基变形计算、稳定性验算提出了具体明确的要求。

（4）Eurocode 7 和 GB 50007－2011 对地基基础设计所涉及的承载能力极限状态、正常使用极限状态的划分是一致的。Eurocode 7 提出了地基基础不同设计状态及相关设计（原则）要求，但是并未对承载力、变形和稳定性计算中所涉及的作用效应与相应的抗力限值作出具体规定；GB 50007－2011 不仅明确了地基基础承载力、变形和稳定性计算的不同极限状态，而且还对地基基础承载力、变形和稳定性计算中所采用的作用效应与相应的抗力限值作出了规定。

（5）为正常开展地基基础设计，Eurocode 7 和 GB 50007－2011 均对（岩土工程）勘察及勘察成果提出了技术要求。Eurocode 7 对勘察的要求是提供设计所需要的资料；提供制订（地基基础）方案所需要的资料；预测在（地基基础）施工时可能出现的任何困难，并且对勘察成果内容提出了基本要求；GB 50007－2011 不仅对勘察成果（资料）的内容提出了明确要求，而且对具体勘察方法（如取样、室内试验）提出了明确要求。

综上，Eurocode 7 仅提出地基基础设计计算的一些基本原则，诸如设计参数等具体内容均未论及，Eurocode 7 要求岩土工程师对地基基础设计中遇到的各种问题应在综合分析、评价基础上，作出综合判断后，选择合理方法进行地基基础设计。GB 50007－2011 不仅提出了地基基础设计原则，而且针对不同的地基基础问题也提出了一些具体计算方法、技术措施等，可指导设计人员进行地基基础设计。

**（三）《建筑节能与可再生能源利用通用规范》GB 55015－2021**

（1）区分左右侧规范

该规范属于通用规范，严格按照通用规范要求进行编写，同时做好和其他通用规范以及其他工程项目类规范的协调工作。

(2) 确定编写维度

该规范按照全过程维度进行编写，即对建筑节能设计、可再生能源建筑应用系统设计、建筑节能工程施工、调试及验收、运行及管理、既有建筑节能改造进行了规定。

(3) 明确适用范围及定位

该规范不适用于无供暖空调要求的工业建筑，且不适用于战争、自然灾害等不可抗条件。既适用于监管者，同时也适用于使用者。

(4) 控制规范体量

该规范在覆盖建筑节能和可再生能源相关现行强制性条文，满足社会经济管理等方面的控制性底线要求的基础上，对规范的内容进行精简整合，严格控制规范体量。

### (四)《建筑环境通用规范》GB 55016－2021

**1. 编制原则**

(1) 区分左右侧规范

该规范属于通用技术类技术规范，应严格按照通用技术类技术规范要求进行编写，同时做好和其他通用技术类技术规范以及其他工程项目类规范的协调工作。

(2) 明确适用范围

该规范覆盖除工业厂房外所有建筑，包括农村建筑；以室内环境为主，并兼顾协调相关室外环境。

(3) 统一编写难度

该规范各章节内容相对独立，分为建筑声环境、建筑光环境、建筑热工、室内空气质量。各章节内容统一按照工程建设全过程的维度进行编写，即每个章节内容应包括设计、施工、检测验收、运行维护。

(4) 控制规范体量

该规范应覆盖建筑环境相关现行强制性条文，并满足社会经济管理等方面的控制性底线要求，内容上既要包括基本性能要求，也要包括相应的技术措施，因此应对现行规范内容进行精简整合，严格控制规范体量。

**2. 与国际标准比较情况**

编制组选择英国、澳大利亚等国家的建筑规范进行比较分析。内容涵盖建筑规范的法律依据、制定程序、术语内涵、构成要素、主要内容、监管实施等，也包括声环境、光环境、热工环境、室内空气质量等具体指标的介绍，以及环境相关关键量化指标的比对分析。

(1) 规范架构不同

我国与英国、澳大利亚存在明显区别。我国目前建筑规范属于“处方式”，即根据科学研究和经验教训等总结出来并经不断修改完善的一套有明确具体设计参数要求、方案措施、施工验收要求的规定。这种规范简单易行，对设计、施工和验收人员的要求不高，能够满足大多数建筑的需要，但易使建筑设计等千篇一律，不利于新技术、产品的采用，并且无法确切地知道具体的环境指标到底是多少。英国和澳大利亚建筑规范属于性能化规范，只是确定建筑需要达到的总体目标要求或性能水平，规定一系列性能目标和可以量化的性能准则及设计准则，且一般附有一个指导性的技术文件。这种规范可以针对不同的建筑物确定不同的性能化水平，使用者具有很大的弹性，但要求规范使用者具有较高的技术水平，并要有一些专门的设计和评估工具作为技术支撑。

（2）性能参数要求不同

我国性能参数要求与澳大利亚要求接近，但低于英国要求。不同国家对参数设置的出发点不同，比如英国建筑规范不考虑装修等的影响，因而没有对甲醛等的要求，澳大利亚建筑规范则不考虑发霉和装修等的影响，仅从室内空气品质中的成分浓度出发进行要求。但比较三个国家均有要求的量化指标限值可以发现，英国和澳大利亚建筑规范的要求均比我国更严谨。比如，对 CO 的要求，都是考虑到不同时间段，限值并不相同。另外，英国建筑规范的要求比我国和澳大利亚更加严格，澳大利亚要求严格程度与我国基本相当。以 TVOC 作为对比，英国建筑规范要求明显严于我国，限值仅为我国的 50%～60% 的水平，澳大利亚 TVOC 要求略高于我国。

**3. 规范的特点与亮点**

该规范多学科集成。各章节内容相对独立，且要求、体量不同；该规范作为建筑环境通用要求与其他项目规范、通用规范内容交叉多，但各章节内容相对独立且要求与体量不同。该规范以功能需求为目标，提出了按睡眠、日常生活等分类的通用性室内声环境指标；强调了天然光和人工照明的复合影响，优化了光环境设计流程；关注儿童、青少年视觉健康，根据视觉特性，其长时间活动场所采用光源的光生物安全要求严于成年人活动场所；将建筑气候区划和建筑热工设计区划作为强制性条文，以强调气候区划对建筑设计的适应性，明确了建筑热工设计计算机性能检测基本要求，保证设计质量；明确了室内空气污染物控制，除控制选址、建筑主体和装修材料，必须与通风措施相结合的强制性要求。

### （五）《工程勘察通用规范》GB 55017－2021

**1. 编制思路**

该规范遵循“先进性、协调性、适用性、规范性”的原则，在充分调研的基础上，提炼出影响工程质量、安全和环境的部分，完成编制工作。尽可能与国际标准接轨、注重标准的可操作性，按照工程建设标准编写规定及全文强制性工程建设国家标准编制要求等进行编写与表述。

**2. 与国际标准比较情况**

（1）应用范围不同

欧盟规范立足于大土木行业，而中、美主要依据于本行业，如交通、建筑、水利等。

（2）规范独立性不同

中国岩土规范独立性较强，并且划分明确，如设计人员可依据桩基规范进行桩基础的设计；欧盟规范则需要其他规范补充；美国规范，也可只依据单本规范进行设计，但是分类也不是很明确。

（3）勘察规范集成度不同

中国规范体系下，往往是几本规范涵盖了所有的勘察、试验方法等方面的规范，而欧、美单个勘察方法、试验方法独立成规范。

(4) 是否注重资料引用

国内规范对于所涉及的规范条文、设计理论都鲜有标明出处，在规范中也极少直接引用学者论文等；而欧、美规范则注重引用，如美国 AASHTO 规范中就直接引用了大量学者的研究成果。

从勘察等级和要求、岩土分类、部分原位测试、部分室内试验等方面，中、美、欧岩土勘察规范都存在差异性，相对差异是较小的。比较大的差异，存在于国外对岩土作为一种材料的特性，强于国内规范，在勘察中体现了对岩土可作为工程材料的勘察，而国内强调不多。中、美、欧规范中，各个试验原理基本相同，试验设备、试验过程一般存在差异，可能导致试验的初步数据存在一定的差异。

**3. 亮点与创新点**

从可以覆盖整个工程建设领域各行业，内容上从勘察纲要编制、现场勘探（钻探、槽探、井探、洞探、地球物理勘探、取样和勘探现场记录）、原位测试和室内试验到岩土工程分析评价和成果报告（分析评价、成果报告的基本要求）涵盖了工程勘察全过程，将原来各标准中零星的、重复的强制性条文系统起来。明确了对质量、安全和环境保护管理体系的建立、仪器设备的标定、保持正常使用状态、勘察现场作业等内容。

## (六)《工程测量通用规范》GB 55018－2021

**1. 编制思路**

对《工程测量规范》GB 50026－2007 等 18 项有工程测量相关强制性条文的现行工程建设国家标准、行业标准进行了梳理，并按工程测量专业技术特点将其归纳为 10 个方面。除已有强制性条文外，新增条文主要涉及支撑或满足工程建设行政管理和市场监管需求、保证工程规范自身完整性以及对工程测量实践非常重要等方面，起草中借鉴了国外有关法规标准和现行有关工程建设标准的非强制性条文。

**2. 与国际标准比较情况**

(1) 国外测量相关法规与政策研究

各国的测量法规政策形式多样，但按照法律法规体系结构也大体上可分为二个层级。第一个层级为测绘有关的法律，包括综合法和专项法。综合法如日本测量法、韩国测绘法、加拿大土地测量法等。有些联邦制国家，如德国、澳大利亚等国家各个州各自制定有自己的测绘法，如德国下萨克森州官方测绘法、澳大利亚新南威尔士测量法等。美国没有单独的综合性联邦测绘法，但在《美国法典》中对测绘有一些相应的法律规定。专项法如日本海道测量法、新加坡土地测量师法、澳大利亚昆士兰州测绘基础设施法等。

第二个层级就是政府部门制定的行政法规，包括各种测绘管理条例、办法、指令和技术法规等，如美国地理数据采集与访问的协调——国家空间数据基础设施总统令、澳大利亚昆士兰州测绘基础设施条例、德国莱茵兰—普法尔茨州官方测绘基础地理信息提供与使用办法，还有欧盟空间信息基础设施有关条例等也属于这个层级。此外，一些国家的政府部门还发布一些测绘政策声明，如美国联邦地理空间数据共享政策、爱尔兰网络地图使用政策、印度国家地图政策等，作为法规的补充。

(2) 国外测量技术法规研究

为了建立欧盟统一的空间信息基础设施，实现有关空间信息在统一框架下全欧盟范围内的共享，便于跨区域的政策决策及应用，欧洲议会与欧盟理事会以立法方式于2007年颁布了欧洲空间信息基础设施建设的法令，提出欧洲范围内实现空间信息共享的总体框架和统一的执行法规，其后进一步颁布了包括元数据、数据规范、网络服务、数据服务与共享、监督与报告等方面的规定。此外，还有一系列对应的技术指南。

德国作为联邦制国家，其各州政府可以独立地制定地方测绘技术法规，如德国莱茵兰—普法尔茨州官方测绘数据采集办法、官方测绘基础地理信息提供与使用办法、官方测绘法实施细则等。

英国和德国分别由英国标准协会（BSI）、德国标准协会（DIN）制定有全国统一、可共同接受的工程测量标准，即对应的BS标准和DIN标准。但工程测量标准在这些国家被认为具有私法的性质，所以这些工程测量标准还没有上升到技术法规的层面。

（3）国际测量标准研究

国际标准化组织（ISO）第59技术委员会（TC59）制定有建筑与土木工程测量标准，第69技术委员会（TC69）制定有测量精度统计标准等，第172技术委员会（TC172）制定有关测量仪器设备方面的标准，此外，第211技术委员会（TC211）主要负责世界范围内与空间应用有关的地理信息标准化工作并制定相应标准。一些ISO测绘地理信息标准被欧盟和部分国家直接等同引用为欧盟标准和国家标准。

欧洲标准化委员会（CEN）负责制定欧洲标准（EN），其下设的第287技术委员会（TC287）负责欧洲地理信息技术标准的制定。CEN制定的EN标准在欧洲具有很高的权威性，许多国家已不再制定新的标准，而直接将其作为国家标准使用，而且废止与EN标准相抵触或不一致的国家标准。欧洲标准化委员会制定的地理信息标准大部分直接引用了ISO标准。

英国的测量标准包括采用的欧盟标准（BS-EN）、ISO标准（BS-ISO、BS-EN-ISO）等外部标准，以及英国制定的标准，如英国标准化协会（BSI）制定的测量标准（BS）。

德国标准化协会（DIN）制定了一系列可自愿使用的工程测量标准，分为DIN 18709和DIN 18710两个系列，目前各有6个和4个标准。DIN 18709系列的6个标准包含测量学概念、缩写和符号等内容。DIN 18710系列的4个标准分为两个层次，第一个层次为DIN 18710-1，规定了工程测量的基本原则、测量的组织、使用的人员和仪器、精度、评定和报告等方面的基本要求。第二个层次包含DIN 18710-2、DIN 18710-3、DIN 18710-4的内容，分别规定了场地测量（现状测量）、放样和变形测量方面具体的要求。

在美国的标准体制下，参与测绘地理信息标准的社会团体和民间机构比较多，其中影响较大、发布标准数量较多的主要有美国联邦地理数据委员会（FGDC）、美国地质调查局（USGS）和美国摄影测量与遥感学会（ASPRS）等。

### （七）《建筑与市政工程无障碍通用规范》GB 55019－2021

#### 1. 编制原则

该规范属于工程建设规范技术通用类，是以无障碍设施的通用技术要求为主要内容。由工程项目中重复出现的无障碍设施的强制性技术要求构成该规范的主要内容。其中所涉及的强制性技术要求，不再在其他工程建设规范中重复规定。工程建设规范中的项目类规范及部分通用类规范需在此基础之上编制工程建设全周期对无障碍系统和设施相关内容的具体要求。

**2. 研究路径和方法**

（1）通过对我国现行相关法律法规、政策措施对无障碍的要求进行梳理，将涉及的技术措施纳入强制性标准中。

（2）通过对现行相关工程建设标准中涉及无障碍设施技术要求的强制性条文和非强制性条文进行梳理，突出对条文覆盖范围、可行性、可操作性的研究，将符合要求的条文纳入强制性标准中。

（3）开展对发达国家无障碍强制性标准与我国现行标准的对比研究，借鉴国际先进经验，基于国内实际具体情况，将符合要求的条文纳入强制性标准中。

（4）从对无障碍主要需求方的使用需求出发，通过分析视觉障碍者、听觉/言语障碍者、肢体障碍者、老年人、精神及智力障碍者等障碍情况，确定各类无障碍设施需强制性的功能性需求。

**3. 开展专项研究**

该规范在编制过程中开展了英国、美国、中国香港地区与国家无障碍标准对比研究，德国、日本与国家无障碍标准对比研究，无障碍设施国内外设计标准比对研究，无障碍需求调研，无障碍设施的施工、验收及维护主要问题研究，信息无障碍研究等6项专项研究。

**4. 借鉴国际技术法规的情况**

（1）国外技术法规研究

从1959年起，欧洲议会通过了“方便残疾人使用的公共建筑物设计及建设的决议”，“无障碍”的概念开始形成。1961年，美国国家标准协会（ANSI）制定了第一个无障碍设计标准。欧美国家及日本的无障碍环境建设实践先后在建筑、交通、信息交流等领域进行展开，制定和完善了各自的无障碍法规和标准，并形成有效的鼓励与监督机制，其中很多的做法值得借鉴。在本次规范的研究编制过程中，共调研了英国、美国、日本、德国、中国香港等5个国家和地区的无障碍技术法规标准，与其进行对比研究。

（2）借鉴国外标准情况

发达国家和地区无障碍建设开展得早，水平高，很重要的原因是它们均建立了各自完整的无障碍建设法律、法规和技术标准体系。大多数国家的无障碍设计法规体系构成包括三个层次：法律（Act）、规定（Regulation）和标准（Codes/Standard）。狭义的法律是国家制定的具有强制性和普遍约束力的社会规范；法律需要众多细则以补充完善，这就是规定；而标准可以说是一种具有法律效力的技术规程。

该规范的制定，是在多本强制性工程建设规范共同组成的大框架下进行的。根据此次编制的要求，无障碍建设的技术要求需要在通用类规范、产品规范与项目类规范中共同体现。在通用类规范中规定工程建设中无障碍设施的通用技术，在产品规范中规定无障碍设施产品的要求，在项目类规范中规定各个领域需要无障碍建设的具体要求，形成一个完整的标准体系，内容覆盖无障碍设计、施工验收与维护的全过程，指导全国的无障碍建设工作。

因此，在该规范编制过程中，研究的重点主要为通过梳理国外无障碍法规标准中有关无障碍设施的技术要求，对比分析指标差异，进行合理性、可操作性、经济性等方面的分析，同时要具有一定的前瞻性，最终确定出我国适用的需要强制的技术指标。该规范的技术要求基本达到对标的发达国家水平。

### （八）《建筑给水排水与节水通用规范》GB 55020－2021

**1. 编制原则**

将建筑给水排水与节水作为一个完成的对象，应系统完整、可操作性强，并体现综合性，为政府部门转变职能、提升市场监管和公共服务水平提供技术支撑。明确对使用安全、卫生健康与环境、节能节水及其他公共利益的规定，并考虑地方差异。借鉴国外经验，注重中国特色。

**2. 总体思路**

（1）研究国际以及国外发达国家（以欧洲标准为重点）建筑技术法则、强制性标准的编制模式、技术内容和条文表现形式、实施方法等，制定该规范总体构架，确定主要内容、主要依据及逻辑结构。

（2）分析研究国家相关法律法规、部门规章、规范性文件等对建筑给水排水与节水的安全、环保、节能、节地、绿色等方面的要求及其纳入该规范的可行性和必要性。

（3）分析我国现行工程建设标准中有关建筑给水排水与节水的强制性技术规定（强制性条文），不能有遗漏；梳理、甄别并确定可以纳入该规范的技术条款以及需要补充完善的技术内容，达到逻辑性、系统性、完整性要求。

（4）技术内容严格限制在保障人身健康和生命财产安全、国家安全、生态环境安全及社会经济可持续发展的基本管理要求的范围内，包括但不限于建筑给水排水与节水强制性基本条款、基本技术参数和技术指标、基本技术措施等。

**3. 专题研究**

编制组通过现行法规政策符合性研究、与本领域国际标准和国外先进标准对比研究、与发达国家（主要针对澳洲、英国）技术法规对比研究，为提高标准指标的必要性和可行性，并作为本领域现行强制性条文梳理和“覆盖”情况、与相关标准的协调情况、重点技术问题和技术指标的确定研究等对该规范内容具有支撑作用的专题研究成果。

### （九）《既有建筑鉴定与加固通用规范》GB 55021－2021

**1. 编制思路**

该规范主要分为检测、鉴定与加固三部分内容。其中鉴定分为在永久荷载与可变荷载作用下承载能力的安全性鉴定和在地震作用下的抗震能力鉴定。加固分为结构、构件和地基基础承受荷载作用的承载能力加固和承受地震作用的抗震能力加固。同时既有建筑加固分为整体加固和构件加固，构件加固按结构形式分别作出规定。

**2. 与国际标准比较情况**

（1）标准发展历程对比

欧洲标准 *Design of structures for earthquake resistance -Part3: Assessment and retrofitting of buildings*（以下简称 EN1998-3:2005）作为欧洲建筑规范体系中结构抗震设计篇（Eurocode8）的第三分册，该系列规范于 1990 年开始编制，后续共计出版 9 卷 57 分册（ENVs），后于 1998 年逐步开始将试行规范（ENVs）转化为欧洲规范（ENs），并

于2006年形成了10卷58分册的欧洲规范，欧洲规范是欧洲一体化进程的必然产物。欧洲标准EN1998-3:2005也随着该系列规范的发展而成为欧洲国家防震减灾系统中的重要一环，是降低地震风险策略的重要部分。

我国的鉴定标准制定从1975年试行的《京津地区工业与民用建筑抗震鉴定标准（试行)》开始，并随着我国历次大地震的发生和抗震设计规范的发展，先后于1977年颁布了《工业与民用建筑抗震鉴定标准》TJ 23－77，1996年颁布了《建筑抗震鉴定标准》GB 50023-95，再到2009年颁布的《建筑抗震鉴定标准》GB 50023－2009（以下简称GB 50023-2009)。抗震鉴定标准的适用性范围逐步扩大，且与抗震设计规范保持了一致性。

（2）组成部分对比

EN1998-3:2005由六个章节及三个附录组成。

GB 50023－2009由十一个章节及七个附录组成，另外标准后面还附有具体的条文说明。

（3）适用范围对比

EN1998-3:2005主要为现有建筑物的抗震性能评估提供了依据；为需要进行加固的建筑，提供了加固措施的方法；为需要进行加固改造的建筑物提供了设计标准［条文1.1(2)］。适用于混凝土结构、钢结构和砌体结构抗震评估和加固改造；且在提示性附录A、B和C中包含了钢筋混凝土结构、钢结构、组合结构和砌体结构评估有关的附加信息，以及相关这些结构改造的附件信息［条文1.1(4)］。条文1.1(5）指出尽管该标准的规定适用于所有类型的建筑物，但是由于纪念性建筑物的特色要求，纪念性建筑物和历史建筑物的抗震评估和加固改造通常要按专门的规定和方法进行。该标准仅用于评价个体建筑物，仅用来判断该个体建筑物是否需要进行抗震加固以及不满足评估要求而进行加固改造设计，不能用于基于地震危险性评价的砌体目的建筑群体的易损性评估（如确定保险风险、防灾减灾优先权等）［条文4.1(2)］。此外，该标准还考虑了三类情况：一是由于许多老旧建筑物，在原有施工中并未考虑抗震，而只是通过传统的施工规则满足了非抗震作用要求，但未考虑结构的抗震性能；二是按现行标准对建筑物进行结构抗震性能评估可能会因为不满足抗震要求而需要进行加固；三是按标准进行了抗震设防的建筑，但遭受了地震破坏，需要加固。

GB 50023－2009适用于抗震设防烈度为6～9度地区的现有建筑的抗震鉴定，不适用于新建建筑工程的抗震设计和施工质量的评定；另外，古建筑和行业有特色要求的建筑，应按专门的规定进行鉴定（第1.0.2条)。该标准规定接近或超过设计使用年限需要继续使用的建筑，原设计未考虑抗震设计或者抗震设防要求提高的建筑，需要改变结构的用途和使用环境的建筑，其他有必要进行抗震鉴定的建筑，以上几种情况的现有建筑均应进行抗震鉴定（第1.0.6条)。

综上所述，GB 50023－2009与EN1998-3:2005均适用于既有建筑物的抗震鉴定，且使用范围基本类似。但其适用的具体建筑物结构类型有所不同，EN1998-3:2005适用于混凝土结构、砌体结构、钢结构和组合结构。而GB 50023－2009中未提及钢结构及组合结构的抗震鉴定，其适用结构类型包括多层砌体房屋、多层及高层钢筋混凝土房屋、内框架和底层框架砖房、单层钢筋混凝土柱厂房、单层砖柱厂房和空旷房屋、木结构和土石墙房屋、烟囱和水塔。GB 50023－2009 适用的结构类型详细具体，且多是具有本土特色的建筑。GB 50023－2009 仅适用于既有建筑物的抗震鉴定，即只是对既有建筑物进行抗震性能评估；而不涉及加固改造设计内容，加固设计主要依据于《混凝土结构加固设计规范》GB 50367－2013、《砌体结构加固设计规范》GB 50702－2011、《钢结构加固设计标准》GB 51367－2019 等其他加固设计规范，而 EN1998-3:2005 则抗震鉴定和加固设计两者兼顾。

### （十）《既有建筑维护与改造通用规范》GB 55022－2021

**1. 编制思路**

涵盖既有建筑使用阶段的全过程，建筑类型覆盖居住建筑、公共建筑、工业建筑、优秀历史建筑。条文主要体现既有建筑维护和改造中的控制性技术指标。具有独立完整性，主要涉及宏观要求和控制性技术指标，和管理结合较为紧密，同其他规范边界不清、内容重复的矛盾并不突出。

**2. 编制原则**

覆盖维护和改造过程中流程性的内容，如维护、改造程序等；覆盖维护、改造中涉及人民生命财产安全、人身健康、工程安全、生态环境安全、公众权益和公共利益方面的内容；覆盖现有规范中涉及维护、改造相关的全部强制性条款；收录现行规范中尚不是强条、但应该修改完善、提升吸纳为强条的内容；明确维护、改造的基本目标和控制性技术指标。

**3. 与国际标准比较情况**

（1）与英国标准对比情况

通过对比研究，在既有建筑检查及评定工作责任主体的规定上，我国和英国较为相近，即产权所有人或委托管理人应负责对既有建筑的现状进行检查及评定。在既有建筑检查类型和检查周期的规定上存在一定差异，英国对检查类型和检查周期的规定较明确，而我国国家层面上的相关规定还不明确，特别是检查周期的规定，但在地方层面，如上海市《房屋修缮工程技术规程》DGTJ08－207－2008 中做了明确的规定。在既有建筑现状检查、性能可靠性评定方面，我国的相关规范在检查、评定覆盖的范围和具体的技术条款规定上较全面、充分，不差于英国规范的同类内容。在既有建筑维护管理规范上，我国还未制定系统的维护管理体系，也没有直接关于既有建筑使用检查、维护的法规规范，有关规定均散见于相关的法律法规和各专业规范中，一定程度上存在着重新建轻维护的倾向。

（2）与新加坡标准对比情况

新加坡的规范为技术法规，明确了要求和权利义务及处罚措施，而具体的技术要求是在操作指南中明确。结构工程师、能源审计工程师等专业技术人员负责对技术进行把控，政府管理部门负责监督检查。我国的既有建筑维护与改造领域全文强制性技术规范，主要是基于宜居、功能提升的目标要求，明确政府管理部门在既有建筑维护与改造领域需要监管的重要环节，服务于政府对质量安全监管工作的需要。

## 二、工程建设标准实施情况调研分析

### (一)《燃气采暖热水炉》GB 25034－2010 实施情况统计分析

**1. 标准基本情况**

《燃气采暖热水炉》GB 25034－2010（以下简称 GB 25034－2010）是由行业标准《燃气采暖热水炉》CJ/T 228－2006（以下简称 CJ/T 228－2006）升级为国家标准的。在 CJ/T 228－2006实施过程中，由于企业用户、检测机构对标准理解的不断加强，同时对当初借鉴的欧盟标准 EN 483 和 EN 625 有了进一步理解和认识，CJ/T 228－2006 中许多内容需要重新制定以适应和推动市场发展、促进技术提升。GB 25034－2010 于 2011 年 7 月 1 日正式实施。

该标准适用范围为额定热输入小于等于 70kW，最大采暖工作水压小于等于 0.3MPa，工作时水温不大于 95℃，采用常压燃烧器或风机辅助式常压燃烧器或全预混式燃烧器的采暖热水两用的器具，同时也适用于单采暖器具。并明确规定不适用于自然排气烟道式和室外型器具、冷凝式器具、容积式器具以及同一外壳内采暖和热水分别采用两套独立燃烧系统的器具。

**2. 行业发展情况**

GB 25034－2010 自发布后，距今已实施了近 11 年，燃气采暖热水炉行业以年均增长率不低于 18%的速度高速发展。据行业学会统计数据，2014 年国内燃气采暖热水炉销售量约 164 万台，销售额近百亿，出口量 134 万台，出口创汇约 4.7 亿美元。2017 年在北方“煤改气”工程的推进下，全年燃气采暖热水炉销量达到了 550 万台，同比增长了 162%，创历史新高。随着“煤改气”市场逐渐恢复理性，2018 年燃气采暖热水炉市场逐渐回归常态化稳步发展趋势。2020 年燃气采暖热水炉市场全年总销量为 420 万台，受疫情影响很大，相比 2019 年，增幅只有 4.5%，详见图 5-1，其中国产品牌在总销售中的占比也逐年递增，进口品牌总销售额在全年总销售额都增长的情况下，出现了连续 2 年下降，可见，标准的实施有效地促进了国内品牌采暖热水炉企业产品技术和制造水平的大幅度提升，增强了核心竞争力。

“十三五”时期，燃气采暖热水炉“煤改气”工程市场总销量为 1060.5 万台，占据了“十三五”时期燃气采暖热水炉市场总销量的 56%。普通工程和零售市场销量 5 年来合计约 841.5 万台，占据了总销量的 44%。期间，冷凝式燃气采暖热水炉（以下简称冷凝炉）市场销量合计达到了近 130 万台，占据了“十三五”时期燃气采暖热水炉市场总销量的 7%，年均增长率为 11%。

标准的实施，为生产企业和检测机构提供了真正适合产品设计、开发、制造以及质量检验的重要标准依据，标准的实施大大提升了我国燃气采暖热水炉行业技术水平和企业在国际环境的竞争能力，还实现了行业由原来只有进口到后来实现整体年均出口量出现较大增长的现状，同时带动了一个新型智能舒适的采暖模式和节能环保的产业。

早期，燃气具工业生产许可证制度实施期间，本标准作为燃气采暖热水炉生产许可和市场监督抽查重要的标准支撑，同样发挥了重要的产品质量监管和监督作用。详见《工业

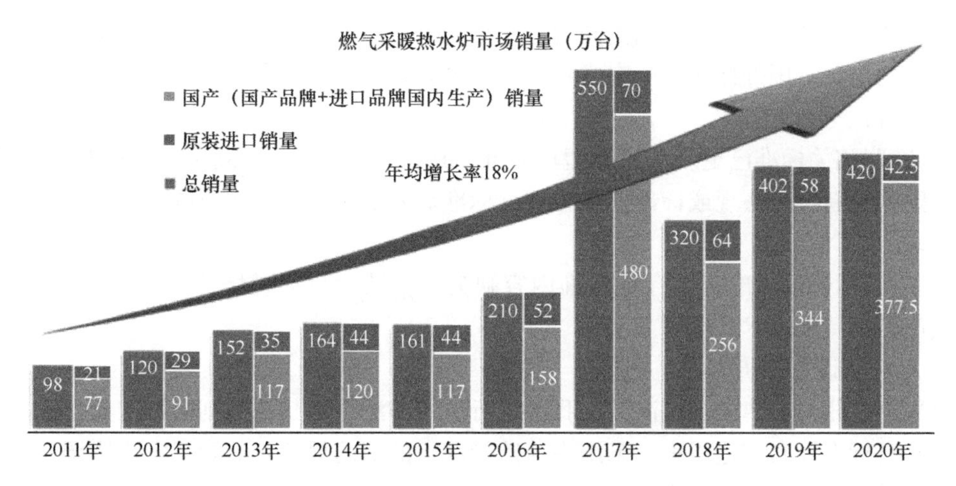


图 5-1　燃气采暖热水炉产品近 10 年销量情况

产品生产许可证实施细则　燃气器具产品生产许可证实施细则（一）（燃气热水器产品部分）》。

随着燃气具由工业生产许可证制度向强制性认证和自愿认证制度转换，该标准为 3C 改革推进和自愿性认证提供非常重要的标准供给，保障了终端用户生命财产安全，避免燃气安全事故发生，有效促进整个燃气采暖炉的产品质量提升、引导消费者、引领市场、促进产品出口，带动现实经济效益发挥了非常重要的作用。

2021 年，燃气采暖热水炉被纳入《全国重点工业产品质量安全监管目录》（2021 年版）（国市监质监发〔2021〕15 号），该标准作为各级政府部门进行市场监督抽查的重要标准依据，依旧发挥着重要作用。

**3. 标准适用性分析**

（1）GB 25034－2010 能有效指导行业技术发展，为相关检测、行业监管提供重要依据，但当前采暖炉产业发展迅速、新技术日新月异，标准适用范围早已与发展现状不匹配，存在未被覆盖的新技术、新产品，主要为：未涵盖额定功率为 70kW～100kW 的采暖炉，缺少冷凝式采暖炉、室外型采暖炉、模块炉等新形式产品的要求，相应的规范性引用需要更新为最新版本。

（2）GB 25034－2010 实施近 11 年，产品技术更新换代，冷凝技术、控制技术、电气/电子/可编程的应用以及物联网跨领域衔接，促使标准技术内容急需更新补充：

1）GB 25034－2010 技术指标覆盖面广，涵盖了性能、安全性等多方面，但覆盖还不够全面，包括：噪声测试仅仅只测试正面范围；缺少限制装置要求；缺少对远程控制的要求；缺少风险评估要求；缺少排烟温度要求；缺少生活热水稳定时间、水温超调等技术指标。

2）在实施过程中也发现 GB 25034－2010 存在个别技术要求不合理的情况：不同负荷的采暖炉表面温升不应统一指标，应分区间规定；不同功率、类型的采暖炉噪声要求应根据情况分别要求；采暖炉的热效率要求不够合理，应参考《家用燃气快速热水器和燃气采暖热水炉能效限定值及能效等级》GB 20665－2015 中的能效要求。

（3）GB 25034－2010 与编制时参考的国外先进技术、标准的差距较小，基本满足我国采暖炉的发展现状，与国外同类同型号产品要求对比差异不明显；但近几年由于新技术和新产品的出现，国外标准早已完成系统修订更新，与之相比存在明显差距，因此需要修订与其接轨：

1）欧盟相关标准已更新，且欧盟已发布 EPR 能效指令并更新了 GAR 燃气具指令，与当前国际最新技术法规或标准要求相比，标准需要更新，同时还应增加远程控制新技术等要求；

2）与国际先进标准相比存在标准内容缺失，如缺少自动燃烧控制系统的相关要求，冷凝式产品的特殊技术要求等。

**4. 标准协调性分析**

（1）符合相关法律法规情况。与我国现行法律、法规和其他强制性标准无矛盾。

（2）自标准发布实施以来，未出现与监管部门的部门规章、监管规定不协调、不一致的情况，满足监管要求和规定。

（3）普遍反馈 GB 25034－2010 的实施与党中央、国务院相关文件要求协调一致，符合高质量发展、安全生产、绿色发展、高质量标准理念。

（4）GB 25034－2010 的实施与其他强制性标准（含工程规范）协调，主要技术指标相一致，目前尚不需要新的配套标准支撑该标准的实施。

**5. 标准执行情况分析**

（1）行政部门在市场准入方面执行 GB 25034－2010；CCC 认证机构使用该标准进行认证；市场监督抽查使用 GB 25034－2010 作为依据。

（2）检测机构及认证机构依据 GB 25034－2010 分别开展检测和认证等业务：CCC 认证要求符合该标准相关强制性要求，产品认证过程使用该标准进行产品一致性检测。

（3）根据反馈，消费者对于本标准认知上多数属于不太了解，但是经电话沟通，多数表示购买产品时会关注产品是否声明执行的标准。

（4）生产企业在研发、生产、检测过程中严格按照 GB 25034－2010 或高于 GB 25034－2010 的要求执行，并 100%达标。

**6. 标准技术经济分析**

（1）企业在执行 GB 25034－2010 过程中的达标技术。企业在开发前期严格按照 GB 25034－2010 或高于 GB 25034－2010 要求进行开发、认证，生产过程中对产品进行全检并对库存产品进行抽检，保证产品 100%达标。

（2）企业在执行 GB 25034－2010 过程中的达标成本。GB 25034－2010 执行后企业的达标成本和改造成本有增加，但是相应的售后服务成本降低，新增成本几乎可以忽略。

（3）在满足标准要求的基础上，企业为提升产品质量，对产品材料、工艺、检测技术等需要增加成本，据反馈，大多数企业为满足 GB 25034－2010 的要求增加的成本占比非常小；没有造成大的成本负担。极个别企业为满足 GB 25034－2010 的要求，成本增加 20%。

**7. 标准实施效益分析**

（1）GB 25034－2010 的实施保障了民生安全，提升了采暖炉的质量水平、运行安全水平，保障了产品质量安全和用户使用安全。推动了行业高质量发展，淘汰劣质产品，推动行业创新，对采暖炉行业起到了积极的提升作用，为各级政府的产品市场监督抽查、早期的许可证及CCC产品认证和检验提供了标准技术依据。该标准参考欧盟标准制定，促进了国内产品技术大幅度提升，缩小与进口先进产品的技术水平差距。

（2）GB 25034－2010的实施促进了国际贸易，GB 25034－2010的有效实施，缩小了国内产品技术与国外产品技术的差距，对进口产品和国产产品的质量标准统一提供了重要技术依据，大大促进了产品的进出口贸易，加强了国际上对我国产品的认可度。

（3）GB 25034－2010的实施对保护生态环境等方面有积极影响，标准的CO等排放指标的限定，控制了有害气体排放，在一定程度上起到了保护环境的作用，同时能效的提高减少了$CO_2$的排放。

（4）GB 25034－2010的实施有利于保持市场公平性，标准的实施统一了产品的认证检验依据，对进口、国产产品均采用同样的认证准则，最大可能地实现了市场公平性。

**8. 标准存在的问题**

由于新技术出现、市场的发展，标准未能覆盖到新产品（包括冷凝炉、模块炉等）；标准中额定功率范围不能满足市场新产品的出现；标准中安全性能要求需要随着产品技术的升级进行补充；标准中个别技术指标要求不合理。具体如下：

（1）范围过窄，限制了行业发展

1）热负荷最高70kW已经形成限制，现今70kW以上的产品已经很多，技术要求差异不大，应扩大最高热负荷限制。

2）随着产品技术快速发展，产品类型更新换代，最近几年，普通型采暖热水炉比例在逐年下降，冷凝式采暖热水炉、室外型采暖热水炉和模块炉等新形式的产品比例逐年上升，该标准的很多技术内容对此类产品是适用的，该标准范围中的不适用已大大限制了行业的发展，需要删除。

（2）个别技术指标需要修订

1）规范性引用的某些标准需要更新，如某些零部件标准已由行业标准升为国家标准，某些电气标准也有新版本。

2）热效率指标中$\lg P_n$不妥当，指标建议提高，根据实施调研反馈，采暖模式热效率和热水模式热效率从$(84+2\lg P_n)\%$升至89％，企业成本增加不大。

3）表面温升指标，不同热负荷下，统一一个指标不合理，建议按热负荷范围划分指标。

4）生活热水性能要求偏低。

5）零部件耐久试验要求需删除，调研期间，在和一些生产企业电话沟通过程中接到反馈，认为一些零部件已有发布的专用标准，整机标准不宜规定耐久试验，宜直接引用专用零部件标准予以约束，从而减少整机检验时间、促进标准间的支撑和协调。

（3）相关技术要求缺失，现行标准已不能满足行业产品技术发展需要

1）缺少温度限制装置要求。

2）缺少对远程控制的要求。

3）缺少重置要求。

4）自动燃烧控制的相关要求不全。

5）控制器的评估无要求。

6）缺少风险评估要求等。

7）一些相配套的核心零部件专用国家标准已经发布并实施，如电子比例控制系统、燃气自动阀、热电式熄火保护装置、压力调节装置、电子控制器等，该标准仅规定一些部件的性能要求是不全面的，需要考虑零部件标准对零部件整体质量的约束，以及对该整机标准的支撑作用，根据情况在该标准中予以考虑引用。

**9. 统计分析结论及建议**

（1）统计分析结论

此次 GB 25034－2010 的调研对象包括了 22 家生产制造企业、6 家检测机构、3 家认证机构、2 家管理机构以及 3 家协学会、20 位消费者，考虑到了国内应用采暖热水炉的典型城市，基本涵盖了标准应用实施的各个领域，并得到了积极有效的反馈。

通过对此次调研反馈信息进行分析，总体上，GB 25034－2010 自发布实施的近 11 年来，得到了各领域的广泛应用和认可，实施效果很好，在行业发挥了很大的作用，根据座谈会与会专家的反馈及前面提及的数据分析，该标准促进了该产业的崛起；国内产品技术有了突飞猛进的发展，仅国内品牌而言，由初始的良莠不齐，远远落后于国外品牌，到如今与欧美大牌产品齐头并进，并有赶超趋势。

总体来说，该标准的实施不仅给行业带来了最直接的经济效益，还大大促进了国内产品技术升级以及新型智能舒适的分户供暖模式的建立，对保证终端产品的质量、保障用户的安全使用，促进能源的有效利用以及减少氮氧化物等有害物的排放，都发挥了积极、重要的作用。

（2）主要建议

GB 25034－2010 由于已发布实施多年，存在与行业现状落后的问题，如由于新技术出现、市场的发展，标准未能覆盖到新产品；标准中额定功率范围不能满足市场新产品的出现；标准中安全性能要求需要随着产品技术的升级进行补充；标准中个别技术指标要求不合理等。2019 年国标委下达修订计划，对 GB 25034－2010 进行修订，现 GB 25034－2020 已发布，标准主要指标科学合理，达到国际先进水平，与现有法律法规协调一致，GB 25034－2010 中存在的问题均已在 GB 25034－2020 中解决，新版标准已于 2021 年 11 月 1 日实施，持续引领行业发展。

### （二）《城镇燃气调压箱》GB 27791－2011 实施情况统计分析

**1. 基本情况**

《城镇燃气调压箱》GB 27791－2011 是原《全国工业产品生产许可证实施细则　燃气器具产品生产许可证实施细则（二）（燃气调压器（箱）产品部分）》作为企业生产许可证产品抽检的依据；省、市、县各级地方质监部门将其作为企业监督抽查产品抽检的执法依据；生产企业将其作为产品定型型式试验的基本依据；行业协会、燃气公司将其作为产品是否合格，市场准入的判断依据。

该标准涉及产品广泛用于西气东输、陕气进京、国家新型城镇化建设燃气基础设施、蓝天工程、煤改气等一系列国家战略工程城镇燃气管网建设，为我国燃气行业发展、国家燃气管网基础设施建设、环境空气质量改善作出了突出贡献。

（1）标准基本概括

该标准规定了城镇燃气输配系统用燃气调压箱的术语和定义、型号编制、结构要求、技术要求、试验方法、检验规则、质量证明文件、标志、包装、运输和储存。适用于进口压力不大于4.0MPa，工作温度范围不超出-20℃～60℃的调压箱。不适用于地下调压箱。规定了无损检测、强度试验、气密性试验、出口压力设定值、放散装置启动压力设定值、切断装置启动压力设定值、公称流量、关闭压力、绝缘性能等。

（2）行业发展情况

自2003年起，城镇燃气调压箱实行生产许可证管理。截至2012年5月3日，共127家企业取得燃气调压箱生产许可证。广泛分布在北京、天津、河北、江苏、四川、重庆、浙江等地，见图5-2。

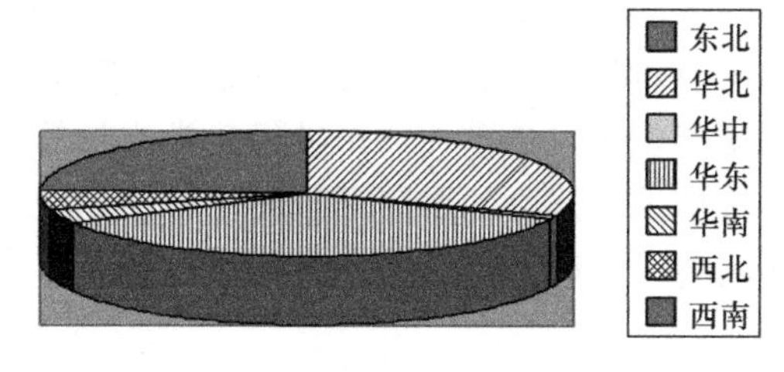


图5-2　燃气调压箱企业分布情况

燃气调压箱产品的特点：生产主要是组装型，企业一般采购阀门、调压器、钢管等零部件装配。2003年前，燃气调压箱产品并不是生产许可证管辖的产品，产品规范化程度不高，很难保证产品质量的可靠性，主要原因有技术基础薄弱、企业专业技术人员欠缺、管理人员匮乏，人员不稳定，部分企业缺少基本的电气焊设备、焊接人员、无损检测、理化人员等。实施生产许可管理之后，对企业生产设备、焊接设备、焊接人员、检验检测设备等要求有较大提高，生产质量和技术水平有了明显改善。

燃气调压箱原是全国工业产品生产许可证目录管理产品，其产品质量关系人民生命财产安全，属于《工业产品生产许可证目录》（国家质量监督检验检疫总局公告2012年第181号）、《中华人民共和国工业产品生产许可证管理条例》（国务院令第440号）、《中华人民共和国工业产品生产许可证管理条例实施办法》（国家质量监督检验检疫总局令第156号）的管理范围。最近一版燃气调压箱的生产许可证管理实施详见2016年9月，国家质量监督检验检疫总局公布的《燃气器具产品生产许可证实施细则（二）（燃气调压器（箱）产品部分）》。

2018年9月23日，国务院发布了《关于进一步压减工业产品生产许可证管理目录和简化审批程序的决定》（国发〔2018〕33号），调整了工业产品生产许可证目录，燃气器具取消了工业产品生产许可证目录管理，推动转为自愿性认证管理，鼓励和支持有条件的社会第三方机构开展认证工作。

**2. 标准适用性分析**

（1）该标准覆盖城镇燃气输配系统用燃气调压箱的术语和定义、型号编制、结构要求、技术要求等方面，市场上相应产品的技术均包含在标准中，标准总体适用，但压力范围已经不满足需求了，一些新产品、新工艺设备未覆盖，迫切需要修订、制定配套标准。

（2）标准技术指标已全部覆盖调压箱的制造要求，标准技术要求合理，可满足调压箱生产需要；标准技术指标覆盖全面，要求合理，也能满足产品实际使用性能和安全功能，指标制定不盲目、不虚高，有效指导实际使用和生产，充分考虑了产品在使用与安全方面的性能要求。但是仍然存在如下不足之处：标准进口压力覆盖太窄；该标准未规定管道内工作介质流速，流速过大会严重影响调压装置工作性能，也不安全；标准螺栓垫片的要求存在不合理；绝缘性能、安全装置的指标未覆盖，切断压力与放散压力不明确；调压箱内不包含计量，加热，电气、仪表以及安全配置等内容；建议增加泄漏监测的相关要求。

(3) 目前同类型的国外相关标准有 2 项：EN12186－2014 和 EN12279。但由于两个标准与国内采用的标准体系不一致，在标准内容、产品要求、性能参数等诸方面存在较大的差异，因此在条款上不具备可比性。标准制定的水平满足了我国燃气调压箱发展现状。按照标准指导出的产品在调压性能、安全指标要求方面均优于国外同类产品，但仍然存在如下不足之处：建议增加压力监测、泄漏监测的相关要求，建议对调压箱的切断压力、放散压力提出明确规定，以便指导和规范燃气公司进行日常维护管理；EN 12186 最大进口压力为 100bar（10MPa）适应更高压力的燃气调压装置，因此需要提高标准的最大进口压力；对于调压箱内部设备如阀门、计量、加热、电气设备等需再补充要求；建议提高调压精度、安全装置精度。

**3. 标准协调性分析**

(1)《城镇燃气调压箱》GB 27791－2011（以下简称 GB 27791－2011）是依据《城镇燃气设计规范》GB 50028－2006 等相关先进标准编制，并考虑与我国相关法律、法规相协调，与我国现行法律、法规和其他强制性标准无矛盾。

(2) 自标准发布实施以来，未出现与监管部门的部门规章、监管规定不协调、不一致的情况，满足监管要求和规定。

(3) 该标准充分考虑了燃气用气安全、保障安全生产、提高产品质量。在高质量发展、安全生产、绿色发展理念、高质量标准等方面，该标准未出现与党中央、国务院相关文件要求不协调、不一致的情况。

(4) 标准制定充分引用或参考了国内其他强制性标准，未出现与其他强制性标准不协调，主要技术指标不一致的问题，满足与其相关的标准要求。

(5) 建议制定智能调压箱和地下调压箱产品标准，完善压力监测、泄漏监测和数据远传等相关要求，实现对调压箱的运行监测，增强安全管控能力。

**4. 标准执行情况分析**

(1) 行政部门方面，标准自发布实施以来，总体执行情况良好，一直作为调压箱生产许可证细则中产品执行的标准。作为燃气调压箱现行有效的国家标准，在事中事后监管方面一直被作为检验标准。《质检总局关于公布农药等产品工业产品生产许可证实施细则修订单的公告》（2013 年第 23 号）依据该标准的技术指标，来评判调压箱制造商应具有的生产和检测能力，作为市场准入的条件。压力管道调压箱的监督检验过程以该标准为主要依据，监检验收要求将 GB2 7791－2011 作为标准之一。涉及调压箱，GB 27791－2011 一般作为基本执行标准。在工业产品生产许可证取消后，按一般工业产品由供需双方执行标准。上海市燃气管理部门在燃气经营许可管理中用于对供气和安全的管理。

(2) 检测机构方面，该标准主要用于城镇燃气调压箱的委托检测、监督检测。近 10 年来，国家 90%以上的生产企业有该标准的检测需求，国内几个主要检验机构累计相关检验项目约 8000 余项。

(3) 生产企业方面，在实际生产中，在标准范围内产品均能满足该标准要求，总体执行情况良好。在实际生产中，对该标准的达标率为 100%，常规调压箱、调压柜均按该标准设计和制造。对该标准覆盖不到的 40bar（4MPa）以上调压装置，企业也会参考该标准设计制造。

(4) 燃气公司方面，对于供应商评审及物资采购、指导设计选型、提高供气系统安全可靠性方面起到积极的作用。

**5. 标准技术经济分析**

(1) 企业执行标准过程中的达标技术和达标成本。本次调研显示，企业执行 GB 27791－2011 过程中的达标技术和达标成本均可接受，标准适用性强，产品标准的发布实施带动行业从以往的作坊式、人工组装式生产向规模化、自动化流水线的方向发展。随着企业技术的不断提升，其达标效果每年逐步提高，降低了人工成本，生产规模满足我国行业需求，应用效果良好。企业对标准中不具体、不确定的相关要求进行明确，部分企业形成公司内部的技术标准。同时在 GB 27791－2011 基础上已编制更新相应企业标准及作业指导书等，按不低于该标准的要求执行，技术质量受控。企业采用包括焊接、无损检测设备、强度及气密检测设备、各种测试台、高低温箱等技术和设备确保技术质量达标。据调研统计，小型规模企业反馈，增加技术改造投入新增成本普遍占总成本的 10%～20%；中等规模企业反馈，增加技术改造投入新增成本普遍占总成本的 5%～10%；优秀企业引进并改造升级生产检测设备，无明显的成本及负担增加，新增成本占总成本约 2%以下。

(2) 企业进行产品升级的成本。在满足该标准要求的基础上，企业为提升产品质量，对产品材料、工艺、检测技术等要求的提高，需付出生产成本及使用成本。无损检测成本占管道生产成本的比例提高，企业因无损检测要求改变增加的成本投入约占总成本的 10%～20%，设计压力大于 1.6MPa、小于等于 4.0MPa 的 B 类焊接接头无损检测比例调整为 20%时，企业增加人工投入及相应的材料及设备投入而增加成本，据统计，增加成本较低，其中：小型企业新增成本约占总成本的 5%～10%；中型企业新增成本约占总成本的 3%～5%；优秀企业影响不大，新增成本占总成本的 1%以下或基本无新增成本。

**6. 标准实施效益分析**

(1) 标准对保障民生和安全的贡献和影响

城镇燃气调压箱是燃气输配系统最重要的设备，其与百姓民生和社会安全息息相关。该标准规定了城镇燃气调压箱的基本性能和安全要求，内容全面，指标制定合理，对产品的生产和检测提出了要求。提升了设备的安全性和统一性，有效保证了燃气输配安全供气及燃气企业日常安全生产作业，极大减小了产品出现燃气安全事故的发生，保障了用户用气安全，整体提升我国燃气调压箱行业技术水平。

(2) 标准对推动行业高质量发展的贡献和影响

GB 27791－2011 与《城镇燃气调压箱》CJ/T 275－2008（以下简称 CJ/T 275－2008）标准比较，技术水平更高、要求更合理，对扩大产品范围、提高产品质量有积极意义。在适用范围上，GB 27791－2011 相较于 CJ/T 275－2008 而言，将进口压力范围从 1.6MPa 提高至 4.0MPa，与当时《城镇燃气设计规范》GB 50028－2006 一致；在检验项目上，CJ/T 275－2008 对无损检测的要求过于严格致使企业成本过高，仅允许使用水进行强度试验不符合实际操作，绝缘性能常态绝缘电阻限值过低不符合工艺改进提升的客观现实，GB 27791－2011对CJ/T 275－2008过去严苛的部分进行了适当放宽，让企业有更多的选择空间，并对不合理的地方进行了修正，在关键的指标上保持、甚至提高了基本要求，从而在成本上给企业减负，但在质量上仍旧保持了较高要求。

GB 27791－2011参照欧洲先进标准制定，推动了产品工艺和质量水平的提高。标准统一了产品的要求和检测方法，保证了安全性。标准的实施，有效地推动了调压设备高质量发展。

GB 27791－2011各项指标要求严谨合理，针对传统的机械硬件提出了相关要求，规范了生产，做到了统一标准、统一要求，直接推动企业提高产品质量，淘汰技术实力差、不规范的企业，为燃气制造企业的发展乃至中国燃气行业的发展，奠定了标准化制造和质量规范验收的基础。

促进行业标准化，做到有标准可依，有章可循，同时促进企业的管理秩序、管理业务和生产过程规范化，形成井然有序的发展环境。

(3) 标准对促进国际贸易的贡献和影响

GB 27791－2011参照国际先进标准制定，标准执行能够促进向国际同行业产品接轨，达到国际先进水平。标准适用于国内燃气用户市场，并适用于进口产品，提高了进口产品的要求和与中国市场的锲合度，同时提高了国内产品竞争力。进口调压装置按该标准进行型式检验，保证了安全性和适应性。该标准促进燃气调压箱产品技术与国际接轨，为规范市场、产品的进出口提供重要的标准技术依据，对开展国际贸易有一定的促进作用。

GB 27791－2011与国际的同类标准相比，在关键的性能指标和安全指标上处于较高的水平，因此国内生产的符合该标准的城镇燃气调压箱在国际市场上具有一定的竞争力，且主要作为中国在国外建设的工程配套设施一起走向国际市场，在国家“一带一路”倡议中，中国生产的燃气调压箱畅销非洲和东亚，得到国际社会的广泛认可。

(4) 标准对保护生态环境等方面的贡献和影响

随着中国城镇化的不断推进，天然气开始被越来越多的家庭使用。GB 27791－2011规定了城镇燃气调压箱的安全和性能要求，从而保证了天然气的供气安全，为我国天然气应用推广做出了贡献。

该标准的实施有利于保护生态环境。标准同步于中国燃气的快速发展需求，在大气污染治理、燃煤市场替代过程中发挥着重要作用。燃气调压箱为促进改善环境污染煤改燃首选设备，产品用于北方煤改气工程，改善了空气质量，环保效益明显，在大气污染治理煤改气中发挥着重要的作用，推动了煤改气的进程。

(5) 标准实施对市场公平性的影响

GB 27791－2011的实施，统一了产品的技术标准，提高了市场竞争的公平性。标准充分考虑了地域、生产方、使用方等各个方面的内在需求，利于市场公平竞争，促使产品质量稳步提升，促进了企业的整体水平提升，有利于生产、经营企业在生产与采购过程中参考，有利于供应商在统一的标准基础上进行竞争，推动了行业进步，同时维护了市场公平。

GB 27791－2011的实施，统一了燃气调压箱的设计、制造、检验的基本要求，增强了产品安全性，对产品制造企业营造出公平竞争的良性机制。以前极个别企业为了扩大市场，生产便宜、但是安全性能无保证的产品，GB 27791－2011 的实施避免了行业的无序不当竞争，避免出现严重影响性能和安全的偷工减料，保证了市场的公平性。

（6）标准实施对产品使用安全性的影响

GB 27791－2011 是在 CJ/T 275－2008 的基础上，结合多年来城镇燃气调压箱产品的检验实践进行修订的，对产品的生产和检测提出了完善的要求，有利于保障民生和安全。标准实施后，生产企业要在满足使用需求的基础之上，同时满足安全性的要求（如管道工艺、管路配置、安全装置等方面），明确了产品的安全性要求，对安全用气意义重大。

**7. 标准存在的问题**

（1）标准进口工作压力仅 4.0MPa，4.0MPa 以上的调压箱产品未覆盖，建议扩大标准的压力范围，将压力从 4.0MPa 提高到 10.0MPa。

（2）未覆盖智能调压装置、埋地式调压箱等产品，建议制定智能调压箱和地下调压箱产品标准，增加压力监测、泄漏监测等相关要求，配套 GB 27791－2011。

（3）部分引用标准过期，有待更新。

（4）建议对调压箱的切断压力、放散压力提出明确规定，以便指导和规范燃气公司进行日常维护管理。

（5）焊接接头无损检测比例、要求建议修改为与《压力管道安全技术监察规程——工业管道》TSG D0001－2009 要求相一致。

（6）螺栓垫片的要求存在不合理。

（7）管道内工作介质流速未作规定，流速过大会严重影响调压装置工作性能，也不安全，应予以限制。

（8）调压箱内不包含计量、加热、电气、仪表以及安全配置等内容。

**8. 统计分析结论及建议**

（1）统计分析结论

经调研，GB 27791－2011 的制定实施，对于提高我国城镇燃气调压器的产品质量、规范市场、保障安全使用起着重要作用，为我国燃气调压器生产许可证企业发证检验、监督检验提供了重要技术依据，提高了行业总体水平，标准的实施，推动了行业发展，产生重大经济效益，社会效益显著。

城镇燃气调压箱是燃气输配系统最重要的设备，其与百姓民生和社会安全息息相关。GB 27791－2011 规定了城镇燃气调压箱产品的基本性能和安全要求，各项指标要求严谨合理，推动了产品工艺和质量水平的提高及调压设备高质量发展，保证了燃气供给和燃气输配系统的安全，保证老百姓生活和企业生产正常进行，同时最大限度地降低燃气企业安全生产风险，为燃气行业安全、高效、健康发展保驾护航。

GB 27791－2011 的实施促使生产企业依据标准生产，淘汰技术实力差、不规范的企业，为燃气制造企业的发展乃至中国燃气行业的发展，奠定了标准化制造和质量规范验收的基础。

提升了我国燃气调压箱行业技术水平，促进燃气调压箱产品技术与国际接轨，同时为规范市场、产品的进出口提供重要的标准技术依据。对开展国际贸易有一定的促进作用。在国家“一带一路”倡议中，中国生产的燃气调压箱畅销非洲和东亚，得到国际社会的广泛认可。

标准的实施有利于保护生态环境，在大气污染治理、燃煤市场替代过程中发挥着重要作用。燃气调压箱用于北方煤改气工程，改善了空气质量，推动了煤改气的进程，环保效益明显。

统一了产品的技术标准，提高了市场竞争的公平性。有利于生产、经营企业在生产与采购过程中参考，有利于供应商在统一的标准基础上进行竞争，避免了行业的无序不当竞争，保证了市场的公平性。

GB 27791－2011 由于已经实施 11 年了，存在与行业现状落后的问题，如压力太低不能满足、规范性引用文件需要更新、焊接接头无损检测比例与 TSG 规范不一致等等。2017 年国标委下达修订计划，对 GB 27791－2011 进行修订，现 GB 27791－2020 已发布，标准主要指标科学合理，达到国际先进水平，与现有法律法规协调一致，GB 27791－2011 中存在的问题均已在 GB 27791－2020 中解决，新版标准已于 2021 年 12 月 1 日实施，持续引领行业发展。

(2) 主要建议

通过本次 GB 27791－2011 实施情况调研统计分析，为更好地发挥该标准作用，促进行业发展，结合行业实际发展需要，提出下列意见和建议：

1）建议制定智能调压箱和地下调压箱产品标准配套 GB 27791－2011，增加压力监测、泄漏监测等相关要求，实现对调压箱的运行监测，增强安全管控能力；

2）强制性标准应发挥底线作用，在涉及生命财产安全、生命安全领域增加标准的供给，守住安全底线，并能落地实施；

3）强制性标准的实施涉及生产企业、用户、行业协会、管理机构、认证检测机构等相关方，标准的制定实施过程应广泛收集采纳多方意见；

4）伴随新技术、新工艺、新材料等应用，以及国家“碳达峰碳中和”、智慧燃气等战略新兴领域，标准的需求应适时增加，指导行业健康发展；

5）与时俱进、不断创新，积极引导企业，提高行业标准和产品质量水平。适时更新产品标准，引入新技术、新工艺、新材料、新的检验手段，提高产品质量，保障燃气安全，引领燃气行业高质量发展，助力国家新型城镇化燃气基础设施建设、国家燃气下乡，推进乡村振兴战略、国家“碳达峰、碳中和”战略，促进国家“一带一路”产品“走出去”。

# 第六章

# 工程建设标准化发展与展望

## 一、中共中央、国务院印发《国家标准化发展纲要》

标准是经济活动和社会发展的技术支撑，是国家基础性制度的重要方面。标准化在推进国家治理体系和治理能力现代化中发挥着基础性、引领性作用。新时代推动高质量发展、全面建设社会主义现代化国家，迫切需要进一步加强标准化工作。为统筹推进标准化发展，制定本纲要。

### （一）总体要求

1. 指导思想。以习近平新时代中国特色社会主义思想为指导，深入贯彻党的十九大和十九届二中、三中、四中、五中全会精神，按照统筹推进“五位一体”总体布局和协调推进“四个全面”战略布局要求，坚持以人民为中心的发展思想，立足新发展阶段、贯彻新发展理念、构建新发展格局，优化标准化治理结构，增强标准化治理效能，提升标准国际化水平，加快构建推动高质量发展的标准体系，助力高技术创新，促进高水平开放，引领高质量发展，为全面建成社会主义现代化强国、实现中华民族伟大复兴的中国梦提供有力支撑。

2. 发展目标

到 2025 年，实现标准供给由政府主导向政府与市场并重转变，标准运用由产业与贸易为主向经济社会全域转变，标准化工作由国内驱动向国内国际相互促进转变，标准化发展由数量规模型向质量效益型转变。标准化更加有效推动国家综合竞争力提升，促进经济社会高质量发展，在构建新发展格局中发挥更大作用。

——全域标准化深度发展。农业、工业、服务业和社会事业等领域标准全覆盖，新兴产业标准地位凸显，健康、安全、环境标准支撑有力，农业标准化生产普及率稳步提升，推动高质量发展的标准体系基本建成。

——标准化水平大幅提升。共性关键技术和应用类科技计划项目形成标准研究成果的比率达到 50%以上，政府颁布标准与市场自主制定标准结构更加优化，国家标准平均制定周期缩短至 18 个月以内，标准数字化程度不断提高，标准化的经济效益、社会效益、质量效益、生态效益充分显现。

——标准化开放程度显著增强。标准化国际合作深入拓展，互利共赢的国际标准化合作伙伴关系更加密切，标准化人员往来和技术合作日益加强，标准信息更大范围实现互联共享，我国标准制定透明度和国际化环境持续优化，国家标准与国际标准关键技术指标的一致性程度大幅提升，国际标准转化率达到 85%以上。

——标准化发展基础更加牢固。建成一批国际一流的综合性、专业性标准化研究机构，若干国家级质量标准实验室，50个以上国家技术标准创新基地，形成标准、计量、认证认可、检验检测一体化运行的国家质量基础设施体系，标准化服务业基本适应经济社会发展需要。

到2035年，结构优化、先进合理、国际兼容的标准体系更加健全，具有中国特色的标准化管理体制更加完善，市场驱动、政府引导、企业为主、社会参与、开放融合的标准化工作格局全面形成。

### （二）推动标准化与科技创新互动发展

3. 加强关键技术领域标准研究。在人工智能、量子信息、生物技术等领域，开展标准化研究。在两化融合、新一代信息技术、大数据、区块链、卫生健康、新能源、新材料等应用前景广阔的技术领域，同步部署技术研发、标准研制与产业推广，加快新技术产业化步伐。研究制定智能船舶、高铁、新能源汽车、智能网联汽车和机器人等领域关键技术标准，推动产业变革。适时制定和完善生物医学研究、分子育种、无人驾驶等领域技术安全相关标准，提升技术领域安全风险管理水平。

4. 以科技创新提升标准水平。建立重大科技项目与标准化工作联动机制，将标准作为科技计划的重要产出，强化标准核心技术指标研究，重点支持基础通用、产业共性、新兴产业和融合技术等领域标准研制。及时将先进适用科技创新成果融入标准，提升标准水平。对符合条件的重要技术标准按规定给予奖励，激发全社会标准化创新活力。

5. 健全科技成果转化为标准的机制。完善科技成果转化为标准的评价机制和服务体系，推进技术经理人、科技成果评价服务等标准化工作。完善标准必要专利制度，加强标准制定过程中的知识产权保护，促进创新成果产业化应用。完善国家标准化技术文件制度，拓宽科技成果标准化渠道。将标准研制融入共性技术平台建设，缩短新技术、新工艺、新材料、新方法标准研制周期，加快成果转化应用步伐。

### （三）提升产业标准化水平

6. 筑牢产业发展基础。加强核心基础零部件（元器件）、先进基础工艺、关键基础材料与产业技术基础标准建设，加大基础通用标准研制应用力度。开展数据库等方面标准攻关，提升标准设计水平，制定安全可靠、国际先进的通用技术标准。

7. 推进产业优化升级。实施高端装备制造标准化强基工程，健全智能制造、绿色制造、服务型制造标准，形成产业优化升级的标准群，部分领域关键标准适度领先于产业发展平均水平。完善扩大内需方面的标准，不断提升消费品标准和质量水平，全面促进消费。推进服务业标准化、品牌化建设，健全服务业标准，重点加强食品冷链、现代物流、电子商务、物品编码、批发零售、房地产服务等领域标准化。健全和推广金融领域科技、产品、服务与基础设施等标准，有效防范化解金融风险。加快先进制造业和现代服务业融合发展标准化建设，推行跨行业跨领域综合标准化。建立健全大数据与产业融合标准，推进数字产业化和产业数字化。

8. 引领新产品新业态新模式快速健康发展。实施新产业标准化领航工程，开展新兴产业、未来产业标准化研究，制定一批应用带动的新标准，培育发展新业态新模式。围绕食品、医疗、应急、交通、水利、能源、金融等领域智慧化转型需求，加快完善相关标准。建立数据资源产权、交易流通、跨境传输和安全保护等标准规范，推动平台经济、共享经济标准化建设，支撑数字经济发展。健全依据标准实施科学有效监管机制，鼓励社会组织应用标准化手段加强自律、维护市场秩序。

9. 增强产业链供应链稳定性和产业综合竞争力。围绕生产、分配、流通、消费，加快关键环节、关键领域、关键产品的技术攻关和标准研制应用，提升产业核心竞争力。发挥关键技术标准在产业协同、技术协作中的纽带和驱动作用，实施标准化助力重点产业稳链工程，促进产业链上下游标准有效衔接，提升产业链供应链现代化水平。

10. 助推新型基础设施提质增效。实施新型基础设施标准化专项行动，加快推进通信网络基础设施、新技术基础设施、算力基础设施等信息基础设施系列标准研制，协同推进融合基础设施标准研制，建立工业互联网标准，制定支撑科学研究、技术研发、产品研制的创新基础设施标准，促进传统基础设施转型升级。

### （四）完善绿色发展标准化保障

11. 建立健全碳达峰、碳中和标准。加快节能标准更新升级，抓紧修订一批能耗限额、产品设备能效强制性国家标准，提升重点产品能耗限额要求，扩大能耗限额标准覆盖范围，完善能源核算、检测认证、评估、审计等配套标准。加快完善地区、行业、企业、产品等碳排放核查核算标准。制定重点行业和产品温室气体排放标准，完善低碳产品标准标识制度。完善可再生能源标准，研究制定生态碳汇、碳捕集利用与封存标准。实施碳达峰、碳中和标准化提升工程。

12. 持续优化生态系统建设和保护标准。不断完善生态环境质量和生态环境风险管控标准，持续改善生态环境质量。进一步完善污染防治标准，健全污染物排放、监管及防治标准，筑牢污染排放控制底线。统筹完善应对气候变化标准，制定修订应对气候变化减缓、适应、监测评估等标准。制定山水林田湖草沙多生态系统质量与经营利用标准，加快研究制定水土流失综合防治、生态保护修复、生态系统服务与评价、生态承载力评估、生态资源评价与监测、生物多样性保护及生态效益评估与生态产品价值实现等标准，增加优质生态产品供给，保障生态安全。

13. 推进自然资源节约集约利用。构建自然资源统一调查、登记、评价、评估、监测等系列标准，研究制定土地、矿产资源等自然资源节约集约开发利用标准，推进能源资源绿色勘查与开发标准化。以自然资源资产清查统计和资产核算为重点，推动自然资源资产管理体系标准化。制定统一的国土空间规划技术标准，完善资源环境承载能力和国土空间开发适宜性评价机制。制定海洋资源开发保护标准，发展海洋经济，服务陆海统筹。

14. 筑牢绿色生产标准基础。建立健全土壤质量及监测评价、农业投入品质量、适度规模养殖、循环型生态农业、农产品食品安全、监测预警等绿色农业发展标准。建立健全清洁生产标准，不断完善资源循环利用、产品绿色设计、绿色包装和绿色供应链、产业废弃物综合利用等标准。建立健全绿色金融、生态旅游等绿色发展标准。建立绿色建造标准，完善绿色建筑设计、施工、运维、管理标准。建立覆盖各类绿色生活设施的绿色社区、村庄建设标准。

15. 强化绿色消费标准引领。完善绿色产品标准，建立绿色产品分类和评价标准，规范绿色产品、有机产品标识。构建节能节水、绿色采购、垃圾分类、制止餐饮浪费、绿色出行、绿色居住等绿色生活标准。分类建立绿色公共机构评价标准，合理制定消耗定额和垃圾排放指标。

### （五）加快城乡建设和社会建设标准化进程

16. 推进乡村振兴标准化建设。强化标准引领，实施乡村振兴标准化行动。加强高标准农田建设，加快智慧农业标准研制，加快健全现代农业全产业链标准，加强数字乡村标准化建设，建立农业农村标准化服务与推广平台，推进地方特色产业标准化。完善乡村建设及评价标准，以农村环境监测与评价、村容村貌提升、农房建设、农村生活垃圾与污水治理、农村卫生厕所建设改造、公共基础设施建设等为重点，加快推进农村人居环境改善标准化工作。推进度假休闲、乡村旅游、民宿经济、传统村落保护利用等标准化建设，促进农村一二三产业融合发展。

17. 推动新型城镇化标准化建设。研究制定公共资源配置标准，建立县城建设标准、小城镇公共设施建设标准。研究制定城市体检评估标准，健全城镇人居环境建设与质量评价标准。完善城市生态修复与功能完善、城市信息模型平台、建设工程防灾、更新改造及海绵城市建设等标准。推进城市设计、城市历史文化保护传承与风貌塑造、老旧小区改造等标准化建设，健全街区和公共设施配建标准。建立智能化城市基础设施建设、运行、管理、服务等系列标准，制定城市休闲慢行系统和综合管理服务等标准，研究制定新一代信息技术在城市基础设施规划建设、城市管理、应急处置等方面的应用标准。健全住房标准，完善房地产信息数据、物业服务等标准。推动智能建造标准化，完善建筑信息模型技术、施工现场监控等标准。开展城市标准化行动，健全智慧城市标准，推进城市可持续发展。

18. 推动行政管理和社会治理标准化建设。探索开展行政管理标准建设和应用试点，重点推进行政审批、政务服务、政务公开、财政支出、智慧监管、法庭科学、审判执行、法律服务、公共资源交易等标准制定与推广，加快数字社会、数字政府、营商环境标准化建设，完善市场要素交易标准，促进高标准市场体系建设。强化信用信息采集与使用、数据安全和个人信息保护、网络安全保障体系和能力建设等领域标准的制定实施。围绕乡村治理、综治中心、网格化管理，开展社会治理标准化行动，推动社会治理标准化创新。

19. 加强公共安全标准化工作。坚持人民至上、生命至上，实施公共安全标准化筑底工程，完善社会治安、刑事执法、反恐处突、交通运输、安全生产、应急管理、防灾减灾救灾标准，织密筑牢食品、药品、农药、粮食能源、水资源、生物、物资储备、产品质量、特种设备、劳动防护、消防、矿山、建筑、网络等领域安全标准网，提升洪涝干旱、森林草原火灾、地质灾害、地震等自然灾害防御工程标准，加强重大工程和各类基础设施的数据共享标准建设，提高保障人民群众生命财产安全水平。加快推进重大疫情防控救治、国家应急救援等领域标准建设，抓紧完善国家重大安全风险应急保障标准。构建多部门多区域多系统快速联动、统一高效的公共安全标准化协同机制，推进重大标准制定实施。

20. 推进基本公共服务标准化建设。围绕幼有所育、学有所教、劳有所得、病有所医、老有所养、住有所居、弱有所扶等方面，实施基本公共服务标准体系建设工程，重点健全和推广全国统一的社会保险经办服务、劳动用工指导和就业创业服务、社会工作、养老服务、儿童福利、残疾人服务、社会救助、殡葬公共服务以及公共教育、公共文化体育、住房保障等领域技术标准，使发展成果更多更公平惠及全体人民。

21. 提升保障生活品质的标准水平。围绕普及健康生活、优化健康服务、倡导健康饮食、完善健康保障、建设健康环境、发展健康产业等方面，建立广覆盖、全方位的健康标准。制定公共体育设施、全民健身、训练竞赛、健身指导、线上和智能赛事等标准，建立科学完备、门类齐全的体育标准。开展养老和家政服务标准化专项行动，完善职业教育、智慧社区、社区服务等标准，加强慈善领域标准化建设。加快广播电视和网络视听内容融合生产、网络智慧传播、终端智能接收、安全智慧保障等标准化建设，建立全媒体传播标准。提高文化旅游产品与服务、消费保障、公园建设、景区管理等标准化水平。

### （六）提升标准化对外开放水平

22. 深化标准化交流合作。履行国际标准组织成员国责任义务，积极参与国际标准化活动。积极推进与共建“一带一路”国家在标准领域的对接合作，加强金砖国家、亚太经合组织等标准化对话，深化东北亚、亚太、泛美、欧洲、非洲等区域标准化合作，推进标准信息共享与服务，发展互利共赢的标准化合作伙伴关系。联合国际标准组织成员，推动气候变化、可持续城市和社区、清洁饮水与卫生设施、动植物卫生、绿色金融、数字领域等国际标准制定，分享我国标准化经验，积极参与民生福祉、性别平等、优质教育等国际标准化活动，助力联合国可持续发展目标实现。支持发展中国家提升利用标准化实现可持续发展的能力。

23. 强化贸易便利化标准支撑。持续开展重点领域标准比对分析，积极采用国际标准，大力推进中外标准互认，提高我国标准与国际标准的一致性程度。推出中国标准多语种版本，加快大宗贸易商品、对外承包工程等中国标准外文版编译。研究制定服务贸易标准，完善数字金融、国际贸易单一窗口等标准。促进内外贸质量标准、检验检疫、认证认可等相衔接，推进同线同标同质。创新标准化工作机制，支撑构建面向全球的高标准自由贸易区网络。

24. 推动国内国际标准化协同发展。统筹推进标准化与科技、产业、金融对外交流合作，促进政策、规则、标准联通。建立政府引导、企业主体、产学研联动的国际标准化工作机制。实施标准国际化跃升工程，推进中国标准与国际标准体系兼容。推动标准制度型开放，保障外商投资企业依法参与标准制定。支持企业、社会团体、科研机构等积极参与各类国际性专业标准组织。支持国际性专业标准组织来华落驻。

### （七）推动标准化改革创新

25. 优化标准供给结构。充分释放市场主体标准化活力，优化政府颁布标准与市场自主制定标准二元结构，大幅提升市场自主制定标准的比重。大力发展团体标准，实施团体标准培优计划，推进团体标准应用示范，充分发挥技术优势企业作用，引导社会团体制定原创性、高质量标准。加快建设协调统一的强制性国家标准，筑牢保障人身健康和生命财产安全、生态环境安全的底线。同步推进推荐性国家标准、行业标准和地方标准改革，强化推荐性标准的协调配套，防止地方保护和行业垄断。建立健全政府颁布标准采信市场自主制定标准的机制。

26. 深化标准化运行机制创新。建立标准创新型企业制度和标准融资增信制度，鼓励企业构建技术、专利、标准联动创新体系，支持领军企业联合科研机构、中小企业等建立标准合作机制，实施企业标准领跑者制度。建立国家统筹的区域标准化工作机制，将区域发展标准需求纳入国家标准体系建设，实现区域内标准发展规划、技术规则相互协同，服务国家重大区域战略实施。持续优化标准制定流程和平台、工具，健全企业、消费者等相关方参与标准制定修订的机制，加快标准升级迭代，提高标准质量水平。

27. 促进标准与国家质量基础设施融合发展。以标准为牵引，统筹布局国家质量基础设施资源，推进国家质量基础设施统一建设、统一管理，健全国家质量基础设施一体化发展体制机制。强化标准在计量量子化、检验检测智能化、认证市场化、认可全球化中的作用，通过人工智能、大数据、区块链等新一代信息技术的综合应用，完善质量治理，促进质量提升。强化国家质量基础设施全链条技术方案提供，运用标准化手段推动国家质量基础设施集成服务与产业价值链深度融合。

28. 强化标准实施应用。建立法规引用标准制度、政策实施配套标准制度，在法规和政策文件制定时积极应用标准。完善认证认可、检验检测、政府采购、招投标等活动中应用先进标准机制，推进以标准为依据开展宏观调控、产业推进、行业管理、市场准入和质量监管。健全基于标准或标准条款订立、履行合同的机制。建立标准版权制度、呈缴制度和市场自主制定标准交易制度，加大标准版权保护力度。按照国家有关规定，开展标准化试点示范工作，完善对标达标工作机制，推动企业提升执行标准能力，瞄准国际先进标准提高水平。

29. 加强标准制定和实施的监督。健全覆盖政府颁布标准制定实施全过程的追溯、监督和纠错机制，实现标准研制、实施和信息反馈闭环管理。开展标准质量和标准实施第三方评估，加强标准复审和维护更新。健全团体标准化良好行为评价机制。强化行业自律和社会监督，发挥市场对团体标准的优胜劣汰作用。有效实施企业标准自我声明公开和监督制度，将企业产品和服务符合标准情况纳入社会信用体系建设。建立标准实施举报、投诉机制，鼓励社会公众对标准实施情况进行监督。

### （八）夯实标准化发展基础

30. 提升标准化技术支撑水平。加强标准化理论和应用研究，构建以国家级综合标准化研究机构为龙头，行业、区域和地方标准化研究机构为骨干的标准化科技体系。发挥优势企业在标准化科技体系中的作用。完善专业标准化技术组织体系，健全跨领域工作机制，提升开放性和透明度。建设若干国家级质量标准实验室、国家标准验证点和国家产品质量检验检测中心。有效整合标准技术、检测认证、知识产权、标准样品等资源，推进国家技术标准创新基地建设。建设国家数字标准馆和全国统一协调、分工负责的标准化公共服务平台。发展机器可读标准、开源标准，推动标准化工作向数字化、网络化、智能化转型。

31. 大力发展标准化服务业。完善促进标准、计量、认证认可、检验检测等标准化相关高技术服务业发展的政策措施，培育壮大标准化服务业市场主体，鼓励有条件地区探索建立标准化服务业产业集聚区，健全标准化服务评价机制和标准化服务业统计分析报告制度。鼓励标准化服务机构面向中小微企业实际需求，整合上下游资源，提供标准化整体解决方案。大力发展新型标准化服务工具和模式，提升服务专业化水平。

32. 加强标准化人才队伍建设。将标准化纳入普通高等教育、职业教育和继续教育，开展专业与标准化教育融合试点。构建多层次从业人员培养培训体系，开展标准化专业人才培养培训和国家质量基础设施综合教育。建立健全标准化领域人才的职业能力评价和激励机制。造就一支熟练掌握国际规则、精通专业技术的职业化人才队伍。提升科研人员标准化能力，充分发挥标准化专家在国家科技决策咨询中的作用，建设国家标准化高端智库。加强基层标准化管理人员队伍建设，支持西部地区标准化专业人才队伍建设。

33. 营造标准化良好社会环境。充分利用世界标准日等主题活动，宣传标准化作用，普及标准化理念、知识和方法，提升全社会标准化意识，推动标准化成为政府管理、社会治理、法人治理的重要工具。充分发挥标准化社会团体的桥梁和纽带作用，全方位、多渠道开展标准化宣传，讲好标准化故事。大力培育发展标准化文化。

### （九）组织实施

34. 加强组织领导。坚持党对标准化工作的全面领导。进一步完善国务院标准化协调推进部际联席会议制度，健全统一、权威、高效的管理体制和工作机制，强化部门协同、上下联动。各省（自治区、直辖市）要建立健全标准化工作协调推进领导机制，将标准化工作纳入政府绩效评价和政绩考核。各地区各有关部门要将本纲要主要任务与国民经济和社会发展规划有效衔接、同步推进，确保各项任务落到实处。

35. 完善配套政策。各地区各有关部门要强化金融、信用、人才等政策支持，促进科技、产业、贸易等政策协同。按照有关规定开展表彰奖励。发挥财政资金引导作用，积极引导社会资本投入标准化工作。完善标准化统计调查制度，开展标准化发展评价，将相关指标纳入国民经济和社会发展统计。建立本纲要实施评估机制，把相关结果作为改进标准化工作的重要依据。重大事项及时向党中央、国务院请示报告。

## 二、工程建设标准化改革发展与创新[1]

### （一）新时代工程建设标准化工作必须坚持高点站位，全局谋划

新阶段、新理念和新格局对工程建设标准化工作提出新任务和新要求。面对百年未有之大变局，新一轮科技革命和产业变革深入发展，工程建设标准化要成为推动经济高质量发展、建设创新型国家的技术支撑，成为推进国家治理体系与治理能力现代化的制度安排，就必须完整、准确、全面贯彻新发展理念，以新发展理念引领工程建设标准化变革。众所周知，创新是引领发展的第一动力，具体到标准化领域，从标准的制定到实施全过程应进一步加强技术创新、成果转换、体系创新和机制创新。协调是持续健康发展的内在要求，标准化工作的改革发展，要考虑整体、平衡、补短板和可持续，要向“百姓关心”、

[1] 摘自住房和城乡建设部标准定额司副司长王玮在工程建设标准化改革发展与创新工作研讨会议上的讲话，详见参考文献“王玮．在工程建设标准化改革发展与创新工作研讨会议的讲话［J］．工程建设标准化，2021，9:14-17”

"行业关注"、"以支撑国内大循环、促进国内国际双循环"的方向推进，根据国内外环境的深刻变化，研究调整工程建设标准化战略和政策，以解决不同层级、不同类别标准的滞后、重复、交叉等问题。绿色是永续发展的必要条件和人民对美好生活向往的重要体现。工程建设标准的技术内容要更加突出四节一环保的严格规定，为生态文明建设，循环经济发展，合理利用能源提供坚实的技术支撑。开放是国家繁荣发展的必由之路，共享是中国特色社会主义的本质要求。标准编制工作应进一步贯彻开放理念，要发挥主管部门、主编单位、标委会和技术专家等多方积极性，扩大参与度，共享改革开放成果。总之，不论是国内还是国际标准化工作，都要坚持国际视野、高点站位，从全局高度、发展眼光，以更宽视野、更深层次来谋划各项改革，加快形成崇尚创新、注重协调、倡导绿色、厚植开放、推进共享的标准化机制和环境，更好地贯彻落实国家创新驱动战略，更好地服务建筑业重大改革创新举措和重大产业政策的落地实施，推动住房和城乡建设事业更有效率、更有质量、更加公平、更可持续地发展。

## （二）工程建设标准化改革必须贯彻以人民为中心的思想，加快建立中国特色标准体系

工程建设标准化改革的中心任务，是加快完成工程标准体系的转换，构建中国特色的技术法规和技术标准体制，建立以全文强制性规范为核心，推荐性标准和团体标准相配套的工程建设标准体系。

一是加快强制性工程建设规范制定。开展强制性标准改革和全文强制性规范的制定，是工程建设标准化改革工作的重中之重。强制性工程建设规范是质量、安全、节能、环保、宜居等方面应达到的基本水平，是落实城乡建设安全、绿色、韧性、智慧、宜居、公平等发展目标的基本保障。制定强制性工程建设规范，目的是为全社会确定一个技术底线。有了这个技术底线，涉及技术性要求的工程建设活动就有了基本遵循，涉及技术活动的质量安全监管就有了技术依据；在标准化管理方面，全文强制性规范起到了"兜底线"作用，为培育发展团体标准提供了前提保障。优化精简推荐性标准也是标准化改革的重要内容。推荐性标准的制定一方面以满足政府促进行业发展为前提，为支撑产业政策、战略规划提供基础、通用和急需制订的标准，另一方面以支撑全文强制性规范实施为目的，通过对现行标准进行调整、修订，将强制性要求落实到设计施工验收等各个环节。推动强制性规范和推荐性标准的改革，是朝着与国际通行惯例接轨的目标迈出的关键一步，通过控制政府新增标准和优化政府现行标准释放团体标准发展空间，增强团体标准的发展动力，下一步，团体标准也要注意从注重数量向注重质量的转变，要推动团体标准做精做专做领先，不断满足市场需求，不断增强团体标准的权威性，提高团体标准采信度。

二是与条文强制性标准相比，强制性工程规范编制思路有了重大的变化。2016年起，工程建设标准化工作以编制全文强制性工程规范为重心。为慎重起见并减少失误，强制性工程规范编制按"研编"和"制订"两步走的要求推进。对编制思路也提出了新要求。不同于传统的编制思路，强制性规范更加强调对目标结果控制的要求，不再将实现目标结果的技术途径、技术方法、技术方案等具体要求作为编制规范的内容，相关具体要求纳入推荐性标准或团体标准。与条文强制性标准相比，强制性规范更加强化内容的整体性、系统性和逻辑性，以项目全生命周期为对象的一项顶层设计，主要规定项目的环境、健康、安

全、卫生、生态、环保等强制性、管控性要求；更加注重强制性规范贯彻以人民为中心的思想，聚集百姓和社会关切，以保障人民利益为出发点和落脚点，切实提高人民群众的获得感、幸福感和安全感，如住宅项目规范中各项指标的提升。

三是强制性规范体系已基本确立并逐步完善。经过几年来的改革创新和实践，支撑工程建设高质量发展的新型标准体系框架现已基本建立。

四是工程建设领域团体标准保持良好发展势头。各领域各行业团体标准蓬勃发展，其中，中国工程建设标准化协会的团体标准体系已基本形成，是新型标准体系的重要组成部分，将有力地推动科技进步和创新成果的市场化、产业化进程，为全文强制性规范的实施提供了体系保障。

### （三）工程建设标准化改革应坚持创新引领、系统推进、上下联动、精准发力

2021年是“十四五”开局之年，“十四五”及今后一段时间，随着我国生态文明建设、新型城镇化，尤其是落实双碳新目标的持续推进，标准化工作改革仍面临着标准体系重构、体制机制优化、重点领域关键环节改革持续深化、标准化基础能力提升、标准化效能增强、标准国际化寻求突破等重大改革任务。

一是坚持面向经济主战场、面向行业重大需求，深入贯彻落实以人为核心的新兴城镇化战略和乡村振兴战略，加强标准科技创新。加强绿色建筑、装配式建筑、智能建造、城市更新、新城建、城市信息平台和城市运行管理服务等重点领域标准制定与标准体系建设，更好地服务城乡人居环境改善，推动城市结构优化、功能完善和品质提升，全面推进城镇老旧小区改造，农村生活垃圾治理，建设宜居、绿色、韧性、智慧、人文城市和美丽乡村，使城市更健康、更安全、更宜居。

二是主动作为，对标新形势新要求，深入推进工程标准化改革，为行业高质量发展提供有效支撑。高质量发展就是从“有没有”转向“好不好”，过去我们工程建设的各项工作包括技术标准，都有很强的苏联模式下的计划经济烙印，规划、勘察、设计、施工、监理、招标、造价、标准都是各管一段，相对项目整体而言是碎片化管理，在标准方面表现为越编越多、越编越细，过于重视措施和过程，没有发挥出市场主体应有的责任和创造力，既束缚了创新手脚也不利于项目高质量实施，现在我们坚持以人为本，坚持目标结果导向，强调安全、健康、环保等最终功能性能的底线要求，多元供给，鼓励方法和措施的创新，解决好不好的问题，如体系上的好不好，要素指标上的好不好，使用实施效果上的好不好，来实现标准工作的高质量发展。此外，我们还将紧紧围绕住房和城乡建设部“十四五”规划部署和标准化工作职责，调查研究急需标准和重点标准项目，对现行标准统筹修订，进一步完善标准体系，提高标准水平。

三是坚持绿色化、工业化和信息化，以标准化助力双碳目标实现。全面推动实施绿色低碳行动，是实现碳达峰、碳中和目标的重大举措。大家都知道，实现碳达峰、碳中和是一场广泛和深刻的经济社会系统性变革，将推动经济社会发展全面绿色转型，统筹生产生活设施布局，减少通勤时间，加强生态系统保护和生态功能恢复，完善生态基础设施，减低城市排放总量，提升城市碳汇能力。经研究标准对碳达峰、碳中和的贡献权重比较高，下一步将持续推进以装配式建筑为代表的新型建筑工业化，持续完善绿色标准体系，发展绿色建筑、超低能耗建筑、近零能耗建筑及零能耗建筑及新型、低碳建筑材料，推动清洁

能源应用，降低碳排放。我们还将研究建立符合我国实际情况的碳中和技术标准、管理标准与评价标准，完善碳达峰、碳中和标准体系。

四是加快标准信息化、数字化建设步伐，以标准化促进数字产业化、产业数字化。伴随着数字经济和实体经济深度融合，数字技术在智能制造与智慧建造、数字城市与智慧城市等领域不断催生新的应用场景。在数字经济时代，随着商业模式和产业模式的变革，标准形态更加多样，标准的制定和应用方式也将发生改变，标准管理及行业管理的模式亟须创新，标准化工作从传统的制订、管理和实施向数字化方向转型的需求越来越急迫，标准数字化将成为促进工程建设标准化质量变革、效率变革、动力变革的重要手段。我们应通过智能建筑功能性能升级和智能建造技术应用，推动新一代信息技术应用与建造深度融合，加强系统集成和标准体系建设，以数字化、智能化、智慧化促进城市治理体系和治理能力现代化。

### （四）积极实施标准国际化战略，推进工程建设标准国际化能力水平提升

以标准国际化助推中国建筑业“走出去”、打造中国建造品牌，是新发展格局下建筑业发展的必然选择和迫切需要，也是进一步发挥建筑业支柱产业地位和作用的战略要求，必须以国际化、全球化视野，准确把握标准国际化工作的时代特征、机遇挑战，坚持问题导向、需求导向和目标导向相结合，在国际化标准体系重构、国际国内标准化协同机制创新、标准国际适应性提升、国际标准制定、承担国际标准化技术机构、国际交流和推广等方面统筹谋划、系统推进。

一是全面实施工程建设标准国际化战略。要加强标准国际化工作顶层设计，强化标准与政策、规则的有机衔接，以标准“软联通”打造合作“硬机制”；推动形成产学研协同、产业链协同、国际国内协同推进标准国际化新机制。发挥工程设计、全过程咨询“走出去”对中国优势技术、先进标准和施工企业“走出去”的引领带动作用。

二是深化工程建设标准化供给侧结构性改革。建立“技术法规、技术标准、合规性判定、认证认可、检验检测”协同推进的新型标准化体系，加快推动中外标准体系对接，加快培育、制定和实施一批“一带一路”建设相关领域的国际先进技术标准，鼓励并支持社会组织积极参与国际标准化活动，通过合作编制标准、共同举办活动、标准的中译英和英译中等，搭建多层级的广泛交流与合作平台，不断拓展合作领域，提高合作水平，提升中国标准的海外影响力。

三是加强国内标准化技术支撑机构的组织建设和能力提升。探索建立国际国内标准化组织的同步建设和协调发展，推动成立一批国际标准化组织新技术机构。积极发挥国家技术标准创新基地的孵化平台作用，推动科技创新、标准研制与产业化、国际化的协同发展。积极打造工程建设标准互译和深度咨询服务云平台，为广大企业、科研院所及专家参与标准国际化活动提供及时有效的专业标准化服务。加强 ISO、IEC 国内技术对口机构、国际化专家队伍建设，通过定期举办工程建设标准国际化高端论坛与专题交流，促进国际和区域标准化交流合作，在国际标准编制和国际标准化活动中争取更多话语权。

## 三、推进强制性工程建设规范实施[1]

### (一) 充分认识新时代工程建设标准化工作的重要性

2021年是中国共产党建党100周年，也是国家“十四五”规划开局之年。党和国家高度重视标准化工作，将标准化作为国家战略之一积极推进。习近平总书记指出，中国将积极实施标准化战略，以标准助力创新发展、协调发展、绿色发展、开放发展、共享发展。总书记还强调，以高标准助力高技术创新、促进高水平开放、引领高质量发展。这些指示为标准化工作提供的根本遵循。

中央和国务院陆续发布了《国家标准化发展纲要》《关于推动城乡建设绿色发展的意见》《关于完整准确全面贯彻新发展理念做好碳达峰碳中和工作的意见》《2030年前碳达峰行动方案》，分别对推进标准化发展、推动我国经济社会全面绿色转型发展做出了战略部署，也为工程建设标准化工作发展提供的重要机遇。为此，我们必须提高新时代工程建设标准的地位和作用的认识，提高工作站位，把我们的工作全面融入推动城乡绿色发展，实现碳达峰、碳中和的各项工作中，提高工作效能，促进工程建设标准化工作全面发展。

标准化工作是经济社会的一项基础性工作，工程建设标准作为工程建设的技术依据，对于工程建设具有重要的“引导和约束”作用，这是工程建设标准化工作的基本定位。改革开放以来，我们始终坚持这个定位，支撑了经济社会的快速发展，取得了积极成效。当前，新时代的特征和新发展理念的要求，依然需要工程建设标准发挥更大的作用。

我国进入新时代，已经开启了全面建成社会主义现代化国家的新征程，我国社会主要矛盾已经发生了变化，人民日益增长的对美好生活需要，要求必须要坚持“以人民为中心”建工程，管建设，工程建设标准必须要率先转变，坚持以人民为中心定标准，关注人民的感受和需求，引导工程建设转型。

贯彻新发展理念推动高质量发展，需要有“高质量”的工程，客观要求工程建设标准首先要高质量，才能引导建设工程达到高质量，新中国成立初期，工程建设标准化工作面对的是工程怎么建、怎么保障安全和质量，需要工程建设标准解决这些问题，当前，贯彻创新、协调、绿色、开放、共享的新发展理念，同样需要工程建设标准的“引导和约束”。

构建国内大循环为主体、国内国际双循环相互促进的新发展格局，同样需要标准发挥重要的作用，习近平总书记在致第39届国际标准化组织大会的贺信中指出“世界需要标准协同发展，标准促进世界互联互通”。工程建设标准对经济社会发展始终具有重要的支撑作用，面对构建新发展格局，需要工程建设标准发挥更大的作用。

因此，我们要紧密结合国家发展的主旋律，更加突出工程建设标准的“引导”作用，促进工程建设标准化工作的发展。

### (二) 坚持问题导向，明确改革目标

自2014年，组织开展《工程建设强制性标准体系研究》开始，开启了全面推进工程

---

[1] 摘自住房和城乡建设部标准定额司副司长王玮在2021年首届工程建设标准国际化论坛上的讲话，详见参考文献“王玮．以改革创新为动力，积极推进工程建设标准国际化进程［J］．工程建设标准化，2021，12:24-26”

建设标准体制改革的工作，并在推进改革的过程中，与国家的各项政策措施紧密结合，不断完善思路。对住房和城乡建设领域工程建设标准体系改革，明确了“坚持新发展理念，坚持以人民为中心的发展思想，围绕推进住房和城乡建设事业高质量发展决策部署，建立和完善国际化工程建设标准体系，充分发挥标准规范促进科技创新、引领品质提升、推动绿色发展的基础性作用”的改革指导思想，确立了“到2025年，基本建立国际化工程建设标准体系，标准规范总体水平、国际影响力有较大提升，标准规范管理制度和工作机制进一步健全，有效支撑住房和城乡建设改革发展和工程建设国际化需要”的工作目标。延续了20年前，我国加入世贸组织时确定的，工程建设标准体制“向技术法规和技术标准相结合的工程建设标准体制转变”改革的方向，适应了当前工程建设标准化工作面临的形势，是对工程建设标准化工作的全方位的改革。这是当前形势要求必须进行这场改革，主要有三个考虑：

一是标准化的制度政策环境要求必须要进行改革。2015年国务院印发了《标准化工作改革方案》，明确要求整合强制性标准，精简推荐性标准，做出了管理体制的调整要求，同时，对强制性标准赋予了新的内涵。2018年《标准化法》修订后发布实施，调整了标准内涵，增加了标准层级，规定了各层级标准的关系，调整了标准的管理体制，设定了新的管理制度，对工程建设标准化工作产生了巨大的影响。虽然《标准化法》明确了工程建设标准体系和管理按现行模式，但是我们如果墨守成规、持续不变，将难以融入国家发展的大局，发展将非常艰难。2016年住房和城乡建设部印发了《工程建设标准化工作改革的意见》，明确工程建设标准化改革的中心任务是加快完成工程标准体系的转换，构建中国特色的技术法规和技术标准体制，建立以全文强制性规范为核心，推荐性标准和团体标准相配套的工程建设标准体系。这是重要的应对措施。

二是工程建设标准国际化程度低要求必须要进行改革。我国工程建设标准，无论在体系上、内容上、还是在管理模式上，都与世界发达国家存在较大的差异，随着我国“一带一路”倡议的实施，国际化程度不断提升，工程建设标准国际化程度低的问题突出显现，工程建设标准难以走出去，标准与国外先进标准的差异产生了较大的不利影响。造成这种差异的原因是多方面的，有法律体系方面的原因，有人文习俗方面的原因，有国家管理体制方面的原因，但就标准本身的差异，反映的是标准化工作理念问题，涉及以什么为目标定标准，技术体系中哪些技术指标需要标准化，通过标准定下来，哪些技术要求不需要标准化，以及怎么理解“强制性”，等等。在“构建人类命运共同体”大背景下，我们必须要做出调整。

三是工程建设标准化工作自身存在的问题，难以适应我国经济社会发展对工程建设标准化工作的更高要求，要通过改革解决。目前来看，作为强制性标准的工程建设标准强制性条文缺乏整体性，与国家的各项战略部署难以对接，制定主体与程序还有待完善；标准供给渠道单一，主要靠政府，难以满足市场需求，新技术难以及时形成标准推广，团体标准不成熟，也没有得到政府和市场的认可。标准对技术创新的促进作用缺失，企业和工程技术人员对政府标准依赖度高，没有创新积极性，尚未编制为标准的新技术，难以应用。现行标准主要是“方法措施”、“过程控制”，缺乏对项目整体目标、性能的要求，没有体现“结果控制”，这就导致标准越来越多、越来越细。分阶段、分层级标准之间存在重复交叉，甚至矛盾的情况。城市生命线工程标准水平不高，影响城市综合承载能力，不能很好化解城市安全运行风险。这些问题不加以彻底解决，面对我国经济社会发展的更高要求，我们的工作将难以适应。

为此，必须认清形势，增强紧迫感，把握机遇，加快改革步伐，推动工程建设标准化发展。

### （三）准确把握好强制性工程建设规范的定位

工程建设标准体制改革不仅仅是工程建设标准化工作的改革，还是涉及标准体系、管理体制、运行机制的一次全方位改革，制定强制性工程建设规范是推进工程建设标准体制改革的核心，是推进工程建设标准国际化的关键。要从以下几个方面把握好强制性工程建设规范。

一是要准确把握好工程建设标准化工作方式的转变。推进工程建设标准体制改革，构建新的标准体系，很重要的一点就是制定强制性工程建设规范理念的转变。第一个转变是标准化对象的转变，标准化对象由工程项目向城乡一定区域转变，以前制定工程建设标准大多是以工程项目为对象按专业、分阶段设定标准项目，此次改革，转变了这种做法，将城乡作为标准化的对象，对城乡范围内满足人们生产生活需要的工程项目进行标准化，制定规范，内容上规定工程项目“本体”的技术要求，不再划分规划、勘察、设计、施工等阶段要求，同时各项技术要求兼顾城乡发展的需要，突出项目规模、布局的要求。第二个转变就是由“过程控制”向“结果导向”转变，弱化过程的技术要求，强化结果的技术要求，突出强调工程的功能和性能要求，弱化过程的技术要求，放开实现项目建设目标的方法和措施，促进新技术、新产品应用。第三个转变是向国际化转变，规范的构成要素、技术指标设置等与国际接轨。

二是要把握好项目规范和通用规范的关系。城乡建设领域强制性工程建设规范体系中，项目规范是骨干，通用规范是辅助。项目规范规定建设项目的本体技术要求，以项目的规模、布局、功能、性能和关键技术措施五大要素为主要内容，通用规范是实现项目功能、性能要求的普遍性关键技术措施，之所以称之为“通用”，是考虑到通用规范的技术要求能够支撑多个项目的“项目规范”。同时，通用规范中也有功能、性能的要求，但仅仅是专业工程或分部工程的功能、性能要求。

三是把握好规范内容五大要素的核心要求。强制性工程建设规范的内容突出项目规模、布局、功能、性能和关键技术措施五大要素的技术要求，在规范的前言中给予了详细的说明。五大要素是工程建设标准化工作对接国家经济社会发展各项战略部署的重要抓手，各项技术要求反映的是坚持以人民为中心、贯彻新发展理念的具体举措，不能简单地以“安全、质量、节能”等专项内容或“设计、施工”等顺序要求考虑。

四是准确把握好强制性工程建设规范的定位。强制性工程建设规范具有强制约束力，是保障人民生命财产安全、人身健康、工程安全、生态环境安全、公众权益和公众利益，以及促进能源资源节约利用、满足经济社会管理等方面的控制性底线要求。对工程建设标准体系整体而言，处于标准体系的“顶层”，其他各层级标准必须符合规范的规定，不得突破规范的底线要求。对于建设管理来讲，强制性工程建设规范替代强制性条文，是工程管理的基本依据。对于标准实施来说，规范是工程规划、勘察、设计、施工、验收的基本准则，只要能够保证项目的功能、性能要求，采用任何技术方法和措施都可以，不再强调国家标准、行业标准作为技术路径的唯一性。对工程技术人员来说明确了基本遵循，这既是一次松绑，也是一次挑战，赋予了行业广阔的创作空间。

### (四) 进一步推动工程建设地方标准化工作发展

一是把握好工程建设标准化现行模式。《标准化法》修订后发布实施，对工程建设标准化工作产生了巨大影响，最核心的问题是现行模式是什么，目前有不同声音对现行模式进行解读，特别是对地方工程建设标准化工作模式的解读，一定要准确理解“工程建设标准的现行模式”。1988年发布实施的《标准法》，第二条要求涵盖了工程建设标准，但是对于地方标准仅仅是“对没有国家标准和行业标准而又需要在省、自治区、直辖市范围内统一的工业产品的安全、卫生要求，可以制定地方标准”，这里不包含工程建设地方标准。工程建设标准化管理模式是依据1990年实施的《标准化实施条例》的规定建立的，通过工程建设国家标准管理办法、工程建设行业标准管理办法、工程建设地方标准化管理办法和实施工程建设强制性标准监督规定等几项制度，建立的工程建设标准体系和管理模式。住房城乡建设行政主管部门负责工程建设标准化工作，制定并发布工程建设领域国家标准。

二是做好强制性工程建设规范的实施工作。首先要全面掌握规范的内容，特别是要把握好项目规定对工程建设项目规模、布局、功能、性能的技术要求；其次要制定推动规范实施的办法，各地方可结合本地情况，进一步完善项目功能、性能要求，并要结合建设项目审批、工程安全质量管理等环节制定办法，推动规范实施。

三是完善地方工程建设标准化工作机制。坚持以高质量发展为引领，优化工程建设标准化治理结构，实现标准供给由政府主导向政府与市场并重转变，标准化工作由国内驱动向国内国际相互促进转变，标准化发展由数量规模型向质量效益型转变，标准项目由分段式向全过程转变，标准执行由全部执行向强制性规范执行转变。进一步增强工程建设标准化治理效能，提升工程建设标准国际化水平。创新工作机制，结合国家区域发展战略实施，促进工程建设区域标准化工作发展。

四是进一步完善地方工程建设标准体系。要结合强制性工程建设规范，重新审检现行工程建设地方标准，调整不适宜的技术要求。建立团体标准的采信机制，促进团体标准化工作的发展。

五是要突出重点。标准化工作要紧密结合国家各项战略部署，推动城市结构和布局标准化，提升农村人居环境标准，加快绿色低碳建筑标准化，提升城市市政基础设施体系化标准水平，完善绿色生产生活方式标准，提升质量安全风险等标准水平，推动城乡建设管理标准化建设，推进标准国际化。

## 四、住房和城乡建设部2021年开展的工程建设标准化重点工作和下一步工作思路

### (一) 2021年开展的重点工作

#### 1. 加快推进住房和城乡建设领域强制性工程建设规范编制

落实《住房和城乡建设领域改革和完善工程建设标准体系工作方案》，组织开展住房

和城乡建设领域38项强制性工程建设规范审查报批工作。截至2021年底，已完成全部38项规范的审查工作，已发布《建筑环境通用规范》《建筑节能与可再生能源利用通用规范》等22项规范。

**2. 做好重点标准编制工作**

一是围绕部重点工作，开展城市运行管理服务平台、城市信息模型基础平台、市容环卫、海绵城市建设等相关标准立项、制修订及协调工作。印发《关于集中式租赁住房建设适用标准的通知》，为集中式租赁住房设计、施工、验收等提供工程建设标准依据。二是强化医疗防疫、冬奥保障等领域重要标准编制工作。会同国家卫健委印发了《关于印发医学隔离观察临时设施设计导则（试行）的通知》，进一步落实新冠肺炎疫情常态化防控工作要求。按冬奥组委交通协调小组分工，发布了国家标准《汽车加油加气加氢站技术标准》《加氢站技术规范》，满足冬奥交通设施建设需求。按照中央军民融合办2021年实施方案要求，发布《钢管混凝土混合结构技术标准》。

**3. 加强工程建设标准管理**

一是印发2021年工程建设规范标准编制及相关工作计划，统筹安排全年标准制修订工作。全年共发布国家标准39项。批准发布行业标准6项、建设标准1项。报送24项产品国家标准建议项目，其中《燃气燃烧器具用电安全通用技术要求》确定为强制性标准。报送37项碳达峰碳中和国家标准建议项目。二是做好标准日常管理。组织开展对《城镇燃气调压箱》《燃气采暖热水炉》两项强制性国家标准实施情况统计分析试点。组织开展2021年度国家标准复审和2022年国家、行业标准立项申报。持续推进工业领域工程建设标准化改革，指导电子等行业开展强制性工程建设规范编制工作。三是参与国家标准化发展纲要起草、修改、公开等工作，按照文件部署，研究制定相关贯彻落实工作方案。四是指导筹建国家技术标准创新基地（建筑工程），建立健全创新基地组织机构及管理制度，促进建筑工程标准、科技和产业创新融合。

**4. 推进标准国际化**

一是参与国际标准制定。发布国际标准2项，牵头编制国际标准14项，申报国际标准新立项项目9项。二是申请设立国际标准化组织。我部组织申报的装配式建筑分技术委员会已获国际标准化组织批准成立，正在申请成立供热管网标准新技术委员会。三是培育标准国际化人才，推荐3名专家参与国际标准起草工作。四是依托“走出去”工程项目，开展标准翻译工作，批准发布中译英标准22项。

总体上看，工程建设标准化改革蹄疾步稳，支撑保障作用进一步加强。推进工程建设标准化改革，构建了与国际通行做法一致的技术法规与技术标准相结合的体系，基本建立工程建设全文强制性规范体系框架，在逐步完善工程建设技术“底线”规定的同时，积极参与国际标准化管理活动，对标国际进一步提高标准水平，为部各项重点工作提供了有力支撑保障。

### （二）2022年工作思路和重要工作举措

**1. 深化工程建设标准化改革**

加快构建以强制性规范为核心、推荐性标准和团体标准相配套的新型工程建设标准体系。加强住房和城乡建设领域38项全文强制性工程建设规范宣贯，做好其他行业领域的强制性工程建设规范编制工作。优化现行标准体系，加大推荐性标准“精、减、合、放”力度，提升推荐性标准与强制性工程建设规范的协调一致性。积极培育发展团体标准，增加团体标准有效供给，推动标准化工作改革措施落地见效。

**2. 继续做好重点标准编制**

针对新型城镇化建设等方面存在的薄弱环节，着力补齐标准短板。如结合“7·20”郑州地铁水灾事故教训，完善地铁防洪涝应急措施相关标准；结合巩固拓展脱贫攻坚成果与乡村振兴，做好乡村建设发展相关标准编制工作。加强国际标准研究与对比分析，进一步提高我国标准水平。

**3. 持续推进标准国际化**

跟踪国外标准动态，收集国外标准，开展中外标准研究对比。开展标准国际化管理制度和机制调研，全面了解国际通行规则。依托国外工程项目，针对有需求的工程建设标准开展外文版翻译工作，服务工程建设“走出去”。鼓励有能力的单位主编或参编国际标准，推动中国工程建设标准转换为国际标准。

# 附　　录

## 附录一　2021 年工程建设标准化大事记

1 月 9 日，住房和城乡建设部发布《通信局（站）防雷与接地工程设计规范》等 17 项工程建设标准英文版。

1 月 21 日，住房和城乡建设部印发《2021 年工程建设规范标准编制及相关工作计划》。

3 月 26 日，住房和城乡建设部发布国家标准《加氢站技术规范》局部修订公告，满足了冬奥绿色低碳交通设施建设需求。

3 月 30 日，住房和城乡建设部修改《实施工程建设强制性标准监督规定》，进一步加强工程建设强制性标准实施的监督工作，保证建设工程质量，保障人民的生命、财产安全，维护社会公共利益。

4 月 9 日，住房和城乡建设部发布《工程结构通用规范》《建筑与市政工程抗震通用规范》《建筑与市政地基基础通用规范》《组合结构通用规范》《木结构通用规范》《钢结构通用规范》《砌体结构通用规范》《燃气工程项目规范》《供热工程项目规范》《城市道路交通工程项目规范》《生活垃圾处理处置工程项目规范》《市容环卫工程项目规范》《园林绿化工程项目规范》等 13 项强制性工程建设规范。

4 月 9 日，住房和城乡建设部发布国家标准《农村生活垃圾收运和处理技术标准》，进一步规范农村生活垃圾分类、收集、运输和处理，逐步实现农村生活垃圾减量化、资源化和无害化目标，推动农村人居环境改善。

4 月 27 日，住房和城乡建设部发布国家标准《建筑隔震设计标准》，适用于抗震设防烈度 6 度及以上地区的建筑物的隔震设计及既有建筑的隔震加固设计。

5 月 7 日，住房和城乡建设部发布《绿色建筑评价标准》工程建设标准英文版。

5 月 17 日，国家卫生健康委员会会同住房和城乡建设部编制印发了《医学隔离观察临时设施设计导则（试行）》，进一步落实新冠肺炎疫情常态化防控工作要求，保障了新冠疫情防治设施建设需要。

5 月 24 日，国际标准化组织（ISO）发布我国牵头制定的 ISO 国际标准《智慧城市基础设施　使用燃料电池的轻轨智慧交通》，规定了通过使用燃料电池轻轨来实现城市中心和郊区温室气体和小颗粒的零排放，无须接触网供电系统从而保持城市美好景观并节省基础设施建设周期和降低建设成本，同时具有不同电压制式的线路间高互联互通性的程序。

5 月 27 日，住房和城乡建设部印发《关于集中式租赁住房建设适用标准的通知》，在工程建设标准方面为集中式租赁住房设计、施工、验收等提供依据，对推动增加保障性租赁住房供给具有重要意义。

6月3日，住房和城乡建设部发布行业标准《建筑施工承插型盘扣式钢管脚手架安全技术标准》，规范承插型盘扣式钢管脚手架的设计、安装与拆除、使用和管理。

6月18日，国际标准化组织（ISO）批准成立装配式建筑分委员会（ISO/TC59/SC19），是我国在装配式建筑领域迈向国际标准化工作中取得的重大突破，对推动我国装配式建筑技术及产业发展具有重要意义。对我国深度参与装配式建筑国际标准化活动，牵头制定装配式建筑相关国际标准，广泛推动国内企业和其他资源国、消费国之间交流合作都提供了便利条件。

6月19日，国家技术标准创新基地（建筑工程）成立，该基地是我国城乡建设领域成立的首个国家级技术标准创新基地，将重点聚焦绿色建筑、装配式建筑领域标准化创新发展需求，有效发挥技术标准在促进科技成果产业化、市场化、国际化方面的孵化器作用，逐步建立满足科技创新、产业升级以及满足住房城乡建设事业高质量发展需要的技术标准创新服务体系，为工程建设标准化事业新发展贡献力量。

6月21日，国际标准化组织（ISO）发布《门、窗和幕墙　幕墙　词汇》，是我国牵头制定的第一本建筑幕墙领域的ISO国际标准，该标准经过了阶段性暂停后再次重启，从论证提案到标准正式发布历时超过14年，结束了100多年来世界幕墙行业没有统一术语的历史。

6月28日，住房和城乡建设部发布国家标准《汽车加油加气加氢站技术标准》，适用于新建、扩建和改建的汽车加油站、加气站、加油加气合建站、加油加氢合建站、加气加氢合建站、加油加气加氢合建站工程的设计和施工。满足了冬奥绿色低碳交通设施建设需求。

6月30日，住房和城乡建设部发布行业标准《历史建筑数字化技术标准》，进一步满足历史建筑保护和利用要求、规范历史建筑数字化内容和成果。

6月30日，住房和城乡建设部发布行业标准《装配式内装修技术标准》，进一步推动装配式建筑高质量发展，促进建筑产业转型升级，便于建筑的维护更新，按照适用、经济、绿色、美观的要求，引领装配式内装修技术进步，全面提升装配式内装修的性能品质和工程质量。

9月8日，住房和城乡建设部发布《混凝土结构通用规范》等9项强制性工程建设规范。

9月8日，住房和城乡建设部发布国家标准《盾构隧道工程设计标准》，适用于城市轨道交通、铁路、城市道路、公路、水利、电力行业和给水、排水、燃气、热力、城市地下综合管廊等市政行业盾构隧道的新建工程设计。

9月13日，《工业化建造AIDC技术应用标准》（*AIDC Application in Industrial Construction*，标准号：ISO/AWI 8506）国际标准提案在国际标准化组织（ISO）正式获批立项，该标准是全球首个工业化建造与自动识别技术应用结合的ISO国际标准。

10月10日，中共中央、国务院印发《国家标准化发展纲要》，作为指导中国标准化中长期发展的纲领性文件，对我国标准化事业发展具有重要里程碑意义。

10月21日，中共中央办公厅、国务院办公厅印发《关于推动城乡建设绿色发展的意见》，提出要落实碳达峰、碳中和目标任务，推进城市更新行动、乡村建设行动，加快转变城乡建设方式；强调要建设国际化工程建设标准体系，完善相关标准，要求各地印发实施。

11 月 16 日，由中国建筑标准设计研究院有限公司牵头申请的 ISO 国际标准《建筑和土木工程　韧性设计的原则、框架和指南　第 1 部分：适应气候变化》（ISO/AWI 4931-1 *Buildings and civil engineering works-Principles，framework and guidance for resilience design -Part*1：*Adaptation to climate change*）在通过 ISO/TC59（建筑和土木工程技术委员会）投票后，成功立项。该项目的立项标志着我国工程建设领域标准国际化进程迈出了重要一步，是中国在建筑和土木工程韧性领域的重大突破。在编制过程中，该院将携手国内外相关领域专家，广泛开展国际合作，为建筑和土木工程应对气候变化探索新路径，贡献中国力量。

12 月 6 日，住房和城乡建设部发布行业标准《城市运行管理服务平台技术标准》《城市运行管理服务平台数据标准》，有效推动了城市运行管理服务平台、城市信息模型基础平台建设及相关工作开展。

12 月 6 日，为贯彻落实《国家标准化发展纲要》，指导国家标准的制定与实施，加快构建推动高质量发展的国家标准体系，国家标准化管理委员会、中央网信办、科技部、工业和信息化部、民政部、生态环境部、住房和城乡建设部、农业农村部、商务部、应急部等 10 部门联合印发《“十四五”推动高质量发展的国家标准体系建设规划》。

12 月 13 日，住房和城乡建设部发布行业标准《城市户外广告和招牌设施技术标准》，适用于城市户外广告和招牌设施、城市之间交通干道周边户外广告设施的规划、设计、施工、验收、运行管理。

# 附录二　2021年发布的工程建设国家标准

| 序号 | 标准编号 | 标准中文名称 | 制定或修订 | 被代替标准编号 | 发布日期 | 实施日期 | 主编单位 |
|---|---|---|---|---|---|---|---|
| 1 | GB 50014-2021 | 室外排水设计标准 | 修订 | GB 50014-2006 | 2021-4-9 | 2021-10-1 | 上海市市政工程设计研究总院（集团）有限公司 |
| 2 | GB 50051-2021 | 烟囱工程技术标准 | 修订 | GB 50051-2013<br>GB 50078-2008 | 2021-4-9 | 2021-10-1 | 中冶华天工程技术有限公司 |
| 3 | GB 50072-2021 | 冷库设计标准 | 修订 | GB 50072-2010 | 2021-6-28 | 2021-12-1 | 华商国际工程有限公司 |
| 4 | GB 50151-2021 | 泡沫灭火系统技术标准 | 修订 | GB 50151-2010<br>GB 50281-2006 | 2021-4-9 | 2021-10-1 | 应急管理部天津消防研究所 |
| 5 | GB 50156-2021 | 汽车加油加气加氢站技术标准 | 修订 | GB 50156-2012 | 2021-6-28 | 2021-10-1 | 中国石化工程建设有限公司 |
| 6 | GB 50516-2010（2021年版） | 加氢站技术规范 | 局部修订 | | 2021-3-26 | 2021-5-1 | 中国电子工程设计院 |
| 7 | GB/T 50526-2021 | 公共广播系统工程技术标准 | 修订 | GB 50526-2010 | 2021-4-9 | 2021-10-1 | 广州市迪士普音箱科技有限公司、工业和信息化部电子工业标准化研究院 |
| 8 | GB/T 50532-2021 | 煤炭工业矿区机电设备修理设施设计标准 | 修订 | GB 50532-2009 | 2021-6-28 | 2021-12-1 | 中煤科工集团南京设计研究院有限公司 |
| 9 | GB/T 50760-2021 | 数字集群通信工程技术标准 | 修订 | GB/T 50760-2012 | 2021-6-28 | 2021-12-1 | 上海邮电设计咨询研究院有限公司 |
| 10 | GB/T 51361-2021 | 跨座式单轨交通工程测量标准 | 制定 | | 2021-9-8 | 2022-2-1 | 北京城建勘测设计研究院有限责任公司 |
| 11 | GB/T 51402-2021 | 城市客运交通枢纽设计标准 | 制定 | | 2021-4-9 | 2021-10-1 | 北京市市政工程设计研究总院有限公司 |
| 12 | GB/T 51403-2021 | 生活垃圾卫生填埋场防渗系统工程技术标准 | 制定 | | 2021-4-9 | 2021-10-1 | 中国城市建设研究院有限公司 |
| 13 | GB/T 51408-2021 | 建筑隔震设计标准 | 制定 | | 2021-4-27 | 2021-9-1 | 广州大学、中国建筑标准设计研究院有限公司 |

续表

| 序号 | 标准编号 | 标准中文名称 | 制定或修订 | 被代替标准编号 | 发布日期 | 实施日期 | 主编单位 |
|---|---|---|---|---|---|---|---|
| 14 | GB/T 51422－2021 | 建筑金属板围护系统检测鉴定及加固技术标准 | 制定 | | 2021－4－9 | 2021－10－1 | 中冶建筑研究总院有限公司、成都建工第三建筑工程有限公司 |
| 15 | GB 51427－2021 | 自动跟踪定位射流灭火系统技术标准 | 制定 | | 2021－4－9 | 2021－10－1 | 应急管理部上海消防研究所 |
| 16 | GB 51428－2021 | 煤化工工程设计防火标准 | 制定 | | 2021－4－9 | 2021－10－1 | 应急管理部天津消防研究所、内蒙古自治区消防救援总队 |
| 17 | GB/T 51434－2021 | 互联网网络安全设施工程技术标准 | 制定 | | 2021－4－9 | 2021－10－1 | 中通服咨询设计研究院有限公司 |
| 18 | GB/T 51435－2021 | 农村生活垃圾收运和处理技术标准 | 制定 | | 2021－4－9 | 2021－10－1 | 中国城市建设研究院有限公司 |
| 19 | GB/T 51437－2021 | 风光储联合发电站设计标准 | 制定 | | 2021－6－28 | 2021－12－1 | 上海电力设计院有限公司 |
| 20 | GB/T 51438－2021 | 盾构隧道工程设计标准 | 制定 | | 2021－9－8 | 2022－2－1 | 北京城建设计发展集团股份有限公司、广州地铁设计研究院有限公司 |
| 21 | GB/T 51439－2021 | 城市步行和自行车交通系统规划标准 | 制定 | | 2021－4－9 | 2021－10－1 | 中国城市规划设计研究院 |
| 22 | GB 51440－2021 | 冷库施工及验收标准 | 制定 | | 2021－6－28 | 2021－12－1 | 华商国际工程有限公司 |
| 23 | GB/T 51443－2021 | 铟冶炼回收工艺设计标准 | 制定 | | 2021－6－28 | 2021－12－1 | 中国恩菲工程技术有限公司 |
| 24 | GB 51445－2021 | 锑冶炼厂工艺设计标准 | 制定 | | 2021－6－28 | 2021－12－1 | 长沙有色冶金设计研究院有限公司 |
| 25 | GB/T 51446－2021 | 钢管混凝土混合结构技术标准 | 制定 | | 2021－9－8 | 2021－12－1 | 清华大学、中国建筑标准设计研究院有限公司 |
| 26 | GB/T 51447－2021 | 建筑信息模型存储标准 | 制定 | | 2021－9－8 | 2022－2－1 | 中国建筑标准设计研究院 |
| 27 | GB 55001－2021 | 工程结构通用规范 | 制定 | | 2021－4－9 | 2022－1－1 | 中国建筑科学研究院有限公司 |
| 28 | GB 55002－2021 | 建筑与市政工程抗震通用规范 | 制定 | | 2021－4－9 | 2022－2－1 | 中国建筑科学研究院有限公司 |
| 29 | GB 55003－2021 | 建筑与市政地基基础通用规范 | 制定 | | 2021－4－9 | 2022－1－1 | |
| 30 | GB 55004－2021 | 组合结构通用规范 | 制定 | | 2021－4－9 | 2022－1－1 | 中冶建筑研究总院有限公司 |
| 31 | GB 55005－2021 | 木结构通用规范 | 制定 | | 2021－4－12 | 2022－1－1 | 南京工业大学 |

续表

| 序号 | 标准编号 | 标准中文名称 | 制定或修订 | 被代替标准编号 | 发布日期 | 实施日期 | 主编单位 |
|---|---|---|---|---|---|---|---|
| 32 | GB 55006－2021 | 钢结构通用规范 | 制定 | | 2021－4－9 | 2022－1－1 | 哈尔滨工业大学 |
| 33 | GB 55007－2021 | 砌体结构通用规范 | 制定 | | 2021－4－9 | 2022－1－1 | 四川省建筑科学研究院 |
| 34 | GB 55008－2021 | 混凝土结构通用规范 | 制定 | | 2021－9－8 | 2022－4－1 | 中国建筑科学研究院有限公司 |
| 35 | GB 55009－2021 | 燃气工程项目规范 | 修订 | | 2021－4－9 | 2022－1－1 | 住房和城乡建设部标准定额研究所、中国市政工程华北设计研究总院有限公司 |
| 36 | GB 55010－2021 | 供热工程项目规范 | 制定 | | 2021－4－9 | 2022－1－1 | 城市建设研究院 |
| 37 | GB 55011－2021 | 城市道路交通工程项目规范 | 制定 | | 2021－4－9 | 2022－1－1 | 北京市市政工程设计研究总院有限公司 |
| 38 | GB 55012－2021 | 生活垃圾处理处置工程项目规范 | 制定 | GB 51260－2017 | 2021－4－9 | 2022－1－1 | 上海市环境工程设计科学研究院有限公司 |
| 39 | GB 55013－2021 | 市容环卫工程项目规范 | 制定 | | 2021－4－9 | 2022－1－1 | 上海市环境工程设计科学研究院有限公司 |
| 40 | GB 55014－2021 | 园林绿化工程项目规范 | 制定 | | 2021－4－9 | 2022－1－1 | 中国城市建设研究院有限公司等 |
| 41 | GB 55016－2021 | 建筑环境通用规范 | 制定 | | 2021－9－8 | 2022－4－1 | 中国建筑科学研究院有限公司 |
| 42 | GB 55015－2021 | 建筑节能与可再生能源利用通用规范 | 制定 | | 2021－9－8 | 2022－4－1 | 中国建筑科学研究院有限公司 |
| 43 | GB 55017－2021 | 工程勘察通用规范 | 制定 | | 2021－9－8 | 2022－4－1 | 建设综合勘察研究设计院有限公司 |
| 44 | GB 55018－2021 | 工程测量通用规范 | 制定 | | 2021－9－8 | 2022－4－1 | 建设综合勘察研究设计院有限公司 |
| 45 | GB 55019－2021 | 建筑与市政工程无障碍通用规范 | 制定 | | 2021－9－8 | 2022－4－1 | 北京市建筑设计研究院有限公司 |
| 46 | GB 55020－2021 | 建筑给水排水与节水通用规范 | 制定 | | 2021－9－8 | 2022－4－1 | 中国建筑设计研究院有限公司有限公司 |
| 47 | GB 55021－2021 | 既有建筑鉴定与加固通用规范 | 制定 | | 2021－9－8 | 2022－4－1 | 四川省建筑科学研究院 |
| 48 | GB 55022－2021 | 既有建筑维护与改造通用规范 | 制定 | | 2021－9－8 | 2022－4－1 | 上海市房地产科学研究院（上海市住宅修缮工程质量检测中心 |
| 49 | GB 51143－2015（2021年版） | 防灾避难场所设计规范 | 局部修订 | | 2021－12－13 | 2022－3－1 | 中国建筑科学研究院有限公司 |

# 附录三　2021 年发布的工程建设行业标准

| 序号 | 标准编号 | 标准名称 | 制定或修订 | 被代替标准编号 | 发布日期 | 实施日期 | 批准部门 | 备案号 | 主编单位 |
|---|---|---|---|---|---|---|---|---|---|
| 1 | CJJ/T 310－2021 | 高速磁浮交通设计标准 | 制定 | | 2021－6－30 | 2021－10－1 | 住房和城乡建设部 | J1634－2021 | 上海磁浮交通工程技术研究中心 |
| 2 | CJJ/T 149－2021 | 城市户外广告设施技术标准 | 修订 | CJJ 149－2010 | 2021－12－31 | 2022－3－1 | 住房和城乡建设部 | J1069－2021 | 上海环境卫生工程设计院有限公司、上海建设结构安全检测有限公司 |
| 3 | CJJ/T 312－2021 | 城市运行管理服务平台技术标准 | 修订 | CJJ/T 312－2020 | 2021－12－6 | 2022－1－1 | 住房和城乡建设部 | J2825－2021 | 北京数字政通科技股份有限公司 |
| 4 | CJJ/T 125－2021 | 环境卫生图形符号标准 | 修订 | CJJ/T 125－2008 | 2021－12－13 | 2022－3－1 | 住房和城乡建设部 | J825－2021 | 华中科技大学、广西华业建筑工程有限公司 |
| 5 | CJJ/T 308－2021 | 湿地公园设计标准 | 制定 | | 2021－12－13 | 2022－3－1 | 住房和城乡建设部 | J3002－2021 | 北京中国风景园林规划设计研究中心、北京林业大学园林学院 |
| 6 | JGJ/T 15－2021 | 早期推定混凝土强度试验方法标准 | 修订 | JGJ/T 15－2008 | 2021－6－30 | 2021－10－1 | 住房和城乡建设部 | J1635－2021 | 中国建筑科学研究院有限公司 |
| 7 | JGJ/T 231－2021 | 建筑施工承插型盘扣式钢管脚手架安全技术标准 | 修订 | JGJ231－2010 | 2021－6－30 | 2021－10－1 | 住房和城乡建设部 | J1128－2021 | 南通新华建筑集团有限公司、江苏速捷模架科技有限公司 |
| 8 | JGJ/T 489－2021 | 历史建筑数字化技术标准 | 制定 | | 2021－6－30 | 2021－10－1 | 住房和城乡建设部 | J1631－2021 | 广州市规划和自然资源局 |
| 9 | JGJ/T 490－2021 | 钢框架内填墙板结构技术标准 | 制定 | | 2021－6－30 | 2021－10－1 | 住房和城乡建设部 | J1632－2021 | 中国建筑标准设计研究院 |

续表

| 序号 | 标准编号 | 标准名称 | 制定或修订 | 被代替标准编号 | 发布日期 | 实施日期 | 批准部门 | 备案号 | 主编单位 |
|---|---|---|---|---|---|---|---|---|---|
| 10 | JGJ/T 491－2021 | 装配式内装修技术标准 | 制定 | | 2021－6－30 | 2021－10－1 | 住房和城乡建设部 | J1633－2021 | 中国建筑标准设计研究院有限公司 |
| 11 | DL/T 5002－2021 | 地区电网调度自动化设计规程 | 修订 | DL/T 5002－2005 | 2021－04－26 | 2021－10－26 | 国家能源局 | — | — |
| 12 | DL/T 5084－2021 | 电力工程水文技术规程 | 修订 | DL/T 5084－2012 | 2021－11－16 | 2022－02－16 | 国家能源局 | — | — |
| 13 | DL/T 5085－2021 | 钢-混凝土组合结构设计规程 | 修订 | DL/T 5085－1999 | 2021－04－26 | 2021－10－26 | 国家能源局 | — | — |
| 14 | DL/T 5112－2021 | 水工碾压混凝土施工规范 | 修订 | DL/T 5112－2009 | 2021－01－07 | 2021－07－01 | 国家能源局 | — | — |
| 15 | DL/T 5117－2021 | 水下不分散混凝土试验规程 | 制定 | | 2021－4－26 | 2021－10－26 | 国家能源局 | — | 中国水利水电第三工程局有限公司 |
| 16 | DL/T 5119－2021 | 农村变电站设计技术规程 | 制定 | | 2021－04－26 | 2021－10－26 | 国家能源局 | — | — |
| 17 | DL/T 5126－2021 | 聚合物改性水泥砂浆试验规程 | 制定 | | 2021－4－26 | 2021－10－26 | 国家能源局 | — | 中国水利水电科学研究院 |
| 18 | DL/T 5128－2021 | 混凝土面板堆石坝施工规范 | 修订 | DL/T 5128－2009 | 2021－01－07 | 2021－07－01 | 国家能源局 | — | — |
| 19 | DL/T 5148－2021 | 水工建筑物水泥灌浆施工技术规范 | 制定 | | 2021－4－26 | 2021－10－26 | 国家能源局 | — | 中国水电基础局有限公司 |
| 20 | DL/T 5158－2021 | 电力工程气象勘测技术规程 | 修订 | DL/T 5158－2012 | 2021－11－16 | 2022－02－16 | 国家能源局 | — | — |

续表

| 序号 | 标准编号 | 标准名称 | 制定或修订 | 被代替标准编号 | 发布日期 | 实施日期 | 批准部门 | 备案号 | 主编单位 |
|---|---|---|---|---|---|---|---|---|---|
| 21 | DL/T 5175－2021 | 火力发电厂热工开关量和模拟量控制系统设计规程 | 修订 | DL/T 5175－2003 | 2021－12－22 | 2022－06－22 | 国家能源局 | — | — |
| 22 | DL/T 5182－2021 | 火力发电厂仪表与控制就地设备安装、管路、电缆设计规程 | 修订 | DL/T 5182－2004 | 2021－01－07 | 2021－07－01 | 国家能源局 | — | — |
| 23 | DL/T 5193－2021 | 环氧树脂砂浆技术规程 | 制定 | | 2021－4－26 | 2021－10－26 | 国家能源局 | — | 中国水利水电科学研究院 |
| 24 | DL/T 5205－2021 | 电力建设工程工程量清单计算规范输电线路工程 | 制定 | | 2021－4－26 | 2021－10－26 | 国家能源局 | — | 电力工程造价与定额管理总站 |
| 25 | DL/T 5207－2021 | 水工建筑物抗冲磨防空蚀混凝土技术规范 | 制定 | | 2021－4－26 | 2021－10－26 | 国家能源局 | — | 南京水利科学研究院 |
| 26 | DL/T 5210.1－2021 | 电力建设施工质量验收规程　第1部分：土建工程 | 修订 | DL/T 5210.1－2012 | 2021－01－07 | 2021－07－01 | 国家能源局 | — | — |
| 27 | DL/T 5220－2021 | 10kV及以下架空配电线路设计规范 | 修订 | DL/T 5220－2005 | 2021－01－07 | 2021－07－01 | 国家能源局 | — | — |
| 28 | DL/T 5222－2021 | 导体和电器选择设计规程 | 修订 | DL/T 5222－2005 | 2021－12－22 | 2022－06－22 | 国家能源局 | — | — |
| 29 | DL/T 5333－2021 | 水电水利工程爆破安全监测规程 | 制定 | | 2021－4－26 | 2021－10－26 | 国家能源局 | — | 长江水利委员会长江科学院 |
| 30 | DL/T 5341－2021 | 电力建设工程工程量清单计算规范变电工程 | 制定 | | 2021－4－26 | 2021－10－26 | 国家能源局 | — | 电力工程造价与定额管理总站 |
| 31 | DL/T 5369－2021 | 电力建设工程工程量清单计算规范火力发电工程 | 制定 | | 2021－4－26 | 2021－10－26 | 国家能源局 | — | 电力工程造价与定额管理总站 |

续表

| 序号 | 标准编号 | 标准名称 | 制定或修订 | 被代替标准编号 | 发布日期 | 实施日期 | 批准部门 | 备案号 | 主编单位 |
|---|---|---|---|---|---|---|---|---|---|
| 32 | DL/T 5394－2021 | 电力工程地下金属构筑物防腐技术导则 | 修订 | DL/T 5394－2007 | 2021－01－07 | 2021－07－01 | 国家能源局 | — | — |
| 33 | DL/T 5405－2021 | 城市电力电缆线路初步设计内容深度规定 | 修订 | DL/T 5405－2008 | 2021－04－26 | 2021－10－26 | 国家能源局 | — | — |
| 34 | DL/T 5432－2021 | 水电水利工程项目建设管理规范 | 修订 | DL/T 5432－2009 | 2021－01－07 | 2021－07－01 | 国家能源局 | — | — |
| 35 | DL/T 5434－2021 | 电力建设工程监理规范 | 修订 | DL/T 5434－2009 | 2021－01－07 | 2021－07－01 | 国家能源局 | — | — |
| 36 | DL/T 5439－2021 | 电源接入系统设计报告内容深度规定 | 修订 | DL/T 5439－2009 | 2021－04－26 | 2021－10－26 | 国家能源局 | — | — |
| 37 | DL/T 5464－2021 | 火力发电工程初步设计概算编制导则 | 修订 | DL/T 5464－2013 | 2021－04－26 | 2021－10－26 | 国家能源局 | — | — |
| 38 | DL/T 5465－2021 | 火力发电工程施工图预算编制导则 | 修订 | DL/T 5465－2013 | 2021－04－26 | 2021－10－26 | 国家能源局 | — | — |
| 39 | DL/T 5466－2021 | 火力发电工程可行性研究投资估算编制导则 | 修订 | DL/T 5466－2013 | 2021－04－26 | 2021－10－26 | 国家能源局 | — | — |
| 40 | DL/T 5467－2021 | 输变电工程初步设计概算编制导则 | 修订 | DL/T 5467－2013 | 2021－04－26 | 2021－10－26 | 国家能源局 | — | — |
| 41 | DL/T 5468－2021 | 输变电工程施工图预算编制导则 | 修订 | DL/T 5468－2013 | 2021－04－26 | 2021－10－26 | 国家能源局 | — | — |
| 42 | DL/T 5469－2021 | 输变电工程可行性研究投资估算编制导则 | 修订 | DL/T 5469－2013 | 2021－04－26 | 2021－10－26 | 国家能源局 | — | — |
| 43 | DL/T 5470－2021 | 燃煤发电工程建设预算项目划分导则 | 修订 | DL/T 5470－2013 | 2021－04－26 | 2021－10－26 | 国家能源局 | — | — |

续表

| 序号 | 标准编号 | 标准名称 | 制定或修订 | 被代替标准编号 | 发布日期 | 实施日期 | 批准部门 | 备案号 | 主编单位 |
|---|---|---|---|---|---|---|---|---|---|
| 44 | DL/T 5471－2021 | 变电站、开关站、换流站工程建设预算项目划分导则 | 修订 | DL/T 5471－2013 | 2021－04－26 | 2021－10－26 | 国家能源局 | — | — |
| 45 | DL/T 5472－2021 | 架空输电线路工程建设预算项目划分导则 | 修订 | DL/T 5472－2013 | 2021－11－16 | 2022－02－16 | 国家能源局 | — | — |
| 46 | DL/T 5476－2021 | 电缆输电线路工程建设预算项目划分导则 | 修订 | DL/T 5476－2013 | 2021－04－26 | 2021－10－26 | 国家能源局 | — | — |
| 47 | DL/T 5478－2021 | 20kV及以下配电网工程建设预算项目划分导则 | 修订 | DL/T 5478－2013 | 2021－04－26 | 2021－10－26 | 国家能源局 | — | — |
| 48 | DL/T 557－2021 | 高压线路绝缘子空气中冲击击穿试验定义、试验方法和判据 | 修订 | DL/T 557－2005 | 2021－12－22 | 2022－06－22 | 国家能源局 | — | — |
| 49 | DL/T 5587－2021 | 配电自动化系统设计规程 | 制定 |  | 2021－01－07 | 2021－07－01 | 国家能源局 | — | — |
| 50 | DL/T 5588－2021 | 电力系统视频监控系统设计规程 | 制定 |  | 2021－01－07 | 2021－07－01 | 国家能源局 | — | — |
| 51 | DL/T 5589－2021 | 火力发电工程施工招标文件与合同编制导则 | 制定 |  | 2021－01－07 | 2021－07－01 | 国家能源局 | — | — |
| 52 | DL/T 5590－2021 | 电网工程施工招标文件与合同编制导则 | 制定 |  | 2021－01－07 | 2021－07－01 | 国家能源局 | — | — |
| 53 | DL/T 5591－2021 | 20kV及以下配电网工程建设预算编制导则 | 制定 |  | 2021－01－07 | 2021－07－01 | 国家能源局 | — | — |
| 54 | DL/T 5592－2021 | 燃煤电厂烟气除尘设计规程 | 制定 |  | 2021－01－07 | 2021－07－01 | 国家能源局 | — | — |

续表

| 序号 | 标准编号 | 标准名称 | 制定或修订 | 被代替标准编号 | 发布日期 | 实施日期 | 批准部门 | 备案号 | 主编单位 |
|---|---|---|---|---|---|---|---|---|---|
| 55 | DL/T 5593-2021 | 发电厂调节阀选型设计规程 | 制定 | | 2021-01-07 | 2021-07-01 | 国家能源局 | — | — |
| 56 | DL/T 5594-2021 | 太阳能热发电厂仪表与控制及信息系统设计规范 | 制定 | | 2021-01-07 | 2021-07-01 | 国家能源局 | — | — |
| 57 | DL/T 5595-2021 | 太阳能热发电厂可行性研究设计概算编制规定 | 制定 | | 2021-01-07 | 2021-07-01 | 国家能源局 | — | — |
| 58 | DL/T 5596-2021 | 太阳能热发电厂预可行性研究投资估算编制规定 | 制定 | | 2021-01-07 | 2021-07-01 | 国家能源局 | — | — |
| 59 | DL/T 5597-2021 | 太阳能热发电工程经济评价导则 | 制定 | | 2021-01-07 | 2021-07-01 | 国家能源局 | — | — |
| 60 | DL/T 5598-2021 | 海底电缆工程初步设计文件内容深度规定 | 制定 | | 2021-01-07 | 2021-07-01 | 国家能源局 | — | — |
| 61 | DL/T 5599-2021 | 电力系统通信设计导则 | 制定 | | 2021-01-07 | 2021-07-01 | 国家能源局 | — | — |
| 62 | DL/T 5600-2021 | 电力系统次同步谐振-振荡风险评估技术规程 | 制定 | | 2021-04-26 | 2021-10-26 | 国家能源局 | — | — |
| 63 | DL/T 5601-2021 | 分布式电源接入及微电网设计规程 | 制定 | | 2021-04-26 | 2021-10-26 | 国家能源局 | — | — |
| 64 | DL/T 5602-2021 | 户内变电站建筑结构设计规程 | 制定 | | 2021-04-26 | 2021-10-26 | 国家能源局 | — | — |
| 65 | DL/T 5603-2021 | 太阳能热发电厂汽轮发电机组及其辅助系统设计规范 | 制定 | | 2021-04-26 | 2021-10-26 | 国家能源局 | — | — |

续表

| 序号 | 标准编号 | 标准名称 | 制定或修订 | 被代替标准编号 | 发布日期 | 实施日期 | 批准部门 | 备案号 | 主编单位 |
|---|---|---|---|---|---|---|---|---|---|
| 66 | DL/T 5604－2021 | 太阳能热发电厂总图运输设计规范 | 制定 | | 2021－04－26 | 2021－10－26 | 国家能源局 | — | — |
| 67 | DL/T 5605－2021 | 太阳能热发电厂蒸汽发生系统设计规范 | 制定 | | 2021－04－26 | 2021－10－26 | 国家能源局 | — | — |
| 68 | DL/T 5606－2021 | 220kV～750kV 限流串抗站设计规程 | 制定 | | 2021－04－26 | 2021－10－26 | 国家能源局 | — | — |
| 69 | DL/T 5607－2021 | 电力系统规划设计名词规范 | 制定 | | 2021－04－26 | 2021－10－26 | 国家能源局 | — | — |
| 70 | DL/T 5608－2021 | 电源规划设计规程 | 制定 | | 2021－04－26 | 2021－10－26 | 国家能源局 | — | — |
| 71 | DL/T 5609－2021 | 火力发电厂烟气海水脱硫系统设计规程 | 制定 | | 2021－04－26 | 2021－10－26 | 国家能源局 | — | — |
| 72 | DL/T 5610－2021 | 输电网规划设计规程 | 制定 | | 2021－04－26 | 2021－10－26 | 国家能源局 | — | — |
| 73 | DL/T 5611－2021 | 电源接入系统设计规程 | 制定 | | 2021－04－26 | 2021－10－26 | 国家能源局 | — | — |
| 74 | DL/T 5612－2021 | 电力系统光通信工程 可行性研究报告内容深度规定 | 制定 | | 2021－04－26 | 2021－10－26 | 国家能源局 | — | — |
| 75 | DL/T 5613－2021 | 固体绝缘母线设计规程 | 制定 | | 2021－04－26 | 2021－10－26 | 国家能源局 | — | — |
| 76 | DL/T 5614－2021 | 火力发电工程结算审核报告编制导则 | 制定 | | 2021－11－16 | 2022－02－16 | 国家能源局 | — | — |
| 77 | DL/T 5615－2021 | 发电工程数字化移交内容规定 | 制定 | | 2021－11－16 | 2022－02－16 | 国家能源局 | — | — |

续表

| 序号 | 标准编号 | 标准名称 | 制定或修订 | 被代替标准编号 | 发布日期 | 实施日期 | 批准部门 | 备案号 | 主编单位 |
|---|---|---|---|---|---|---|---|---|---|
| 78 | DL/T 5616-2021 | 柔性直流换流站工程项目划分导则 | 制定 | | 2021-11-16 | 2022-02-16 | 国家能源局 | — | — |
| 79 | DL/T 5617-2021 | 电缆输电线路工程技术经济指标编制导则 | 制定 | | 2021-11-16 | 2022-02-16 | 国家能源局 | — | — |
| 80 | DL/T 5618-2021 | 配电网数字化勘测设计和移交数据交换标准 | 制定 | | 2021-11-16 | 2022-02-16 | 国家能源局 | — | — |
| 81 | DL/T 5619-2021 | 调相机工程项目划分导则 | 制定 | | 2021-11-16 | 2022-02-16 | 国家能源局 | — | — |
| 82 | DL/T 5620-2021 | 火力发电厂汽水系统设计规程 | 制定 | | 2021-11-16 | 2022-05-16 | 国家能源局 | — | — |
| 83 | DL/T 5621-2021 | 槽式太阳能热发电厂集热系统设计规范 | 制定 | | 2021-11-16 | 2022-05-16 | 国家能源局 | — | — |
| 84 | DL/T 5622-2021 | 太阳能热发电厂储热系统设计规范 | 制定 | | 2021-11-16 | 2022-05-16 | 国家能源局 | — | — |
| 85 | DL/T 5623-2021 | 火力发电厂烟气循环流化床半干法脱硫系统设计规程 | 制定 | | 2021-11-16 | 2022-05-16 | 国家能源局 | — | — |
| 86 | DL/T 5624-2021 | 海底电缆工程施工图设计文件内容深度规定 | 制定 | | 2021-11-16 | 2022-05-16 | 国家能源局 | — | — |
| 87 | DL/T 5625-2021 | 智能变电站监控系统设计规程 | 制定 | | 2021-11-16 | 2022-05-16 | 国家能源局 | — | — |
| 88 | DL/T 5626-2021 | 20kV及以下配电网工程技术经济指标编制导则 | 制定 | | 2021-11-16 | 2022-05-16 | 国家能源局 | — | — |

续表

| 序号 | 标准编号 | 标准名称 | 制定或修订 | 被代替标准编号 | 发布日期 | 实施日期 | 批准部门 | 备案号 | 主编单位 |
|---|---|---|---|---|---|---|---|---|---|
| 89 | DL/T 5627－2021 | 20kV及以下配电网工程结算审核报告编制导则 | 制定 | | 2021－11－16 | 2022－05－16 | 国家能源局 | — | — |
| 90 | DL/T 5628－2021 | 太阳能热发电厂岩土工程勘察规程 | 制定 | | 2021－12－22 | 2022－06－22 | 国家能源局 | — | — |
| 91 | DL/T 5629－2021 | 架空输电线路钢骨钢管混凝土结构设计技术规程 | 制定 | | 2021－12－22 | 2022－06－22 | 国家能源局 | — | — |
| 92 | DL/T 5630－2021 | 输变电工程防灾减灾设计规程 | 制定 | | 2021－12－22 | 2022－06－22 | 国家能源局 | — | — |
| 93 | DL/T 5631－2021 | 输电网规划设计内容深度规定 | 制定 | | 2021－12－22 | 2022－06－22 | 国家能源局 | — | — |
| 94 | DL/T 5745－2021 | 电力建设工程工程量清单计价规范 | 制定 | | 2021－4－26 | 2021－10－26 | 国家能源局 | — | 电力工程造价与定额管理总站 |
| 95 | DL/T 5817－2021 | 水电工程低热硅酸盐水泥混凝土技术规范 | 制定 | | 2021－01－07 | 2021－07－01 | 国家能源局 | — | — |
| 96 | DL/T 5818－2021 | 火力发电厂油气管道施工技术规范 | 制定 | | 2021－01－07 | 2021－07－01 | 国家能源局 | — | — |
| 97 | DL/T 5819－2021 | 全断面岩石掘进机施工技术导则 | 制定 | | 2021－4－26 | 2021－10－26 | 国家能源局 | — | 中国水利水电第十工程局有限公司 |
| 98 | DL/T 5820－2021 | 水电水利工程锚索施工质量无损检测规程 | 制定 | | 2021－4－26 | 2021－10－26 | 国家能源局 | — | 长江水利委员会长江科学院 |
| 99 | DL/T 5821－2021 | 混凝土坝维修技术规程 | 制定 | | 2021－4－26 | 2021－10－26 | 国家能源局 | — | 中国水利水电第四工程局有限公司、中国长江三峡集团有限公司 |

续表

| 序号 | 标准编号 | 标准名称 | 制定或修订 | 被代替标准编号 | 发布日期 | 实施日期 | 批准部门 | 备案号 | 主编单位 |
|---|---|---|---|---|---|---|---|---|---|
| 100 | DL/T 5822－2021 | 水电水利工程连续式混凝土搅拌站生产导则 | 制定 |  | 2021－4－26 | 2021－10－26 | 国家能源局 | — | 中国水利水电第十六工程局有限公司 |
| 101 | DL/T 5823－2021 | 水工建筑物水泥基灌浆材料试验规程 | 制定 |  | 2021－4－26 | 2021－10－26 | 国家能源局 | — | 中国水利水电科学研究院 |
| 102 | DL/T 5824－2021 | 水电水利工程泵送混凝土施工技术规范 | 制定 |  | 2021－4－26 | 2021－10－26 | 国家能源局 | — | 中国水利水电第六工程局有限公司 |
| 103 | DL/T 5825－2021 | 水电水利工程施工机械安全操作规程混凝土喷射机 | 制定 |  | 2021－4－26 | 2021－10－26 | 国家能源局 | — | 中国水利水电第六工程局有限公司 |
| 104 | DL/T 5826－2021 | 水电水利地下工程施工安全评估导则围岩稳定 | 制定 |  | 2021－4－26 | 2021－10－26 | 国家能源局 | — | 中国长江三峡集团有限公司 |
| 105 | DL/T 5827－2021 | 地下洞室绿色施工技术规范 | 制定 |  | 2021－4－26 | 2021－10－26 | 国家能源局 | — | 国网新源控股有限公司 |
| 106 | DL/T 5828－2021 | 水电水利工程抗滑桩施工规范 | 制定 |  | 2021－4－26 | 2021－10－26 | 国家能源局 | — | 中国水电基础局有限公司 |
| 107 | DL/T 5829－2021 | 户内配电变压器振动与噪声控制工程技术规范 | 制定 |  | 2021－12－22 | 2022－3－22 | 国家能源局 | — | 全球能源互联网研究院有限公司 |
| 108 | DL/T 5830－2021 | 水电水利工程斜井压力钢管溜放及定位施工导则 | 制定 |  | 2021－12－22 | 2022－3－22 | 国家能源局 | — | 中国水利水电第三工程局有限公司 |
| 109 | DL/T 5831－2021 | 水电水利工程竖井压力钢管吊装施工导则 | 制定 |  | 2021－12－22 | 2022－3－22 | 国家能源局 | — | 中国水利水电第三工程局有限公司 |
| 110 | DL/T 5832－2021 | 水电水利工程施工机械安全操作规程自动埋弧焊机 | 制定 |  | 2021－12－22 | 2022－3－22 | 国家能源局 | — | 中国水利水电第三工程局有限公司 |

续表

| 序号 | 标准编号 | 标准名称 | 制定或修订 | 被代替标准编号 | 发布日期 | 实施日期 | 批准部门 | 备案号 | 主编单位 |
| --- | --- | --- | --- | --- | --- | --- | --- | --- | --- |
| 111 | DL/T 5833－2021 | 水电水利工程施工机械安全操作规程自动火焰切割机 | 制定 |  | 2021－12－22 | 2022－3－22 | 国家能源局 | — | 中国水利水电第三工程局有限公司 |
| 112 | DL/T 5834－2021 | 水电水利工程施工机械安全操作规程沥青混合料拌和系统设备 | 制定 |  | 2021－12－22 | 2022－3－22 | 国家能源局 | — | 中国葛洲坝集团股份有限公司 |
| 113 | DL/T 5835－2021 | 水电水利工程施工机械安全操作规程沥青混凝土摊铺机 | 制定 |  | 2021－12－22 | 2022－3－22 | 国家能源局 | — | 中国葛洲坝集团股份有限公司 |
| 114 | DL/T 5836－2021 | 水电水利工程环氧树脂类材料混凝土表面处理施工规范 | 制定 |  | 2021－04－26 | 2021－10－26 | 国家能源局 | — | — |
| 115 | DL/T 5837－2021 | 土石坝沥青混凝土心墙碾压试验规程 | 制定 |  | 2021－12－22 | 2022－6－22 | 国家能源局 | — | 中国葛洲坝集团股份有限公司 |
| 116 | DL/T 5838－2021 | 管廊工程 1000kV 气体绝缘金属封闭输电线路质量检验及评定规程 | 制定 |  | 2021－12－22 | 2022－6－22 | 国家能源局 | — | 江苏省送变电有限公司 |
| 117 | DL/T 5839－2021 | 土石坝安全监测系统施工技术规范 | 制定 |  | 2021－12－22 | 2022－6－22 | 国家能源局 | — | 中国电力企业联合会 |
| 118 | DL/T 5840－2021 | 电气装置安装工程电力变压器、油浸电抗器、互感器施工及验收规范 | 制定 |  | 2021－12－22 | 2022－6－22 | 国家能源局 | — | 中国电力企业联合会 |

续表

| 序号 | 标准编号 | 标准名称 | 制定或修订 | 被代替标准编号 | 发布日期 | 实施日期 | 批准部门 | 备案号 | 主编单位 |
|---|---|---|---|---|---|---|---|---|---|
| 119 | DL/T 5841-2021 | 电气装置安装工程母线装置施工及验收规范 | 制定 | | 2021-12-22 | 2022-6-22 | 国家能源局 | — | 中国电力企业联合会 |
| 120 | DL/T 5842-2021 | 110kV～750kV架空输电线路铁塔基础施工工艺导则 | 制定 | | 2021-4-26 | 2021-10-26 | 国家能源局 | — | 中国电力企业联合会 |
| 121 | DL/T 5843-2021 | 变电站、换流站土建工程质量验收施工统一表式 | 制定 | | 2021-4-26 | 2021-10-26 | 国家能源局 | — | 中国电力企业联合会 |
| 122 | DL/T 5844-2021 | 配电自动化终端设备调试验收规程 | 制定 | | 2021-4-26 | 2021-10-26 | 国家能源局 | — | 中国水利水电第六工程局有限公司 |
| 123 | DL/T 5845-2021 | 输电线路岩石地基挖孔基础工程技术规范 | 制定 | | 2021-4-26 | 2021-10-26 | 国家能源局 | — | 中国水利水电第六工程局有限公司 |
| 124 | DL/T 5846-2021 | 1100kV交流气体绝缘金属封闭输电线路现场交接试验规程 | 制定 | | 2021-4-26 | 2021-10-26 | 国家能源局 | — | 中国电力科学研究院有限公司 |
| 125 | DL/T 5847-2021 | 配电系统电气装置安装工程施工质量检验及评定规程 | 制定 | | 2021-4-26 | 2021-10-26 | 国家能源局 | — | 中国电力科学研究院有限公司 |
| 126 | DL/T 5848-2021 | 架空输电线路铁塔直升机牵放初级导引绳施工工艺导则 | 制定 | | 2021-4-26 | 2021-10-26 | 国家能源局 | — | 浙江省送变电工程有限公司 |
| 127 | DL/T 5849-2021 | 架空输电线路铁塔直升机组立施工工艺导则 | 制定 | | 2021-4-26 | 2021-10-26 | 国家能源局 | — | 浙江省送变电工程有限公司 |

续表

| 序号 | 标准编号 | 标准名称 | 制定或修订 | 被代替标准编号 | 发布日期 | 实施日期 | 批准部门 | 备案号 | 主编单位 |
|---|---|---|---|---|---|---|---|---|---|
| 128 | DL/T 5850－2021 | 电气装置安装工程高压电器施工及验收规范 | 制定 |  | 2021－4－26 | 2021－10－26 | 国家能源局 | — | 中国电力科学研究院有限公司 |
| 129 | NB/T 10484－2021 | 水电工程建设征地移民安置综合设计规范 | 制定 |  | 2021－01－07 | 2021－07－01 | 国家能源局 | — | — |
| 130 | NB/T 10485－2021 | 河流水生生物栖息地保护技术规范 | 制定 |  | 2021－01－07 | 2021－07－01 | 国家能源局 | — | — |
| 131 | NB/T 10486－2021 | 水电工程岩土体监测规程 | 修订 | DL/T 5006－2007 | 2021－01－07 | 2021－07－01 | 国家能源局 | — | — |
| 132 | NB/T 10487－2021 | 水电工程珍稀濒危植物及古树名木保护设计规范 | 制定 |  | 2021－01－07 | 2021－07－01 | 国家能源局 | — | — |
| 133 | NB/T 10488－2021 | 水电工程砂石加工系统设计规范 | 修订 | DL/T 5098－2010 | 2021－01－07 | 2021－07－01 | 国家能源局 | — | — |
| 134 | NB/T 10489－2021 | 进入天然气长输管道的生物天然气质量要求 | 制定 |  | 2021－01－07 | 2021－07－01 | 国家能源局 | — | — |
| 135 | NB/T 10490－2021 | 水电工程边坡植生水泥土生境构筑技术规范 | 制定 |  | 2021－01－07 | 2021－07－01 | 国家能源局 | — | — |
| 136 | NB/T 10491－2021 | 水电工程施工组织设计规范 | 修订 | DL/T 5397－2007<br>DL/T 5201－2004 | 2021－01－07 | 2021－07－01 | 国家能源局 | — | — |
| 137 | NB/T 10492－2021 | 水电工程施工期防洪度汛报告编制规程 | 制定 |  | 2021－01－07 | 2021－07－01 | 国家能源局 | — | — |
| 138 | NB/T 10496－2021 | 水电工程节能施工技术规范 | 制定 |  | 2021－01－07 | 2021－07－01 | 国家能源局 | — | — |
| 139 | NB/T 10497－2021 | 水电工程水库塌岸与滑坡治理技术规程 | 制定 |  | 2021－01－07 | 2021－07－01 | 国家能源局 | — | — |

续表

| 序号 | 标准编号 | 标准名称 | 制定或修订 | 被代替标准编号 | 发布日期 | 实施日期 | 批准部门 | 备案号 | 主编单位 |
|---|---|---|---|---|---|---|---|---|---|
| 140 | NB/T 10498－2021 | 水力发电厂交流 110kV～500kV 电力电缆工程设计规范 | 修订 | DL/T 5228－2005 | 2021－01－07 | 2021－07－01 | 国家能源局 | — | — |
| 141 | NB/T 10504－2021 | 水电工程环境保护设计规范 | 修订 | DL/T 5402－2007 | 2021－01－07 | 2021－07－01 | 国家能源局 | — | — |
| 142 | NB/T 10505－2021 | 水电工程环境保护总体设计报告编制规程 | 制定 |  | 2021－01－07 | 2021－07－01 | 国家能源局 | — | — |
| 143 | NB/T 10506－2021 | 水电工程水土保持监测技术规程 | 制定 |  | 2021－01－07 | 2021－07－01 | 国家能源局 | — | — |
| 144 | NB/T 10508－2021 | 水电工程信息模型设计交付规范 | 制定 |  | 2021－01－07 | 2021－07－01 | 国家能源局 | — | — |
| 145 | NB/T 10509－2021 | 水电建设项目水土保持技术规范 | 修订 | DL/T 5419－2009 | 2021－01－07 | 2021－07－01 | 国家能源局 | — | — |
| 146 | NB/T 10510－2021 | 水电工程水土保持生态修复技术规范 | 制定 |  | 2021－01－07 | 2021－07－01 | 国家能源局 | — | — |
| 147 | NB/T 10512－2021 | 水电工程边坡设计规范 | 修订 | DL/T 5353－2006 | 2021－01－07 | 2021－07－01 | 国家能源局 | — | — |
| 148 | NB/T 10513－2021 | 水电工程边坡工程地质勘察规程 | 修订 | DL/T 5337－2006 | 2021－01－07 | 2021－07－01 | 国家能源局 | — | — |
| 149 | NB/T 10514－2021 | 水电工程升船机设计规范 | 修订 | DL/T 5399－2007 | 2021－01－07 | 2021－07－01 | 国家能源局 | — | — |
| 150 | NB/T 10597－2021 | 核电厂海工混凝土结构防腐蚀技术规范 | 制定 |  | 2021－01－07 | 2021－07－01 | 国家能源局 | — | — |
| 151 | NB/T 10605－2021 | 水电工程建设征地企业处理规划设计规范 | 制定 |  | 2021－04－26 | 2021－10－26 | 国家能源局 | — | — |

续表

| 序号 | 标准编号 | 标准名称 | 制定或修订 | 被代替标准编号 | 发布日期 | 实施日期 | 批准部门 | 备案号 | 主编单位 |
|---|---|---|---|---|---|---|---|---|---|
| 152 | NB/T 10606－2021 | 水力发电厂直流电源系统设计规范 | 制定 | | 2021－04－26 | 2021－10－26 | 国家能源局 | — | — |
| 153 | NB/T 10607－2021 | 水力发电厂门禁系统设计导则 | 制定 | | 2021－04－26 | 2021－10－26 | 国家能源局 | — | — |
| 154 | NB/T 10608－2021 | 水电工程环境影响经济损益分析技术规范 | 制定 | | 2021－04－26 | 2021－10－26 | 国家能源局 | — | — |
| 155 | NB/T 10609－2021 | 水电工程拦漂排设计规范 | 制定 | | 2021－04－26 | 2021－10－26 | 国家能源局 | — | — |
| 156 | NB/T 10610－2021 | 水电工程鱼类增殖放流站运行规程 | 制定 | | 2021－04－26 | 2021－10－26 | 国家能源局 | — | — |
| 157 | NB/T 10611－2021 | 水力发电厂含油污水处理系统设计导则 | 制定 | | 2021－04－26 | 2021－10－26 | 国家能源局 | — | — |
| 158 | NB/T 10612－2021 | 水电工程过鱼对象游泳能力测验规程 | 制定 | | 2021－04－26 | 2021－10－26 | 国家能源局 | — | — |
| 159 | NB/T 10664－2021 | 核电厂工程岩土试验规程 | 制定 | | 2021－04－26 | 2021－10－26 | 国家能源局 | — | — |
| 160 | NB/T 10665－2021 | 核电厂循环水泵房进水流道技术规范 | 制定 | | 2021－04－26 | 2021－10－26 | 国家能源局 | — | — |
| 161 | NB/T 10666－2021 | 核电厂常规岛仪表和控制设备接地和屏蔽技术要求 | 制定 | | 2021－04－26 | 2021－10－26 | 国家能源局 | — | — |
| 162 | NB/T 10796－2021 | 水力发电厂电缆防火设计导则 | 制定 | | 2021－11－16 | 2022－05－16 | 国家能源局 | — | — |
| 163 | NB/T 10798－2021 | 水电工程建设征地移民安置技术通则 | 制定 | | 2021－11－16 | 2022－05－16 | 国家能源局 | — | — |

续表

| 序号 | 标准编号 | 标准名称 | 制定或修订 | 被代替标准编号 | 发布日期 | 实施日期 | 批准部门 | 备案号 | 主编单位 |
|---|---|---|---|---|---|---|---|---|---|
| 164 | NB/T 10799-2021 | 水电工程地质勘察资料整编规程 | 修订 | DL/T 5351-2006<br>SDJ 19-78 | 2021-11-16 | 2022-05-16 | 国家能源局 | — | — |
| 165 | NB/T 10800-2021 | 水电工程建设征地移民安置实施技术导则 | 制定 |  | 2021-11-16 | 2022-05-16 | 国家能源局 | — | — |
| 166 | NB/T 10801-2021 | 水电工程建设征地移民安置专业项目规划设计规范 | 修订 | DL/T 5379-2007 | 2021-11-16 | 2022-05-16 | 国家能源局 | — | — |
| 167 | NB/T 10802-2021 | 水电工程预应力锚固设计规范 | 修订 | DL/T 5176-2003 | 2021-11-16 | 2022-05-16 | 国家能源局 | — | — |
| 168 | NB/T 10803-2021 | 水电工程水库库底清理设计规范 | 修订 | DL/T 5381-2007 | 2021-11-16 | 2022-05-16 | 国家能源局 | — | — |
| 169 | NB/T 10804-2021 | 水电工程农村移民安置规划设计规范 | 修订 | DL/T 5378-2007 | 2021-11-16 | 2022-05-16 | 国家能源局 | — | — |
| 170 | NB/T 10805-2021 | 水电工程溃坝洪水与非恒定流计算规范 | 修订 | DL/T 5360-2006 | 2021-11-16 | 2022-05-16 | 国家能源局 | — | — |
| 171 | NB/T 10857-2021 | 水电工程合理使用年限及耐久性设计规范 | 制定 |  | 2021-12-22 | 2022-06-22 | 国家能源局 | — | — |
| 172 | NB/T 10858-2021 | 水电站进水口设计规范 | 修订 | DL/T 5398-2007 | 2021-12-22 | 2022-06-22 | 国家能源局 | — | — |
| 173 | NB/T 10859-2021 | 水电工程金属结构设备状态在线监测系统技术条件 | 制定 |  | 2021-12-22 | 2022-06-22 | 国家能源局 | — | — |
| 174 | NB/T 10860-2021 | 水电站排水系统规范 | 制定 |  | 2021-12-22 | 2022-06-22 | 国家能源局 | — | — |
| 175 | NB/T 10861-2021 | 水力发电厂测量装置配置设计规范 | 修订 | DL/T 5413-2009 | 2021-12-22 | 2022-06-22 | 国家能源局 | — | — |

续表

| 序号 | 标准编号 | 标准名称 | 制定或修订 | 被代替标准编号 | 发布日期 | 实施日期 | 批准部门 | 备案号 | 主编单位 |
|---|---|---|---|---|---|---|---|---|---|
| 176 | NB/T 10862-2021 | 水电工程集运鱼系统设计规范 | 制定 | | 2021-12-22 | 2022-06-22 | 国家能源局 | — | — |
| 177 | NB/T 10863-2021 | 水电工程升鱼机设计规范 | 制定 | | 2021-12-22 | 2022-06-22 | 国家能源局 | — | — |
| 178 | NB/T 10864-2021 | 水电工程移民安置城镇迁建规划设计规范 | 修订 | DL/T 5380-2007 | 2021-12-22 | 2022-06-22 | 国家能源局 | — | — |
| 179 | NB/T 10865-2021 | 生物天然气工程可行性研究报告编制规程 | 制定 | | 2021-12-22 | 2022-06-22 | 国家能源局 | — | — |
| 180 | NB/T 10866-2021 | 沼气发电工程可行性研究报告编制规程 | 制定 | | 2021-12-22 | 2022-06-22 | 国家能源局 | — | — |
| 181 | NB/T 10867-2021 | 溢洪道设计规范 | 修订 | DL/T 5166-2002 | 2021-12-22 | 2022-06-22 | 国家能源局 | — | — |
| 182 | NB/T 10868-2021 | 水电工程泄洪雾化水工模型试验规程 | 制定 | | 2021-12-22 | 2022-06-22 | 国家能源局 | — | — |
| 183 | NB/T 10869-2021 | 水电工程移民安置生活污水处理技术规范 | 制定 | | 2021-12-22 | 2022-06-22 | 国家能源局 | — | — |
| 184 | NB/T 10870-2021 | 混凝土拱坝设计规范 | 修订 | DL/T 5346-2006 | 2021-12-22 | 2022-06-22 | 国家能源局 | — | — |
| 185 | NB/T 10871-2021 | 混凝土面板堆石坝设计规范 | 修订 | DL/T 5016-2011 | 2021-12-22 | 2022-06-22 | 国家能源局 | — | — |
| 186 | NB/T 10872-2021 | 碾压式土石坝设计规范 | 修订 | DL/T 5395-2007 | 2021-12-22 | 2022-06-22 | 国家能源局 | — | — |
| 187 | NB/T 10873-2021 | 水电开发流域生态环境监测实施方案编制规程 | 制定 | | 2021-12-22 | 2022-06-22 | 国家能源局 | — | — |
| 188 | NB/T 10874-2021 | 水电工程生态调度方案编制规程 | 制定 | | 2021-12-22 | 2022-06-22 | 国家能源局 | — | — |
| 189 | NB/T 10875-2021 | 流域水电应急计划及要求 | 制定 | | 2021-12-22 | 2022-06-22 | 国家能源局 | — | — |

续表

| 序号 | 标准编号 | 标准名称 | 制定或修订 | 被代替标准编号 | 发布日期 | 实施日期 | 批准部门 | 备案号 | 主编单位 |
|---|---|---|---|---|---|---|---|---|---|
| 190 | NB/T 10876－2021 | 水电工程建设征地移民安置规划设计规范 | 修订 | DL/T 5064－2007 | 2021－12－22 | 2022－06－22 | 国家能源局 | — | — |
| 191 | NB/T 10877－2021 | 水电工程建设征地移民安置补偿费用概（估）算编制规范 | 修订 | DL/T 5382－2007 | 2021－12－22 | 2022－06－22 | 国家能源局 | — | — |
| 192 | NB/T 10878－2021 | 水力发电厂机电设计规范 | 修订 | DL/T 5186－2004 | 2021－12－22 | 2022－06－22 | 国家能源局 | — | — |
| 193 | NB/T 10879－2021 | 水力发电厂计算机监控系统设计规范 | 修订 | DL/T 5065－2009 | 2021－12－22 | 2022－06－22 | 国家能源局 | — | — |
| 194 | NB/T 10880－2021 | 梯级水电厂集中监控工程设计规范 | 修订 | DL/T 5345－2006 | 2021－12－22 | 2022－06－22 | 国家能源局 | — | — |
| 195 | NB/T 10881－2021 | 水力发电厂火灾自动报警系统设计规范 | 修订 | DL/T 5412－2009 | 2021－12－22 | 2022－06－22 | 国家能源局 | — | — |
| 196 | NB/T 10882－2021 | 梯级水库群安全风险防控导则 | 制定 |  | 2021－12－22 | 2022－06－22 | 国家能源局 | — | — |
| 197 | NB/T 10883－4－2021 | 水电工程制图标准　第4部分：水力机械 | 修订 | DL/T 5349－2006 | 2021－12－22 | 2022－06－22 | 国家能源局 | — | — |
| 198 | NB/T 10906－2021 | 陆上风电场工程风电机组基础施工规范 | 制定 |  | 2021－12－22 | 2022－03－22 | 国家能源局 | — | — |
| 199 | NB/T 10907－2021 | 风电机组混凝土-钢混合塔筒设计规范 | 制定 |  | 2021－12－22 | 2022－03－22 | 国家能源局 | — | — |
| 200 | NB/T 10908－2021 | 风电机组混凝土-钢混合塔筒施工规范 | 制定 |  | 2021－12－22 | 2022－03－22 | 国家能源局 | — | — |

续表

| 序号 | 标准编号 | 标准名称 | 制定或修订 | 被代替标准编号 | 发布日期 | 实施日期 | 批准部门 | 备案号 | 主编单位 |
|---|---|---|---|---|---|---|---|---|---|
| 201 | NB/T 10909-2021 | 微观选址中风能资源分析及发电量计算方法 | 制定 |  | 2021-12-22 | 2022-03-22 | 国家能源局 | — | — |
| 202 | NB/T 10910-2021 | 海上风电场工程安全标识设置设计规范 | 制定 |  | 2021-12-22 | 2022-03-22 | 国家能源局 | — | 中国电力企业联合会 |
| 203 | NB/T 10911-2021 | 分散式风电接入配电网技术规定 | 制定 |  | 2021-12-22 | 2022-03-22 | 国家能源局 | — | — |
| 204 | NB/T 10912-2021 | 海冰地区海上风电场工程设计导则 | 制定 |  | 2021-12-22 | 2022-03-22 | 国家能源局 | — | 中国电力企业联合会 |
| 205 | SY/T 0003-2021 | 石油天然气工程制图规范 | 修订 | SY/T 0003-2012 | 2021-11-16 | 2022-02-16 | 国家能源局 | — | 大庆油田设计院有限公司 |
| 206 | SY/T 0317-2021 | 盐渍土地区建筑规范 | 修订 | SY/T 0317-2012 | 2021-11-16 | 2022-02-16 | 国家能源局 | — | 中国石油集团工程设计有限公司华北分公司 |
| 207 | SY/T 0440-2021 | 工业燃气轮机安装技术规范 | 修订 | SY/T 0440-2010 | 2021-11-16 | 2022-02-16 | 国家能源局 | — | 中国石油天然气第一建设有限公司 |
| 208 | SY/T 0452-2021 | 石油天然气金属管道焊接工艺评定 | 修订 | SY/T 0452-2012 | 2021-11-16 | 2022-02-16 | 国家能源局 | — | 河北华北石油工程建设有限公司 |
| 209 | SY/T 0538-2021 | 管式加热炉规范 | 修订 | SY/T 0538-2012 | 2021-11-16 | 2022-02-16 | 国家能源局 | — | 中国石油天然气管道工程有限公司 |
| 210 | SY/T 6880-2021 | 高含硫化氢气田钢质材料光谱检测技术规范 | 修订 | SY/T 6880-2012 | 2021-11-16 | 2022-02-16 | 国家能源局 | — | 西南油气田分公司 |
| 211 | SY/T 6883-2021 | 输气管道工程过滤分离设备规范 | 修订 | SY/T 6883-2012 | 2021-11-16 | 2022-02-16 | 国家能源局 | — | 中国石油天然气管道工程有限公司 |
| 212 | SY/T 6968-2021 | 油气输送管道工程水平定向钻穿越设计规范 | 修订 | SY/T 6968-2013 | 2021-11-16 | 2022-02-16 | 国家能源局 | — | 中国石油天然气管道工程有限公司 |

续表

| 序号 | 标准编号 | 标准名称 | 制定或修订 | 被代替标准编号 | 发布日期 | 实施日期 | 批准部门 | 备案号 | 主编单位 |
|---|---|---|---|---|---|---|---|---|---|
| 213 | SY/T 7040-2021 | 油气输送管道工程地质灾害防治设计规范 | 修订 | SY/T 7040-2016 | 2021-11-16 | 2022-02-16 | 国家能源局 | — | 中国石油管道局工程有限公司设计分公司 |
| 214 | SY/T 0319-2021 | 钢质储罐防腐层技术规范 | 修订 | SY/T 0320-2010<br>SY/T 0319-2012 | 2021-11-16 | 2022-02-16 | 国家能源局 | — | 中国石油集团工程技术研究有限公司 |
| 215 | SY/T 0087-6-2021 | 钢质管道及储罐腐蚀评价标准 第6部分：埋地钢质管道交流干扰腐蚀评价 | 制定 | | 2021-11-16 | 2022-02-16 | 国家能源局 | — | 国家管网集团北方管道有限责任公司 |
| 216 | SY/T 7628-2021 | 油气田及管道工程计算机控制系统设计规范 | 制定 | | 2021-11-16 | 2022-02-16 | 国家能源局 | — | 中石化石油工程设计有限公司 |
| 217 | SY/T 7629-2021 | 乙烷输送管道工程技术规范 | 制定 | | 2021-11-16 | 2022-02-16 | 国家能源局 | — | 中国石油工程建设有限公司西南分公司 |
| 218 | SY/T 7630-2021 | 油气管道工程水文勘测规范 | 制定 | | 2021-11-16 | 2022-02-16 | 国家能源局 | — | 中国石油管道局工程有限公司设计分公司 |
| 219 | SY/T 7631-2021 | 油气输送管道计算机控制系统报警管理技术规范 | 制定 | | 2021-11-16 | 2022-02-16 | 国家能源局 | — | 中国石油管道局工程有限公司设计分公司 |
| 220 | SY/T 7632-2021 | 油田采出水余热利用工程数据采集与监控系统设计规范 | 制定 | | 2021-11-16 | 2022-02-16 | 国家能源局 | — | 中国石油工程建设有限公司华北分公司 |
| 221 | SH/T 3047-2021 | 石油化工企业职业安全卫生设计规范 | 修订 | SH 3047-1993 | 2021-5-17 | 2021-10-1 | 工业和信息化部 | J2947-2021 | 中国石化工程建设有限公司 |
| 222 | SH/T 3152-2021 | 石油化工粉粒物料输送设计规范 | 修订 | SH/T 3152-2007 | 2021-5-17 | 2021-10-1 | 工业和信息化部 | J2948-2021 | 中石化南京工程有限公司 |

续表

| 序号 | 标准编号 | 标准名称 | 制定或修订 | 被代替标准编号 | 发布日期 | 实施日期 | 批准部门 | 备案号 | 主编单位 |
|---|---|---|---|---|---|---|---|---|---|
| 223 | SH/T 3153 - 2021 | 石油化工电信设计规范 | 修订 | SH/T 3152 - 2007 | 2021 - 5 - 17 | 2021 - 10 - 1 | 工业和信息化部 | J2949 - 2021 | 中国石化工程建设有限公司-中石化宁波工程有限公司 |
| 224 | SH/T 3552 - 2021 | 石油化工电气工程施工及验收规范 | 修订 | SH/T 3552 - 2013 | 2021 - 5 - 17 | 2021 - 10 - 1 | 工业和信息化部 | J2950 - 2021 | 中石化宁波工程有限公司 |
| 225 | SH/T 3217 - 2021 | 石油化工 FF 现场总线控制系统设计规范 | 制定 | | 2021 - 8 - 21 | 2022 - 2 - 1 | 工业和信息化部 | J3020 - 2022 | 中国石化工程建设有限公司 |
| 226 | SH/T 3099 - 2021 | 石油化工给水排水水质标准 | 修订 | SH 3099 - 2000 | 2021 - 8 - 21 | 2022 - 2 - 1 | 工业和信息化部 | J3021 - 2022 | 中国石化工程建设有限公司 |
| 227 | SH/T 3161 - 2021 | 石油化工非金属管道技术规范 | 修订 | SH/T 3161 - 2011 | 2021 - 8 - 21 | 2022 - 2 - 1 | 工业和信息化部 | J3022 - 2022 | 中石化南京工程有限公司 |
| 228 | SH/T 3164 - 2021 | 石油化工仪表系统防雷设计规范 | 修订 | SH/T 3164 - 2012 | 2021 - 8 - 21 | 2022 - 2 - 1 | 工业和信息化部 | J3022 - 2022 | 中国石化工程建设有限公司 |
| 229 | SH/T 3501 - 2021 | 石油化工有毒、可燃介质钢制管道工程施工及验收规范 | 修订 | SH 3501 - 2011 | 2021 - 8 - 21 | 2022 - 2 - 1 | 工业和信息化部 | J3024 - 2022 | 中石化第十建设有限公司-中石化第五建设有限公司 |
| 230 | SH/T 3502 - 2021 | 钛和锆管道施工及验收规范 | 修订 | SH/T 3502 - 2009 | 2021 - 8 - 21 | 2022 - 2 - 1 | 工业和信息化部 | J3025 - 2022 | 北京燕华建筑安装工程有限责任公司 |
| 231 | HG/T 21637 - 2021 | 化工管道过滤器系列 | 修订 | HG/T 21637 - 1991 | 2021 - 05 - 17 | 2021 - 10 - 01 | 工业和信息化部 | J2929 - 2021 | 华陆工程科技有限责任公司 |
| 232 | HG/T 21629 - 2021 | 管架标准图 | 修订 | HG/T 21629 - 1999 | 2021 - 05 - 17 | 2021 - 10 - 01 | 工业和信息化部 | J2932 - 2021 | 中国成达工程有限公司、全国化工工艺配管设计技术中心站、中国天辰工程有限公司、中国五环工程有限公司、华陆工程科技有限责任公司 |

续表

| 序号 | 标准编号 | 标准名称 | 制定或修订 | 被代替标准编号 | 发布日期 | 实施日期 | 批准部门 | 备案号 | 主编单位 |
|---|---|---|---|---|---|---|---|---|---|
| 233 | HG/T 20534－2021 | 化工固体原、燃料制备设计规范 | 修订 | HG/T 20534－1993 | 2021－05－17 | 2021－10－01 | 工业和信息化部 | J2930－2021 | 赛鼎工程有限公、中石化南京工程有限公司 |
| 234 | HG/T 20721－2021 | 浓盐水蒸发塘设计规范 | 制定 | | 2021－05－17 | 2021－10－01 | 工业和信息化部 | J2931－2021 | 北京轩昂环保科技股份有限公司、中国天辰工程有限公司 |
| 235 | HG/T 20719－2021 | 微生物法修复化工污染土壤技术规范 | 制定 | | 2021－08－21 | 2022－02－01 | 工业和信息化部 | J2954－2021 | 北京轩昂环保科技股份有限公司、北京有色金属研究总院、中国天辰工程有限公司 |
| 236 | HG/T 20236－2021 | 化工设备安装工程施工质量验收标准 | 修订 | HG 20236－1993 | 2021－08－21 | 2022－02－01 | 工业和信息化部 | J2955－2021 | 中国化学工程第十四建设有限公司、全国化工施工标准化管理中心站 |
| 237 | HG/T 22822－2021 | 橡胶工厂废气收集处理设计规范 | 制定 | | 2021－12－22 | 2022－04－01 | 工业和信息化部 | J2985－2021 | 同济大学、中国化学工业桂林工程有限公司 |
| 238 | SL/T 291－1－2021 | 水利水电工程勘探规程 第1部分：物探 | 修订 | SL 326－2005 | 2021－07－01 | 2021－10－01 | 水利部 | — | 长江地球物理探测（武汉）有限公司 |
| 239 | SL/T 313－2021 | 水利水电工程施工地质规程 | 修订 | SL 313－2004 | 2021－07－01 | 2021－10－01 | 水利部 | — | 长江三峡勘测研究院有限公司（武汉） |
| 240 | SL/T 807－2021 | 水工建筑物环氧树脂灌浆材料技术规范 | 制定 | | 2021－07－01 | 2021－10－01 | 水利部 | — | 长江科学院 |
| 241 | SL/T 533－2021 | 灌溉排水工程项目初步设计报告编制规程 | 修订 | SL 533－2011 | 2021－08－06 | 2021－11－06 | 水利部 | — | 中国灌溉排水发展中心 |
| 242 | SL/T 617－2021 | 水利水电工程项目建议书编制规程 | 修订 | SL 617－2013 | 2021－08－06 | 2021－11－06 | 水利部 | — | 水利部水利水电规划设计总院 |

续表

| 序号 | 标准编号 | 标准名称 | 制定或修订 | 被代替标准编号 | 发布日期 | 实施日期 | 批准部门 | 备案号 | 主编单位 |
|---|---|---|---|---|---|---|---|---|---|
| 243 | SL/T 618－2021 | 水利水电工程可行性研究报告编制规程 | 修订 | SL 618－2013 | 2021－08－06 | 2021－11－06 | 水利部 | — | 水利部水利水电规划设计总院 |
| 244 | SL/T 619－2021 | 水利水电工程初步设计报告编制规程 | 修订 | SL 619－2013 | 2021－08－06 | 2021－11－06 | 水利部 | — | 水利部水利水电规划设计总院 |
| 245 | SL/T 808－2021 | 河道管理范围内建设项目防洪评价报告编制导则 | 制定 | | 2021－08－06 | 2021－11－06 | 水利部 | — | 水利部淮河水利委员会 |
| 246 | SL/T 423－2021 | 河道采砂规划编制与实施监督管理技术规范 | 修订 | SL 423－2008 | 2021－11－18 | 2022－02－18 | 水利部 | — | 水利部长江水利委员会河道采砂局 |
| 247 | SL/T 450－2021 | 堰塞湖风险等级划分与应急处置技术规范 | 修订 | SL 450－2009<br>SL 451－2009 | 2021－11－18 | 2022－02－18 | 水利部 | — | 长江勘测规划设计研究有限责任公司 |
| 248 | SL/T 525－5－2021 | 建设项目水资源论证导则 第5部分：化工行业建设项目 | 制定 | | 2021－11－18 | 2022－02－18 | 水利部 | — | 南京水利科学研究院 |
| 249 | SL/T 525－6－2021 | 建设项目水资源论证导则 第6部分：造纸行业建设项目 | 制定 | | 2021－11－18 | 2022－02－18 | 水利部 | — | 南京水利科学研究院 |
| 250 | SL/T 694－2021 | 水利通信工程质量评定与验收规程 | 修订 | SL 439－2009<br>SL 694－2015 | 2021－11－18 | 2022－02－18 | 水利部 | — | 水利部信息中心 |
| 251 | YS 5215－2021 | 抽水试验规程 | 修订 | YS 5215－2000 | 2021－05－17 | 2021－10－01 | 工业和信息化部 | J103－2021 | 中国有色金属长沙勘察设计研究院有限公司 |
| 252 | YS 5214－2021 | 注水试验规程 | 修订 | YS 5214－2000 | 2021－05－17 | 2021－10－01 | 工业和信息化部 | J102－2021 | 中国有色金属长沙勘察设计研究院有限公司 |

续表

| 序号 | 标准编号 | 标准名称 | 制定或修订 | 被代替标准编号 | 发布日期 | 实施日期 | 批准部门 | 备案号 | 主编单位 |
|---|---|---|---|---|---|---|---|---|---|
| 253 | GY/T 5080-2021 | 广播电视工程监理标准 | 修订 | GY 5080-2008 | 2021-10-18 | 2021-10-18 | 国家广播电视总局 | J834-2021 | 中广电广播电影电视设计研究院、中广电(北京)工程管理咨询有限公司 |
| 254 | GY/T 5059-2021 | 广播电视工程设计图形符号和文字符号 | 修订 | GY/T 5059-1997 | 2021-10-18 | 2021-10-18 | 国家广播电视总局 | J2970-2021 | 中广电广播电影电视设计研究院 |
| 255 | GY/T 5212-2021 | 广播电视网络系统安装工程预算定额 | 修订 | GY5212-2008 | 2021-12-31 | 2021-12-31 | 国家广播电视总局 | — | 四川省广播电视局 |
| 256 | TB 10017-2021 | 铁路工程水文勘测设计规范 | 修订 | TB 10017-1999 | 2021-9-13 | 2022-1-1 | 国家铁路局 | J2951-2021 | 中国铁路设计集团有限公司 |
| 257 | TB 10031-2021 | 铁路货车车辆设备设计规范 | 修订 | TB 10031-2009 | 2021-11-1 | 2022-2-1 | 国家铁路局 | J73-2021 | 中铁第四勘察设计院集团有限公司 |
| 258 | TB 10057-2021 | 铁路车辆运行安全监控系统设计规范 | 修订 | TB 10057-2010 | 2021-12-29 | 2022-4-1 | 国家铁路局 | J989-2021 | 中铁二院工程集团有限责任公司 |
| 259 | TB/T 10183-2021 | 铁路工程信息模型统一标准 | 制定 |  | 2021-3-10 | 2021-6-1 | 国家铁路局 | J2904-2021 | 中国铁路设计集团有限公司 |
| 260 | TB/T 10184-2021 | 铁路客站结构健康监测技术标准 | 制定 |  | 2021-3-10 | 2021-6-1 | 国家铁路局 | J2905-2021 | 石家庄铁道大学 |
| 261 | TB 10185-2021 | 铁路客站结构健康监测技术标准 | 制定 |  | 2021-3-10 | 2021-6-1 | 国家铁路局 | J2905-2021 | 石家庄铁道大学 |
| 262 | TB 10314-2021 | 铁路自然灾害及异物侵限监测系统工程技术规程 | 制定 |  | 2021-12-29 | 2022-4-1 | 国家铁路局 | J2995-2021 | 中国铁路经济规划研究院有限公司 |

续表

| 序号 | 标准编号 | 标准名称 | 制定或修订 | 被代替标准编号 | 发布日期 | 实施日期 | 批准部门 | 备案号 | 主编单位 |
|---|---|---|---|---|---|---|---|---|---|
| 263 | TB 10315－2021 | 川藏铁路隧道施工安全监测技术规程 | 制定 |  | 2021－9－28 | 2022－1－1 | 国家铁路局 | J2953－2021 | 西南交通大学 |
| 264 | TB/T 10403－2021 | 铁路工程地质勘察监理规程 | 修订 | TB/T 10403－2004 | 2021－9－13 | 2022－1－1 | 国家铁路局 | J2952－2021 | 中铁第一勘察设计院集团有限公司 |
| 265 | TB/T 10436－2021 | 铁路计算机联锁工程检测规程 | 制定 |  | 2021－1－26 | 2021－5－1 | 国家铁路局 | J2901－2021 | 北京全路通信信号研究设计院集团有限公司 |
| 266 | TB/T 10437－2021 | 铁路列车运行控制系统工程检测规程 | 制定 |  | 2021－1－26 | 2021－5－1 | 国家铁路局 | J2902－2021 | 北京全路通信信号研究设计院集团有限公司 |
| 267 | TB 10760－2021 | 高速铁路工程静态验收技术规范 | 修订 | TB 10760－2013 | 2021－11－1 | 2022－3－1 | 国家铁路局 | J1534－2021 | 中国铁路经济规划研究院有限公司 |
| 268 | WJ 30059－2021 | 军工燃烧爆炸品工程设计安全规范 | 制定 |  | 2021－04－25 | 2021－07－01 | 国家国防科技工业局 | — | 中国兵器工业火炸药工程与安全技术研究院 |
| 269 | JTG/T 2420－2021 | 公路工程信息模型统一标准 | 制定 |  | 2021－02－26 | 2021－06－01 | 交通运输部 | — | 中国交通建设股份有限公司<br>中交第一公路勘察设计研究院有限公司 |
| 270 | JTG /T 2421－2021 | 公路工程设计信息模型应用标准 | 制定 |  | 2021－02－26 | 2021－06－01 | 交通运输部 | — | 中国交通建设股份有限公司<br>中交第一公路勘察设计研究院有限公司 |
| 271 | JTG/T 2422－2021 | 公路工程施工信息模型应用标准 | 制定 |  | 2021－02－26 | 2021－06－01 | 交通运输部 | — | 中国交通建设股份有限公司<br>中交第二航务工程局有限公司 |
| 272 | JTG/T 2231－02－2020 | 公路桥梁抗震性能评价细则 | 制定 |  | 2021－03－17 | 2021－07－01 | 交通运输部 | — | 交通运输部公路科学研究院 |

续表

| 序号 | 标准编号 | 标准名称 | 制定或修订 | 被代替标准编号 | 发布日期 | 实施日期 | 批准部门 | 备案号 | 主编单位 |
|---|---|---|---|---|---|---|---|---|---|
| 273 | JTG/T 3671－2021 | 公路交通安全设施施工技术规范 | 制定 | | 2021－03－17 | 2021－07－01 | 交通运输部 | — | 交通运输部公路科学研究院 |
| 274 | JTG 3223－2021 | 公路工程地质原位测试规程 | 制定 | | 2021－05－23 | 2021－09－01 | 交通运输部 | — | 中交第一公路勘察设计研究院有限公司 |
| 275 | JTG/T 3311－2021 | 小交通量农村公路工程设计规范 | 制定 | | 2021－07－06 | 2021－11－01 | 交通运输部 | — | 北京交科公路勘察设计研究院有限公司 |
| 276 | JTG 5120－2021 | 公路桥涵养护规范 | 修订 | JTG H11－2004 | 2021－08－09 | 2021－11－01 | 交通运输部 | — | 中交第一公路勘察设计研究院有限公司 |
| 277 | JTG/T 2321－2021 | 公路工程利用建筑垃圾技术规范 | 制定 | | 2021－08－09 | 2021－11－01 | 交通运输部 | — | 陕西省交通建设集团公司 |
| 278 | JTG/T 5142－01－2021 | 公路沥青路面预防性养护技术规范 | 制定 | | 2021－08－17 | 2021－12－01 | 交通运输部 | — | 交通运输部公路科学研究院 |
| 279 | JTG 2112－2021 | 城镇化地区公路工程技术标准 | 制定 | | 2021－11－29 | 2022－03－01 | 交通运输部 | — | 交通运输部公路科学研究院 |
| 280 | JTG 3520/T－2021 | 公路机电工程测试规程 | 制定 | | 2021－11－29 | 2022－03－01 | 交通运输部 | — | 交通运输部公路科学研究院 |
| 281 | JTG/T 5122－2021 | 公路缆索结构体系桥梁养护技术规范 | 制定 | | 2021－12－3 | 2022－04－01 | 交通运输部 | — | 交通运输部公路科学研究院 |
| 282 | JTG/T 3911－2021 | 装配化工字组合梁钢桥通用图 | 制定 | | 2021－12－8 | 2022－04－01 | 交通运输部 | — | 中交公路规划设计院有限公司 |

# 附录四 2021年发布的工程建设地方标准

| 序号 | 标准编号 | 标准名称 | 被代替标准编号 | 批准日期 | 施行日期 | 备案号 | 批准部门 |
|---|---|---|---|---|---|---|---|
| 1 | DB 11-994-2021 | 平战结合人民防空工程设计规范 | DB 11-994-2013 | 2021-9-30 | 2022-4-1 | J12288-2021 | 北京市规划和自然资源委员会<br>北京市市场监督管理局 |
| 2 | DB 11-1889-2021 | 站城一体化工程消防安全技术标准 | | 2021-9-30 | 2022-4-1 | J15930-2021 | 北京市规划和自然资源委员会<br>北京市市场监督管理局 |
| 3 | DB 11-685-2021 | 海绵城市雨水控制与利用工程设计规范 | DB 11-685-2013 | 2021-9-30 | 2022-4-1 | J12366-2021 | 北京市规划和自然资源委员会<br>北京市市场监督管理局 |
| 4 | DB11/T 1890-2021 | 城市轨道交通工程信息模型设计交付标准 | | 2021-9-30 | 2022-4-1 | J16063-2021 | 北京市规划和自然资源委员会<br>北京市市场监督管理局 |
| 5 | DB11/T 1947-2021 | 国土空间分区规划计算机辅助制图标准 | DB11/T 997-2013 | 2021-12-23 | 2022-7-1 | J16170-2022 | 北京市规划和自然资源委员会<br>北京市市场监督管理局 |
| 6 | DB11/T 1948-2021 | 国土空间详细规划计算机辅助制图标准 | DB11/T 997-2013 | 2021-12-23 | 2022-7-1 | J16171-2022 | 北京市规划和自然资源委员会<br>北京市市场监督管理局 |
| 7 | DB11/T 1949-2021 | 乡镇国土空间规划计算机辅助制图标准 | DB11/T 997-2013 | 2021-12-23 | 2022-7-1 | J16172-2022 | 北京市规划和自然资源委员会<br>北京市市场监督管理局 |
| 8 | DB11-1950-2021 | 公共建筑无障碍设计标准 | | 2021-12-23 | 2022-7-1 | J16073-2021 | 北京市规划和自然资源委员会<br>北京市市场监督管理局 |
| 9 | DB11/T 1951-2021 | 建筑物名称规划标准 | | 2021-12-23 | 2022-4-1 | J16142-2022 | 北京市规划和自然资源委员会<br>北京市市场监督管理局 |
| 10 | DB11/T 367-2021 | 地下室防水技术规程 | DB11-367-2006 | 2021-4-1 | 2021-7-1 | J10887-2021 | 北京市市场监督管理局 |
| 11 | DB11/T 694-2021 | 模板早拆施工技术规程 | DB11-694-2009 | 2021-4-1 | 2021-7-1 | J11498-2021 | 北京市市场监督管理局 |
| 12 | DB11/T 825-2021 | 绿色建筑评价标准 | DB11/T 825-2015 | 2021-4-1 | 2021-6-1 | J11906-2021 | 北京市市场监督管理局 |
| 13 | DB11/T 849-2021 | 房屋结构检测与鉴定操作规程 | DB11/T 849-2011 | 2021-4-1 | 2021-7-1 | J12019-2021 | 北京市市场监督管理局 |

续表

| 序号 | 标准编号 | 标准名称 | 被代替标准编号 | 批准日期 | 施行日期 | 备案号 | 批准部门 |
|---|---|---|---|---|---|---|---|
| 14 | DB11/T 968-2021 | 预制混凝土构件质量检验标准 | DB11/T 968-2013 | 2021-4-1 | 2021-7-1 | J12369-2021 | 北京市市场监督管理局 |
| 15 | DB11/T 1030-2021 | 装配式混凝土结构工程施工与质量验收规程 | DB11/T 1030-2013 | 2021-4-1 | 2021-7-1 | J12535-2021 | 北京市市场监督管理局 |
| 16 | DB11/T 1831-2021 | 装配式建筑评价标准 | | 2021-4-1 | 2021-7-1 | J15710-2021 | 北京市市场监督管理局 |
| 17 | DB11/T 1832.1-2021 | 建筑工程施工工艺规程第1部分：地基基础工程 | DBJ/T 01-26-2003 | 2021-4-1 | 2021-7-1 | J15711-2021 | 北京市市场监督管理局 |
| 18 | DB11/T 1832.3-2021 | 建筑工程施工工艺规程第3部分：混凝土结构工程 | DBJ/T 01-26-2003 | 2021-4-1 | 2021-7-1 | J15712-2021 | 北京市市场监督管理局 |
| 19 | DB11/T 1832.4-2021 | 建筑工程施工工艺规程第4部分：砌体结构工程 | DBJ/T 01-26-2003 | 2021-4-1 | 2021-7-1 | J15713-2021 | 北京市市场监督管理局 |
| 20 | DB11/T 1832.17-2021 | 建筑工程施工工艺规程第17部分：电气动力安装工程 | DBJ/T 01-26-2003 | 2021-4-1 | 2021-7-1 | J15714-2021 | 北京市市场监督管理局 |
| 21 | DB11/T 1832.18-2021 | 建筑工程施工工艺规程第18部分：照明系统工程 | DBJ/T 01-26-2003 | 2021-4-1 | 2021-7-1 | J15715-2021 | 北京市市场监督管理局 |
| 22 | DB11/T 1833-2021 | 建筑工程施工安全操作规程 | DBJ01-62-2002 | 2021-4-1 | 2021-7-1 | J15716-2021 | 北京市市场监督管理局 |
| 23 | DB11/T 1834-2021 | 城市道路工程施工技术规程 | DBJ01-45-2000 | 2021-4-1 | 2021-7-1 | J15717-2021 | 北京市市场监督管理局 |
| 24 | DB11/T 1835-2021 | 给水排水管道工程施工技术规程 | DBJ01-47-2000 | 2021-4-1 | 2021-7-1 | J15718-2021 | 北京市市场监督管理局 |
| 25 | DB11/T 1836-2021 | 城市桥梁工程施工技术规程 | DBJ01-46-2001 | 2021-4-1 | 2021-7-1 | J15719-2021 | 北京市市场监督管理局 |
| 26 | DB11/T 1837-2021 | 幕墙工程施工过程模型细度标准 | | 2021-4-1 | 2021-7-1 | J15720-2021 | 北京市市场监督管理局 |
| 27 | DB11/T 1838-2021 | 建筑电气工程施工过程模型细度标准 | | 2021-4-1 | 2021-7-1 | J15721-2021 | 北京市市场监督管理局 |
| 28 | DB11/T 1839-2021 | 建筑给水排水及供暖工程施工过程模型细度标准 | | 2021-4-1 | 2021-7-1 | J15722-2021 | 北京市市场监督管理局 |
| 29 | DB11/T 1840-2021 | 现浇混凝土结构工程和砌体结构工程施工过程模型细度标准 | | 2021-4-1 | 2021-7-1 | J15723-2021 | 北京市市场监督管理局 |

续表

| 序号 | 标准编号 | 标准名称 | 被代替标准编号 | 批准日期 | 施行日期 | 备案号 | 批准部门 |
|---|---|---|---|---|---|---|---|
| 30 | DB11/T 1841-2021 | 通风与空调工程施工过程模型细度标准 |  | 2021-4-1 | 2021-7-1 | J15724-2021 | 北京市市场监督管理局 |
| 31 | DB11/T 1842-2021 | 市政基础设施工程门式和桥式起重机安全应用技术规程 |  | 2021-4-1 | 2021-7-1 | J15725-2021 | 北京市市场监督管理局 |
| 32 | DB11/T 1843-2021 | 盾构法隧道修复加固工程施工质量验收规范 |  | 2021-4-1 | 2021-7-1 | J15926-2021 | 北京市市场监督管理局 |
| 33 | DB11/T 1844-2021 | 既有工业建筑民用化绿色改造评价标准 |  | 2021-4-1 | 2021-7-1 | J15927-2021 | 北京市市场监督管理局 |
| 34 | DB11/T 1845-2021 | 钢结构工程施工过程模型细度标准 |  | 2021-4-1 | 2021-7-1 | J15728-2021 | 北京市市场监督管理局 |
| 35 | DB11/T 1846-2021 | 施工现场装配式路面技术规程 |  | 2021-4-1 | 2021-7-1 | J15729-2021 | 北京市市场监督管理局 |
| 36 | DB11/T 1847-2021 | 电梯井道作业平台技术规程 |  | 2021-4-1 | 2021-7-1 | J15730-2021 | 北京市市场监督管理局 |
| 37 | DB11/T 1848-2021 | 全钢大模板应用技术规程 | DBJ01-89-2004 | 2021-4-1 | 2021-7-1 | J15731-2021 | 北京市市场监督管理局 |
| 38 | DB11/T 581-2021 | 轨道交通工程防水技术规程 | DB11-581-2008 | 2021-6-28 | 2021-10-1 | J11175-2021 | 北京市市场监督管理局 |
| 39 | DB11/T 643-2021 | 屋面保温隔热技术规程 | DB11/T 643-2009 | 2021-6-28 | 2021-10-1 | J11465-2021 | 北京市市场监督管理局 |
| 40 | DB11/T 775-2021 | 多孔混凝土铺装技术规程 | DB11/T 775-2010 | 2021-6-28 | 2021-10-1 | J11797-2021 | 北京市市场监督管理局 |
| 41 | DB11/T 1005-2021 | 公共建筑室内温度节能监测标准 | DB11/T 1005-2013 | 2021-6-28 | 2021-10-1 | J12429-2021 | 北京市市场监督管理局 |
| 42 | DB11/T 1871-2021 | 建筑工程轮扣式钢管脚手架安全技术规程 |  | 2021-6-28 | 2021-10-1 | J15924-2021 | 北京市市场监督管理局 |
| 43 | DB11/T 1872-2021 | 给水与排水工程施工安全技术规程 | DBJ01-88-2004 | 2021-6-28 | 2021-10-1 | J15925-2021 | 北京市市场监督管理局 |
| 44 | DB11/T 1873-2021 | 装配式低层住宅轻钢框架-组合墙结构技术标准 |  | 2021-6-28 | 2021-10-1 | J15926-2021 | 北京市市场监督管理局 |
| 45 | DB11/T 1874-2021 | 道路工程施工安全技术规程 | DBJ01-84-2004 | 2021-6-28 | 2021-10-1 | J15927-2021 | 北京市市场监督管理局 |
| 46 | DB11/T 1875-2021 | 市政工程施工安全操作规程 | DBJ01-56-2001 | 2021-6-28 | 2021-10-1 | J15928-2021 | 北京市市场监督管理局 |
| 47 | DB11/T 642-2021 | 预拌混凝土绿色生产管理规程 | DB11-642-2018 | 2021-9-27 | 2022-1-1 | J12712-2021 | 北京市市场监督管理局 |

续表

| 序号 | 标准编号 | 标准名称 | 被代替标准编号 | 批准日期 | 施行日期 | 备案号 | 批准部门 |
|---|---|---|---|---|---|---|---|
| 48 | DB11/T 941－2021 | 无机纤维喷涂工程技术规程 | DB11/T 941－2012 | 2021－9－27 | 2022－1－1 | J12268－2021 | 北京市市场监督管理局 |
| 49 | DB11/T 1028－2021 | 民用建筑节能门窗工程技术标准 | DB11－1028－2013 | 2021－9－27 | 2022－1－1 | J12358－2021 | 北京市市场监督管理局 |
| 50 | DB11/T 1882－2021 | 城市轨道交通车站工程施工质量验收标准 | | 2021－9－27 | 2022－1－1 | J16087－2021 | 北京市市场监督管理局 |
| 51 | DB11/T 1883－2021 | 非透光幕墙保温工程技术规程 | | 2021－9－27 | 2022－1－1 | J16088－2021 | 北京市市场监督管理局 |
| 52 | DB11/T 1884－2021 | 供热与燃气管道工程施工安全技术规程 | DBJ01－86－2004 | 2021－9－27 | 2022－1－1 | J16089－2021 | 北京市市场监督管理局 |
| 53 | DB11/T 1885－2021 | 桥梁工程施工安全技术规程 | DBJ01－85－2004 | 2021－9－27 | 2022－1－1 | J16090－2021 | 北京市市场监督管理局 |
| 54 | DB11/T 1886－2021 | 市域(郊)铁路轨道工程施工质量验收规范 | | 2021－9－27 | 2022－1－1 | J16091－2021 | 北京市市场监督管理局 |
| 55 | DB11/T 1887－2021 | 索结构工程施工质量验收标准 | | 2021－9－27 | 2022－1－1 | J16092－2021 | 北京市市场监督管理局 |
| 56 | DB11/T 1888－2021 | 海绵城市雨水控制与利用工程施工及验收标准 | | 2021－9－27 | 2022－1－1 | J16093－2021 | 北京市市场监督管理局 |
| 57 | DB11/T 536－2021 | 农村民居建筑抗震设计施工规程 | | 2021－12－28 | 2022－4－1 | J11232－2022 | 北京市市场监督管理局 |
| 58 | DB11/T 851－2021 | 聚脲防水涂料应用技术规程 | | 2021－12－28 | 2022－4－1 | J12017－2022 | 北京市市场监督管理局 |
| 59 | DB11/T 999－2021 | 城镇道路建筑垃圾再生路面基层施工与质量验收规范 | | 2021－12－28 | 2022－4－1 | J12431－2022 | 北京市市场监督管理局 |
| 60 | DB11/T 1029－2021 | 混凝土矿物掺合料应用技术规程 | DBJ/T 01－64－2002 | 2021－12－28 | 2022－4－1 | J12534－2022 | 北京市市场监督管理局 |
| 61 | DB11/T 1943－2021 | 施工节水技术规范 | | 2021－12－28 | 2022－4－1 | J16133－2022 | 北京市市场监督管理局 |
| 62 | DB11/T 1945－2021 | 市政基础设施工程暗挖施工安全技术规程 | | 2021－12－28 | 2022－4－1 | J16134－2022 | 北京市市场监督管理局 |
| 63 | DB11/T 1945－2021 | 屋面防水技术标准 | | 2021－12－28 | 2022－4－1 | J16135－2022 | 北京市市场监督管理局 |
| 64 | DB11/T 1946—2021 | 智慧工地评价标准 | | 2021－12－28 | 2022－4－1 | J16136－2022 | 北京市市场监督管理局 |
| 65 | DB/T 29－243－2021 | 装配式混凝土结构工程施工与质量验收规程 | | 2021－4－19 | 2021－7－1 | J12535－2021 | 天津市住房和城乡建设管理委员会 |

续表

| 序号 | 标准编号 | 标准名称 | 被代替标准编号 | 批准日期 | 施行日期 | 备案号 | 批准部门 |
|---|---|---|---|---|---|---|---|
| 66 | DB/T 29－245－2021 | 预制混凝土构件质量检验标准 | | 2021－4－19 | 2021－7－1 | J12369－2021 | 天津市住房和城乡建设管理委员会 |
| 67 | DB/T 29－284－2021 | 全钢大模板应用技术规程 | | 2021－4－19 | 2021－7－1 | J15731－2021 | 天津市住房和城乡建设管理委员会 |
| 68 | DB/T 29－287－2021 | 模板早拆施工技术规程 | | 2021－4－19 | 2021－7－1 | J11498－2021 | 天津市住房和城乡建设管理委员会 |
| 69 | DB/T 29－288－2021 | 电梯井道作业平台技术规程 | | 2021－4－19 | 2021－7－1 | J15730－2021 | 天津市住房和城乡建设管理委员会 |
| 70 | DB/T 29－204－2021 | 绿色建筑评价标准 | | 2021－4－24 | 2021－6－1 | J11906－2021 | 天津市住房和城乡建设管理委员会 |
| 71 | DB/T 29－143－2021 | 天津市地下铁道基坑工程施工技术规程 | DB/T 29－143－2010 | 2021－7－5 | 2021－8－1 | J10589－2021 | 天津市住房和城乡建设管理委员会 |
| 72 | DB/T 29－144－2021 | 天津市地下铁道盾构法隧道工程施工技术规程 | DB/T 29－144－2010 | 2021－7－5 | 2021－8－1 | J10590－2021 | 天津市住房和城乡建设管理委员会 |
| 73 | DB/T 29－145－2021 | 天津市地下工程型钢水泥土搅拌桩墙施工技术规程 | DB/T 29－145－2010 | 2021－7－5 | 2021－8－1 | J10591－2021 | 天津市住房和城乡建设管理委员会 |
| 74 | DB/T 29－211－2021 | 天津市城市轨道交通工程密闭式污水提升装置技术标准 | DB/T 29－211－2012 | 2021－7－5 | 2021－8－1 | J12102－2021 | 天津市住房和城乡建设管理委员会 |
| 75 | DB/T 29－289－2021 | 天津市人行天桥设计规程 | | 2021－7－5 | 2021－8－1 | J15859－2021 | 天津市住房和城乡建设管理委员会 |
| 76 | DB/T 29－290－2021 | 天津市电动汽车充电设施建设技术标准 | | 2021－7－5 | 2021－8－1 | J15860－2021 | 天津市住房和城乡建设管理委员会 |
| 77 | DB/T 29－71－2021 | 天津市城市夜景照明工程技术标准 | DB/T 29－71－2004 | 2021－9－22 | 2021－11－1 | J10402－2021 | 天津市住房和城乡建设管理委员会 |

续表

| 序号 | 标准编号 | 标准名称 | 被代替标准编号 | 批准日期 | 施行日期 | 备案号 | 批准部门 |
|---|---|---|---|---|---|---|---|
| 78 | DB/T 29-112-2021 | 天津市钻孔灌注桩成孔、地下连续墙成槽检测技术规程 | DB/T 29-112-2010 | 2021-9-22 | 2021-11-1 | J10497-2021 | 天津市住房和城乡建设管理委员会 |
| 79 | DB/T 29-147-2021 | 天津市城市桥梁养护操作技术规程 | DB/T 29-147-2005 | 2021-9-22 | 2021-11-1 | J10593-2021 | 天津市住房和城乡建设管理委员会 |
| 80 | DB/T 29-295-2021 | 600MPa级高强钢筋混凝土结构技术标准 | | 2021-9-22 | 2021-11-1 | J16016-2021 | 天津市住房和城乡建设管理委员会 |
| 81 | DB/T 29-102-2021 | 天津市劲性搅拌桩技术规程 | DB/T 29-102-2004 | 2021-11-4 | 2022-3-1 | J10469-2022 | 天津市住房和城乡建设管理委员会 |
| 82 | DB/T 29-164-2021 | 民用建筑节能门窗工程技术标准 | | 2021-11-4 | 2022-1-1 | J12358-2021 | 天津市住房和城乡建设管理委员会 |
| 83 | DB/T 29-291-2021 | 天津市装配整体式框架结构技术规程 | | 2021-11-4 | 2022-3-1 | J16111-2022 | 天津市住房和城乡建设管理委员会 |
| 84 | DB/T 29-292-2021 | 天津市岩土工程信息模型技术标准 | | 2021-11-4 | 2022-3-1 | J16112-2022 | 天津市住房和城乡建设管理委员会 |
| 85 | DB/T 29-296-2021 | 海绵城市雨水控制与利用工程设计规范 | | 2021-11-23 | 2022-4-1 | | 天津市住房和城乡建设管理委员会 |
| 86 | DB/T 29-297-2021 | 海绵城市雨水控制与利用工程施工验收标准 | | 2021-11-4 | 2022-1-1 | J16093-2021 | 天津市住房和城乡建设管理委员会 |
| 87 | DB/T 29-298-2021 | 城市轨道交通工程信息模型设计交付标准 | | 2021-11-4 | 2022-4-1 | | 天津市住房和城乡建设管理委员会 |
| 88 | DG/T J08-2344-2020 | 土地整治生态工程规划设计标准 | | 2021-1-4 | 2021-6-1 | J15558-2021 | 上海市住房和城乡建设管理委员会 |
| 89 | DG/T J08-2333-2020 | 轨道交通轨道精测网技术标准 | | 2021-1-4 | 2021-6-1 | J15557-2021 | 上海市住房和城乡建设管理委员会 |

续表

| 序号 | 标准编号 | 标准名称 | 被代替标准编号 | 批准日期 | 施行日期 | 备案号 | 批准部门 |
|---|---|---|---|---|---|---|---|
| 90 | DG/T J08-2347-2021 | 数据中心节能技术应用标准 |  | 2021-1-4 | 2021-7-1 | J15646-2021 | 上海市住房和城乡建设管理委员会 |
| 91 | DG/T J08-2039-2021 | 城市综合交通规划技术标准 | DG/T J08-2039-2008 | 2021-1-7 | 2021-7-1 | J15567-2021 | 上海市住房和城乡建设管理委员会 |
| 92 | DG/T J08-2350-2021 | 大跨度建筑空间结构抗连续倒塌设计标准 |  | 2021-1-7 | 2021-1-1 | J15559-2021 | 上海市住房和城乡建设管理委员会 |
| 93 | DG/T J08-2041-2021 | 地铁盾构法隧道施工技术标准 | DG/T J08-2041-2008 | 2021-1-7 | 2021-7-1 | J11317-2021 | 上海市住房和城乡建设管理委员会 |
| 94 | DG/T J08-2343-2020 | 大型物流建筑消防设计标准 |  | 2021-1-28 | 2021-7-1 | J15644-2021 | 上海市住房和城乡建设管理委员会 |
| 95 | DGJ08-81-2021 | 现有建筑抗震鉴定与加固标准 | DGJ08-81-2015 | 2021-2-10 | 2021-8-1 | J10016-2021 | 上海市住房和城乡建设管理委员会 |
| 96 | DG/T J08-2005-2021 | 城市轨道交通机电设备安装工程质量验收标准 | DG/T J08-2005-2006 | 2021-2-10 | 2021-8-1 | J10913-2021 | 上海市住房和城乡建设管理委员会 |
| 97 | DG/T J08-2116-2020 | 内河航道工程设计标准 | DG/T J08-2116-2012 | 2021-2-10 | 2021-8-1 | J12229-2012 | 上海市住房和城乡建设管理委员会 |
| 98 | DG/T J08-2351-2021 | 城镇污水深度处理反硝化砂滤池技术标准 |  | 2021-2-10 | 2021-8-1 | J15647-2021 | 上海市住房和城乡建设管理委员会 |
| 99 | DG/T J08-2040-2021 | 公共建筑绿色及节能工程智能化技术标准 | DG/T J08-2040-2008 | 2021-2-10 | 2021-8-1 | J11199-2021 | 上海市住房和城乡建设管理委员会 |
| 100 | DG/T J08-2357-2021 | 建筑工程装饰抹灰技术标准 |  | 2021-2-10 | 2021-8-1 | J15648-2021 | 上海市住房和城乡建设管理委员会 |
| 101 | DG/T J08-2080-2021 | 建筑起重机械安全检验与评估标准 | DG/T J08-2080-2010 | 2021-2-10 | 2021-8-1 | J11789-2021 | 上海市住房和城乡建设管理委员会 |

续表

| 序号 | 标准编号 | 标准名称 | 被代替标准编号 | 批准日期 | 施行日期 | 备案号 | 批准部门 |
|---|---|---|---|---|---|---|---|
| 102 | DG/T J08－211－2020 | 假山叠石工程施工标准 | DG/T J08－211－2014 | 2021－2－10 | 2021－8－1 | J12724－2021 | 上海市住房和城乡建设管理委员会 |
| 103 | DG/T J08－2362－2021 | 综合杆设施技术标准 | | 2021－2－10 | 2021－8－1 | J15649－2021 | 上海市住房和城乡建设管理委员会 |
| 104 | DG/T J08－2353－2020 | 钢桥面铺装工程应用技术标准 | | 2021－3－29 | 2021－9－1 | J15742－2021 | 上海市住房和城乡建设管理委员会 |
| 105 | DG/T J08－2363－2021 | 城市桥梁整体顶升施工技术标准 | | 2021－3－29 | 2021－9－1 | J15830－2021 | 上海市住房和城乡建设管理委员会 |
| 106 | DG/T J08－88－2021 | 建筑防排烟系统设计标准 | DGJ08－88－2006 | 2021－4－9 | 2021－9－1 | J10035－2021 | 上海市住房和城乡建设管理委员会 |
| 107 | DG/T J08－2038－2021 | 建筑围护结构节能现场检测技术标准 | DG/T J08－2038－2008 | 2021－4－9 | 2021－9－1 | J11209－2021 | 上海市住房和城乡建设管理委员会 |
| 108 | DG/T J08－2113－2021 | 逆作法施工技术标准 | DG/T J08－2113－2012 | 2021－4－9 | 2021－9－1 | J12191－2021 | 上海市住房和城乡建设管理委员会 |
| 109 | DG/T J08－2178－2021 | 全装修住宅室内装修设计标准 | DG/T J08－2178－2015 | 2021－4－9 | 2021－9－1 | J13187－2021 | 上海市住房和城乡建设管理委员会 |
| 110 | DG/T J08－2358－2021 | 人造山工程技术标准 | | 2021－4－12 | 2021－9－1 | J15743－2021 | 上海市住房和城乡建设管理委员会 |
| 111 | DG/T J08－2364－2021 | 基坑工程微变形控制技术标准 | | 2021－4－12 | 2021－10－1 | J15744－2021 | 上海市住房和城乡建设管理委员会 |
| 112 | DG/T J08－2352－2021 | 绿色建材评价通用标准(第二册) | | 2021－4－12 | 2021－9－1 | J15741－2021 | 上海市住房和城乡建设管理委员会 |
| 113 | DG/T J08－227－2020 | 预拌混凝土生产技术标准 | DG/T J08－227－2014 | 2021－5－13 | 2021－9－1 | J11462－2021 | 上海市住房和城乡建设管理委员会 |

续表

| 序号 | 标准编号 | 标准名称 | 被代替标准编号 | 批准日期 | 施行日期 | 备案号 | 批准部门 |
|---|---|---|---|---|---|---|---|
| 114 | DG/T J08-2360-2021 | 装配整体式混凝土结构监理标准 | | 2021-5-13 | 2021-10-1 | J15831-2021 | 上海市住房和城乡建设管理委员会 |
| 115 | DG/T J08-2367-2021 | 既有建筑外立面整治设计标准 | | 2021-5-31 | 2021-11-1 | J15833-2021 | 上海市住房和城乡建设管理委员会 |
| 116 | DG/T J08-2128-2021 | 轨道交通及隧道工程混凝土结构耐久性设计施工技术标准 | DG/T J08-2128-2013 | 2021-5-31 | 2021-11-1 | J12444-2021 | 上海市住房和城乡建设管理委员会 |
| 117 | DG/T J08-110-2021 | 餐饮单位清洁设计技术标准 | DGJ 08-110-2004 | 2021-5-31 | 2021-11-1 | J10473-2021 | 上海市住房和城乡建设管理委员会 |
| 118 | DG/T J08-2029-2021 | 多高层钢结构住宅技术标准 | DG/T J08-2029-2007 | 2021-5-31 | 2021-11-1 | J11102-2021 | 上海市住房和城乡建设管理委员会 |
| 119 | DG/T J08-2051-2021 | 地面沉降监测与防治技术标准 | DG/T J08-2051-2008 | 2021-5-31 | 2021-11-1 | J11371-2009 | 上海市住房和城乡建设管理委员会 |
| 120 | DG/T J08-2122-2021 | 保温装饰复合板墙体保温系统应用技术标准 | DG/T J08-2122-2013 | 2021-5-31 | 2021-11-1 | J12364-2021 | 上海市住房和城乡建设管理委员会 |
| 121 | DG/T J08-2365-2021 | 建筑浮筑楼板保温隔声系统应用技术标准 | | 2021-5-31 | 2021-11-1 | J15834-2021 | 上海市住房和城乡建设管理委员会 |
| 122 | DG/T J08-2370-2021 | 海绵城市设施施工验收与运行维护标准 | | 2021-5-31 | 2021-11-1 | J15832-2021 | 上海市住房和城乡建设管理委员会 |
| 123 | DG/T J08-2354-2021 | 城镇排水管道非开挖修复技术标准 | | 2021-6-7 | 2021-11-1 | J15912-2021 | 上海市住房和城乡建设管理委员会 |
| 124 | DG J08-70-2021 | 建筑物、构筑物拆除技术标准 | DGJ 08-70-2013 | 2021-6-21 | 2021-12-1 | J12367-2021 | 上海市住房和城乡建设管理委员会 |
| 125 | DG/T J08-2063-2021 | 地铁土压平衡盾构机应用技术标准 | DG/T J08-2063-2009 | 2021-6-21 | 2021-12-1 | J11526-2021 | 上海市住房和城乡建设管理委员会 |

续表

| 序号 | 标准编号 | 标准名称 | 被代替标准编号 | 批准日期 | 施行日期 | 备案号 | 批准部门 |
|---|---|---|---|---|---|---|---|
| 126 | DG/T J08-2375A-2021 | 建设工程电子招标投标数据标准（工程勘察分册） | | 2021-6-21 | 2021-12-1 | J16040-2021 | 上海市住房和城乡建设管理委员会 |
| 127 | DG/T J08-2375B-2021 | 建设工程电子招标投标数据标准（工程设计分册） | | 2021-6-21 | 2021-12-1 | J16041-2021 | 上海市住房和城乡建设管理委员会 |
| 128 | DG/T J08-2375C-2021 | 建设工程电子招标投标数据标准（工程施工分册） | | 2021-6-21 | 2021-12-1 | J16042-2021 | 上海市住房和城乡建设管理委员会 |
| 129 | DG/T J08-2375D-2021 | 建设工程电子招标投标数据标准（工程监理分册） | | 2021-6-21 | 2021-12-1 | J16043-2021 | 上海市住房和城乡建设管理委员会 |
| 130 | DG/T J08-2376-2021 | 建筑工程升降式脚手架及防护架技术标准 | | 2021-6-21 | 2021-12-1 | J15846-2021 | 上海市住房和城乡建设管理委员会 |
| 131 | DG/T J08-2381-2021 | 既有多层住宅加装电梯技术标准 | | 2021-6-21 | 2021-11-1 | J15847-2021 | 上海市住房和城乡建设管理委员会 |
| 132 | DG/T J08-2387-2021 | 历史建筑安全监测技术标准 | | 2021-8-10 | 2021-12-1 | J15914-2021 | 上海市住房和城乡建设管理委员会 |
| 133 | DG/T J08-2369-2021 | 城市轨道交通 CBTC 信号系统技术标准 | | 2021-8-10 | 2021-12-1 | J15913-2021 | 上海市住房和城乡建设管理委员会 |
| 134 | DG/T J08-2380-2021 | 路面装配式修复技术标准 | | 2021-8-10 | 2022-1-1 | J15916-2021 | 上海市住房和城乡建设管理委员会 |
| 135 | DG/T J08-231-2021 | 园林绿化栽植土质量标准 | DG/T J08-231-2013 | 2021-8-10 | 2021-12-1 | J12562-2021 | 上海市住房和城乡建设管理委员会 |
| 136 | DG/T J08-2119-2021 | 地源热泵系统工程技术标准 | DG/T J08-2119-2013 | 2021-8-10 | 2021-12-1 | J12325-2021 | 上海市住房和城乡建设管理委员会 |
| 137 | DG/T J08-2379-2021 | 建筑工程施工质量资料管理标准 | | 2021-8-10 | 2021-12-1 | J15915-2021 | 上海市住房和城乡建设管理委员会 |

续表

| 序号 | 标准编号 | 标准名称 | 被代替标准编号 | 批准日期 | 施行日期 | 备案号 | 批准部门 |
| --- | --- | --- | --- | --- | --- | --- | --- |
| 138 | DG/T J08－2385－2021 | 城镇污水处理厂恶臭气体治理技术标准 |  | 2021－8－17 | 2022－1－1 | J15943－2021 | 上海市住房和城乡建设管理委员会 |
| 139 | DG/T J08－2382－2021 | 道路工程弃土和泥浆现场固化与利用技术标准 |  | 2021－8－20 | 2022－1－1 | J15944－2021 | 上海市住房和城乡建设管理委员会 |
| 140 | DG/T J08－7－2021 | 建筑工程交通设计及停车库(场)设置标准 | DG/T J08－7－2014 | 2021－8－25 | 2022－1－1 | J10716－2021 | 上海市住房和城乡建设管理委员会 |
| 141 | DG/T J08－2383－2021 | 城市灾害损失评估技术标准 |  | 2021－9－3 | 2022－2－1 | J15985－2021 | 上海市住房和城乡建设管理委员会 |
| 142 | DG/T J08－504－2021 | 建筑墙面涂料装饰工程技术标准 | DG/T J08－504－2014 | 2021－9－3 | 2022－2－1 | J10023－2021 | 上海市住房和城乡建设管理委员会 |
| 143 | DG/T J08－2371－2021 | 自动化集装箱码头建设技术标准 |  | 2021－9－9 | 2022－2－1 | J15983－2021 | 上海市住房和城乡建设管理委员会 |
| 144 | DG/T J08－2160－2021 | 预制拼装桥梁技术标准 | DG/T J08－2160－2015 | 2021－9－15 | 2022－2－1 | J12992－2015 | 上海市住房和城乡建设管理委员会 |
| 145 | DG/T J08－2378－2021 | 道路隧道消防设施养护技术标准 |  | 2021－9－15 | 2022－2－1 | J15984－2021 | 上海市住房和城乡建设管理委员会 |
| 146 | DG/T J08－2377－2021 | 村庄整治工程建设标准 |  | 2021－10－9 | 2022－3－1 | J16108－2022 | 上海市住房和城乡建设管理委员会 |
| 147 | DG/T J08－2366－2021 | 道路隧道大修技术标准 |  | 2021－11－2 | 2022－2－1 | J16079－2021 | 上海市住房和城乡建设管理委员会 |
| 148 | DG/T J08－2389－2021 | 预制装配式悬臂挡土墙技术标准 |  | 2021－11－3 | 2022－4－1 | J16086－2021 | 上海市住房和城乡建设管理委员会 |
| 149 | DG/T J08－2009－2021 | 广电接入网工程技术标准 | DG/T J08－2009－2016 | 2021－11－17 | 2022－4－1 | J10936－2021 | 上海市住房和城乡建设管理委员会 |

续表

| 序号 | 标准编号 | 标准名称 | 被代替标准编号 | 批准日期 | 施行日期 | 备案号 | 批准部门 |
|---|---|---|---|---|---|---|---|
| 150 | DG/T J08-2077-2021 | 危险性较大的分部分项工程安全管理标准 | DGJ08-2077-2010 | 2021-11-18 | 2022-4-1 | J11755-2021 | 上海市住房和城乡建设管理委员会 |
| 151 | DG/T J08-2388-2021 | 地铁盾构法隧道衬砌加固技术标准 | | 2021-12-2 | 2022-5-1 | J16746-2021 | 上海市住房和城乡建设管理委员会 |
| 152 | DG/T J08-2386-2021 | 城市自然通风地下道路工程设计标准 | | 2021-12-17 | 2022-5-1 | J16747-2021 | 上海市住房和城乡建设管理委员会 |
| 153 | DG/T J08-2393-2021 | 道路与交通设施规划标准 | | 2021-12-24 | 2022-6-1 | J16109-2022 | 上海市住房和城乡建设管理委员会 |
| 154 | DG/T J08-2399-2021 | 城市轨道交通智慧车站技术标准 | | 2021-12-24 | 2022-6-1 | J16110-2022 | 上海市住房和城乡建设管理委员会 |
| 155 | DG/T J08-402-2021 | 生活垃圾收集站(压缩式)设置标准 | DG/T J08-402-2000 | 2021-12-24 | 2022-5-1 | J10015-2021 | 上海市住房和城乡建设管理委员会 |
| 156 | DG/T J08-90-2021 | 水利工程施工质量验收标准 | DG/T J08-90-2014 | 2021-12-24 | 2022-5-1 | J10053-2021 | 上海市住房和城乡建设管理委员会 |
| 157 | DG/T J08-2391-2021 | 国土分类标准 | | 2021-12-28 | 2022-5-1 | J16173-2022 | 上海市住房和城乡建设管理委员会 |
| 158 | DBJ50/T-375-2020 | 轻质石膏楼板顶棚和墙体内保温工程技术标准 | | 2021-1-6 | 2021-4-1 | J15544-2021 | 重庆市住房和城乡建设委员会 |
| 159 | DBJ50/T-378-2021 | 既有非住宅建筑租赁居住化改造技术标准 | | 2021-1-19 | 2021-4-1 | J15547-2021 | 重庆市住房和城乡建设委员会 |
| 160 | DBJ50/T-379-2021 | 生物降解防尘膜应用技术标准 | | 2021-1-19 | 2021-4-1 | J15548-2021 | 重庆市住房和城乡建设委员会 |
| 161 | DBJ50/T-380-2021 | 建筑膜结构检测技术标准 | | 2021-2-10 | 2021-5-1 | J15696-2021 | 重庆市住房和城乡建设委员会 |
| 162 | DBJ50/T-381-2021 | 山地建筑工程逆作法技术标准 | | 2021-2-10 | 2021-5-1 | J15697-2021 | 重庆市住房和城乡建设委员会 |
| 163 | DBJ50/T-382-2021 | 建筑施工升降设备设施安全检验标准 | | 2021-3-25 | 2021-6-1 | J15698-2021 | 重庆市住房和城乡建设委员会 |

续表

| 序号 | 标准编号 | 标准名称 | 被代替标准编号 | 批准日期 | 施行日期 | 备案号 | 批准部门 |
|---|---|---|---|---|---|---|---|
| 164 | DBJ50/T-026-2021 | 建筑智能化系统工程验收标准 | DB50/T 502-2002 | 2021-4-8 | 2021-7-1 | J10223-2021 | 重庆市住房和城乡建设委员会 |
| 165 | DBJ50/T-383-2021 | 人行天桥、高架桥绿化工程技术标准 | | 2021-4-22 | 2021-8-1 | J15768-2021 | 重庆市住房和城乡建设委员会 |
| 166 | DBJ50/T-384-2021 | 建筑工程现场检测监测数据采集标准 | | 2021-5-13 | 2021-8-1 | J15769-2021 | 重庆市住房和城乡建设委员会 |
| 167 | DBJ50/T-171-2021 | 房屋建筑与市政基础设施工程现场施工专业人员职业标准 | DBJ50/T-171-2013 | 2021-6-15 | 2021-9-1 | J12480-2021 | 重庆市住房和城乡建设委员会 |
| 168 | DBJ50/T-387-2021 | 工程勘察信息化数据采集交付标准 | | 2021-6-2 | 2021-9-1 | J15851-2021 | 重庆市住房和城乡建设委员会 |
| 169 | DBJ50/T-386-2021 | 建筑施工现场扬尘控制标准 | | 2021-7-9 | 2021-10-1 | — | 重庆市住房和城乡建设委员会 |
| 170 | DBJ50/T-388-2021 | 室内装饰设计师职业能力标准 | | 2021-7-9 | 2021-10-1 | J15893-2021 | 重庆市住房和城乡建设委员会 |
| 171 | DBJ50/T-085-2021 | 智能信包箱建设标准 | DBJ50-085-2008 | 2021-7-19 | 2021-10-1 | J11310-2021 | 重庆市住房和城乡建设委员会 |
| 172 | DBJ50/T-389-2021 | 高性能混凝土应用技术标准 | | 2021-7-19 | 2021-11-1 | J15920-2021 | 重庆市住房和城乡建设委员会 |
| 173 | DBJ50/T-390-2021 | 公交停车港设计标准 | | 2021-7-30 | 2021-11-1 | J15920-2021 | 重庆市住房和城乡建设委员会 |
| 174 | DBJ50/T-391-2021 | 城市公交专用道技术标准 | | 2021-7-30 | 2021-11-1 | J15920-2021 | 重庆市住房和城乡建设委员会 |
| 175 | DBJ50/T-392-2021 | 城市综合管廊结构工程施工及质量验收标准 | | 2021-7-30 | 2021-11-1 | J15920-2021 | 重庆市住房和城乡建设委员会 |
| 176 | DBJ50/T-393-2021 | 装配式轻质保温装饰一体化外挂墙板应用技术标准 | | 2021-8-19 | 2021-12-1 | J15968-2021 | 重庆市住房和城乡建设委员会 |
| 177 | DBJ50/T-394-2021 | 建设工程装饰装修类技术工人职业技能标准 | | 2021-8-19 | 2021-12-1 | J15969-2021 | 重庆市住房和城乡建设委员会 |
| 178 | DBJ50/T-395-2021 | 导光管采光系统应用技术标准 | | 2021-8-19 | 2021-12-1 | J15970-2021 | 重庆市住房和城乡建设委员会 |
| 179 | DBJ50/T-396-2021 | 山地城市地下工程防渗堵漏技术标准 | | 2021-8-19 | 2021-12-1 | J15971-2021 | 重庆市住房和城乡建设委员会 |
| 180 | DBJ50/T-397-2021 | 建设工程机械类技术工人职业技能标准 | | 2021-9-1 | 2021-12-1 | J15972-2021 | 重庆市住房和城乡建设委员会 |

续表

| 序号 | 标准编号 | 标准名称 | 被代替标准编号 | 批准日期 | 施行日期 | 备案号 | 批准部门 |
|---|---|---|---|---|---|---|---|
| 181 | DBJ50/T－399－2021 | 装配式混凝土建筑施工专业人员职业能力标准 | | 2021－9－15 | 2021－12－1 | J15973－2021 | 重庆市住房和城乡建设委员会 |
| 182 | DBJ50/T－400－2021 | 城市跨线桥梁设计与施工技术标准 | | 2021－9－15 | 2021－12－1 | J15974－2021 | 重庆市住房和城乡建设委员会 |
| 183 | DBJ50/T－401－2021 | 城市道路交通运行评价标准 | | 2021－9－15 | 2021－12－1 | J15975－2021 | 重庆市住房和城乡建设委员会 |
| 184 | DBJ50/T－402－2021 | 地铁工程施工质量验收标准 | | 2021－9－15 | 2021－12－1 | J16051－2021 | 重庆市住房和城乡建设委员会 |
| 185 | DBJ50/T－163－2021 | 既有公共建筑绿色改造技术标准 | DBJ50/T－163－2013 | 2021－9－27 | 2022－1－1 | J12307－2021 | 重庆市住房和城乡建设委员会 |
| 186 | DBJ50/T－398－2021 | 城轨快线施工质量验收标准 | | 2021－9－27 | 2022－1－1 | J16071－2021 | 重庆市住房和城乡建设委员会 |
| 187 | DBJ50/T－403－2021 | 区域集中供冷供热系统技术标准 | | 2021－9－30 | 2021－1－1 | J16100－2021 | 重庆市住房和城乡建设委员会 |
| 188 | DBJ50/T－404－2021 | 建筑工地排水技术标准 | | 2021－11－1 | 2022－2－1 | J16072－2021 | 重庆市住房和城乡建设委员会 |
| 189 | DBJ50/T－164－2021 | 民用建筑电线电缆防火设计标准 | | 2021－11－1 | 2022－2－1 | J12286－2021 | 重庆市住房和城乡建设委员会 |
| 190 | DBJ50/T－405－2021 | 城市道路占道施工作业交通组织设计标准 | | 2021－12－27 | 2022－4－1 | J16204－2022 | 重庆市住房和城乡建设委员会 |
| 191 | DBJ50/T－061－2021 | 预拌砂浆生产与应用技术标准 | DBJ/T 50－061－2007<br>DBJ/T 50－062－2007<br>DBJ/T 50－093－2009 | 2021－12－27 | 2022－4－1 | J11023－2022 | 重庆市住房和城乡建设委员会 |
| 192 | DB13(J)/T 8395－2021 | 内置套筒连接钢网复合保温系统技术标准 | | 2021－2－1 | 2021－5－1 | J15630－2021 | 河北省住房和城乡建设厅 |
| 193 | DB13(J)/T 8396－2021 | 波形槽复合保温板应用技术标准 | | 2021－2－1 | 2021－5－1 | J15631－2021 | 河北省住房和城乡建设厅 |
| 194 | DB13(J)/T 8399－2021 | 方舱医院建筑设计标准 | | 2021－3－24 | 2021－7－1 | J15679－2021 | 河北省住房和城乡建设厅 |
| 195 | DB13(J)/T 8404－2021 | (京津冀)预制混凝土构件质量检验标准 | | 2021－4－14 | 2021－7－1 | J12369－2021 | 河北省住房和城乡建设厅 |
| 196 | DB13(J)/T 8405－2021 | (京津冀)模板早拆施工技术规程 | | 2021－4－14 | 2021－7－1 | J11498－2021 | 河北省住房和城乡建设厅 |
| 197 | DB13(J)/T 8406－2021 | (京津冀)装配式混凝土结构工程施工与质量验收规程 | | 2021－4－14 | 2021－7－1 | J12535－2021 | 河北省住房和城乡建设厅 |

续表

| 序号 | 标准编号 | 标准名称 | 被代替标准编号 | 批准日期 | 施行日期 | 备案号 | 批准部门 |
|---|---|---|---|---|---|---|---|
| 198 | DB13(J)/T 8407－2021 | (京津冀)电梯井道作业平台技术规程 | | 2021－4－14 | 2021－7－1 | J15730－2021 | 河北省住房和城乡建设厅 |
| 199 | DB13(J)/T 8408－2021 | (京津冀)全钢大模板应用技术规程 | | 2021－4－14 | 2021－7－1 | J15731－2021 | 河北省住房和城乡建设厅 |
| 200 | DB13(J)/T 8397－2021 | 城市轨道交通工程洞桩法施工安全风险检查标准 | | 2021－3－18 | 2021－7－1 | J15678－2021 | 河北省住房和城乡建设厅 |
| 201 | DB13(J)/T 8398－2021 | 装配式固模剪力墙及楼承板结构技术标准 | | 2021－3－18 | 2021－7－1 | J15906－2021 | 河北省住房和城乡建设厅 |
| 202 | DB13(J)/T 8400－2021 | 建筑物移动通信基础设施建设技术标准 | | 2021－3－24 | 2021－8－1 | J15680－2021 | 河北省住房和城乡建设厅 |
| 203 | DB13(J)/T 8401－2021 | 钢丝网片复合保温板应用技术标准 | | 2021－3－24 | 2021－8－1 | J15681－2021 | 河北省住房和城乡建设厅 |
| 204 | DB13(J)/T 8402－2021 | 民用建筑室内绿色装饰装修评价标准 | | 2021－3－26 | 2021－8－1 | J15682－2021 | 河北省住房和城乡建设厅 |
| 205 | DB13(J)/T 8403－2021 | 装配式高强复合树脂给水井应用技术标准 | | 2021－4－1 | 2021－8－1 | J15683－2021 | 河北省住房和城乡建设厅 |
| 206 | DB13(J)/T 8409－2021 | 斜插钢丝网架现浇内置保温剪力墙技术标准 | | 2021－4－13 | 2021－8－1 | J15786－2021 | 河北省住房和城乡建设厅 |
| 207 | DB13(J)/T 8410－2021 | 市政排水设施有限空间作业操作规程 | | 2021－5－7 | 2021－7－1 | J15785－2021 | 河北省住房和城乡建设厅 |
| 208 | DB13(J)/T 8411－2021 | 住宅室内装配化装修技术标准 | | 2021－5－12 | 2021－8－1 | J15788－2021 | 河北省住房和城乡建设厅 |
| 209 | DB13(J)/T 8427－2021 | (京津冀)绿色建筑评价标准 | | 2021－7－16 | 2021－9－1 | J11906－2021 | 河北省住房和城乡建设厅 |
| 210 | DB13(J)/T 8412－2021 | 住宅厨房和卫生间L型构件排气道系统技术标准 | | 2021－5－19 | 2021－9－1 | J15787－2021 | 河北省住房和城乡建设厅 |
| 211 | DB13(J)/T 8413－2021 | 城市轨道交通防水工程技术标准 | | 2021－6－1 | 2021－10－1 | J16222－2022 | 河北省住房和城乡建设厅 |

续表

| 序号 | 标准编号 | 标准名称 | 被代替标准编号 | 批准日期 | 施行日期 | 备案号 | 批准部门 |
|---|---|---|---|---|---|---|---|
| 212 | DB13(J)/T 8414－2021 | 明挖法地下综合管廊防水工程技术标准 | | 2021－6－1 | 2021－10－1 | J16223－2022 | 河北省住房和城乡建设厅 |
| 213 | DB13(J)/T 8415－2021 | 装配整体式灌芯混凝土剪力墙结构技术标准 | | 2021－6－1 | 2021－10－1 | J15907－2021 | 河北省住房和城乡建设厅 |
| 214 | DB13(J)/T 8416－2021 | 球墨铸铁管给水管道设计标准 | | 2021－6－23 | 2021－12－1 | J15917－2021 | 河北省住房和城乡建设厅 |
| 215 | DB13(J)/T 8417－2021 | 地铁工程消防验收评定技术标准 | | 2021－6－23 | 2021－12－1 | J16064－2021 | 河北省住房和城乡建设厅 |
| 216 | DB13(J)/T 8418－2021 | 装配式纵肋叠合混凝土剪力墙结构技术标准 | | 2021－6－28 | 2021－12－1 | J15908－2021 | 河北省住房和城乡建设厅 |
| 217 | DB13(J)/T 8419－2021 | 纤维增强水泥板免拆模板应用技术标准 | | 2021－6－28 | 2021－12－1 | J15909－2021 | 河北省住房和城乡建设厅 |
| 218 | DB13(J)/T 8420－2021 | 百年公共建筑设计标准 | | 2021－6－28 | 2022－1－1 | J16742－2021 | 河北省住房和城乡建设厅 |
| 219 | DB13(J)/T 8421－2021 | 地质断裂带区域城乡建筑标准 | | 2021－6－28 | 2022－1－1 | J15918－2021 | 河北省住房和城乡建设厅 |
| 220 | DB13(J)/T 8422－2021 | 建筑工程消能减震技术标准 | | 2021－6－28 | 2022－1－1 | J16065－2021 | 河北省住房和城乡建设厅 |
| 221 | DB13(J)/T 8423－2021 | 建筑隔震橡胶支座应用技术标准 | | 2021－6－28 | 2022－1－1 | J16743－2021 | 河北省住房和城乡建设厅 |
| 222 | DB13(J)/T 8424－2021 | 紧固板缝复合保温板应用技术标准 | | 2021－7－1 | 2021－10－1 | J15910－2021 | 河北省住房和城乡建设厅 |
| 223 | DB13(J)/T 8425－2021 | 可回收装配式基坑支护体系技术规程 | | 2021－7－1 | 2021－11－1 | J16745－2021 | 河北省住房和城乡建设厅 |
| 224 | DB13(J)/T 8426－2021 | 建筑信息模型验收评价标准 | | 2021－7－14 | 2021－11－1 | J15911－2021 | 河北省住房和城乡建设厅 |
| 225 | DB13(J)/T 8428－2021 | 低层建筑斜插钢丝网架内置保温复合墙技术标准 | | 2021－8－4 | 2021－11－1 | J16010－2021 | 河北省住房和城乡建设厅 |
| 226 | DB13(J)/T 8429－2021 | 中深层地热井下换热供热工程技术标准 | | 2021－8－24 | 2021－12－1 | J16011－2021 | 河北省住房和城乡建设厅 |
| 227 | DB13(J)/T 8430－2021 | 高精度脱硫石膏砌块应用技术标准 | | 2021－8－30 | 2021－12－1 | J16012－2021 | 河北省住房和城乡建设厅 |

续表

| 序号 | 标准编号 | 标准名称 | 被代替标准编号 | 批准日期 | 施行日期 | 备案号 | 批准部门 |
|---|---|---|---|---|---|---|---|
| 228 | DB13(J)/T 8431－2021 | 七十年住宅建筑设计标准 | | 2021－9－9 | 2021－12－1 | J16066－2021 | 河北省住房和城乡建设厅 |
| 229 | DB13(J)/T 8432－2021 | 高质量宜居住宅设计标准 | | 2021－9－9 | 2021－12－1 | J16067－2021 | 河北省住房和城乡建设厅 |
| 230 | DB13(J)/T 8433－2021 | 卡扣连接钢丝网混凝土内置保温体系应用技术标准 | | 2021－9－15 | 2021－12－1 | J16013－2021 | 河北省住房和城乡建设厅 |
| 231 | DB13(J)/T 8434－2021 | (京津冀)民用建筑节能门窗工程技术标准 | | 2021－9－22 | 2022－1－1 | J12358－2021 | 河北省住房和城乡建设厅 |
| 232 | DB13(J)/T 8435－2021 | (京津冀)海绵城市雨水控制与利用工程施工及验收标准 | | 2021－9－22 | 2022－1－1 | J16093－2021 | 河北省住房和城乡建设厅 |
| 233 | DB13(J)/T 8436－2021 | 既有建筑超低能耗节能改造技术标准 | | 2021－9－22 | 2021－12－1 | J16744－2021 | 河北省住房和城乡建设厅 |
| 234 | DB13(J)/T 8437－2021 | 榫卯构造复合保温板应用技术标准 | | 2021－9－22 | 2021－12－1 | J16014－2021 | 河北省住房和城乡建设厅 |
| 235 | DB13(J)/T 8442－2021 | 600MPa级高强钢筋混凝土结构技术标准 | | 2021－9－22 | 2021－12－1 | J16016－2021 | 河北省住房和城乡建设厅 |
| 236 | DB13(J)/T 8439－2021 | 低层装配式约束混凝土墙板结构技术标准 | | 2021－9－27 | 2022－1－1 | J16015－2021 | 河北省住房和城乡建设厅 |
| 237 | DB13(J)/T 8323－2021 | 被动式超低能耗建筑评价标准 | DB13(J)/T 8323－2019 | 2021－9－28 | 2022－1－1 | J14841－2021 | 河北省住房和城乡建设厅 |
| 238 | DB13(J)/T 8440－2021 | 管道天然气居民用户入户安检技术标准 | | 2021－12－23 | 2022－1－1 | J16224－2022 | 河北省住房和城乡建设厅 |
| 239 | DB13(J)/T 8438－2021 | 城镇内涝防治技术标准 | | 2021－9－30 | 2022－1－1 | J16068－2021 | 河北省住房和城乡建设厅 |
| 240 | DB13(J)/T 8441－2021 | 叠合增强保温复合板应用技术标准 | | 2021－10－12 | 2022－1－1 | J16069－2021 | 河北省住房和城乡建设厅 |
| 241 | DB13(J)/T 8448－2021 | 热处理带肋高强钢筋应用技术标准 | | 2021－12－16 | 2022－5－1 | J16228－2022 | 河北省住房和城乡建设厅 |
| 242 | DB13(J)/T 8449－2021 | 生活垃圾焚烧处理设施运行监管标准 | | 2021－12－17 | 2022－5－1 | J16229－2022 | 河北省住房和城乡建设厅 |
| 243 | DB13(J)/T 8446－2021 | 建筑施工安全技术资料管理标准 | DB13(J)/T 101－2009 | 2021－12－20 | 2022－5－1 | J11489－2022 | 河北省住房和城乡建设厅 |

续表

| 序号 | 标准编号 | 标准名称 | 被代替标准编号 | 批准日期 | 施行日期 | 备案号 | 批准部门 |
|---|---|---|---|---|---|---|---|
| 244 | DB13(J)/T 8447-2021 | 疫情防控应急医疗建筑设计标准 | | 2021-12-21 | 2022-5-1 | J16227-2022 | 河北省住房和城乡建设厅 |
| 245 | DB13(J)/T 8451-2021 | 建筑抗震韧性设计标准 | | 2021-12-21 | 2022-5-1 | J16231-2022 | 河北省住房和城乡建设厅 |
| 246 | DB13(J)/T 8444-2021 | 现浇清水混凝土应用技术标准 | | 2021-12-21 | 2022-5-1 | J16225-2022 | 河北省住房和城乡建设厅 |
| 247 | DB13(J)/T 8445-2021 | 岩溶区岩土工程技术标准 | | 2021-12-21 | 2022-5-1 | J16226-2022 | 河北省住房和城乡建设厅 |
| 248 | DB13(J)/T 8452-2021 | 房屋建筑和市政基础设施工程施工图设计文件审查标准 | | 2021-12-22 | 2022-5-1 | J16232-2022 | 河北省住房和城乡建设厅 |
| 249 | DB13(J)/T 8450-2021 | 城镇燃气埋地钢质管道设计标准 | | 2021-12-23 | 2022-5-1 | J16230-2022 | 河北省住房和城乡建设厅 |
| 250 | DB13(J)/T 8454-2021 | 城市与建筑风貌管控设计标准 | | 2021-12-28 | 2022-6-1 | J16234-2022 | 河北省住房和城乡建设厅 |
| 251 | DB13(J)/T 8453-2021 | 住宅工程常见质量问题控制标准 | | 2021-12-29 | 2022-6-1 | J16233-2022 | 河北省住房和城乡建设厅 |
| 252 | DB13(J)/T 8455-2021 | 城市道路高质量沥青路面技术标准 | | 2021-12-29 | 2022-6-1 | J16235-2022 | 河北省住房和城乡建设厅 |
| 253 | DBJ04/T 253-2021 | 建筑工程施工安全管理标准 | DBJ04-253-2007 | 2021-4-1 | 2021-5-1 | J11060-2021 | 山西省住房和城乡建设厅 |
| 254 | DBJ04/T 410-2021 | 城市停车场(库)设施配置标准 | | 2021-4-1 | 2021-5-1 | J15691-2021 | 山西省住房和城乡建设厅 |
| 255 | DBJ04/T 414-2021 | 装配式建筑施工安全技术标准 | | 2021-4-1 | 2021-5-1 | J15692-2021 | 山西省住房和城乡建设厅 |
| 256 | DBJ04-415-2021 | 绿色建筑设计标准 | | 2021-4-1 | 2021-5-1 | J15570-2021 | 山西省住房和城乡建设厅 |
| 257 | DBJ04/T 417-2021 | 建设工程施工现场扬尘在线监测系统技术标准 | | 2021-4-1 | 2021-5-1 | J15693-2021 | 山西省住房和城乡建设厅 |
| 258 | DBJ04/T 418-2021 | 城市综合管理服务平台验收标准 | | 2021-4-1 | 2021-5-1 | J15694-2021 | 山西省住房和城乡建设厅 |
| 259 | DBJ04/T 419-2021 | 建筑保温与外墙装饰防火设计指南(标准) | | 2021-4-1 | 2021-5-1 | J15695-2021 | 山西省住房和城乡建设厅 |
| 260 | DBJ04/T 420-2021 | 建筑信息模型全生命期应用标准 | | 2021-12-14 | 2022-1-1- | J16748-2021 | 山西省住房和城乡建设厅 |
| 261 | DBJ04/T 421-2021 | 建筑信息模型设计标准 | | 2021-12-14 | 2022-1-1- | J16749-2021 | 山西省住房和城乡建设厅 |
| 262 | DBJ04/T 422-2021 | 建筑信息模型施工应用标准 | | 2021-12-14 | 2022-1-1- | J16750-2021 | 山西省住房和城乡建设厅 |
| 263 | DB15/T 2187-2021 | 发泡陶瓷轻质内隔墙板应用技术规程 | | 2021-5-7 | 2021-6-1 | J15732-2021 | 内蒙古自治区住房和城乡建设厅 |

续表

| 序号 | 标准编号 | 标准名称 | 被代替标准编号 | 批准日期 | 施行日期 | 备案号 | 批准部门 |
|---|---|---|---|---|---|---|---|
| 264 | DBJ/T 03-120-2021 | 发泡陶瓷轻质内隔墙板建筑构造图集 | | 2021-5-7 | 2021-6-1 | — | 内蒙古自治区住房和城乡建设厅 |
| 265 | DB15/T 2227-2021 | 钢筋机械连接装配式混凝土结构技术规程 | | 2021-6-11 | 2021-7-1 | J15829-2021 | 内蒙古自治区住房和城乡建设厅 |
| 266 | DB15/T 2401-2021 | 建筑物通信基础设施建设标准 | | 2021-9-30 | 2021-12-1 | J16009-2021 | 内蒙古自治区住房和城乡建设厅 |
| 267 | DB15/T 2462-2021 | 拉锁式内墙板应用技术规程 | | 2021-12-21 | 2022-3-1 | J16129-2022 | 内蒙古自治区住房和城乡建设厅 |
| 268 | DBJ/T 03-121-2021 | 拉锁式内墙板建筑构造图集 | | 2021-12-21 | 2022-3-1 | — | 内蒙古自治区住房和城乡建设厅 |
| 269 | DBJ/T 03-122-2021 | 速凝橡胶沥青建筑防水系统构造图集 | | 2021-12-31 | 2022-3-1 | — | 内蒙古自治区住房和城乡建设厅 |
| 270 | DB21/T 3360-2021 | 顶管工程技术规程 | | 2021-1-30 | 2021-3-20 | J15574-2021 | 辽宁省住房和城乡建设厅 |
| 271 | DB21/T 3361-2021 | 室内装饰装修保养与维修工程技术规程 | | 2021-1-30 | 2021-3-20 | J15575-2021 | 辽宁省住房和城乡建设厅 |
| 272 | DB21/T 3383-2021 | 既有建筑幕墙工程维修技术规程 | | 2021-2-28 | 2021-3-28 | J15639-2021 | 辽宁省住房和城乡建设厅 |
| 273 | DB21/T 3384-2021 | 空气源热泵系统工程技术规程 | | 2021-2-28 | 2021-3-28 | J15640-2021 | 辽宁省住房和城乡建设厅 |
| 274 | DB21/T 3397-2021 | 无机非金属面板保温装饰板外墙外保温系统应用技术规程 | | 2021-3-30 | 2021-4-30 | J15687-2021 | 辽宁省住房和城乡建设厅 |
| 275 | DB21/T 3398-2021 | 房屋建筑外围护保温-防水系统修缮技术规程 | | 2021-3-30 | 2021-4-30 | J15688-2021 | 辽宁省住房和城乡建设厅 |
| 276 | DB21/T 3401-2021 | 辽宁省既有建筑绿色改造评价标准 | | 2021-4-30 | 2021-5-30 | J15706-2021 | 辽宁省住房和城乡建设厅 |
| 277 | DB21/T 3403-2021 | 健康建筑设计标准 | | 2021-4-30 | 2021-5-30 | J15699-2021 | 辽宁省住房和城乡建设厅 |
| 278 | DB21/T 3404-2021 | 近现代历史建筑结构安全性鉴定标准 | | 2021-4-30 | 2021-5-30 | J15700-2021 | 辽宁省住房和城乡建设厅 |

续表

| 序号 | 标准编号 | 标准名称 | 被代替标准编号 | 批准日期 | 施行日期 | 备案号 | 批准部门 |
|---|---|---|---|---|---|---|---|
| 279 | DB21/T 3405-2021 | 城市既有建筑顶升改造技术规程 | | 2021-4-30 | 2021-5-30 | J15701-2021 | 辽宁省住房和城乡建设厅 |
| 280 | DB21/T 3406-2021 | 辽宁省城市信息模型(CIM)基础平台建设运维标准 | | 2021-4-30 | 2021-5-30 | J15702-2021 | 辽宁省住房和城乡建设厅 |
| 281 | DB21/T 3407-2021 | 辽宁省城市信息模型(CIM)数据标准 | | 2021-4-30 | 2021-5-30 | J15703-2021 | 辽宁省住房和城乡建设厅 |
| 282 | DB21/T 3408-2021 | 辽宁省施工图建筑信息模型交付数据标准 | | 2021-4-30 | 2021-5-30 | J15704-2021 | 辽宁省住房和城乡建设厅 |
| 283 | DB21/T 3409-2021 | 辽宁省竣工验收建筑信息模型交付数据标准 | | 2021-4-30 | 2021-5-30 | J15705-2021 | 辽宁省住房和城乡建设厅 |
| 284 | DB21/T 3411-2021 | 辽宁省城市园林绿化智慧养护技术标准 | | 2021-4-30 | 2021-5-30 | J15707-2021 | 辽宁省住房和城乡建设厅 |
| 285 | DB21/T 3413-2021 | 地下自防护混凝土结构耐久性技术规程 | | 2021-4-30 | 2021-5-30 | J15764-2021 | 辽宁省住房和城乡建设厅 |
| 286 | DB21/T 1795-2021 | 污水源热泵系统工程技术规程 | DB21/T 1795 - 2017 | 2021-5-22 | 2021-6-22 | J11626-2021 | 辽宁省住房和城乡建设厅 |
| 287 | DB21/T 1342-2021 | 建筑工程文件编制归档规程 | DB21/T 1342-2004 | 2021-6-30 | 2021-7-30 | J10362-2021 | 辽宁省住房和城乡建设厅 |
| 288 | DB21/T 3470-2021 | 现浇聚氨酯发泡颗粒复合材料外墙外保温技术规程 | | 2021-7-30 | 2021-8-30 | J15903-2021 | 辽宁省住房和城乡建设厅 |
| 289 | DB21/T 3471-2021 | 房屋建筑和市政工程电子招标投标行政监管技术规程 | | 2021-7-30 | 2021-8-30 | J15904-2021 | 辽宁省住房和城乡建设厅 |
| 290 | DB21/T 3490-2021 | 辽宁省中小学校建筑绿色设计规范 | | 2021-8-30 | 2021-9-30 | J16101-2022 | 辽宁省住房和城乡建设厅 |
| 291 | DB21/T 2206-2021 | 岩棉薄抹灰外墙外保温技术规程 | DB21/T 2206-2013 | 2021-9-30 | 2021-10-30 | J12605-2021 | 辽宁省住房和城乡建设厅 |
| 292 | DB21/T 3518-2021 | 建筑信息模型设计审查技术规程 | | 2021-11-30 | 2021-12-30 | J16739-2021 | 辽宁省住房和城乡建设厅 |
| 293 | DB22/T 5050-2021 | 城镇道路泡沫沥青冷再生成混合料技术标准 | | 2021-3-16 | 2021-3-16 | — | 吉林省住房和城乡建设厅、吉林省市场监督管理厅 |

续表

| 序号 | 标准编号 | 标准名称 | 被代替标准编号 | 批准日期 | 施行日期 | 备案号 | 批准部门 |
|---|---|---|---|---|---|---|---|
| 294 | DB22/T 5051-2021 | 城镇道路温拌橡胶改性沥青混合料技术标准 |  | 2021-3-16 | 2021-3-16 | — | 吉林省住房和城乡建设厅、吉林省市场监督管理厅 |
| 295 | DB22/T 5052-2021 | 加热电缆地面辐射供暖　技术标准 |  | 2021-3-16 | 2021-3-16 | — | 吉林省住房和城乡建设厅、吉林省市场监督管理厅 |
| 296 | DB22/T 5053-2021 | 智慧工地全景成像测量标准 |  | 2021-3-16 | 2021-3-16 | — | 吉林省住房和城乡建设厅、吉林省市场监督管理厅 |
| 297 | DB22/T 5054-2021 | 市政桥梁结构监测系统标准 |  | 2021-3-16 | 2021-3-16 | — | 吉林省住房和城乡建设厅、吉林省市场监督管理厅 |
| 298 | DB22/T 5055-2021 | 绿色建筑设计标准 | DB22-JT167-2017 | 2021-4-29 | 2021-4-29 | — | 吉林省住房和城乡建设厅、吉林省市场监督管理厅 |
| 299 | DB22/T 5056-2021 | 预拌砂浆应用技术标准 | DB22/T 1024-2011 | 2021-4-29 | 2021-4-29 | — | 吉林省住房和城乡建设厅、吉林省市场监督管理厅 |
| 300 | DB22/T 5057-2021 | 抹灰石膏应用技术标准 |  | 2021-5-28 | 2021-5-28 | — | 吉林省住房和城乡建设厅、吉林省市场监督管理厅 |
| 301 | DB22/T 5058-2021 | 城市轨道交通工程地下车站装配式混凝土结构技术标准 |  | 2021-5-28 | 2021-5-28 | — | 吉林省住房和城乡建设厅、吉林省市场监督管理厅 |
| 302 | DB22/T 5059-2021 | 城市桥梁预应力工程施工技术标准 |  | 2021-5-28 | 2021-5-28 | — | 吉林省住房和城乡建设厅、吉林省市场监督管理厅 |
| 303 | DB22/T 5060-2021 | 城镇污水处理厂运行管理评价标准 |  | 2021-5-28 | 2021-5-28 | — | 吉林省住房和城乡建设厅、吉林省市场监督管理厅 |
| 304 | DB22/T 5061-2021 | 城镇供水管网漏损监测与控制标准 |  | 2021-10-13 | 2021-10-13 | — | 吉林省住房和城乡建设厅、吉林省市场监督管理厅 |
| 305 | DB22/T 5062-2021 | 铁尾矿砂混凝土应用技术标准 |  | 2021-10-13 | 2021-10-13 | — | 吉林省住房和城乡建设厅、吉林省市场监督管理厅 |

续表

| 序号 | 标准编号 | 标准名称 | 被代替标准编号 | 批准日期 | 施行日期 | 备案号 | 批准部门 |
| --- | --- | --- | --- | --- | --- | --- | --- |
| 306 | DB22/T 5063－2021 | 装配式钢框架结构住宅技术标准 |  | 2021－10－13 | 2021－10－13 | — | 吉林省住房和城乡建设厅、吉林省市场监督管理厅 |
| 307 | DB22/T 5064－2021 | 城镇供热企业运行管理评价标准 |  | 2021－10－13 | 2021－10－13 | — | 吉林省住房和城乡建设厅、吉林省市场监督管理厅 |
| 308 | DB22/T 5065－2021 | 装配式建筑评价标准 |  | 2021－12－6 | 2021－12－6 | — | 吉林省住房和城乡建设厅、吉林省市场监督管理厅 |
| 309 | DB22/T 5066－2021 | 绿色建筑工程验收标准 |  | 2021－12－6 | 2021－12－6 | — | 吉林省住房和城乡建设厅、吉林省市场监督管理厅 |
| 310 | DB23/T 2995－2021 | 黑龙江省水利工程绿色施工规程 |  | 2021－5－24 | 2021－8－1 | J15823－2021 | 黑龙江省住房和城乡建设厅 |
| 311 | DB23/T 2995－2021 | 黑龙江省公路与城市道路工程绿色施工规程 |  | 2021－5－24 | 2021－8－1 | J15822－2021 | 黑龙江省住房和城乡建设厅 |
| 312 | DB23/T 2914－2021 | 耐热聚乙烯(PE－RTII 型)低温供热管道工程技术标准 |  | 2021－6－11 | 2021－8－1 | J15824－2021 | 黑龙江省住房和城乡建设厅 |
| 313 | DB23/T 2934－2021 | 人民防空工程防护设备安装技术规程 |  | 2021－7－23 | 2021－9－1 | J15883－2021 | 黑龙江省住房和城乡建设厅 |
| 314 | DB23/T 2936－2021 | 黑龙江省城市生活二次供水管理规程 |  | 2021－7－23 | 2021－9－1 | J15884－2021 | 黑龙江省住房和城乡建设厅 |
| 315 | DB23/T 2937－2021 | 黑龙江省建筑工程多功能火灾疏散指示信息系统技术规程 |  | 2021－7－23 | 2021－9－1 | J15885－2021 | 黑龙江省住房和城乡建设厅 |
| 316 | DB23/T 3005－2021 | 农村生活有机垃圾集中堆肥技术标准 |  | 2021－11－5 | 2021－12－1 | J16085－2021 | 黑龙江省住房和城乡建设厅 |
| 317 | DB23/T 3004－2021 | 农村生活有机垃圾户用堆肥技术标准 |  | 2021－11－5 | 2021－12－1 | J16084－2021 | 黑龙江省住房和城乡建设厅 |
| 318 | DB23/T 3041－2021 | 住宅工程质量通病防控规范 | DB23/T 1403－2010 | 2021－12－31 | 2022－2－1 | J16137－2022 | 黑龙江省住房和城乡建设厅 |

续表

| 序号 | 标准编号 | 标准名称 | 被代替标准编号 | 批准日期 | 施行日期 | 备案号 | 批准部门 |
|---|---|---|---|---|---|---|---|
| 319 | DB23/T 3061-2021 | 绿色建筑工程施工质量验收标准 | | 2021-12-31 | 2022-2-1 | J11770-2022 | 黑龙江省住房和城乡建设厅 |
| 320 | DB32/T 4019-2021 | 民用建筑能耗计算标准 | | 2021-3-12 | 2021-7-1 | J15746-2021 | 江苏省住房和城乡建设厅、江苏省市场监督管理局 |
| 321 | DB32/T 4020-2021 | 绿色城区规划建设标准 | | 2021-3-12 | 2021-7-1 | J15747-2021 | 江苏省住房和城乡建设厅、江苏省市场监督管理局 |
| 322 | DB32/T 4021-2021 | 建设工程声像档案管理标准 | | 2021-3-12 | 2021-7-1 | J15748-2021 | 江苏省住房和城乡建设厅、江苏省市场监督管理局 |
| 323 | DB32/T 4022-2021 | 海外园区规划编制规程 | | 2021-3-12 | 2021-7-1 | J15749-2021 | 江苏省住房和城乡建设厅、江苏省市场监督管理局 |
| 324 | DB32/T 4023-2021 | 农业场所及园艺设施电气设计标准 | | 2021-3-12 | 2021-7-1 | J15750-2021 | 江苏省住房和城乡建设厅、江苏省市场监督管理局 |
| 325 | DB32/T 4060-2021 | 建筑垃圾再生骨料路面基层应用技术标准 | | 2021-6-4 | 2021-12-1 | J15815-2021 | 江苏省住房和城乡建设厅、江苏省市场监督管理局 |
| 326 | DB32/T 4061-2021 | 空气源热泵热水系统建筑应用技术规程 | | 2021-6-4 | 2021-12-1 | J15816-2021 | 江苏省住房和城乡建设厅、江苏省市场监督管理局 |
| 327 | DB32/T 4062-2021 | 城市轨道交通工程质量验收统一标准 | | 2021-6-4 | 2021-12-1 | J15817-2021 | 江苏省住房和城乡建设厅、江苏省市场监督管理局 |
| 328 | DB32/T 4063-2021 | 建筑工程施工质量鉴定标准 | | 2021-6-4 | 2021-12-1 | J15818-2021 | 江苏省住房和城乡建设厅、江苏省市场监督管理局 |
| 329 | DB32/T 4064-2021 | 江苏省城镇燃气安全检查标准 | | 2021-6-4 | 2021-9-1 | J15819-2021 | 江苏省住房和城乡建设厅、江苏省市场监督管理局 |
| 330 | DB32/T 4065-2021 | 建筑幕墙工程技术标准 | | 2021-6-4 | 2021-12-1 | J15821-2021 | 江苏省住房和城乡建设厅、江苏省市场监督管理局 |
| 331 | DB32-4066-2021 | 居住建筑热环境和节能设计标准 | DGJ32-J71-2014 | 2021-6-4 | 2021-7-1 | J11266-2021 | 江苏省住房和城乡建设厅、江苏省市场监督管理局 |

续表

| 序号 | 标准编号 | 标准名称 | 被代替标准编号 | 批准日期 | 施行日期 | 备案号 | 批准部门 |
|---|---|---|---|---|---|---|---|
| 332 | DB32/T 4067-2021 | 假山造景工程技术规程 | | 2021-6-4 | 2021-12-1 | J15820-2021 | 江苏省住房和城乡建设厅、江苏省市场监督管理局 |
| 333 | DB32/T 4068-2021 | 城镇道路开挖、回填、恢复快速施工及验收规程 | DGJ32/T J148-2013 | 2021-8-3 | 2022-2-1 | J12274-2021 | 江苏省住房和城乡建设厅、江苏省市场监督管理局 |
| 334 | DB32/T 4069-2021 | 城镇道路沥青路面就地热再生施工及验收规程 | DGJ32/T J149-2013 | 2021-8-3 | 2022-2-1 | J12275-2021 | 江苏省住房和城乡建设厅、江苏省市场监督管理局 |
| 335 | DB32/T 4070-2021 | 江苏省园林绿化工程施工测量标准 | | 2021-8-3 | 2022-2-1 | J15897-2021 | 江苏省住房和城乡建设厅、江苏省市场监督管理局 |
| 336 | DB32/T 4071-2021 | 城市景观照明工程施工及验收规程 | | 2021-8-3 | 2022-2-1 | J15898-2021 | 江苏省住房和城乡建设厅、江苏省市场监督管理局 |
| 337 | DB32/T 4072-2021 | 智慧家居工程设计标准 | | 2021-8-3 | 2022-2-1 | J15899-2021 | 江苏省住房和城乡建设厅、江苏省市场监督管理局 |
| 338 | DB32/T 4073-2021 | 建筑施工承插型盘扣式钢管支架安全技术规程 | DGJ32/T J69-2008 | 2021-8-3 | 2022-2-1 | J11281-2021 | 江苏省住房和城乡建设厅、江苏省市场监督管理局 |
| 339 | DB32/T 4074-2021 | 抗车辙半柔性路面应用技术规程 | | 2021-8-3 | 2022-2-1 | J15900-2021 | 江苏省住房和城乡建设厅、江苏省市场监督管理局 |
| 340 | DB32/T 4075-2021 | 装配式混凝土结构预制构件质量检验规程 | | 2021-8-3 | 2022-2-1 | J15901-2021 | 江苏省住房和城乡建设厅、江苏省市场监督管理局 |
| 341 | DB32/T 4076-2021 | 生活垃圾焚烧稳定化飞灰填埋处置技术标准 | | 2021-8-3 | 2022-2-1 | J15902-2021 | 江苏省住房和城乡建设厅、江苏省市场监督管理局 |
| 342 | DB32/T 4106-2021 | 内外墙涂饰工程施工及验收规程 | DB32/T 195-1998 | 2021-9-16 | 2022-3-1 | J16031-2021 | 江苏省住房和城乡建设厅、江苏省市场监督管理局 |
| 343 | DB32/T 4107-2021 | 民用建筑节能工程热工性能现场检测标准 | DGJ32-J23-2006 | 2021-9-16 | 2022-3-1 | J10779-2021 | 江苏省住房和城乡建设厅、江苏省市场监督管理局 |
| 344 | DB32/T 4108-2021 | 混凝土复合保温砌块(砖)墙体自保温系统应用技术规程 | DGJ32/T J85-2009 | 2021-9-16 | 2022-3-1 | J11491-2021 | 江苏省住房和城乡建设厅、江苏省市场监督管理局 |

续表

| 序号 | 标准编号 | 标准名称 | 被代替标准编号 | 批准日期 | 施行日期 | 备案号 | 批准部门 |
|---|---|---|---|---|---|---|---|
| 345 | DB32/T 4109－2021 | 既有建筑绿色化改造技术规程 |  | 2021－9－16 | 2022－3－1 | J16032－2021 | 江苏省住房和城乡建设厅、江苏省市场监督管理局 |
| 346 | DB32/T 4110－2021 | 老年公寓模块化设计标准 |  | 2021－9－16 | 2022－3－1 | J16033－2021 | 江苏省住房和城乡建设厅、江苏省市场监督管理局 |
| 347 | DB32/T 4111－2021 | 预应力混凝土实心方桩基础技术规程 |  | 2021－9－16 | 2022－3－1 | J16034－2021 | 江苏省住房和城乡建设厅、江苏省市场监督管理局 |
| 348 | DB32/T 4112－2021 | 建筑墙体内保温工程技术规程 |  | 2021－9－16 | 2022－3－1 | J16035－2021 | 江苏省住房和城乡建设厅、江苏省市场监督管理局 |
| 349 | DB32/T 4113－2021 | 二次供水水池(箱)人工清洗消毒操作规程 |  | 2021－9－16 | 2022－3－1 | J16036－2021 | 江苏省住房和城乡建设厅、江苏省市场监督管理局 |
| 350 | DB32/T 4114－2021 | 施工图设计文件数字化审查标准 |  | 2021－9－16 | 2022－3－1 | J16037－2021 | 江苏省住房和城乡建设厅、江苏省市场监督管理局 |
| 351 | DB32/T 4115－2021 | 钻孔灌注桩成孔、地下连续墙成槽质量检测技术规程 | DGJ32/T J117－2011 | 2021－9－16 | 2022－3－1 | J11813－2021 | 江苏省住房和城乡建设厅、江苏省市场监督管理局 |
| 352 | DB32/T 4116－2021 | 里氏硬度计法建筑结构钢抗拉强度现场检测技术规程 | DGJ32/T J116－2011 | 2021－9－16 | 2022－3－1 | J11814－2021 | 江苏省住房和城乡建设厅、江苏省市场监督管理局 |
| 353 | DB32/T 4117－2021 | 保温装饰板外墙外保温系统技术规程 | DGJ32/T J86－2013 | 2021－9－16 | 2022－3－1 | J11508－2021 | 江苏省住房和城乡建设厅、江苏省市场监督管理局 |
| 354 | DB32/T 4118－2021 | 建筑机电工程抗震支吊架技术规程 |  | 2021－9－16 | 2022－3－1 | J16038－2021 | 江苏省住房和城乡建设厅、江苏省市场监督管理局 |
| 355 | DB32/T 4119－2021 | 居住建筑用门技术规程 |  | 2021－9－16 | 2022－3－1 | J16039－2021 | 江苏省住房和城乡建设厅、江苏省市场监督管理局 |
| 356 | DB32－4120－2021 | 建筑物移动通信基础设施建设标准 |  | 2021－9－16 | 2021－12－1 | J15783－2021 | 江苏省住房和城乡建设厅、江苏省市场监督管理局 |
| 357 | DB32/T 4163－2021 | 预拌透水水泥混凝土应用技术规程 |  | 2021－12－22 | 2022－6－1 | J16117－2022 | 江苏省住房和城乡建设厅、江苏省市场监督管理局 |

续表

| 序号 | 标准编号 | 标准名称 | 被代替标准编号 | 批准日期 | 施行日期 | 备案号 | 批准部门 |
|---|---|---|---|---|---|---|---|
| 358 | DB32/T 4164－2021 | 老年人住宅设计标准 | | 2021－12－22 | 2022－6－1 | J16118－2022 | 江苏省住房和城乡建设厅、江苏省市场监督管理局 |
| 359 | DB32/T 4165－2021 | 多联式空调(热泵)系统工程技术规程 | | 2021－12－22 | 2022－6－1 | J16119－2022 | 江苏省住房和城乡建设厅、江苏省市场监督管理局 |
| 360 | DB32/T 4166－2021 | 力值检测数据采集传输技术规程 | DGJ32－J75－2009 | 2021－12－22 | 2022－6－1 | J11362－2022 | 江苏省住房和城乡建设厅、江苏省市场监督管理局 |
| 361 | DB32/T 4167－2021 | 单元整体式钢结构建筑技术规程 | | 2021－12－22 | 2022－6－1 | J16120－2022 | 江苏省住房和城乡建设厅、江苏省市场监督管理局 |
| 362 | DB32/T 4168－2021 | 建设工程红外热成像法检测技术规程 | DGJ32/T J81－2009 | 2021－12－22 | 2022－6－1 | J11426－2022 | 江苏省住房和城乡建设厅、江苏省市场监督管理局 |
| 363 | DB32/T 4169－2021 | 预制装配式自复位混凝土框架结构技术规程 | | 2021－12－22 | 2022－6－1 | J16121－2022 | 江苏省住房和城乡建设厅、江苏省市场监督管理局 |
| 364 | DB32/T 4170－2021 | 城市轨道交通车辆基地上盖综合利用防火设计标准 | | 2021－12－22 | 2022－4－1 | J16122－2022 | 江苏省住房和城乡建设厅、江苏省市场监督管理局 |
| 365 | DB32/T 4171－2021 | 近零能耗建筑检测技术标准 | | 2021－12－22 | 2022－6－1 | J16123－2022 | 江苏省住房和城乡建设厅、江苏省市场监督管理局 |
| 366 | DB32/T 4172－2021 | 民用建筑室内装修工程环境质量验收规程 | DGJ32－J140－2012 | 2021－12－22 | 2022－6－1 | J12091－2022 | 江苏省住房和城乡建设厅、江苏省市场监督管理局 |
| 367 | DB32/T 4173－2021 | 常温沥青修复路面技术规程 | | 2021－12－22 | 2022－6－1 | J16124－2022 | 江苏省住房和城乡建设厅、江苏省市场监督管理局 |
| 368 | DB32/T 4174－2021 | 城市居住区和单位绿化标准 | DGJ32/T J169－2014 | 2021－12－22 | 2022－4－1 | J12761－2022 | 江苏省住房和城乡建设厅、江苏省市场监督管理局 |
| 369 | DB32/T 4175－2021 | 建设工程智慧安监技术标准 | | 2021－12－22 | 2022－4－1 | J16125－2022 | 江苏省住房和城乡建设厅、江苏省市场监督管理局 |
| 370 | DB32/T 4176－2021 | 公共建筑室内空气质量监测系统技术规程 | | 2021－12－22 | 2022－4－1 | J16126－2022 | 江苏省住房和城乡建设厅、江苏省市场监督管理局 |

续表

| 序号 | 标准编号 | 标准名称 | 被代替标准编号 | 批准日期 | 施行日期 | 备案号 | 批准部门 |
|---|---|---|---|---|---|---|---|
| 371 | DB32/T 4184－2021 | 清水混凝土应用技术规程 |  | 2021－12－31 | 2022－6－1 | J16162－2022 | 江苏省住房和城乡建设厅、江苏省市场监督管理局 |
| 372 | DB32/T 4185－2021 | 建筑工程质量评价标准 |  | 2021－12－31 | 2022－6－1 | J16163－2022 | 江苏省住房和城乡建设厅、江苏省市场监督管理局 |
| 373 | DB33/T 1232－2021 | 蒸压加气混凝土墙板应用技术规程 |  | 2021－1－7 | 2021－6－1 | J15529－2021 | 浙江省住房和城乡建设厅 |
| 374 | DB33/T 1233－2021 | 基坑工程地下连续墙技术规程 |  | 2021－1－14 | 2021－6－1 | J15672－2021 | 浙江省住房和城乡建设厅 |
| 375 | DB33/T 1012－2021 | 挤扩支盘混凝土灌注桩技术规程 | DB33/T 1012－2003 | 2021－1－14 | 2021－6－1 | J10270－2021 | 浙江省住房和城乡建设厅 |
| 376 | DB33/T 1234－2021 | 城镇雨污分流改造技术规程 |  | 2021－1－14 | 2021－6－1 | J15530－2021 | 浙江省住房和城乡建设厅 |
| 377 | DB33/T 1064－2021 | 铝合金建筑外窗应用技术规程 | DB33－1064－2009 | 2021－1－21 | 2021－7－1 | J11566－2021 | 浙江省住房和城乡建设厅 |
| 378 | DB33/T 1235－2021 | 城镇生活垃圾分类管理信息系统技术标准 |  | 2021－1－28 | 2021－6－1 | J15638－2021 | 浙江省住房和城乡建设厅 |
| 379 | DB33/T 1029－2021 | 辐射供暖及供冷应用技术规程 | DB33/T 1029－2006 | 2021－2－3 | 2021－6－1 | J10858－2021 | 浙江省住房和城乡建设厅 |
| 380 | DB33/T 1236－2021 | 城镇道路养护作业安全设施设置技术规程 |  | 2021－2－9 | 2021－7－1 | J15733－2021 | 浙江省住房和城乡建设厅 |
| 381 | DB33/T 1237－2021 | 混凝土结构工程施工质量验收检查用表标准 |  | 2021－2－8 | 2021－6－1 | J15616－2021 | 浙江省住房和城乡建设厅 |
| 382 | DB33/T 1238－2021 | 智慧灯杆技术标准 |  | 2021－2－7 | 2021－6－1 | J15617－2021 | 浙江省住房和城乡建设厅 |
| 383 | DB33－1239－2021 | 建设工程配建 5G 移动通信基础设施技术标准 |  | 2021－3－24 | 2021－5－1 | J15569－2021 | 浙江省住房和城乡建设厅 |
| 384 | DB33/T 1240－2021 | 建筑幕墙工程技术标准 |  | 2021－4－9 | 2021－9－1 | J15809－2021 | 浙江省住房和城乡建设厅 |
| 385 | DB33/T 1241－2021 | 历史建筑修缮与利用技术规程 |  | 2021－4－20 | 2021－9－1 | J15754－2021 | 浙江省住房和城乡建设厅 |
| 386 | DB33/T 1242－2021 | 油气输送管道建设间距标准 |  | 2021－4－25 | 2021－7－1 | J15708－2021 | 浙江省住房和城乡建设厅 |
| 387 | DB33/T 1243－2021 | 有釉面发泡陶瓷保温板外墙外保温系统应用技术规程 |  | 2021－5－7 | 2021－8－1 | J15755－2021 | 浙江省住房和城乡建设厅 |

续表

| 序号 | 标准编号 | 标准名称 | 被代替标准编号 | 批准日期 | 施行日期 | 备案号 | 批准部门 |
|---|---|---|---|---|---|---|---|
| 388 | DB33/T 1244-2021 | 建设工程移动式起重机安全检查技术规程 | | 2021-8-25 | 2021-12-1 | J15946-2021 | 浙江省住房和城乡建设厅 |
| 389 | DB33/T 1245-2021 | 城镇人行天桥设计标准 | | 2021-6-18 | 2021-10-1 | J15845-2021 | 浙江省住房和城乡建设厅 |
| 390 | DB33/T 1246-2021 | 城镇人行地道设计标准 | | 2021-6-18 | 2021-10-1 | J15844-2021 | 浙江省住房和城乡建设厅 |
| 391 | DB33/T 1247-2021 | 城市河道景观设计标准 | | 2021-12-31 | 2022-5-1 | J16132-2022 | 浙江省住房和城乡建设厅 |
| 392 | DB33/T 1248-2021 | 智慧工地建设标准 | | 2021-11-23 | 2022-3-1 | J16722-2021 | 浙江省住房和城乡建设厅 |
| 393 | DB33/T 1249-2021 | 城镇道路掘路修复技术规程 | | 2021-6-30 | 2021-11-1 | J15853-2021 | 浙江省住房和城乡建设厅 |
| 394 | DB33/T 1250-2021 | 城镇道路养护作业规程 | | 2021-6-30 | 2021-11-1 | J15854-2021 | 浙江省住房和城乡建设厅 |
| 395 | DB33/T 1251-2021 | 燃气用户设施安全检查标准 | | 2021-6-30 | 2021-11-1 | J15947-2021 | 浙江省住房和城乡建设厅 |
| 396 | DB33/T 1252-2021 | 城市轨道交通引起建筑物振动测试技术规程 | | 2021-7-7 | 2021-11-1 | J15945-2021 | 浙江省住房和城乡建设厅 |
| 397 | DB33/T 1253-2021 | 疏浚淤泥真空预压处理技术规程 | | 2021-8-6 | 2022-1-1 | J15919-2021 | 浙江省住房和城乡建设厅 |
| 398 | DB33-1092-2021 | 绿色建筑设计标准 | DB33-1092-2016 | 2021-9-7 | 2022-1-1 | J13379-2021 | 浙江省住房和城乡建设厅 |
| 399 | DB33/T 1254-2021 | 高等学校化学试剂库建设标准 | | 2021-9-15 | 2022-2-1 | J16000-2021 | 浙江省住房和城乡建设厅 |
| 400 | DB33/T 1255-2021 | 城镇燃气设施安全应用技术标准 | | 2021-9-22 | 2022-2-1 | J16020-2021 | 浙江省住房和城乡建设厅 |
| 401 | DB33/T 1256-2021 | 城市道路隧道设计标准 | | 2021-9-22 | 2022-2-1 | J16021-2021 | 浙江省住房和城乡建设厅 |
| 402 | DB33/T 1257-2021 | 农村生活污水水质化验室技术规程 | | 2021-9-26 | 2022-2-1 | J16022-2021 | 浙江省住房和城乡建设厅 |
| 403 | DB33/T 1258-2021 | 智慧工地评价标准 | | 2021-10-25 | 2022-3-1 | J16070-2021 | 浙江省住房和城乡建设厅 |
| 404 | DB33/T 1259-2021 | 装配式内装评价标准 | | 2021-10-29 | 2022-4-1 | J16083-2021 | 浙江省住房和城乡建设厅 |
| 405 | DB33/T 1261-2021 | 全装修住宅室内装修设计标准 | | 2021-12-6 | 2022-4-1 | J16102-2022 | 浙江省住房和城乡建设厅 |
| 406 | DB33/T 1262-2021 | 城镇道路探地雷达法检测技术规程 | | 2021-12-14 | 2022-5-1 | J16103-2022 | 浙江省住房和城乡建设厅 |
| 407 | DB33/T 1263-2021 | 既有玻璃幕墙安全性评估技术规程 | | 2021-12-20 | 2022-4-1 | J16104-2022 | 浙江省住房和城乡建设厅 |
| 408 | DB33/T 1264-2021 | 城镇道路施工区域市政临时工程技术规程 | | 2021-12-27 | 2022-5-1 | J16105-2022 | 浙江省住房和城乡建设厅 |

续表

| 序号 | 标准编号 | 标准名称 | 被代替标准编号 | 批准日期 | 施行日期 | 备案号 | 批准部门 |
|---|---|---|---|---|---|---|---|
| 409 | DB33/T 1265-2021 | 建筑节能工程施工质量验收检查用表标准 |  | 2021-12-27 | 2022-3-1 | J16106-2022 | 浙江省住房和城乡建设厅 |
| 410 | DB33-1015-2021 | 居住建筑节能设计标准 | DB33-1036-2007(2015) | 2021-12-27 | 2022-2-1 | J10310-2021 | 浙江省住房和城乡建设厅 |
| 411 | DB33-1036-2021 | 公共建筑节能设计标准 | DB33-1015-2015 | 2021-12-27 | 2022-2-1 | J11071-2021 | 浙江省住房和城乡建设厅 |
| 412 | DB33/T 1266-2021 | 城市地下工程施工与运行监测技术规程 |  | 2021-12-28 | 2022-5-1 | J16107-2022 | 浙江省住房和城乡建设厅 |
| 413 | DB34/T 3822-2021 | 盒式螺栓连接多层全装配式混凝土墙-板结构技术规程 |  | 2021-1-25 | 2021-7-25 | J15602-2021 | 安徽省市场监督管理局 |
| 414 | DB34/T 3823-2021 | 绿色建筑设备节能控制技术标准 |  | 2021-1-25 | 2021-7-25 | J15603-2021 | 安徽省市场监督管理局 |
| 415 | DB34/T 3824-2021 | 园林工程施工组织设计规范 |  | 2021-1-25 | 2021-7-25 | J15604-2021 | 安徽省市场监督管理局 |
| 416 | DB34/T 3826-2021 | 保温板外墙外保温工程技术标准 |  | 2021-1-25 | 2021-7-25 | J15605-2021 | 安徽省市场监督管理局 |
| 417 | DB34/T 3827-2021 | 复合保温隔声板楼屋面工程技术规程 |  | 2021-1-25 | 2021-7-25 | J15606-2021 | 安徽省市场监督管理局 |
| 418 | DB34/T 3828-2021 | 建筑外墙外保温工程修缮技术规程 |  | 2021-1-25 | 2021-7-25 | J15607-2021 | 安徽省市场监督管理局 |
| 419 | DB34/T 3829-2021 | 既有住宅适老化改造设计标准 |  | 2021-1-25 | 2021-7-25 | J15608-2021 | 安徽省市场监督管理局 |
| 420 | DB34/T 3830-2021 | 装配式建筑评价技术规范 |  | 2021-1-25 | 2021-7-25 | J15609-2021 | 安徽省市场监督管理局 |
| 421 | DB34/T 3831-2021 | 城市污水处理厂节能降耗运行技术规范 |  | 2021-1-25 | 2021-7-25 | J15610-2021 | 安徽省市场监督管理局 |
| 422 | DB34/T 3832-2021 | 城市污水处理厂污泥处理处置技术规程 |  | 2021-1-25 | 2021-7-25 | J15611-2021 | 安徽省市场监督管理局 |
| 423 | DB34/T 3833-2021 | 城镇道路人行道及附属设施施工技术规程 |  | 2021-1-25 | 2021-7-25 | J15612-2021 | 安徽省市场监督管理局 |
| 424 | DB34/T 3834-2021 | 装配式住宅统一模数标准 |  | 2021-1-25 | 2021-7-25 | J15613-2021 | 安徽省市场监督管理局 |
| 425 | DB34/T 3835-2021 | 机制砂应用技术规程 |  | 2021-1-25 | 2021-7-25 | J15614-2021 | 安徽省市场监督管理局 |

续表

| 序号 | 标准编号 | 标准名称 | 被代替标准编号 | 批准日期 | 施行日期 | 备案号 | 批准部门 |
|---|---|---|---|---|---|---|---|
| 426 | DB34/T 3836-2021 | 城镇综合管廊施工与质量验收规程 | | 2021-1-25 | 2021-7-25 | J15615-2021 | 安徽省市场监督管理局 |
| 427 | DB34/T 1468-2021 | 叠合板式混凝土剪力墙结构施工及验收规程 | DB34/T 1468-2011 | 2021-1-25 | 2021-7-25 | J11904-2021 | 安徽省市场监督管理局 |
| 428 | DB34/T 1874-2021 | 装配式混凝土住宅设计标准 | DB34/T 1874-2013 | 2021-1-25 | 2021-7-25 | J12346-2021 | 安徽省市场监督管理局 |
| 429 | DB34/T 3825-2021 | 城镇燃气用户设施安全检查和配送服务规范 | | 2021-1-25 | 2021-7-25 | J15667-2021 | 安徽省市场监督管理局 |
| 430 | DB34/T 3942-2021 | 现浇混凝土内置保温墙体技术规程 | | 2021-6-8 | 2021-12-8 | J15861-2021 | 安徽省市场监督管理局 |
| 431 | DB34/T 3943-2021 | 养老服务设施规划建设标准 | | 2021-6-8 | 2021-12-8 | J15862-2021 | 安徽省市场监督管理局 |
| 432 | DB34/T 3944-2021 | 静力触探应用技术规程 | | 2021-6-8 | 2021-12-8 | J15863-2021 | 安徽省市场监督管理局 |
| 433 | DB34/T 3945-2021 | 地铁盾构衬砌管片预制、施工及验收技术规程 | | 2021-6-8 | 2021-12-8 | J15864-2021 | 安徽省市场监督管理局 |
| 434 | DB34/T 3946-2021 | 钢板桩基坑支护技术规程 | | 2021-6-8 | 2021-12-8 | J15865-2021 | 安徽省市场监督管理局 |
| 435 | DB34/T 3947-2021 | 预拌混凝土绿色生产及管理技术规程 | | 2021-6-8 | 2021-12-8 | J15866-2021 | 安徽省市场监督管理局 |
| 436 | DB34/T 3948-2021 | 城市智慧杆综合系统技术标准 | | 2021-6-8 | 2021-12-8 | J15867-2021 | 安徽省市场监督管理局 |
| 437 | DB34/T 3949-2021 | 空气源热泵供暖空调工程技术规程 | | 2021-6-8 | 2021-12-8 | J15868-2021 | 安徽省市场监督管理局 |
| 438 | DB34/T 3950-2021 | 建筑幕墙工程施工质量验收规程 | | 2021-6-8 | 2021-12-8 | J15869-2021 | 安徽省市场监督管理局 |
| 439 | DB34/T 3951-2021 | 地铁基坑地下连续墙施工技术规程 | | 2021-6-8 | 2021-12-8 | J15870-2021 | 安徽省市场监督管理局 |
| 440 | DB34/T 3952-2021 | 预制混凝土夹心保温外挂墙板技术规程 | | 2021-6-8 | 2021-12-8 | J15871-2021 | 安徽省市场监督管理局 |
| 441 | DB34/T 3953-2021 | 装配式钢结构预制墙板应用技术规程 | | 2021-6-8 | 2021-12-8 | J15872-2021 | 安徽省市场监督管理局 |
| 442 | DB34/T 3954-2021 | 园林绿化工程施工质量验收标准 | | 2021-6-8 | 2021-12-8 | J15873-2021 | 安徽省市场监督管理局 |
| 443 | DB34/T 3955-2021 | 园林绿化植物种植技术规程 | | 2021-6-8 | 2021-12-8 | J15874-2021 | 安徽省市场监督管理局 |

续表

| 序号 | 标准编号 | 标准名称 | 被代替标准编号 | 批准日期 | 施行日期 | 备案号 | 批准部门 |
|---|---|---|---|---|---|---|---|
| 444 | DB34/T 3956 - 2021 | 城市道路杆件综合设置技术标准 |  | 2021 - 6 - 8 | 2021 - 12 - 8 | J15875 - 2021 | 安徽省市场监督管理局 |
| 445 | DB34/T 3957 - 2021 | 建筑墙式金属阻尼器减震技术规程 |  | 2021 - 6 - 8 | 2021 - 12 - 8 | J15876 - 2021 | 安徽省市场监督管理局 |
| 446 | DB34/T 3958 - 2021 | 装配式钢-混叠合柱框架结构技术规程 |  | 2021 - 6 - 8 | 2021 - 12 - 8 | J15877 - 2021 | 安徽省市场监督管理局 |
| 447 | DB34/T 3960 - 2021 | 公共建筑供暖空调系统能效提升技术标准 |  | 2021 - 6 - 8 | 2021 - 12 - 8 | J15878 - 2021 | 安徽省市场监督管理局 |
| 448 | DB34/T 1923 - 2021 | 医疗建筑智能化系统技术标准 | DB34/T 1923 - 2013 | 2021 - 6 - 8 | 2021 - 12 - 8 | J12422 - 2021 | 安徽省市场监督管理局 |
| 449 | DB34/T 1470 - 2021 | 金融建筑智能化系统技术标准 | DB34/T 1470 - 2011 | 2021 - 6 - 8 | 2021 - 12 - 8 | J11902 - 2021 | 安徽省市场监督管理局 |
| 450 | DB34/T 579 - 2021 | 住宅区智能化系统工程设计、验收标准 | DB34/T 579 - 2005 | 2021 - 6 - 8 | 2021 - 12 - 8 | J10902 - 2021 | 安徽省市场监督管理局 |
| 451 | DB34/T 3959 - 2021 | 物业服务第三方评价技术标准 |  | 2021 - 6 - 8 | 2021 - 12 - 8 | J15892 - 2021 | 安徽省市场监督管理局 |
| 452 | DB34/T 4021 - 2021 | 城市生命线工程安全运行监测技术标准 |  | 2021 - 9 - 14 | 2021 - 10 - 14 | J15967 - 2021 | 安徽省市场监督管理局 |
| 453 | DB34/T 4052 - 2021 | 预应力数控张拉工程施工技术规程 |  | 2021 - 9 - 30 | 2021 - 10 - 30 | J16045 - 2021 | 安徽省市场监督管理局 |
| 454 | DB34/T 4053 - 2021 | 城市旧水泥路面改造工程共振碎石化技术标准 |  | 2021 - 9 - 30 | 2021 - 10 - 30 | J16046 - 2021 | 安徽省市场监督管理局 |
| 455 | DB34/T 4054 - 2021 | 建筑中水工程运行及管理技术标准 |  | 2021 - 9 - 30 | 2021 - 10 - 30 | J16047 - 2021 | 安徽省市场监督管理局 |
| 456 | DB34/T 1469 - 2021 | 居住区供配电系统技术标准 | DB34/T 1469 - 2019 | 2021 - 9 - 30 | 2021 - 10 - 30 | J11903 - 2021 | 安徽省市场监督管理局 |
| 457 | DBJ/T 13 - 98 - 2021 | 城镇沥青路面施工技术标准 |  | 2021 - 3 - 11 | 2021 - 6 - 1 | J15756 - 2021 | 福建省住房和城乡建设厅 |
| 458 | DBJ/T 13 - 341 - 2021 | 装配式建筑产业工人培训基地建设标准 |  | 2021 - 3 - 11 | 2021 - 6 - 1 | J15757 - 2021 | 福建省住房和城乡建设厅 |
| 459 | DBJ/T 13 - 348 - 2021 | 装配式建筑产业工人技能标准 |  | 2021 - 3 - 11 | 2021 - 6 - 1 | J15758 - 2021 | 福建省住房和城乡建设厅 |
| 460 | DBJ/T 13 - 352 - 2021 | 火灾后混凝土结构鉴定标准 |  | 2021 - 3 - 11 | 2021 - 6 - 1 | J15759 - 2021 | 福建省住房和城乡建设厅 |
| 461 | DBJ/T 13 - 353 - 2021 | 房地产估价行业电子文档管理技术标准 |  | 2021 - 3 - 11 | 2021 - 6 - 1 | J15760 - 2021 | 福建省住房和城乡建设厅 |

续表

| 序号 | 标准编号 | 标准名称 | 被代替标准编号 | 批准日期 | 施行日期 | 备案号 | 批准部门 |
|---|---|---|---|---|---|---|---|
| 462 | DBJ/T 13-354-2021 | 既有房屋结构安全隐患排查技术标准 | | 2021-3-11 | 2021-6-1 | J15761-2021 | 福建省住房和城乡建设厅 |
| 463 | DBJ/T 13-355-2021 | 城市隧道防排水技术标准 | | 2021-3-11 | 2021-6-1 | J15762-2021 | 福建省住房和城乡建设厅 |
| 464 | DBJ/T 13-356-2021 | 市政道路沥青路面施工全过程质量管理标准 | | 2021-3-11 | 2021-6-1 | J15763-2021 | 福建省住房和城乡建设厅 |
| 465 | DBJ/T 13-67-2021 | 建筑施工起重机械安全检测标准 | DBJ/T 13-67-2010 | 2021-3-11 | 2021-6-1 | J11699-2021 | 福建省住房和城乡建设厅 |
| 466 | DBJ/T 13-357-2021 | 福建省应急建筑安全技术标准 | | 2021-6-24 | 2021-8-1 | J16055-2021 | 福建省住房和城乡建设厅 |
| 467 | DBJ/T 13-358-2021 | 城镇供水基础数据采集与管理技术标准 | | 2021-6-24 | 2021-8-1 | J16056-2021 | 福建省住房和城乡建设厅 |
| 468 | DBJ/T 13-359-2021 | 城市轨道交通工程安全风险管控标准 | | 2021-6-24 | 2021-8-1 | J16057-2021 | 福建省住房和城乡建设厅 |
| 469 | DBJ/T 13-360-2021 | 装配式蒸压加气混凝土砌块组合一体化墙板应用技术标准 | | 2021-6-24 | 2021-8-1 | J16058-2021 | 福建省住房和城乡建设厅 |
| 470 | DBJ/T 13-361-2021 | 福建省福道规划建设标准 | | 2021-7-12 | 2021-9-1 | J15964-2021 | 福建省住房和城乡建设厅 |
| 471 | DBJ/T 13-362-2021 | 城市桥梁隧道景观设计标准 | | 2021-7-12 | 2021-9-1 | J15965-2021 | 福建省住房和城乡建设厅 |
| 472 | DBJ/T 13-363-2021 | 福建省智慧杆建设技术标准 | | 2021-7-12 | 2021-9-1 | J15966-2021 | 福建省住房和城乡建设厅 |
| 473 | DBJ/T 13-07-2021 | 建筑与市政地基基础技术标准 | DBJ 13-07-2006 | 2021-7-12 | 2021-9-1 | J10643-2021 | 福建省住房和城乡建设厅 |
| 474 | DBJ/T 13-364-2021 | 城市轨道交通盾构隧道工程施工质量验收标准 | | 2021-7-30 | 2021-10-9 | J16059-2021 | 福建省住房和城乡建设厅 |
| 475 | DBJ/T 13-365-2021 | 城市轨道交通轨道工程施工质量验收标准 | | 2021-7-30 | 2021-10-9 | J16060-2021 | 福建省住房和城乡建设厅 |
| 476 | DBJ/T 13-366-2021 | 建筑工程附着式升降脚手架应用技术标准 | | 2021-7-30 | 2021-10-9 | J16061-2021 | 福建省住房和城乡建设厅 |
| 477 | DBJ/T 13-367-2021 | 城市轨道交通工程应急救援管理标准 | | 2021-7-30 | 2021-10-9 | J16062-2021 | 福建省住房和城乡建设厅 |

续表

| 序号 | 标准编号 | 标准名称 | 被代替标准编号 | 批准日期 | 施行日期 | 备案号 | 批准部门 |
|---|---|---|---|---|---|---|---|
| 478 | DBJ/T 13-109-2021 | 大树移植技术标准 | DBJ 13-109-2009 | 2021-8-3 | 2021-10-9 | J11350-2021 | 福建省住房和城乡建设厅 |
| 479 | DBJ/T 13-110-2021 | 古树名木鉴定与评估标准 | DBJ 13-110-2009 | 2021-8-3 | 2021-10-9 | J11351-2021 | 福建省住房和城乡建设厅 |
| 480 | DBJ/T 13-120-2021 | 古树名木管理与养护技术标准 | DBJ/T 13-120-2010 | 2021-8-3 | 2021-10-9 | J11576-2021 | 福建省住房和城乡建设厅 |
| 481 | DBJ/T 13-154-2021 | 城市园林绿地养护质量标准 | DBJ/T 13-132-2010<br>DBJ/T 13-154-2012 | 2021-8-3 | 2021-10-9 | J12157-2021 | 福建省住房和城乡建设厅 |
| 482 | DBJ/T 13-172-2021 | 城市园林绿化工程用木本苗木标准 | DBJ/T 13-172-2013 | 2021-8-3 | 2021-10-9 | J12338-2021 | 福建省住房和城乡建设厅 |
| 483 | DBJ/T 13-118-2021 | 福建省绿色建筑评价标准 | DBJ/T 13-118-2014 | 2021-11-19 | 2022-1-1 | J11537-2021 | 福建省住房和城乡建设厅 |
| 484 | DBJ/T 13-105-2021 | 福建省建筑物通信基础设施建设标准 | DBJ13-105-2008 | 2021-11-19 | 2022-1-1 | J11294-2021 | 福建省住房和城乡建设厅 |
| 485 | DBJ/T 13-250-2021 | 福建省合成材料运动场地面层应用技术标准 | DBJ/T 13-250-2016 | 2021-11-19 | 2022-1-1 | J13604-2021 | 福建省住房和城乡建设厅 |
| 486 | DBJ/T 13-368-2021 | 福建省陶粒增强型轻质墙板应用技术标准 | | 2021-11-19 | 2022-1-1 | J16718-2021 | 福建省住房和城乡建设厅 |
| 487 | DBJ/T 13-369-2021 | 福建省装配式建筑非砌筑内隔墙技术标准 | | 2021-11-19 | 2022-1-1 | J16719-2021 | 福建省住房和城乡建设厅 |
| 488 | DBJ/T 13-370-2021 | 福建省柔性饰面砖应用技术标准 | | 2021-11-19 | 2022-1-1 | J16720-2021 | 福建省住房和城乡建设厅 |
| 489 | DBJ/T 13-372-2021 | 福建省绿色生态城区评价标准 | | 2021-12-16 | 2022-2-1 | J16175-2022 | 福建省住房和城乡建设厅 |
| 490 | DBJ/T 13-373-2021 | 福建省蜂巢复合装配式围挡板应用技术标准 | | 2021-12-16 | 2022-2-1 | J16176-2022 | 福建省住房和城乡建设厅 |
| 491 | DBJ/T 13-374-2021 | 福建省钢筋桁架叠合楼板技术标准 | | 2021-12-16 | 2022-2-1 | J16177-2022 | 福建省住房和城乡建设厅 |
| 492 | DBJ/T 13-371-2021 | 福建省城市轨道交通工程质量安全文明标准化施工管理标准 | | 2021-12-7 | 2022-2-1 | J16721-2021 | 福建省住房和城乡建设厅 |
| 493 | DBJ/T 13-204-2021 | 福建省城市地下管线探测及信息化技术规程 | DBJ/T 13-204-2014 | 2021-12-21 | 2022-2-1 | J12899-2022 | 福建省住房和城乡建设厅 |

续表

| 序号 | 标准编号 | 标准名称 | 被代替标准编号 | 批准日期 | 施行日期 | 备案号 | 批准部门 |
| --- | --- | --- | --- | --- | --- | --- | --- |
| 494 | DBJ/T 13-205-2021 | 福建省城市地下管线信息数据库建库规程 | DBJ/T 13-205-2014 | 2021-12-21 | 2022-2-1 | J12900-2022 | 福建省住房和城乡建设厅 |
| 495 | DBJ/T 13-167-2021 | 福建省城市道路雨水排水设计标准 | DBJ/T 13-167-2013 | 2021-12-21 | 2022-2-1 | J12282-2022 | 福建省住房和城乡建设厅 |
| 496 | DBJ/T 13-375-2021 | 福建省建筑垃圾消纳场建设技术标准 | | 2021-12-29 | 2022-3-1 | J16178-2022 | 福建省住房和城乡建设厅 |
| 497 | DBJ/T 13-376-2021 | 玻璃/陶瓷再生细骨料应用技术标准 | | 2021-12-29 | 2022-3-1 | J16179-2022 | 福建省住房和城乡建设厅 |
| 498 | DBJ/T 13-377-2021 | 园林绿化养护信息化技术标准 | | 2021-12-29 | 2022-3-1 | J16180-2022 | 福建省住房和城乡建设厅 |
| 499 | DBJ/T 13-379-2021 | 市政工程用混凝土养护剂应用技术标准 | | 2021-12-29 | 2022-3-1 | J16181-2022 | 福建省住房和城乡建设厅 |
| 500 | DBJ/T 13-380-2021 | 市政工程用建筑垃圾再生材料应用技术标准 | | 2021-12-29 | 2022-3-1 | J16182-2022 | 福建省住房和城乡建设厅 |
| 501 | DBJ/T 13-381-2021 | 混凝土结构房屋裂缝检测技术标准 | | 2021-12-29 | 2022-3-1 | J16183-2022 | 福建省住房和城乡建设厅 |
| 502 | DBJ/T 13-382-2021 | 既有建筑地基基础可靠性鉴定标准 | | 2021-12-29 | 2022-3-1 | J16184-2022 | 福建省住房和城乡建设厅 |
| 503 | DBJ/T 13-383-2021 | 福建省民用建筑外窗检验与评定标准 | | 2021-12-29 | 2022-3-1 | J16185-2022 | 福建省住房和城乡建设厅 |
| 504 | DBJ/T 13-384-2021 | 福建省建筑工程清水混凝土应用技术标准 | | 2021-12-29 | 2022-3-1 | J16186-2022 | 福建省住房和城乡建设厅 |
| 505 | DBJ/T 13-385-2021 | 福建省钢结构防火涂料应用技术标准 | | 2021-12-29 | 2022-3-1 | J16187-2022 | 福建省住房和城乡建设厅 |
| 506 | DBJ/T 13-386-2021 | 福建省市政工程施工图预算编审技术标准 | | 2021-12-29 | 2022-3-1 | J16188-2022 | 福建省住房和城乡建设厅 |
| 507 | DBJ/T 13-387-2021 | 福建省装配式混凝土结构构件生产和安装信息化应用技术标准 | | 2021-12-29 | 2022-3-1 | J16189-2022 | 福建省住房和城乡建设厅 |

续表

| 序号 | 标准编号 | 标准名称 | 被代替标准编号 | 批准日期 | 施行日期 | 备案号 | 批准部门 |
|---|---|---|---|---|---|---|---|
| 508 | DBJ/T 13-391-2021 | 福建省装配式建筑外墙防水工程技术标准 |  | 2021-12-29 | 2022-3-1 | J16190-2022 | 福建省住房和城乡建设厅 |
| 509 | DBJ/T 13-149-2021 | 城市道路养护作业安全设施设置技术标准 | DBJ/T13-149-2012 | 2021-12-29 | 2022-3-1 | J12056-2022 | 福建省住房和城乡建设厅 |
| 510 | DBJ/T 13-223-2021 | 绿地草坪建植及养护技术标准 | DBJ/T 13-223-2015 | 2021-12-29 | 2022-3-1 | J13024-2022 | 福建省住房和城乡建设厅 |
| 511 | DBJ/T 13-214-2021 | 桥面绿化种植养护技术标准 | DBJ/T 13-214-2015 | 2021-12-29 | 2022-3-1 | J12943-2022 | 福建省住房和城乡建设厅 |
| 512 | DBJ/T 13-163-2021 | 福建省城市桥梁限载标准 | DBJ/T 13-163-2012 | 2021-12-29 | 2022-3-1 | J12246-2022 | 福建省住房和城乡建设厅 |
| 513 | DBJ/T 13-378-2021 | 菊花栽培及园林应用技术标准 |  | 2021-12-29 | 2022-3-1 | J16249-2022 | 福建省住房和城乡建设厅 |
| 514 | DBJ/T 13-388-2021 | 福建省半柔性复合路面工程技术标准 |  | 2021-12-29 | 2022-3-1 | J16250-2022 | 福建省住房和城乡建设厅 |
| 515 | DBJ/T 13-389-2021 | 装配式张弦梁钢结构基坑支撑技术标准 |  | 2021-12-29 | 2022-3-1 | J16251-2022 | 福建省住房和城乡建设厅 |
| 516 | DBJ/T 13-390-2021 | 变径双向水泥土搅拌桩技术标准 |  | 2021-12-29 | 2022-3-1 | J16252-2022 | 福建省住房和城乡建设厅 |
| 517 | DBJ/T 13-392-2021 | 装配式轻型钢结构工业厂房技术标准 |  | 2021-12-29 | 2022-3-1 | J16253-2022 | 福建省住房和城乡建设厅 |
| 518 | DBJ/T 13-393-2021 | 植生混凝土应用技术标准 |  | 2021-12-29 | 2022-3-1 | J16254-2022 | 福建省住房和城乡建设厅 |
| 519 | DBJ/T 13-394-2021 | 给排水工程双面不锈钢复合钢管应用技术标准 |  | 2021-12-29 | 2022-3-1 | J16255-2022 | 福建省住房和城乡建设厅 |
| 520 | DBJ/T 13-396-2021 | 钢结构建筑聚苯模块节能围护结构技术标准 |  | 2021-12-29 | 2022-3-1 | J16256-2022 | 福建省住房和城乡建设厅 |
| 521 | DBJ/T 13-397-2021 | 地表水水源热泵系统运行管理技术标准 |  | 2021-12-29 | 2022-3-1 | J16257-2022 | 福建省住房和城乡建设厅 |
| 522 | DBJ/T 13-398-2021 | 民用建筑太阳能和空气源热泵热水系统技术应用标准 |  | 2021-12-29 | 2022-3-1 | J16258-2022 | 福建省住房和城乡建设厅 |

续表

| 序号 | 标准编号 | 标准名称 | 被代替标准编号 | 批准日期 | 施行日期 | 备案号 | 批准部门 |
|---|---|---|---|---|---|---|---|
| 523 | DBJ/T 13-401-2021 | 注浆法地基处理技术标准 | | 2021-12-29 | 2022-3-1 | J16259-2022 | 福建省住房和城乡建设厅 |
| 524 | DBJ/T 13-402-2021 | 市政钢桥面改性聚氨酯混凝土快速铺装技术标准 | | 2021-12-29 | 2022-3-1 | J16260-2022 | 福建省住房和城乡建设厅 |
| 525 | DBJ/T 13-403-2021 | 再生骨料混凝土预制构件技术标准 | | 2021-12-29 | 2022-3-1 | J16261-2022 | 福建省住房和城乡建设厅 |
| 526 | DBJ/T 13-404-2021 | 喷涂速凝橡胶沥青防水涂料技术标准 | | 2021-12-29 | 2022-3-1 | J16262-2022 | 福建省住房和城乡建设厅 |
| 527 | DBJ/T 13-405-2021 | 地下工程混凝土结构自防水应用技术标准 | | 2021-12-29 | 2022-3-1 | J16263-2022 | 福建省住房和城乡建设厅 |
| 528 | DBJ/T 13-240-2021 | 福建省城市桥梁健康监测系统设计技术标准 | DBJ/T 13-240-2016 | 2021-12-29 | 2022-3-1 | J16264-2022 | 福建省住房和城乡建设厅 |
| 529 | DBJ/T 13-395-2021 | 酚醛保温板外墙保温工程应用技术标准 | DBJ/T 13-126-2010 | 2021-12-29 | 2022-3-1 | J11634-2022 | 福建省住房和城乡建设厅 |
| 530 | DBJ/T 13-400-2021 | 建筑电气工程施工技术标准 | DBJ13-22-2007 | 2021-12-29 | 2022-3-1 | J10967-2022 | 福建省住房和城乡建设厅 |
| 531 | DBJ/T 13-124-2021 | 城市立体绿化技术标准 | DBJ/T 13-124-2010 | 2021-12-29 | 2022-3-1 | J11620-2022 | 福建省住房和城乡建设厅 |
| 532 | DBJ/T 13-131-2021 | 城市行道树栽植技术标准 | DBJ/T 13-131-2010 | 2021-12-29 | 2022-3-1 | J11739-2022 | 福建省住房和城乡建设厅 |
| 533 | DBJ/T 13-209-2021 | 桥梁结构动力特性检测技术标准 | DBJ/T 13-209-2015 | 2021-12-29 | 2022-3-1 | J12932-2022 | 福建省住房和城乡建设厅 |
| 534 | DBJ/T 13-23-2021 | 建筑排水硬聚氯乙烯管道安装工程技术标准 | DBJ13-23-2015 | 2021-12-29 | 2022-3-1 | J12984-2022 | 福建省住房和城乡建设厅 |
| 535 | DBJ/T 13-76-2021 | 预拌砂浆生产与应用技术标准 | DBJ/T 13-76-2016 | 2021-12-29 | 2022-3-1 | J10756-2022 | 福建省住房和城乡建设厅 |
| 536 | DBJ/T 13-121-2021 | 建筑工程施工技术管理标准 | DBJ/T 13-121-2010 | 2021-12-29 | 2022-3-1 | J11698-2022 | 福建省住房和城乡建设厅 |
| 537 | DBJ/T 13-107-2021 | 福建省建筑工程常见质量问题控制标准 | DBJ/T 13-107-2015 | 2021-12-29 | 2022-3-1 | J11338-2022 | 福建省住房和城乡建设厅 |
| 538 | DBJ/T 13-108-2021 | 建筑抹灰工程金属网护角技术标准 | DBJ/T 13-108-2015 | 2021-12-29 | 2022-3-1 | J11344-2022 | 福建省住房和城乡建设厅 |
| 539 | DBJ/T 13-27-2021 | 建筑室内外涂料工程施工及验收标准 | DBJ/T 13-27-2015<br>DBJ/T 13-185-2014 | 2021-12-29 | 2022-3-1 | J11337-2022 | 福建省住房和城乡建设厅 |

续表

| 序号 | 标准编号 | 标准名称 | 被代替标准编号 | 批准日期 | 施行日期 | 备案号 | 批准部门 |
|---|---|---|---|---|---|---|---|
| 540 | DBJ/T 13-236-2021 | 铝合金模板体系技术标准 | DBJ/T 13-236-2016 | 2021-12-29 | 2022-3-1 | J13392-2022 | 福建省住房和城乡建设厅 |
| 541 | DBJ/T 13-256-2021 | 福建省建设工程电子文件与电子档案管理技术标准 | DBJ/T 13-256-2016 | 2021-12-29 | 2022-3-1 | J13669-2022 | 福建省住房和城乡建设厅 |
| 542 | DBJ/T 13-45-2021 | 通风与空调工程施工技术标准 | DBJ13-45-2002 | 2021-12-29 | 2022-3-1 | J10196-2022 | 福建省住房和城乡建设厅 |
| 543 | DBJ/T 13-79-2021 | 后装拔出法检测混凝土强度技术标准 | DBJ 13-79-2007 | 2021-12-29 | 2022-3-1 | J10971-2022 | 福建省住房和城乡建设厅 |
| 544 | DBJ/T 13-71-2021 | 回弹法检测混凝土抗压强度技术标准 | DBJ/T 13-71-2015<br>DBJ/T 13-113-2009 | 2021-12-29 | 2022-3-1 | J10717-2022 | 福建省住房和城乡建设厅 |
| 545 | DBJ/T 13-244-2021 | 福建省预制混凝土衬砌管片质量验收标准 | DBJ/T 13-244-2016 | 2021-12-29 | 2022-3-1 | J13509-2022 | 福建省住房和城乡建设厅 |
| 546 | DBJ/T 13-146-2021 | 建筑与市政地基检测技术标准 | DBJ/T 13-146-2012 | 2021-12-29 | 2022-3-1 | J12009-2022 | 福建省住房和城乡建设厅 |
| 547 | DBJ/T 13-224-2021 | 地下连续墙检测技术标准 | DBJ/T 13-224-2015 | 2021-12-29 | 2022-3-1 | J13080-2022 | 福建省住房和城乡建设厅 |
| 548 | DBJ/T 13-248-2021 | 建筑施工拱门式钢管脚手架安全技术标准 | DBJ/T 13-248-2016 | 2021-12-29 | 2022-3-1 | J13577-2022 | 福建省住房和城乡建设厅 |
| 549 | DBJ/T 13-175-2021 | 热拌沥青混合料生产技术标准 | DBJ/T 13-175-2013 | 2021-12-29 | 2022-3-1 | J12405-2022 | 福建省住房和城乡建设厅 |
| 550 | DBJ/T 13-150-2021 | 自密实混凝土加固工程结构技术标准 | DBJ/T 13-150-2012 | 2021-12-29 | 2022-3-1 | J12090-2022 | 福建省住房和城乡建设厅 |
| 551 | DBJ/T 13-182-2021 | 彩色路面应用技术标准 | DBJ/T 13-182-2013 | 2021-12-29 | 2022-3-1 | J12567-2022 | 福建省住房和城乡建设厅 |
| 552 | DBJ/T 13-137-2021 | 水泥基耐磨地面应用技术标准 | DBJ/T 13-137-2011 | 2021-12-29 | 2022-3-1 | J11844-2022 | 福建省住房和城乡建设厅 |
| 553 | DBJ/T 13-15-2021 | 建筑用隔墙轻质条板应用技术标准 | DBJ13-15-2008 | 2021-12-29 | 2022-3-1 | J10076-2022 | 福建省住房和城乡建设厅 |
| 554 | DBJ/T 13-180-2021 | 建筑工程绿色施工技术标准 | DBJ/T 13-180-2013 | 2021-12-29 | 2022-3-1 | J12476-2022 | 福建省住房和城乡建设厅 |
| 555 | DBJ/T 13-242-2021 | 福建省可控刚度桩筏基础技术标准 | DBJ/T 13-242-2016 | 2021-12-29 | 2022-3-1 | J13488-2022 | 福建省住房和城乡建设厅 |
| 556 | DBJ/T 13-196-2021 | 水泥净浆材料配合比设计与试验标准 | DBJ/T 13-196-2014 | 2021-12-29 | 2022-3-1 | J12821-2022 | 福建省住房和城乡建设厅 |

续表

| 序号 | 标准编号 | 标准名称 | 被代替标准编号 | 批准日期 | 施行日期 | 备案号 | 批准部门 |
|---|---|---|---|---|---|---|---|
| 557 | DBJ/T 13-55-2021 | 自密实混凝土技术标准 | DBJ13-55-2004 | 2021-12-29 | 2022-3-1 | J10342-2022 | 福建省住房和城乡建设厅 |
| 558 | DBJ/T 13-138-2021 | 福建省居住建筑节能检测技术标准 | DBJ/T 13-138-2011 | 2021-12-29 | 2022-3-1 | J11846-2022 | 福建省住房和城乡建设厅 |
| 559 | DBJ/T 13-155-2021 | 福建省既有居住建筑节能改造技术标准 | DBJ/T 13-155-2012 | 2021-12-29 | 2022-3-1 | J12159-2022 | 福建省住房和城乡建设厅 |
| 560 | DBJ/T 13-156-2021 | 福建省地源热泵系统应用技术标准 | DBJ/T 13-156-2012 | 2021-12-29 | 2022-3-1 | J12158-2022 | 福建省住房和城乡建设厅 |
| 561 | DBJ/T 13-29-2021 | 福建省蒸压加气混凝土砌块(板)应用技术标准 | DBJ/T 13-29-2016 | 2021-12-29 | 2022-3-1 | J10757-2022 | 福建省住房和城乡建设厅 |
| 562 | DBJ/T 13-147-2021 | 橡胶沥青路面应用技术标准 | DBJ/T 13-147-2012<br>DBJ/T 13-160-2012 | 2021-12-29 | 2022-3-1 | J12051-2022 | 福建省住房和城乡建设厅 |
| 563 | DBJ/T 13-52-2021 | 暴雨强度计算标准 | DBJ13-52-2003 | 2021-12-29 | 2022-3-1 | J10298-2022 | 福建省住房和城乡建设厅 |
| 564 | DBJ/T 13-151-2021 | 预拌混凝土绿色生产管理标准 | DBJ/T 13-151-2012<br>DBJ/T 13-199-2014 | 2021-12-29 | 2022-3-1 | J12107-2022 | 福建省住房和城乡建设厅 |
| 565 | DBJ/T 13-66-2021 | 矿物掺合料在混凝土中应用技术标准 | DBJ/T 13-66-2015<br>DBJ/T 13-243-2016 | 2021-12-29 | 2022-3-1 | J10601-2022 | 福建省住房和城乡建设厅 |
| 566 | DBJ/T 13-163-2021 | 福建省城市桥梁限载标准 | DBJ/T 13-163-2012 | 2021-12-29 | 2022-3-1 | J12246-2022 | 福建省住房和城乡建设厅 |
| 567 | DBJ/T 13-399-2021 | 福建省工程建设团体标准制定与应用评价标准 | | 2021-12-29 | 2022-3-1 | J16325-2022 | 福建省住房和城乡建设厅 |
| 568 | DBJ/T 36-060-2021 | 胶轮有轨电车交通系统技术标准 | | 2021-5-19 | 2021-7-1 | J15765-2021 | 江西省住房和城乡建设厅 |
| 569 | DBJ/T 36-061-2021 | 建筑与市政地基基础技术标准 | | 2021-6-2 | 2021-8-1 | J15784-2021 | 江西省住房和城乡建设厅 |
| 570 | DBJ/T 36-062-2021 | 装配式建筑预制混凝土构件生产技术标准 | | 2021-6-4 | 2021-8-1 | J15825-2021 | 江西省住房和城乡建设厅 |
| 571 | DBJ/T 36-063-2021 | 江西省智慧灯杆建设技术标准 | | 2021-6-4 | 2021-8-1 | J15826-2021 | 江西省住房和城乡建设厅 |
| 572 | DBJ/T 36-065-2021 | 泡沫混凝土自保温砌块应用技术标准 | | 2021-6-10 | 2021-8-1 | J15828-2021 | 江西省住房和城乡建设厅 |

续表

| 序号 | 标准编号 | 标准名称 | 被代替标准编号 | 批准日期 | 施行日期 | 备案号 | 批准部门 |
|---|---|---|---|---|---|---|---|
| 573 | DBJ/T 36-064-2021 | 装配式建筑评价标准 | | 2021-6-11 | 2021-8-1 | J15827-2021 | 江西省住房和城乡建设厅 |
| 574 | DBJ/T 36-066-2021 | 江西省电动汽车充电设施建设技术标准 | | 2021-10-12 | 2021-12-1 | J16030-2021 | 江西省住房和城乡建设厅 |
| 575 | DBJ/T 36-067-2021 | 建筑信息模型(BIM)建模标准 | | 2021-11-3 | 2022-1-1 | J16096-2021 | 江西省住房和城乡建设厅 |
| 576 | DBJ/T 36-068-2021 | 建筑信息模型(BIM)交付标准 | | 2021-11-3 | 2022-1-1 | J16097-2021 | 江西省住房和城乡建设厅 |
| 577 | DBJ/T 36-069-2021 | 建筑信息模型(BIM)应用标准 | | 2021-11-3 | 2022-1-1 | J16098-2021 | 江西省住房和城乡建设厅 |
| 578 | DBJ/T 36-070-2021 | 住宅厨房和卫生间排气道系统应用技术标准 | | 2021-11-4 | 2022-1-1 | J16099-2021 | 江西省住房和城乡建设厅 |
| 579 | DB37/T 5173-2021 | 绿色农房建设技术标准 | | 2021-1-14 | 2021-5-1 | J15597-2021 | 山东省住房和城乡建设厅、山东省市场监督管理局 |
| 580 | DB37/T 5174-2021 | 山东省沿海地区建筑工程风压标准 | | 2021-1-26 | 2021-5-1 | J15598-2021 | 山东省住房和城乡建设厅、山东省市场监督管理局 |
| 581 | DB37/T 5175-2021 | 建筑与市政工程绿色施工技术标准 | | 2021-1-26 | 2021-5-1 | J15599-2021 | 山东省住房和城乡建设厅、山东省市场监督管理局 |
| 582 | DB37/T 5176-2021 | 再生混凝土配合比设计规程 | | 2021-1-26 | 2021-5-1 | J15600-2021 | 山东省住房和城乡建设厅、山东省市场监督管理局 |
| 583 | DB37/T 5177-2020 | 建设工程电子文件与电子档案管理标准 | | 2021-1-26 | 2021-5-1 | J15601-2021 | 山东省住房和城乡建设厅、山东省市场监督管理局 |
| 584 | DB37/T 5178-2021 | 城市应急避难场所建设标准 | | 2021-2-4 | 2021-6-1 | J15632-2021 | 山东省住房和城乡建设厅、山东省市场监督管理局 |
| 585 | DB37/T 5179-2021 | 钢结构装配式建筑外墙板应用技术规程 | | 2021-2-4 | 2021-6-1 | J15633-2021 | 山东省住房和城乡建设厅、山东省市场监督管理局 |
| 586 | DB37/T 5180-2021 | 钢结构装配式建筑楼板应用技术规程 | | 2021-2-4 | 2021-6-1 | J15634-2021 | 山东省住房和城乡建设厅、山东省市场监督管理局 |

续表

| 序号 | 标准编号 | 标准名称 | 被代替标准编号 | 批准日期 | 施行日期 | 备案号 | 批准部门 |
|---|---|---|---|---|---|---|---|
| 587 | DB37/T 5010－2021 | 房屋建筑和市政基础设施工程质量检测技术管理规程 | DB37/T 5010－2014 | 2021－2－4 | 2021－6－1 | J12676－2021 | 山东省住房和城乡建设厅、山东省市场监督管理局 |
| 588 | DB37/T 5181－2021 | 建设工程招标代理工作标准 | | 2021－2－4 | 2021－6－1 | J15635－2021 | 山东省住房和城乡建设厅、山东省市场监督管理局 |
| 589 | DB37/T 5182－2021 | 山东省城乡生活垃圾分类技术规范 | | 2021－2－4 | 2021－6－1 | J15636－2021 | 山东省住房和城乡建设厅、山东省市场监督管理局 |
| 590 | DB37/T 5183－2021 | 装配式冷弯薄壁型钢混凝土结构技术标准 | | 2021－4－16 | 2021－7－1 | J15751－2021 | 山东省住房和城乡建设厅、山东省市场监督管理局 |
| 591 | DB37/T 5184－2021 | 边坡工程鉴定与加固技术标准 | | 2021－4－16 | 2021－7－1 | J15752－2021 | 山东省住房和城乡建设厅、山东省市场监督管理局 |
| 592 | DB37/T 5185－2021 | 静压沉管灌注桩技术规程 | | 2021－4－16 | 2021－7－1 | J15753－2021 | 山东省住房和城乡建设厅、山东省市场监督管理局 |
| 593 | DB37/T 5043－2021 | 绿色建筑设计标准 | DB37/T 5043－2015 | 2021－4－16 | 2021－7－1 | J13204－2021 | 山东省住房和城乡建设厅、山东省市场监督管理局 |
| 594 | DB37/T 5097－2021 | 绿色建筑评价标准 | DB37/T 5097－2017 | 2021－4－16 | 2021－7－1 | J11957－2021 | 山东省住房和城乡建设厅、山东省市场监督管理局 |
| 595 | DB37/T 5186－2021 | 铁尾矿砂高强混凝土应用技术规程 | | 2021－5－26 | 2021－10－1 | J15810－2021 | 山东省住房和城乡建设厅、山东省市场监督管理局 |
| 596 | DB37/T 5187－2021 | 城市道路沥青混合料厂拌热再生施工技术规程 | | 2021－5－26 | 2021－10－1 | J15811－2021 | 山东省住房和城乡建设厅、山东省市场监督管理局 |
| 597 | DB37/T 5188－2021 | 城市道路泡沫温拌沥青混合料施工技术规程 | | 2021－5－26 | 2021－10－1 | J15812－2021 | 山东省住房和城乡建设厅、山东省市场监督管理局 |
| 598 | DB37/T 5189－2021 | 机械式停车库技术规程 | | 2021－5－26 | 2021－10－1 | J15813－2021 | 山东省住房和城乡建设厅、山东省市场监督管理局 |

续表

| 序号 | 标准编号 | 标准名称 | 被代替标准编号 | 批准日期 | 施行日期 | 备案号 | 批准部门 |
|---|---|---|---|---|---|---|---|
| 599 | DB37/T 5190－2021 | 建筑与小区海绵城市建设技术标准 | | 2021－5－26 | 2021－10－1 | J15814－2021 | 山东省住房和城乡建设厅、山东省市场监督管理局 |
| 600 | DB37/T 5019－2021 | 装配式混凝土结构工程施工与质量验收标准 | | 2021－5－26 | 2021－10－1 | J12811－2021 | 山东省住房和城乡建设厅、山东省市场监督管理局 |
| 601 | DB37/T 5086－2021 | 建筑与市政工程绿色施工管理标准 | DB37/T 5086－2016 | 2021－8－10 | 2021－11－1 | J13721－2021 | 山东省住房和城乡建设厅、山东省市场监督管理局 |
| 602 | DB37/T 5087－2021 | 建筑与市政工程绿色施工评价标准 | DB37/T 5087－2016 | 2021－8－10 | 2021－11－1 | J13722－2021 | 山东省住房和城乡建设厅、山东省市场监督管理局 |
| 603 | DB37/T 5001－2021 | 住宅外窗工程水密性现场检测技术规程 | DB37/T 5001－2013 | 2021－8－10 | 2021－11－1 | J12470－2021 | 山东省住房和城乡建设厅、山东省市场监督管理局 |
| 604 | DB37/T 5195－2021 | 钢结构螺纹锚固单边螺栓连接技术规程 | | 2021－8－10 | 2021－11－1 | J15957－2021 | 山东省住房和城乡建设厅、山东省市场监督管理局 |
| 605 | DB37/T 5016－2021 | 民用建筑外窗工程技术标准 | DB37/T 5016－2014 | 2021－8－10 | 2021－11－1 | J12741－2021 | 山东省住房和城乡建设厅、山东省市场监督管理局 |
| 606 | DB37/T 5191－2021 | 高延性混凝土加固技术规程 | | 2021－8－10 | 2021－11－1 | J15953－2021 | 山东省住房和城乡建设厅、山东省市场监督管理局 |
| 607 | DB37/T 5192－2021 | 路基边坡变形远程监测预警系统技术标准 | | 2021－8－10 | 2021－11－1 | J15954－2021 | 山东省住房和城乡建设厅、山东省市场监督管理局 |
| 608 | DB37/T 5193－2021 | 边坡客土喷播生态防护技术标准 | | 2021－8－10 | 2021－11－1 | J15955－2021 | 山东省住房和城乡建设厅、山东省市场监督管理局 |
| 609 | DB37/T 5194－2021 | 轨道交通地下工程防水技术规程 | | 2021－8－10 | 2021－11－1 | J15956－2021 | 山东省住房和城乡建设厅、山东省市场监督管理局 |
| 610 | DB37/T 5196－2021 | 建筑气密性能检测标准（风机气压法） | | 2021－8－10 | 2021－11－1 | J15958－2021 | 山东省住房和城乡建设厅、山东省市场监督管理局 |

续表

| 序号 | 标准编号 | 标准名称 | 被代替标准编号 | 批准日期 | 施行日期 | 备案号 | 批准部门 |
|---|---|---|---|---|---|---|---|
| 611 | DB37/T 5197－2021 | 公共建筑节能监测系统技术标准 | DBJ/T 14－071－2010 | 2021－10－11 | 2022－1－1 | J11733－2021 | 山东省住房和城乡建设厅、山东省市场监督管理局 |
| 612 | DB37/T 5198－2021 | 地下工程关键节点施工前条件验收标准 | | 2021－10－11 | 2022－1－1 | J16048－2021 | 山东省住房和城乡建设厅、山东省市场监督管理局 |
| 613 | DB37/T 5199－2021 | 装配式混凝土结构地下车库技术标准 | | 2021－10－11 | 2022－1－1 | J16049－2021 | 山东省住房和城乡建设厅、山东省市场监督管理局 |
| 614 | DB37/T 5117－2021 | 增强型复合外模板现浇混凝土保温系统应用技术标准 | DB37/T 5117－2018 | 2021－10－11 | 2022－1－1 | J14253－2021 | 山东省住房和城乡建设厅、山东省市场监督管理局 |
| 615 | DB37/T 5200－2021 | 市政工程安全文明施工资料管理标准 | | 2021－10－11 | 2022－1－1 | J16050－2021 | 山东省住房和城乡建设厅、山东省市场监督管理局 |
| 616 | DB37/T 5201－2021 | 预应力混凝土结构技术规程 | | 2021－12－8 | 2022－3－1 | J16710－2021 | 山东省住房和城乡建设厅、山东省市场监督管理局 |
| 617 | DB37/T 5202－2021 | 建筑与市政工程基坑支护绿色技术标准 | | 2021－12－8 | 2022－3－1 | J16711－2021 | 山东省住房和城乡建设厅、山东省市场监督管理局 |
| 618 | DB37/T 5203－2021 | 装配式方钢管混凝土组合异形柱结构技术规程 | | 2021－12－8 | 2022－3－1 | J16712－2021 | 山东省住房和城乡建设厅、山东省市场监督管理局 |
| 619 | DB37/T 5204－2021 | 山东省城市道路绿化建设标准 | | 2021－12－8 | 2022－3－1 | J16713－2021 | 山东省住房和城乡建设厅、山东省市场监督管理局 |
| 620 | DB37/T 5205－2021 | 房屋白蚁防治技术规程 | | 2021－12－8 | 2022－3－1 | J16714－2021 | 山东省住房和城乡建设厅、山东省市场监督管理局 |
| 621 | DB37/T 5206－2021 | 城市雨水控制利用系统监测及评价技术标准 | | 2021－12－8 | 2022－3－1 | J16715－2021 | 山东省住房和城乡建设厅、山东省市场监督管理局 |
| 622 | DB37/T 5207－2021 | 透水混凝土检测技术标准 | | 2021－12－8 | 2022－3－1 | J16716－2021 | 山东省住房和城乡建设厅、山东省市场监督管理局 |

续表

| 序号 | 标准编号 | 标准名称 | 被代替标准编号 | 批准日期 | 施行日期 | 备案号 | 批准部门 |
|---|---|---|---|---|---|---|---|
| 623 | DB37/T 5208－2021 | 再生骨料混凝土结构应用技术规程 | | 2021－12－8 | 2022－3－1 | J16717－2021 | 山东省住房和城乡建设厅、山东省市场监督管理局 |
| 624 | DBJ41/T 237－2021 | 基坑工程装配式型钢组合支撑技术标准 | | 2021－4－25 | 2021－7－1 | J15739－2021 | 河南省住房和城乡建设厅 |
| 625 | DBJ41/T 238－2021 | 现浇钢筋混凝土地下连续墙施工技术标准 | | 2021－4－25 | 2021－7－1 | J15740－2021 | 河南省住房和城乡建设厅 |
| 626 | DBJ41/T 239－2021 | 木结构设计标准 | | 2021－6－11 | 2021－8－1 | J15797－2021 | 河南省住房和城乡建设厅 |
| 627 | DBJ41/T 240－2021 | 木结构工程施工质量验收标准 | | 2021－6－11 | 2021－8－1 | J15798－2021 | 河南省住房和城乡建设厅 |
| 628 | DBJ41/T 241－2021 | 屋顶健身场地建设技术标准 | | 2021－6－11 | 2021－8－1 | J15799－2021 | 河南省住房和城乡建设厅 |
| 629 | DBJ41/T 242－2021 | 600MPa 级热轧带肋钢筋应用技术标准 | | 2021－6－11 | 2021－8－1 | J15800－2021 | 河南省住房和城乡建设厅 |
| 630 | DBJ41/T 243－2021 | 湿陷性黄土地区勘察与地基处理技术标准 | | 2021－6－11 | 2021－8－1 | J15801－2021 | 河南省住房和城乡建设厅 |
| 631 | DBJ41/T 244－2021 | 现浇石膏墙体应用技术标准 | | 2021－6－11 | 2021－8－1 | J15802－2021 | 河南省住房和城乡建设厅 |
| 632 | DBJ41/T 245－2021 | 预拌砂浆绿色生产与管理技术标准 | | 2021－6－11 | 2021－8－1 | J15803－2021 | 河南省住房和城乡建设厅 |
| 633 | DBJ41/T 246－2021 | 河南省超低能耗公共建筑节能设计标准 | | 2021－6－11 | 2021－8－1 | J15804－2021 | 河南省住房和城乡建设厅 |
| 634 | DBJ41/T 247－2021 | 河南省超低能耗建筑节能工程施工及质量验收标准 | | 2021－6－11 | 2021－8－1 | J15805－2021 | 河南省住房和城乡建设厅 |
| 635 | DBJ41/T 248－2021 | 居住建筑装配式内装工程技术标准 | | 2021－6－24 | 2021－8－1 | J15835－2021 | 河南省住房和城乡建设厅 |
| 636 | DBJ41/T 249－2021 | 沉管式检查井技术标准 | | 2021－6－24 | 2021－8－1 | J15836－2021 | 河南省住房和城乡建设厅 |
| 637 | DBJ41/T 250－2021 | 装配式混凝土建筑技术工人职业技能标准 | | 2021－6－24 | 2021－8－1 | J15837－2021 | 河南省住房和城乡建设厅 |
| 638 | DBJ41/T 251－2021 | 装配式混凝土建筑工程施工及验收技术标准 | | 2021－6－24 | 2021－8－1 | J15838－2021 | 河南省住房和城乡建设厅 |

续表

| 序号 | 标准编号 | 标准名称 | 被代替标准编号 | 批准日期 | 施行日期 | 备案号 | 批准部门 |
|---|---|---|---|---|---|---|---|
| 639 | DBJ41/T 252-2021 | 河南省农村住房建设技术标准 | | 2021-7-14 | 2021-8-1 | J15848-2021 | 河南省住房和城乡建设厅 |
| 640 | DBJ41/T 253-2021 | 城市道路功能化复合封层技术标准 | | 2021-9-24 | 2021-11-1 | J15977-2021 | 河南省住房和城乡建设厅 |
| 641 | DBJ41/T 254-2021 | 防渗墙塑性混凝土试验技术标准 | | 2021-9-24 | 2021-11-1 | J15978-2021 | 河南省住房和城乡建设厅 |
| 642 | DBJ41/T 255-2021 | 分片预制混凝土装配式综合管廊结构技术标准 | | 2021-9-24 | 2021-11-1 | J15979-2021 | 河南省住房和城乡建设厅 |
| 643 | DBJ41/T 256-2021 | 河南省海绵城市设计标准 | | 2021-9-24 | 2021-11-1 | J15980-2021 | 河南省住房和城乡建设厅 |
| 644 | DBJ41/T 257-2021 | 河南省建筑工程施工质量评价标准 | | 2021-9-24 | 2021-11-1 | J15981-2021 | 河南省住房和城乡建设厅 |
| 645 | DBJ41/T 258-2021 | 建筑物移动通信基础设施建设技术标准 | | 2021-9-24 | 2021-11-1 | J15982-2021 | 河南省住房和城乡建设厅 |
| 646 | DBJ41/T 259-2021 | 蒸压加气混凝土精确砌块墙体技术标准 | | 2021-12-29 | 2022-3-1 | J16113-2022 | 河南省住房和城乡建设厅 |
| 647 | DBJ41/T 260-2021 | 城镇道路乳化沥青厂拌冷再生混合料技术标准 | | 2021-12-29 | 2022-3-1 | J16114-2022 | 河南省住房和城乡建设厅 |
| 648 | DBJ41/T 261-2021 | 建筑地基安全性鉴定技术标准 | | 2021-12-29 | 2022-3-1 | J16115-2022 | 河南省住房和城乡建设厅 |
| 649 | DBJ41/T 262-2021 | 影响城市轨道交通外部作业技术标准 | | 2021-12-29 | 2022-3-1 | J16116-2022 | 河南省住房和城乡建设厅 |
| 650 | DB42/T 1616-2021 | 大型公共设施平战两用设计规范 | | 2021-2-3 | 2021-3-1 | J15561-2021 | 湖北省住房和城乡建设厅<br>湖北省市场监督管理局 |
| 651 | DB42/T 1615-2021 | 城镇排水管道检测与评估技术标准 | | 2021-2-22 | 2021-4-1 | J15618-2021 | 湖北省住房和城乡建设厅<br>湖北省市场监督管理局 |
| 652 | DB42/T 823-2021 | 建设工程造价咨询质量控制规范 | DB42/T 823-2012 | 2021-2-22 | 2021-4-1 | J12067-2021 | 湖北省住房和城乡建设厅<br>湖北省市场监督管理局 |
| 653 | DB42/T 1319-2021 | 绿色建筑设计与工程验收标准 | DB42/T 1319-2017 | 2021-4-20 | 2021-6-1 | J14136-2021 | 湖北省住房和城乡建设厅<br>湖北省市场监督管理局 |

续表

| 序号 | 标准编号 | 标准名称 | 被代替标准编号 | 批准日期 | 施行日期 | 备案号 | 批准部门 |
|---|---|---|---|---|---|---|---|
| 654 | DB42/T 1652-2021 | 市政管线检查井技术规程 | | 2021-4-20 | 2021-6-1 | J15709-2021 | 湖北省住房和城乡建设厅<br>湖北省市场监督管理局 |
| 655 | DB42/T 1647-2021 | 湖北省历史文化街区划定及历史建筑确定标准 | | 2021-4-20 | 2021-5-1 | J15745-2021 | 湖北省住房和城乡建设厅<br>湖北省市场监督管理局 |
| 656 | DB42/T 1651-2021 | 房屋建筑和市政基础设施工程安全生产事故隐患排查与治理要求 | | 2021-4-20 | 2021-6-1 | J15929-2021 | 湖北省住房和城乡建设厅<br>湖北省市场监督管理局 |
| 657 | DB42/T 1672-2021 | 水泥窑协同处置生活垃圾工程项目建设标准 | | 2021-5-21 | 2021-6-1 | J15766-2021 | 湖北省住房和城乡建设厅<br>湖北省市场监督管理局 |
| 658 | DB42/T 1673-2021 | 水泥窑协同处置生活垃圾评价标准 | | 2021-5-21 | 2021-6-1 | J15767-2021 | 湖北省住房和城乡建设厅<br>湖北省市场监督管理局 |
| 659 | DB42/T 1046-2021 | 住宅厨房、卫生间集中排气系统技术规程 | DB42/T 1046-2015 | 2021-8-25 | 2021-11-20 | J13049-2021 | 湖北省住房和城乡建设厅<br>湖北省市场监督管理局 |
| 660 | DB42/T 1709-2021 | 既有建筑幕墙可靠性鉴定技术规程 | | 2021-8-25 | 2021-11-7 | J15937-2021 | 湖北省住房和城乡建设厅<br>湖北省市场监督管理局 |
| 661 | DB42/T 1710-2021 | 工程勘察钻探封孔技术规程 | | 2021-8-25 | 2021-11-7 | J15938-2021 | 湖北省住房和城乡建设厅<br>湖北省市场监督管理局 |
| 662 | DB42/T 1711-2021 | 轻钢龙骨-混合相磷石膏喷筑墙体技术规程 | | 2021-8-25 | 2021-11-7 | J15939-2021 | 湖北省住房和城乡建设厅<br>湖北省市场监督管理局 |
| 663 | DB42/T 1712-2021 | 公共建筑能耗监测系统技术规范 | | 2021-8-25 | 2021-11-20 | J15940-2021 | 湖北省住房和城乡建设厅<br>湖北省市场监督管理局 |
| 664 | DB42/T 1713-2021 | 城市道路路面维修养护技术规程 | | 2021-8-25 | 2021-11-20 | J15941-2021 | 湖北省住房和城乡建设厅<br>湖北省市场监督管理局 |
| 665 | DB42/T 1714-2021 | 湖北省海绵城市规划设计规程 | | 2021-8-25 | 2021-11-20 | J15942-2021 | 湖北省住房和城乡建设厅<br>湖北省市场监督管理局 |

续表

| 序号 | 标准编号 | 标准名称 | 被代替标准编号 | 批准日期 | 施行日期 | 备案号 | 批准部门 |
|---|---|---|---|---|---|---|---|
| 666 | DB42/T 1716－2021 | 帽型钢板桩与H型钢组合结构应用技术规程 | | 2021－10－9 | 2021－11－20 | J16017－2021 | 湖北省住房和城乡建设厅<br>湖北省市场监督管理局 |
| 667 | DB42/T 1729－2021 | 装配整体式叠合剪力墙结构施工及质量验收规程 | | 2021－10－9 | 2021－12－6 | J16018－2021 | 湖北省住房和城乡建设厅<br>湖北省市场监督管理局 |
| 668 | DB42/T 1730－2021 | 破损山体植被修复技术规范 | | 2021－10－9 | 2021－12－6 | J16019－2021 | 湖北省住房和城乡建设厅<br>湖北省市场监督管理局 |
| 669 | DB42/T 1761－2021 | 机制砂应用技术规范 | | 2021－10－22 | 2022－1－30 | J16052－2021 | 湖北省住房和城乡建设厅<br>湖北省市场监督管理局 |
| 670 | DB42/T 1757－2021 | 被动式超低能耗居住建筑节能设计规范 | | 2021－12－8 | 2021－12－30 | J16702－2021 | 湖北省住房和城乡建设厅<br>湖北省市场监督管理局 |
| 671 | DB42/T 1760－2021 | 城市道路照明设施运维检修规范 | | 2021－12－8 | 2022－1－30 | J16703－2021 | 湖北省住房和城乡建设厅<br>湖北省市场监督管理局 |
| 672 | DB42/T 1770－2021 | 建筑节能门窗工程技术标准 | | 2021－12－8 | 2022－1－30 | J16704－2021 | 湖北省住房和城乡建设厅<br>湖北省市场监督管理局 |
| 673 | DBJ43/T 370－2021 | 高浓度复合粉末载体生物流化床技术规程 | | 2021－3－16 | 2021－8－1 | J15791－2021 | 湖南省住房和城乡建设厅 |
| 674 | DBJ43/T 520－2021 | 湖南省城市桥梁及其附属设施移交标准 | | 2021－3－16 | 2021－8－1 | J15794－2021 | 湖南省住房和城乡建设厅 |
| 675 | DBJ43/T 521－2021 | 湖南省既有建筑幕墙可靠性鉴定技术标准 | | 2021－3－16 | 2021－8－1 | J15795－2021 | 湖南省住房和城乡建设厅 |
| 676 | DBJ43/T 017－2021 | 湖南省超低能耗居住建筑节能设计标准 | | 2021－6－4 | 2021－11－1 | J15789－2021 | 湖南省住房和城乡建设厅 |
| 677 | DBJ43/T 205－2021 | 湖南省装配式混凝土结构工程施工质量验收标准 | | 2021－6－4 | 2021－11－1 | J15790－2021 | 湖南省住房和城乡建设厅 |

续表

| 序号 | 标准编号 | 标准名称 | 被代替标准编号 | 批准日期 | 施行日期 | 备案号 | 批准部门 |
|---|---|---|---|---|---|---|---|
| 678 | DBJ43/T 371－2021 | 建筑反射隔热-保温涂料应用技术标准 | DBJ43/T 303－2014 | 2021－6－4 | 2021－11－1 | J12643－2021 | 湖南省住房和城乡建设厅 |
| 679 | DBJ43/T 372－2021 | 湖南省再生细骨料预拌砂浆技术标准 | | 2021－6－4 | 2021－11－1 | J15792－2021 | 湖南省住房和城乡建设厅 |
| 680 | DBJ43/T 373－2021 | 湖南省建筑防水工程技术标准 | | 2021－6－4 | 2021－11－1 | J15793－2021 | 湖南省住房和城乡建设厅 |
| 681 | DBJ43/T 522－2021 | 湖南省绿色生态城区评价标准 | | 2021－6－4 | 2021－11－1 | J15796－2021 | 湖南省住房和城乡建设厅 |
| 682 | DBJ43/T 523－2021 | 湖南省城市居住区绿色低碳建设标准 | | 2021－8－17 | 2022－1－1 | J15986－2021 | 湖南省住房和城乡建设厅 |
| 683 | DBJ43/T 524－2021 | 湖南省城市照明设施维护标准 | | 2021－8－17 | 2022－1－1 | J15987－2021 | 湖南省住房和城乡建设厅 |
| 684 | DBJ43/T 374－2021 | 湖南省城市景观照明工程技术标准 | | 2021－8－17 | 2022－1－1 | J15988－2021 | 湖南省住房和城乡建设厅 |
| 685 | DBJ43/T 375－2021 | 湖南省附着式升降脚手架安全技术标准 | | 2021－8－17 | 2022－1－1 | J15989－2021 | 湖南省住房和城乡建设厅 |
| 686 | DBJ43/T 525－2021 | 园林绿化木本苗标准 | | 2021－8－17 | 2022－1－1 | J15990－2021 | 湖南省住房和城乡建设厅 |
| 687 | DBJ43/T 018－2021 | 湖南省小学建设标准 | | 2021－9－18 | 2022－2－1 | J15991－2021 | 湖南省住房和城乡建设厅 |
| 688 | DBJ43/T 019－2021 | 湖南省中学建设标准 | | 2021－9－18 | 2022－2－1 | J15992－2021 | 湖南省住房和城乡建设厅 |
| 689 | DBJ43/T 020－2021 | 湖南省建筑垃圾再生工厂设计标准 | | 2021－9－18 | 2022－2－1 | J15993－2021 | 湖南省住房和城乡建设厅 |
| 690 | DBJ43/T 376－2021 | 装配整体式钢筋焊接网叠合混凝土结构技术规程 | | 2021－9－18 | 2022－2－1 | J15994－2021 | 湖南省住房和城乡建设厅 |
| 691 | DBJ43/T 526－2021 | 厂拌热再生沥青混合料标准 | | 2021－9－18 | 2022－2－1 | J15995－2021 | 湖南省住房和城乡建设厅 |
| 692 | DBJ43/T 527－2021 | 乳化沥青厂拌冷再生沥青混合料标准 | | 2021－9－18 | 2022－2－1 | J15996－2021 | 湖南省住房和城乡建设厅 |
| 693 | DBJ43/T 377－2021 | 沥青路面就地冷再生施工与验收技术规范 | | 2021－9－18 | 2022－2－1 | J15997－2021 | 湖南省住房和城乡建设厅 |
| 694 | DBJ43/T 378－2021 | 路面基层再生集料应用技术标准 | | 2021－9－18 | 2022－2－1 | J15998－2021 | 湖南省住房和城乡建设厅 |

续表

| 序号 | 标准编号 | 标准名称 | 被代替标准编号 | 批准日期 | 施行日期 | 备案号 | 批准部门 |
|---|---|---|---|---|---|---|---|
| 695 | DBJ43/T 379－2021 | 装配式混凝土外墙板接缝防水技术标准 |  | 2021－9－18 | 2022－2－1 | J15939－2021 | 湖南省住房和城乡建设厅 |
| 696 | DBJ43/T 380－2021 | 湖南省城镇排水管道非开挖修复更新技术标准 |  | 2021－11－11 | 2022－4－1 | J16705－2021 | 湖南省住房和城乡建设厅 |
| 697 | DBJ43/T 381－2021 | 装配式混凝土结构钢筋套筒灌浆连接技术规程 |  | 2021－11－11 | 2022－4－1 | J16706－2021 | 湖南省住房和城乡建设厅 |
| 698 | DBJ43/T 528－2021 | 生活垃圾焚烧厂建设与运行评价标准 |  | 2021－11－11 | 2022－4－1 | J16707－2021 | 湖南省住房和城乡建设厅 |
| 699 | DBJ43/T 529－2021 | 生活垃圾卫生填埋场建设与运行评价标准 |  | 2021－11－11 | 2022－4－1 | J16708－2021 | 湖南省住房和城乡建设厅 |
| 700 | DBJ43/T 530－2021 | 湖南省住宅室内装饰装修服务标准 |  | 2021－11－11 | 2022－4－1 | J16709－2021 | 湖南省住房和城乡建设厅 |
| 701 | DBJ43/T 382－2021 | 湖南省城市管道直饮水系统技术标准 |  | 2021－12－10 | 2022－5－1 | J16740－2021 | 湖南省住房和城乡建设厅 |
| 702 | DBJ43/T 206－2021 | 湖南省城镇污水处理厂工程质量验收标准 |  | 2021－12－10 | 2022－5－1 | J16741－2021 | 湖南省住房和城乡建设厅 |
| 703 | DBJ/T 15－92－2021 | 高层建筑混凝土结构技术规程 | DBJ 15－92－2013 | 2021－1－8 | 2021－6－1 | J12299－2021 | 广东省住房和城乡建设厅 |
| 704 | DBJ/T 15－209－2021 | 道路与机场道面技术状况自动化检测规程 |  | 2021－1－11 | 2021－3－1 | J15521－2021 | 广东省住房和城乡建设厅 |
| 705 | DBJ/T 15－22－2021 | 锤击式预应力混凝土管桩工程技术规程 | DBJ 15－22－2008 | 2021－2－2 | 2021－6－1 | J11327－2021 | 广东省住房和城乡建设厅 |
| 706 | DBJ/T 15－210－2021 | 装配整体式叠合剪力墙结构技术规程 |  | 2021－2－2 | 2021－4－1 | J15562－2021 | 广东省住房和城乡建设厅 |
| 707 | DBJ/T 15－211－2021 | 回弹法检测泵送混凝土抗压强度技术规程 |  | 2021－2－2 | 2021－4－1 | J15563－2021 | 广东省住房和城乡建设厅 |

续表

| 序号 | 标准编号 | 标准名称 | 被代替标准编号 | 批准日期 | 施行日期 | 备案号 | 批准部门 |
|---|---|---|---|---|---|---|---|
| 708 | DBJ/T 15-212-2021 | 智慧排水建设技术规范 | | 2021-2-2 | 2021-4-1 | J15564-2021 | 广东省住房和城乡建设厅 |
| 709 | DBJ/T 15-214-2021 | 深基坑钢板桩支护技术规程 | | 2021-2-2 | 2021-4-1 | J15565-2021 | 广东省住房和城乡建设厅 |
| 710 | DBJ/T 15-213-2021 | 城市桥梁隧道结构安全保护技术规范 | | 2021-2-28 | 2021-5-1 | J15641-2021 | 广东省住房和城乡建设厅 |
| 711 | DBJ/T 15-216-2021 | 高层建筑风振舒适度评价标准及控制技术规程 | | 2021-2-28 | 2021-5-1 | J15642-2021 | 广东省住房和城乡建设厅 |
| 712 | DBJ/T 15-217-2021 | 装配式建筑混凝土结构耐久性技术标准 | | 2021-2-28 | 2021-5-1 | J15643-2021 | 广东省住房和城乡建设厅 |
| 713 | DBJ/T 15-218-2021 | 球墨铸铁排水管道工程技术规程 | | 2021-5-14 | 2021-8-1 | J15774-2021 | 广东省住房和城乡建设厅 |
| 714 | DBJ/T 15-219-2021 | 广东省信息通信接入基础设施规划设计标准 | | 2021-5-14 | 2021-8-1 | J15775-2021 | 广东省住房和城乡建设厅 |
| 715 | DBJ/T 15-220-2021 | 城市轨道交通环境噪声与振动控制及评价标准 | | 2021-5-20 | 2021-9-1 | J15780-2021 | 广东省住房和城乡建设厅 |
| 716 | DBJ/T 15-70-2021 | 土钉支护技术规程 | DBJ/T 15-70-2009 | 2021-5-21 | 2021-11-1 | J11504-2021 | 广东省住房和城乡建设厅 |
| 717 | DBJ/T 15-222-2021 | 轨道交通架空刚性接触网系统技术标准 | | 2021-5-24 | 2021-8-1 | J15782-2021 | 广东省住房和城乡建设厅 |
| 718 | DBJ/T 15-221-2021 | 轨道交通供电运行安全生产管理系统技术标准 | | 2021-5-24 | 2021-8-1 | J15781-2021 | 广东省住房和城乡建设厅 |
| 719 | DBJ/T 15-223-2021 | 轨道交通 25kV 交流同相供电技术标准 | | 2021-5-24 | 2021-8-1 | J15806-2021 | 广东省住房和城乡建设厅 |
| 720 | DBJ/T 15-226-2021 | 民用建筑电线电缆防火技术规程 | | 2021-6-11 | 2021-9-1 | J15808-2021 | 广东省住房和城乡建设厅 |
| 721 | DBJ/T 15-225-2021 | 社区体育公园建设标准 | | 2021-6-16 | 2021-10-1 | J15807-2021 | 广东省住房和城乡建设厅 |
| 722 | DBJ/T 15-18-2021 | 混凝土砌块墙体工程技术规程 | DBJ 15-18-2014 | 2021-7-19 | 2022-1-1 | J12713-2021 | 广东省住房和城乡建设厅 |
| 723 | DBJ/T 15-224-2021 | 广东省城市轨道交通公共卫生管理规范 | | 2021-8-1 | 2021-8-1 | J15961-2021 | 广东省住房和城乡建设厅 |

续表

| 序号 | 标准编号 | 标准名称 | 被代替标准编号 | 批准日期 | 施行日期 | 备案号 | 批准部门 |
|---|---|---|---|---|---|---|---|
| 724 | DBJ 15-65-2021 | 广东省建筑节能与绿色建筑工程施工质量验收规范 | DBJ 15-65-2009 | 2021-8-13 | 2022-1-1 | J15852-2021 | 广东省住房和城乡建设厅 |
| 725 | DBJ/T 15-227-2021 | 建筑材料智能化检测技术规程 | | 2021-8-17 | 2021-11-1 | J15936-2021 | 广东省住房和城乡建设厅 |
| 726 | DBJ/T 15-84-2021 | 轻集料混凝土墙板应用技术规程 | DBJ/T 15-84-2011 | 2021-9-10 | 2022-3-1 | J11965-2021 | 广东省住房和城乡建设厅 |
| 727 | DBJ/T 15-229-2021 | 矩形顶管工程技术规程 | | 2021-9-12 | 2022-2-1 | J15976-2021 | 广东省住房和城乡建设厅 |
| 728 | DBJ/T 15-230-2021 | 城市轨道交通工程建设安全风险管控和隐患排查治理规范 | | 2021-9-12 | 2022-2-1 | J16008-2021 | 广东省住房和城乡建设厅 |
| 729 | DBJ/T 15-231-2021 | 城市轨道交通既有结构保护监测技术标准 | | 2021-9-17 | 2022-2-1 | J16094-2021 | 广东省住房和城乡建设厅 |
| 730 | DBJ/T 15-80-2021 | 保障性住房建筑规程 | DBJ/T 15-80-2011 | 2021-9-18 | 2022-3-1 | J11854-2021 | 广东省住房和城乡建设厅 |
| 731 | DBJ/T 15-62-2021 | 陶粒混凝土技术规程 | DBJ/T 15-62-2008 | 2021-11-2 | 2022-5-1 | J11339-2021 | 广东省住房和城乡建设厅 |
| 732 | DBJ/T 15-232-2021 | 混凝土氯离子控制标准 | | 2021-11-2 | 2022-4-1 | J16095-2021 | 广东省住房和城乡建设厅 |
| 733 | DBJ/T 15-233-2021 | 建筑施工附着式升降脚手架安全技术规程 | | 2021-11-22 | 2022-4-1 | J16701-2021 | 广东省住房和城乡建设厅 |
| 734 | DBJ/T 15-234-2021 | 广东省绿色建筑检测标准 | | 2021-11-24 | 2022-5-1 | J16192-2022 | 广东省住房和城乡建设厅 |
| 735 | DBJ/T 15-235-2021 | 广东省高标准厂房设计规范 | | 2021-12-6 | 2022-5-1 | J16131-2022 | 广东省住房和城乡建设厅 |
| 736 | DBJ/T 45-115-2021 | 城市轨道交通工程绿色施工规范 | | 2021-1-8 | 2021-4-1 | J15541-2021 | 广西壮族自治区住房和城乡建设厅 |
| 737 | DBJ/T 45-116-2021 | 地下工程混凝土结构耐久性设计规程 | | 2021-1-19 | 2021-4-1 | J15542-2021 | 广西壮族自治区住房和城乡建设厅 |
| 738 | 桂 21TJ019 | 建筑防水构造(CPS 反应粘结型防水材料) | | 2021-1-19 | 2021-4-1 | | 广西壮族自治区住房和城乡建设厅 |
| 739 | DBJ/T 45-117-2021 | 建筑基坑止水帷幕声纳渗流检测技术规程 | | 2021-1-28 | 2021-5-1 | JJ15655-2021 | 广西壮族自治区住房和城乡建设厅 |

续表

| 序号 | 标准编号 | 标准名称 | 被代替标准编号 | 批准日期 | 施行日期 | 备案号 | 批准部门 |
|---|---|---|---|---|---|---|---|
| 740 | DBJ/T 45-118-2021 | 城市道路旧水泥混凝土路面共振碎石化技术规程 | | 2021-2-18 | 2021-5-1 | J15656-2021 | 广西壮族自治区住房和城乡建设厅 |
| 741 | DBJ/T 45-119-2021 | 城市轨道交通工程资料管理规程 | | 2021-2-18 | 2021-5-1 | J15657-2021 | 广西壮族自治区住房和城乡建设厅 |
| 742 | DBJ/T 45-120-2021 | 预制混凝土构件生产企业星级评价标准 | | 2021-3-24 | 2021-6-1 | J15960-2021 | 广西壮族自治区住房和城乡建设厅 |
| 743 | DBJ/T 45-121-2021 | 城市综合管廊运行维护技术规程 | | 2021-5-8 | 2021-8-1 | J13560-2021 | 广西壮族自治区住房和城乡建设厅 |
| 744 | DBJ/T 45-122-2021 | 城市综合管廊工程设计技术标准 | | 2021-5-8 | 2021-8-1 | J15777-2021 | 广西壮族自治区住房和城乡建设厅 |
| 745 | 桂 21TJ020 | 胶泥复合保温隔热系统构造图集 | | 2021-9-15 | 2021-12-1 | | 广西壮族自治区住房和城乡建设厅 |
| 746 | — | 农村居住建筑设计导则 | | 2021-11-17 | 2021-11-17 | | 广西壮族自治区住房和城乡建设厅 |
| 747 | 桂 21TJ021 | 装配式混凝土及钢结构建筑连接节点构造 | | 2021-11-25 | 2022-1-1 | | 广西壮族自治区住房和城乡建设厅 |
| 748 | 桂 21TJ022 | 高耐污反射隔热涂料外墙节能系统构造 | | 2021-11-25 | 2022-1-1 | | 广西壮族自治区住房和城乡建设厅 |
| 749 | DBJ/T 45-123-2021 | 农村生态建筑设计规范 | DBJ/T 45-013-2013 | 2021-12-8 | 2022-4-1 | J12560-2022 | 广西壮族自治区住房和城乡建设厅 |
| 750 | DBJ/T 45-063-2021 | 二次加压供水设施技术规程 | DBJ/T 45-063-2018 | 2021-12-8 | 2022-4-1 | J14232-2022 | 广西壮族自治区住房和城乡建设厅 |
| 751 | DBJ/T 45-125-2021 | 建设工程消防设计审查验收规程 | | 2021-12-29 | 2022-4-1 | J16164-2022 | 广西壮族自治区住房和城乡建设厅 |

续表

| 序号 | 标准编号 | 标准名称 | 被代替标准编号 | 批准日期 | 施行日期 | 备案号 | 批准部门 |
|---|---|---|---|---|---|---|---|
| 752 | DBJ/T 45-126-2021 | 城市综合管廊管线入廊技术规程 | | 2021-12-29 | 2022-4-1 | J16165-2022 | 广西壮族自治区住房和城乡建设厅 |
| 753 | DBJ/T 45-127-2021 | 幕墙安装工程施工工艺规程 | DBJ45-001-2010 | 2021-12-29 | 2022-4-1 | J16166-2022 | 广西壮族自治区住房和城乡建设厅 |
| 754 | DBJ/T 45-128-2021 | 建筑屋面工程施工工艺规程 | DBJ45-001-2010 | 2021-12-29 | 2022-4-1 | J16167-2022 | 广西壮族自治区住房和城乡建设厅 |
| 755 | DBJ46-059-2021 | 海南省建筑机电工程抗震技术标准 | | 2021-1-22 | 2021-3-1 | J15537-2021 | 海南省住房和城乡建设厅 |
| 756 | DBJ46-026-2021 | 海南省螺杆灌注桩技术标准 | DBJ 46-026-2013 | 2021-12-15 | 2022-3-1 | J12334-2022 | 海南省住房和城乡建设厅 |
| 757 | DBJ46-058-2021 | 海南省装配式混凝土预制构件生产和安装技术标准 | | 2021-12-30 | 2022-4-1 | J16193-2022 | 海南省住房和城乡建设厅 |
| 758 | DBJ46-061-2021 | 海南省装配式建筑标准化设计技术标准 | | 2021-12-31 | 2022-4-1 | J16194-2022 | 海南省住房和城乡建设厅 |
| 759 | DBJ51/T 158-2021 | 四川省既有建筑外墙饰面安全性检测鉴定标准 | | 2021-1-14 | 2021-5-1 | J15590-2021 | 四川省住房和城乡建设厅 |
| 760 | DBJ51/T 159-2021 | 成都市人民防空地下室设计标准 | | 2021-1-14 | 2021-5-1 | J15591-2021 | 四川省住房和城乡建设厅 |
| 761 | DBJ51/T 160-2021 | 成都市综合管廊人民防空技术标准 | | 2021-1-14 | 2021-5-1 | J15592-2021 | 四川省住房和城乡建设厅 |
| 762 | DBJ51/T 161-2021 | 四川省城市轨道交通隧道施工瓦斯监测与通风技术标准 | | 2021-1-14 | 2021-5-1 | J15593-2021 | 四川省住房和城乡建设厅 |
| 763 | DBJ51/T 162-2021 | 四川省地螺丝钢管桩技术标准 | | 2021-1-14 | 2021-5-1 | J15594-2021 | 四川省住房和城乡建设厅 |
| 764 | DBJ51/T 163-2021 | 成都轨道交通设计防火标准 | | 2021-1-14 | 2021-5-1 | J15595-2021 | 四川省住房和城乡建设厅 |
| 765 | DBJ51/T 164-2021 | 四川省玻璃纤维增强塑料内衬混凝土复合管应用技术标准 | | 2021-1-14 | 2021-5-1 | J15596-2021 | 四川省住房和城乡建设厅 |
| 766 | DBJ51/T 165-2021 | 四川省传统村落评价标准 | | 2021-3-29 | 2021-8-1 | J15770-2021 | 四川省住房和城乡建设厅 |
| 767 | DBJ51/T 166-2021 | 四川省轻钢网构轻质混凝土结构技术标准 | | 2021-3-29 | 2021-8-1 | J15771-2021 | 四川省住房和城乡建设厅 |

续表

| 序号 | 标准编号 | 标准名称 | 被代替标准编号 | 批准日期 | 施行日期 | 备案号 | 批准部门 |
|---|---|---|---|---|---|---|---|
| 768 | DBJ51/T 167-2021 | 四川省微晶发泡陶瓷保温装饰一体板系统技术标准 | | 2021-3-29 | 2021-8-1 | J15772-2021 | 四川省住房和城乡建设厅 |
| 769 | DBJ51-168-2021 | 四川省住宅设计标准 | | 2021-4-26 | 2021-11-1 | J15686-2021 | 四川省住房和城乡建设厅 |
| 770 | DBJ51-014-2021 | 四川省建筑地基基础检测技术规程 | | 2021-6-29 | 2022-1-1 | J12372-2021 | 四川省住房和城乡建设厅 |
| 771 | DBJ51/T 169-2021 | 四川省超长大体积混凝土结构跳仓法应用技术标准 | | 2021-7-6 | 2021-11-1 | J15879-2021 | 四川省住房和城乡建设厅 |
| 772 | DBJ51/T 170-2021 | 四川省既有建筑外墙面涂饰翻新工程技术标准 | | 2021-7-6 | 2021-11-1 | J15880-2021 | 四川省住房和城乡建设厅 |
| 773 | DBJ51/T 171-2021 | 四川省玻纤增强复合保温墙板应用技术标准 | | 2021-7-6 | 2021-11-1 | J15881-2021 | 四川省住房和城乡建设厅 |
| 774 | DBJ51/T 172-2021 | 四川省内爬式塔式起重机安装、使用、拆卸安全技术规程 | | 2021-7-6 | 2021-11-1 | J15882-2021 | 四川省住房和城乡建设厅 |
| 775 | DBJ51/T 173-2021 | 四川省筒仓式地下停车库工程技术标准 | | 2021-9-1 | 2022-1-1 | J16001-2021 | 四川省住房和城乡建设厅 |
| 776 | DBJ51/T 174-2021 | 四川省装配式钢结构城市地下综合管廊工程技术标准 | | 2021-9-1 | 2022-1-1 | J16002-2021 | 四川省住房和城乡建设厅 |
| 777 | DBJ51/T 175-2021 | 四川省玄武岩纤维及其复合材料应用技术标准 | | 2021-9-1 | 2022-1-1 | J16003-2021 | 四川省住房和城乡建设厅 |
| 778 | DBJ51/T 176-2021 | 四川省智慧物业共用设施设备编码标准 | | 2021-9-1 | 2022-1-1 | J16004-2021 | 四川省住房和城乡建设厅 |
| 779 | DBJ51/T 177-2021 | 四川省智慧物业基础数据标准 | | 2021-9-1 | 2022-1-1 | J16005-2021 | 四川省住房和城乡建设厅 |
| 780 | DBJ51/T 178-2021 | 四川省螺栓连接装配式混凝土低层房屋技术标准 | | 2021-9-1 | 2022-1-1 | J16006-2021 | 四川省住房和城乡建设厅 |
| 781 | DBJ51/T 179-2021 | 四川省房屋建筑和市政基础设施工程监理平行检验标准 | | 2021-9-1 | 2022-1-1 | J16007-2021 | 四川省住房和城乡建设厅 |

续表

| 序号 | 标准编号 | 标准名称 | 被代替标准编号 | 批准日期 | 施行日期 | 备案号 | 批准部门 |
|---|---|---|---|---|---|---|---|
| 782 | DBJ51/T 180-2021 | 四川省城市道路预制拼装挡土墙技术标准 | | 2021-9-30 | 2022-2-1 | J16081-2021 | 四川省住房和城乡建设厅 |
| 783 | DBJ51/T 181-2021 | 地下工程水泥基渗透结晶型防水材料应用技术标准 | | 2021-9-30 | 2022-2-1 | J16082-2021 | 四川省住房和城乡建设厅 |
| 784 | DBJ51/T 182-2021 | 四川省装配式混凝土部品部件信息芯片系统应用技术标准 | | 2021-11-23 | 2022-3-1 | J16700-2021 | 四川省住房和城乡建设厅 |
| 785 | DBJ51/T 009-2021 | 四川省绿色建筑评价标准 | DBJ51/T 009-2018 | 2021-11-23 | 2022-3-1 | J12097-2022 | 四川省住房和城乡建设厅 |
| 786 | DBJ51-015-2021 | 四川省成品住宅装修工程技术标准 | DBJ51-015-2013 | 2021-12-24 | 2022-7-1 | J12450-2021 | 四川省住房和城乡建设厅 |
| 787 | DBJ51/T 040-2021 | 四川省工程建设项目招标代理操作规程 | DBJ51/T 040-2015 | 2021-12-24 | 2022-4-1 | J13114-2021 | 四川省住房和城乡建设厅 |
| 788 | DBJ51/T 048-2021 | 四川省建设工程造价电子数据标准 | DBJ51/T 048-2015 | 2021-12-24 | 2022-4-1 | J13189-2021 | 四川省住房和城乡建设厅 |
| 789 | DBJ51/T 183-2021 | 四川省盾构隧道混凝土预制管片技术规程 | | 2021-12-24 | 2022-4-1 | J16145-2022 | 四川省住房和城乡建设厅 |
| 790 | DBJ51/T 184-2021 | 四川省预成孔植桩技术标准 | | 2021-12-24 | 2022-4-1 | J16201-2022 | 四川省住房和城乡建设厅 |
| 791 | DBJ51/T 185-2021 | 四川省纳米蒙脱石纤维复合材料板工程应用技术标准 | | 2021-12-24 | 2022-4-1 | J16146-2022 | 四川省住房和城乡建设厅 |
| 792 | DBJ52/T 102-2021 | 贵州省党政机关办公用房维修标准 | | 2021-3-19 | 2021-6-1 | J15684-2021 | 贵州省住房和城乡建设厅 |
| 793 | DBJ52/T 103-2021 | 模块化箱式房屋安装及验收技术标准 | | 2021-3-22 | 2021-6-1 | J15685-2021 | 贵州省住房和城乡建设厅 |
| 794 | DBJ52/T 104-2021 | 贵州省供热系统节能运行管理技术规程 | | 2021-4-8 | 2021-7-1 | J15734-2021 | 贵州省住房和城乡建设厅 |
| 795 | DBJ52/T 105-2021 | 装配式混凝土结构套筒灌浆饱满度检测技术规程 | | 2021-4-8 | 2021-7-1 | J15735-2021 | 贵州省住房和城乡建设厅 |
| 796 | DBJ52/T 106-2021 | 桥梁锚下预应力检测技术规程 | | 2021-5-18 | 2021-9-1 | J15773-2021 | 贵州省住房和城乡建设厅 |

续表

| 序号 | 标准编号 | 标准名称 | 被代替标准编号 | 批准日期 | 施行日期 | 备案号 | 批准部门 |
|---|---|---|---|---|---|---|---|
| 797 | DBJ52/T 107－2021 | 贵州省城镇园林绿化管护规范 | | 2021－4－23 | 2021－8－1 | J15736－2021 | 贵州省住房和城乡建设厅 |
| 798 | DBJ52/T 108－2021 | 贵州省小微公园设计与建设管理标准 | | 2021－4－23 | 2021－8－1 | J15737－2021 | 贵州省住房和城乡建设厅 |
| 799 | DBJ52/T 109－2021 | 贵州省城镇园林绿化工程施工及验收规范 | | 2021－4－23 | 2021－8－1 | J15738－2021 | 贵州省住房和城乡建设厅 |
| 800 | DBJ53/T－113－2021 | 云南省城市轨道交通岩土工程勘察规程 | | 2021－1－5 | 2021－5－1 | J16726－2021 | 云南省住房和城乡建设厅 |
| 801 | DBJ53/T－114－2021 | 云南省有轨电车工程设计规程 | | 2021－1－8 | 2021－5－1 | J16727－2021 | 云南省住房和城乡建设厅 |
| 802 | DBJ53/T－44－2021 | 云南省建筑工程资料管理规程 | DBJ53/T－44－2011 | 2021－1－27 | 2021－6－1 | J13104－2021 | 云南省住房和城乡建设厅 |
| 803 | DBJ53/T－58－2020 | 云南省建设工程造价计价规则及机械仪器仪表台班费用定额 | DBJ53/T－58－2013 | 2021－2－1 | 2021－5－1 | J12613－2021 | 云南省住房和城乡建设厅 |
| 804 | DBJ53/T－59－2020 | 云南省市政工程计价标准 | DBJ53/T－59－2013 | 2021－2－1 | 2021－5－1 | J12612－2021 | 云南省住房和城乡建设厅 |
| 805 | DBJ53/T－60－2020 | 云南省园林绿化工程计价标准 | DBJ53/T－60－2013 | 2021－2－1 | 2021－5－1 | J12611－2021 | 云南省住房和城乡建设厅 |
| 806 | DBJ53/T－61－2020 | 云南省建筑工程计价标准 | DBJ53/T－61－2013 | 2021－2－1 | 2021－5－1 | J12610－2021 | 云南省住房和城乡建设厅 |
| 807 | DBJ53/T－63－2020 | 云南省通用安装工程计价标准 | DBJ53/T－63－2013 | 2021－2－1 | 2021－5－1 | J12608－2021 | 云南省住房和城乡建设厅 |
| 808 | DBJ53/T－110－2020 | 云南省装配式建筑工程计价标准 | | 2021－2－1 | 2021－5－1 | J16723－2021 | 云南省住房和城乡建设厅 |
| 809 | DBJ53/T－111－2020 | 云南省城市地下综合管廊工程计价标准 | | 2021－2－1 | 2021－5－1 | J16724－2021 | 云南省住房和城乡建设厅 |
| 810 | DBJ53/T－112－2020 | 云南省绿色建筑工程计价标准 | | 2021－2－1 | 2021－5－1 | J16725－2021 | 云南省住房和城乡建设厅 |
| 811 | DBJ53/T－115－2021 | 建筑工程薄层抹灰施工技术标准 | | 2021－2－5 | 2021－6－1 | J16728－2021 | 云南省住房和城乡建设厅 |
| 812 | DBJ53/T－116－2021 | 上拉式型钢外脚手架技术标准 | | 2021－2－5 | 2021－6－1 | J16729－2021 | 云南省住房和城乡建设厅 |
| 813 | DBJ53/T－88－2021 | 住宅厨房卫生间集中排烟气系统技术规程 | DBJ53/T－88－2018 | 2021－2－7 | 2021－6－1 | J14437－2021 | 云南省住房和城乡建设厅 |
| 814 | DBJ53/T－117－2021 | 云南省岩土试验操作规程 | | 2021－4－28 | 2021－9－1 | J16730－2021 | 云南省住房和城乡建设厅 |

续表

| 序号 | 标准编号 | 标准名称 | 被代替标准编号 | 批准日期 | 施行日期 | 备案号 | 批准部门 |
|---|---|---|---|---|---|---|---|
| 815 | DBJ53/T-118-2021 | 云南省高密度聚乙烯孔网骨架塑钢复合稳态管应用技术规程 |  | 2021-6-1 | 2021-9-1 | J16731-2021 | 云南省住房和城乡建设厅 |
| 816 | DBJ53/T-119-2021 | 云南省埋地式高分子量聚乙烯排水管道应用技术规程 |  | 2021-6-1 | 2021-9-1 | J16732-2021 | 云南省住房和城乡建设厅 |
| 817 | DBJ53/T-120-2021 | 不降板同层排水系统应用技术规程 |  | 2021-7-14 | 2021-11-1 | J16733-2021 | 云南省住房和城乡建设厅 |
| 818 | DBJ53/T-52-2021 | 回弹法检测混凝土抗压强度技术规程 | DBJ53/T-52-2013 | 2021-7-29 | 2021-12-1 | J13095-2021 | 云南省住房和城乡建设厅 |
| 819 | DBJ53/T-53-2021 | 超声回弹综合法检测混凝土抗压强度技术规程 | DBJ53/T-53-2013 | 2021-8-4 | 2021-12-1 | J13094-2021 | 云南省住房和城乡建设厅 |
| 820 | DBJ53/T-121-2021 | 建筑工程600MPa级热轧带肋钢筋应用技术规程 |  | 2021-8-25 | 2022-1-1 | J16734-2021 | 云南省住房和城乡建设厅 |
| 821 | DBJ53/T-122-2021 | 装配式建筑结构构件通用编码标准 |  | 2021-10-13 | 2022-2-1 | J16735-2021 | 云南省住房和城乡建设厅 |
| 822 | DBJ53/T-123-2021 | 云南省工程建设材料及设备通用编码标准 |  | 2021-10-13 | 2022-2-1 | J16736-2021 | 云南省住房和城乡建设厅 |
| 823 | DBJ53/T-124-2021 | 云南省建筑工程联合测绘技术规程 |  | 2021-11-2 | 2022-5-1 | J16737-2021 | 云南省住房和城乡建设厅<br>云南省自然资源厅<br>云南省人民防空办公室 |
| 824 | DBJ53/T-125-2021 | 建筑消能减震应用技术规程 |  | 2021-11-17 | 2022-1-1 | J16738-2021 | 云南省住房和城乡建设厅 |
| 825 | DBJ61/T 178-2021 | 建设场地土壤氡勘察与工程防护标准 |  | 2021-2-22 | 2021-4-1 | J15658-2021 | 陕西省住房和城乡建设厅、陕西省市场监督管理局 |
| 826 | DBJ61/T 180-2021 | 岩土工程勘察规程 |  | 2021-2-22 | 2021-4-1 | J10821-2021 | 陕西省住房和城乡建设厅、陕西省市场监督管理局 |
| 827 | DBJ61/T 181-2021 | 地质灾害防治工程勘查规范 |  | 2021-2-22 | 2021-4-1 | J15661-2021 | 陕西省住房和城乡建设厅、陕西省市场监督管理局 |

续表

| 序号 | 标准编号 | 标准名称 | 被代替标准编号 | 批准日期 | 施行日期 | 备案号 | 批准部门 |
|---|---|---|---|---|---|---|---|
| 828 | DBJ61/T 182－2021 | 西安地裂缝场地勘察与工程设计规程 | DBJ 61－6－2006 | 2021－2－22 | 2021－4－1 | J10821－2021 | 陕西省住房和城乡建设厅、陕西省市场监督管理局 |
| 829 | DBJ61/T 112－2021 | 高延性混凝土应用技术规程 | DBJ61/T 112－2016<br>J13464－2016 | 2021－3－12 | 2021－4－20 | J13464－2021 | 陕西省住房和城乡建设厅、陕西省质量技术监督局 |
| 830 | DBJ61/T 179－2021 | 房屋建筑与市政基础设施工程专业人员配备标准 | | 2021－3－12 | 2021－4－20 | J15659－2021 | 陕西省住房和城乡建设厅、陕西省市场监督管理局 |
| 831 | DBJ61/T 183－2021 | 装配整体式叠合混凝土结构技术规程 | | 2021－3－12 | 2021－4－20 | J15662－2021 | 陕西省住房和城乡建设厅、陕西省市场监督管理局 |
| 832 | DBJ61/T 184－2021 | 绿色建筑工程验收标准 | | 2021－3－12 | 2021－4－20 | J15663－2021 | 陕西省住房和城乡建设厅、陕西省市场监督管理局 |
| 833 | DBJ61/T 185－2021 | 污水源热泵系统应用技术规程 | | 2021－3－12 | 2021－4－20 | J15664－2021 | 陕西省住房和城乡建设厅、陕西省市场监督管理局 |
| 834 | DBJ61/T 186－2021 | 二次供水工程技术规程 | | 2021－3－12 | 2021－4－20 | J15665－2021 | 陕西省住房和城乡建设厅、陕西省市场监督管理局 |
| 835 | DBJ61/T 187－2021 | 热力用预制直埋球墨铸铁管道应用技术规程 | | 2021－3－12 | 2021－4－20 | J15666－2021 | 陕西省住房和城乡建设厅、陕西省市场监督管理局 |
| 836 | DBJ61/T 188－2021 | 预拌混凝土绿色生产与管理技术规程 | | 2021－6－3 | 2021－6－30 | J15778－2021 | 陕西省住房和城乡建设厅、陕西省市场监督管理局 |
| 837 | DBJ61/T 189－2021 | 超低能耗居住建筑节能设计标准 | | 2021－6－3 | 2021－6－30 | J15779－2021 | 陕西省住房和城乡建设厅、陕西省市场监督管理局 |
| 838 | DBJ61/T 190－2021 | 居住建筑室内装配式装修工程技术规程 | | 2021－7－5 | 2021－8－31 | J15855－2021 | 陕西省住房和城乡建设厅、陕西省市场监督管理局 |
| 839 | DBJ61/T 191－2021 | 装配式预应力鱼腹梁组合钢支撑技术规程 | | 2021－7－5 | 2021－8－31 | J15858－2021 | 陕西省住房和城乡建设厅、陕西省市场监督管理局 |

续表

| 序号 | 标准编号 | 标准名称 | 被代替标准编号 | 批准日期 | 施行日期 | 备案号 | 批准部门 |
|---|---|---|---|---|---|---|---|
| 840 | DBJ61/T 192 - 2021 | 湿陷性黄土地区边坡工程勘察规范 |  | 2021 - 7 - 5 | 2021 - 8 - 31 | J15857 - 2021 | 陕西省住房和城乡建设厅、陕西省市场监督管理局 |
| 841 | DBJ61/T 193 - 2021 | 空气源热泵集中生活热水系统应用技术规程 |  | 2021 - 7 - 5 | 2021 - 8 - 31 | J15856 - 2021 | 陕西省住房和城乡建设厅、陕西省市场监督管理局 |
| 842 | DBJ61/T 194 - 2021 | 陕西省城镇老旧小区公共服务设施配置标准 |  | 2021 - 8 - 4 | 2021 - 8 - 31 | J15894 - 2021 | 陕西省住房和城乡建设厅、陕西省市场监督管理局 |
| 843 | DBJ61/T 195 - 2021 | 再生骨料预拌砂浆应用技术规程 |  | 2021 - 8 - 4 | 2021 - 8 - 31 | J15895 - 2021 | 陕西省住房和城乡建设厅、陕西省市场监督管理局 |
| 844 | DBJ61/T 196 - 2021 | 城市生活垃圾分类设施设备设置标准 |  | 2021 - 8 - 4 | 2021 - 8 - 31 | J15896 - 2021 | 陕西省住房和城乡建设厅、陕西省市场监督管理局 |
| 845 | DB61/T 5000 - 2021 | 装配式钢结构建筑技术规程 |  | 2021 - 9 - 1 | 2021 - 10 - 10 | J15949 - 2021 | 陕西省住房和城乡建设厅、陕西省市场监督管理局 |
| 846 | DB61/T 5001 - 2021 | 城镇道路路面检测与评价技术规程 |  | 2021 - 9 - 1 | 2021 - 10 - 10 | J15950 - 2021 | 陕西省住房和城乡建设厅、陕西省市场监督管理局 |
| 847 | DB61/T 5002 - 2021 | 建筑保温与结构一体化装配式温钢复合免拆模板外保温系统应用技术规程 |  | 2021 - 9 - 1 | 2021 - 10 - 10 | J15951 - 2021 | 陕西省住房和城乡建设厅、陕西省市场监督管理局 |
| 848 | DB61/T 5003 - 2021 | 建筑与市政工程绿色施工评价标准 |  | 2021 - 9 - 1 | 2021 - 10 - 10 | J15952 - 2021 | 陕西省住房和城乡建设厅、陕西省市场监督管理局 |
| 849 | DB61/T 5005 - 2021 | 聚丙烯网水泥砂浆抗震加固砌体农房墙体应用技术导则 |  | 2021 - 9 - 23 | 2021 - 9 - 23 | — | 陕西省住房和城乡建设厅、陕西省市场监督管理局 |
| 850 | DB61/T 5004 - 2021 | 轨道交通站外标识设置标准 |  | 2021 - 11 - 3 | 2021 - 12 - 10 | J16074 - 2021 | 陕西省住房和城乡建设厅、陕西省市场监督管理局 |
| 851 | DB61/T 5006 - 2021 | 人民防空工程标识标准 |  | 2021 - 11 - 3 | 2021 - 12 - 10 | J16075 - 2021 | 陕西省住房和城乡建设厅、陕西省市场监督管理局 |

续表

| 序号 | 标准编号 | 标准名称 | 被代替标准编号 | 批准日期 | 施行日期 | 备案号 | 批准部门 |
|---|---|---|---|---|---|---|---|
| 852 | DB61/T 5007－2021 | 桥梁分级减震支座应用技术指南 |  | 2021－11－3 | 2021－12－10 | — | 陕西省住房和城乡建设厅、陕西省市场监督管理局 |
| 853 | DB61/T 5008－2021 | 居住建筑全寿命期碳排放计算标准 |  | 2021－11－3 | 2021－12－10 | — | 陕西省住房和城乡建设厅、陕西省市场监督管理局 |
| 854 | DB61/T 5009－2021 | 城镇综合管廊工程监测技术规程 |  | 2021－11－3 | 2021－12－10 | J16076－2021 | 陕西省住房和城乡建设厅、陕西省市场监督管理局 |
| 855 | DB61/T 5010－2021 | 城市轨道交通暗挖隧道衬砌结构质量检测技术规程 |  | 2021－11－3 | 2021－12－10 | J16077－2021 | 陕西省住房和城乡建设厅、陕西省市场监督管理局 |
| 856 | DB61/T 5011－2021 | 城市轨道交通工程质量安全技术服务标准 |  | 2021－11－3 | 2021－12－10 | J16078－2021 | 陕西省住房和城乡建设厅、陕西省市场监督管理局 |
| 857 | DB61/T 5012－2021 | 装配式组合连接混凝土剪力墙结构技术标准 |  | 2021－12－13 | 2022－1－10 | J16153－2022 | 陕西省住房和城乡建设厅、陕西省市场监督管理局 |
| 858 | DB61/T 5013－2021 | 再生骨料混凝土复合自保温砌块墙体应用技术规程 |  | 2021－12－13 | 2022－1－10 | J16154－2022 | 陕西省住房和城乡建设厅、陕西省市场监督管理局 |
| 859 | DB61/T 5014－2021 | 屈曲约束支撑应用技术规程 |  | 2021－12－13 | 2022－1－10 | J16155－2022 | 陕西省住房和城乡建设厅、陕西省市场监督管理局 |
| 860 | DB61/T 5015－2021 | 施工现场垃圾分类处理标准 |  | 2021－12－13 | 2022－1－10 | J16156－2022 | 陕西省住房和城乡建设厅、陕西省市场监督管理局 |
| 861 | DB62/T 3198－2021 | 装配式混凝土建筑评价标准 |  | 2021－6－4 | 2021－9－1 | J15886－2021 | 甘肃省住房和城乡建设厅<br>甘肃省市场监督管理局 |
| 862 | DB62/T 3199－2021 | 淤地坝设计标准 |  | 2021－6－4 | 2021－9－1 | J15887－2021 | 甘肃省住房和城乡建设厅<br>甘肃省市场监督管理局 |
| 863 | DB62/T 3200－2021 | 农村生活垃圾分类处理标准 |  | 2021－6－4 | 2021－9－1 | J15888－2021 | 甘肃省住房和城乡建设厅<br>甘肃省市场监督管理局 |

续表

| 序号 | 标准编号 | 标准名称 | 被代替标准编号 | 批准日期 | 施行日期 | 备案号 | 批准部门 |
|---|---|---|---|---|---|---|---|
| 864 | DB62/T 3201-2021 | 既有办公建筑绿色改造技术规程 | | 2021-6-4 | 2021-9-1 | J15889-2021 | 甘肃省住房和城乡建设厅<br>甘肃省市场监督管理局 |
| 865 | DB62/T 3202-2021 | 光伏建筑一体化透光屋顶应用技术规程 | | 2021-6-4 | 2021-9-1 | J15890-2021 | 甘肃省住房和城乡建设厅<br>甘肃省市场监督管理局 |
| 866 | DB62/T 3203-2021 | 装配式钢结构住宅施工质量验收规程 | | 2021-6-4 | 2021-9-1 | J15891-2021 | 甘肃省住房和城乡建设厅<br>甘肃省市场监督管理局 |
| 867 | DB62/T 3204-2021 | 黄土地区大厚度填挖场地治理技术标准 | | 2021-9-14 | 2021-12-1 | J16023-2021 | 甘肃省住房和城乡建设厅<br>甘肃省市场监督管理局 |
| 868 | DB62/T 3205-2021 | 预制直埋球墨铸铁供热管技术规程 | | 2021-9-14 | 2021-12-1 | J16024-2021 | 甘肃省住房和城乡建设厅<br>甘肃省市场监督管理局 |
| 869 | DB62/T 3206-2021 | 装配式钢骨增强微孔混凝土复合楼板应用技术规程 | | 2021-9-14 | 2021-12-1 | J16025-2021 | 甘肃省住房和城乡建设厅<br>甘肃省市场监督管理局 |
| 870 | DB62/T 3207-2021 | 黄土地区边坡柔性支挡结构抗震设计标准 | | 2021-9-14 | 2021-12-1 | J16026-2021 | 甘肃省住房和城乡建设厅<br>甘肃省市场监督管理局 |
| 871 | DB62/T 3208-2021 | 行道树栽植与养护管理技术标准 | | 2021-9-14 | 2021-12-1 | J16027-2021 | 甘肃省住房和城乡建设厅<br>甘肃省市场监督管理局 |
| 872 | DB62/T 3209-2021 | 古树名木保护复壮技术标准 | | 2021-9-14 | 2021-12-1 | J16028-2021 | 甘肃省住房和城乡建设厅<br>甘肃省市场监督管理局 |
| 873 | DB62/T 3210-2021 | 超低能耗建筑技术规程 | | 2021-9-14 | 2021-12-1 | J16029-2021 | 甘肃省住房和城乡建设厅<br>甘肃省市场监督管理局 |
| 874 | DB62/T 3211-2021 | 机制砂混凝土应用技术标准 | | 2021-12-10 | 2022-4-1 | J16147-2022 | 甘肃省住房和城乡建设厅<br>甘肃省市场监督管理局 |
| 875 | DB62/T 3212-2021 | 建筑与市政基坑工程设计文件编制标准 | | 2021-12-10 | 2022-4-1 | J16148-2022 | 甘肃省住房和城乡建设厅<br>甘肃省市场监督管理局 |

续表

| 序号 | 标准编号 | 标准名称 | 被代替标准编号 | 批准日期 | 施行日期 | 备案号 | 批准部门 |
|---|---|---|---|---|---|---|---|
| 876 | DB62/T 3214－2021 | 建筑工程施工项目信息化管理标准 |  | 2021－12－10 | 2022－4－1 | J16149－2022 | 甘肃省住房和城乡建设厅<br>甘肃省市场监督管理局 |
| 877 | DB62/T 3215－2021 | 装配式混凝土结构预制构件制作与验收规程 |  | 2021－12－10 | 2022－4－1 | J16150－2022 | 甘肃省住房和城乡建设厅<br>甘肃省市场监督管理局 |
| 878 | DB62/T 3216－2021 | 建筑工程组合铝合金模板搭设工艺标准 |  | 2021－12－10 | 2022－4－1 | J16151－2022 | 甘肃省住房和城乡建设厅<br>甘肃省市场监督管理局 |
| 879 | DB62/T 3213－2021 | 装配式建筑工程设计文件编制深度标准 |  | 2021－12－10 | 2022－4－1 | J16152－2022 | 甘肃省住房和城乡建设厅<br>甘肃省市场监督管理局 |
| 880 | DB63/T 1340－2021 | 青海省绿色建筑设计标准 | DB63/T 1340－2015 | 2021－3－12 | 2021－7－1 | J13015－2021 | 青海省住房和城乡建设厅<br>青海省市场监督管理局 |
| 881 | DB63/T 1903－2021 | 青海省高原美丽城镇建设标准 |  | 2021－3－12 | 2021－7－1 | J15839－2021 | 青海省住房和城乡建设厅<br>青海省市场监督管理局 |
| 882 | DB63/T 1904－2021 | 青海省农牧区装配式轻钢结构住宅技术标准 |  | 2021－3－12 | 2021－7－1 | J15840－2021 | 青海省住房和城乡建设厅<br>青海省市场监督管理局 |
| 883 | DB63/T 1905－2021 | 青海省城镇容貌标准 |  | 2021－3－12 | 2021－7－1 | J15962－2021 | 青海省住房和城乡建设厅<br>青海省市场监督管理局 |
| 884 | DB63/T 1906－2021 | 青海省环境卫生精细化管理质量标准 |  | 2021－3－12 | 2021－7－1 | J15963－2021 | 青海省住房和城乡建设厅<br>青海省市场监督管理局 |
| 885 | DB63/T 1907－2021 | 青海省装配式混凝土多层墙板建筑技术标准 |  | 2021－3－12 | 2021－7－1 | J15841－2021 | 青海省住房和城乡建设厅<br>青海省市场监督管理局 |
| 886 | DB63/T 1924－2021 | 青海省绿色生态城区建设标准 |  | 2021－5－25 | 2021－9－1 | J15842－2021 | 青海省住房和城乡建设厅<br>青海省市场监督管理局 |
| 887 | DB63/T 1925－2021 | 青海省高原美丽乡村建设标准 |  | 2021－5－25 | 2021－9－1 | J15843－2021 | 青海省住房和城乡建设厅<br>青海省市场监督管理局 |

续表

| 序号 | 标准编号 | 标准名称 | 被代替标准编号 | 批准日期 | 施行日期 | 备案号 | 批准部门 |
|---|---|---|---|---|---|---|---|
| 888 | DB64/T 1766－2021 | 城市生活垃圾分类及评价标准 | | 2021－3－10 | 2021－6－10 | J15689－2021 | 宁夏回族自治区住房和城乡建设厅<br>宁夏回族自治区市场监督管理厅 |
| 889 | DB64/T 1767－2021 | 高性能混凝土应用技术规程 | | 2021－3－10 | 2021－6－10 | J15690－2021 | 宁夏回族自治区住房和城乡建设厅<br>宁夏回族自治区市场监督管理厅 |
| 890 | DB64/T 1775－2021 | 民用建筑二次供水技术规程 | | 2021－8－13 | 2021－11－13 | J15948－2021 | 宁夏回族自治区住房和城乡建设厅<br>宁夏回族自治区市场监督管理厅 |
| 891 | XJJ 029－2021 | 户外广告设施及户外招牌设置技术标准 | XJJ 029－2006 | 2021－1－7 | 2021－3－1 | J15490－2021 | 新疆维吾尔自治区住房和城乡建设厅 |
| 892 | XJJ 128－2021 | 住房城乡建设系统应急物资储备标准 | | 2021－1－11 | 2021－3－1 | J15568－2021 | 新疆维吾尔自治区住房和城乡建设厅 |
| 893 | XJJ 131－2021 | 住宅设计标准 | | 2021－1－11 | 2021－3－1 | J15534－2021 | 新疆维吾尔自治区住房和城乡建设厅 |
| 894 | XJJ 130－2021 | 装配式混凝土结构工程检测技术标准 | | 2021－1－18 | 2021－4－1 | J15536－2021 | 新疆维吾尔自治区住房和城乡建设厅 |
| 895 | XJJ 132－2021 | 预拌混凝土生产废水废浆及减水剂含固量快速测定技术标准 | | 2021－3－26 | 2021－6－1 | J15673－2021 | 新疆维吾尔自治区住房和城乡建设厅 |

续表

| 序号 | 标准编号 | 标准名称 | 被代替标准编号 | 批准日期 | 施行日期 | 备案号 | 批准部门 |
|---|---|---|---|---|---|---|---|
| 896 | XJJ 001 - 2021 | 严寒和寒冷地区居住建筑节能设计标准 | XJJ/T 063 - 2014<br>XJJ/T 073 - 2016 | 2021 - 5 - 17 | 2021 - 8 - 1 | J11921 - 2021 | 新疆维吾尔自治区住房和城乡建设厅 |
| 897 | XJJ 117 - 2021 | 现浇混凝土夹芯保温系统应用技术标准 | | 2021 - 8 - 4 | 2021 - 10 - 1 | J15931 - 2021 | 新疆维吾尔自治区住房和城乡建设厅 |
| 898 | XJJ 133 - 2021 | 危险性较大的分部分项工程安全管理规程 | | 2021 - 8 - 11 | 2021 - 10 - 1 | J15932 - 2021 | 新疆维吾尔自治区住房和城乡建设厅 |
| 899 | XJJ 134 - 2021 | “城市病”治理技术标准 | | 2021 - 8 - 12 | 2021 - 10 - 1 | J15933 - 2021 | 新疆维吾尔自治区住房和城乡建设厅 |
| 900 | XJJ 135 - 2021 | 高延性混凝土加固技术标准 | | 2021 - 8 - 13 | 2021 - 10 - 1 | J15934 - 2021 | 新疆维吾尔自治区住房和城乡建设厅 |
| 901 | XJJ 136 - 2021 | 村镇装配式承重复合墙结构居住建筑技术标准 | | 2021 - 8 - 20 | 2021 - 11 - 1 | J15935 - 2021 | 新疆维吾尔自治区住房和城乡建设厅 |
| 902 | XJJ 137 - 2021 | 回弹法检测混凝土抗压强度技术标准 | | 2021 - 10 - 20 | 2021 - 12 - 1 | J16044 - 2021 | 新疆维吾尔自治区住房和城乡建设厅 |
| 903 | XJJ 138 - 2021 | 钢渣砂应用技术标准 | | 2021 - 10 - 24 | 2021 - 12 - 1 | J16053 - 2021 | 新疆维吾尔自治区住房和城乡建设厅 |
| 904 | XJJ 139 - 2021 | 钢渣混合料城镇道路基层施工及验收规程 | | 2021 - 11 - 4 | 2022 - 1 - 1 | J16080 - 2021 | 新疆维吾尔自治区住房和城乡建设厅 |
| 905 | XJJ 140 - 2021 | 耐热聚乙烯(PE - RTII)直埋热水保温管道技术规程 | | 2021 - 12 - 26 | 2022 - 2 - 1 | J16127 - 2022 | 新疆维吾尔自治区住房和城乡建设厅 |
| 906 | XJJ 141 - 2021 | 建筑耐火型窗应用技术标准 | | 2021 - 12 - 26 | 2022 - 2 - 1 | J16128 - 2022 | 新疆维吾尔自治区住房和城乡建设厅 |